Rainer Kühl, Dietmar Rößl und Johann Brazda (Hg.)

SOZIALWISSENSCHAFTLICHE ASPEKTE DES KOOPERATIONS- UND GENOSSENSCHAFTSMANAGEMENTS

Eine Publikation der Arbeitsgemeinschaft Genossenschaftswissenschaftlicher Institute e.V. (AGI)

SCHRIFTENREIHE DES INSTITUTS FÜR MANAGEMENTFORSCHUNG

Herausgegeben durch das Institut für Managementforschung Köln e.V.

ISSN 1865-391X

1 *Matthias Fink, Sascha Kraus und Daniela A. Almer-Jarz (Hg.)*
Sozialwissenschaftliche Aspekte des Gründungsmanagements
Die Entstehung und Entwicklung junger Unternehmen im gesellschaftlichen Kontext
ISBN 978-389821-779-8

2 *Sascha Kraus und Katherine Gundolf (Hg.)*
Stand und Perspektiven der deutschsprachigen Entrepreneurship- und KMU-Forschung
ISBN 978-389821-879-5

3 *Rainer Kühl, Dietmar Rößl und Johann Brazda (Hg.)*
Sozialwissenschaftliche Aspekte des Kooperations- und Genossenschaftsmanagements
Eine Publikation der Arbeitsgemeinschaft Genossenschaftswissenschaftlicher Institute e.V. (AGI)
ISBN 978-389821-909-9

4 *Robert Breitenecker*
Räumliche Lineare Modelle und Autokorrelationsstrukturen in der Gründungsstatistik
Methodische Analyse und empirische Tests
ISBN 978-389821-946-4

Rainer Kühl, Dietmar Rößl und Johann Brazda (Hg.)

SOZIALWISSENSCHAFTLICHE ASPEKTE DES KOOPERATIONS- UND GENOSSENSCHAFTSMANAGEMENTS

Eine Publikation der Arbeitsgemeinschaft Genossenschaftswissenschaftlicher Institute e.V. (AGI)

ibidem-Verlag
Stuttgart

Bibliografische Information der Deutschen Nationalbibliothek
Die Deutsche Nationalbibliothek verzeichnet diese Publikation in der Deutschen Nationalbibliografie; detaillierte bibliografische Daten sind im Internet über http://dnb.d-nb.de abrufbar.

Bibliographic information published by the Deutsche Nationalbibliothek
Die Deutsche Nationalbibliothek lists this publication in the Deutsche Nationalbibliografie; detailed bibliographic data are available in the Internet at http://dnb.d-nb.de.

Gedruckt mit Unterstützung des
Bundesministeriums für Wissenschaft und Forschung in Wien

∞

Gedruckt auf alterungsbeständigem, säurefreien Papier
Printed on acid-free paper

ISSN: 1865-391X

ISBN-10: 3-89821-909-7

ISBN-13: 978-3-89821-909-9

Printed in Germany

Vorwort

Die Wirtschafts- und Sozialwissenschaften sind durch eine immer stärkere Arbeitsteilung und Spezialisierung gekennzeichnet. Die Praxis befasst sich jedoch nicht mit isolierten Problemen, sondern mit ihren Wechselbezügen und Überlagerungen in einem konkreten Handlungsfeld. Forschungsergebnisse müssen daher erst kontextbezogen zusammengeführt werden, um sie in Richtung Praxistauglichkeit weiterzuentwickeln. Diese Aufgabe kommt in der Betriebswirtschaftslehre den in den letzten Jahren immer stärker abgedrängten „institutionellen Betriebswirtschaftslehren“ zu, die sich mit bestimmten Betriebstypen, wie z.B. mit Industrie- oder Handelsbetrieben, Klein- und Mittelbetrieben oder eben auch mit Genossenschaften beschäftigen.

Dieser Sammelband umfasst Forschungsergebnisse im Objektbereich „Genossenschaften“ und objektbereichsspezifische Adaptierungen von in anderen Forschungsbereichen entstandenen Resultaten. Die Zweckmäßigkeit, sozialwissenschaftliche Erkenntnisse rund um Genossenschaften zu strukturieren, ergibt sich nicht direkt aus der spezifischen Rechtsform, sondern aus dem förderwirtschaftlichen Charakter. Aus der besonderen Struktur genossenschaftlicher Verbundnetzwerke und dem förderwirtschaftlichen Auftrag ergeben sich spezifische ökonomische Fragen, Rechtsprobleme und eine Reihe von Managementspezifika. Natürlich kann hier nicht der Anspruch erhoben werden, ein konsistentes und vielleicht gar vollständiges Gebäude einer sozialwissenschaftlichen förderwirtschaftlichen Betriebslehre zu bieten.

Die Beiträge zu diesem Sammelband sind entlang dreier Kategorien gegliedert: *„research papers“*, *„cases & sektorale Analysen“* und *„work in progress“*. Während erstere allgemein genossenschaftsbezogene Ergebnisse formulieren, bieten „cases und sektorale Analysen“ Einzelbefunde und bereichsspezifische Ergebnisse, die gleichermaßen für die Entwicklung generalisierbarer Aussagen von wesentlicher Bedeutung sind; der Abschnitt „work in progress“ schließlich versammelt Beiträge, die Forschungszutritte oder Zwischenergebnisse und deren Implikationen zur Diskussion stellen. Gerade diese Beiträge sind geeignet, die Diskussion in der Scientific Community zu bereichern, gleichzeitig bieten Journale für diese Arbeiten kaum Publikationsmöglichkeiten – ihre Veröffentlichung ist uns daher ein besonderes Anliegen.

Der Abschnitt „research papers“ wird von *Thomas Zieger* eröffnet. Er entwickelt ein Modell, das eine organisationstheoretisch fundierte Analyse sowie eine pragmatisch-normative Gestaltung der genossenschaftlichen Organisationsdynamik ermöglichen soll. *Ilona Banaszak* und *Volker Beckmann* verorten Leadership in theoretischen Basiskonzepten und zeigen auf Basis empirischer Daten wie Leadership in kooperativen Gruppen entsteht und wie verschiedene incentives die Entstehung von Leadership beeinflussen. *Holger Blisse* und *Rouven Kober* schließlich analysieren und bewerten in ihren Beiträgen Verbundbeteiligungen bzw. investierende Mitglieder als Finanzierungsmöglichkeiten von Genossenschaften bzw. von genossenschaftlichen Verbünden.

Im Abschnitt *„cases & sektorale Analysen“* untersucht *Emil Knotzer* die Hintergründe des Zusammenbruchs des Konsum Österreich reg.Gen.m.b.H. im Jahre 1995 und bringt damit Licht in einen wenig dokumentierten und oft unrichtig dargestellten Insolvenzfall.

Günther Ettenauer versucht am Beispiel des österreichischen Volksbankensektors die in einem Verbundnetzwerk erforderliche spezifische Managementkompetenz zu operationalisieren und in ihre Dimensionen zu zerlegen, um diese spezifische genossenschaftliche Verbundkompetenz einer systematischen Entwicklung durch verbundinterne Bildungseinrichtungen zugänglich zu machen. *Axel Freier* und *Tim Voigt* zeigen auf, wie Entwicklungen auf den Energiemärkten und der technische Fortschritt die Entscheidungsalternativen von Wohnbaugenossenschaften beeinflussen und welche Lern- und Innovationsprozesse daher notwendig werden. *Michael Fikar* schließlich schlägt vor, Weiterbildungsinvestitionen in Kreditgenossenschaften über den Realoptionsansatz als mit einem Produktivitätsrisiko verbundene Investitionen zu beschreiben und damit entscheidbar zu machen.
Im Abschnitt *„work in progress"* widmet sich *Jasper Peters* zunächst der zentralen Frage nach der Position der Genossenschaft im Wettstreit der Unternehmensrechtsformen; er zeigt die Barrieren für genossenschaftliche Neugründungen auf und stellt Maßnahmen zu ihrer Überwindung zur Diskussion. *Daniel Brunner* und *Tim Voigt* greifen zur Untersuchung der Interaktion zwischen Genossenschaften und ihren Mitgliedern auf die Simulationsstudien von Nelson/Winter zurück und versuchen so, Prozesse der Innovationsdiffusion in kooperativen Gruppen zu erklären. Gerade aufgrund des modellbildenden-reduktionistischen Zutritts können weiterführende Fragen als Input in schrittweise vom Modell abstrahierende Forschungen entwickelt werden. *Daniel Fischer* untersucht die Frage der Erfolgsmessung und fokussiert seine Überlegungen insbesondere auf Marktgenossenschaften, in denen diese Problematik ganz besonders zu Tage tritt. *Timea Török* und *Jon Hanf* schließlich beleuchten die sich aus den Veränderungen der Anforderungen an die supply-chain von Nahrungsmitteln ergebenden Managementprobleme von Erzeugergenossenschaften und generieren so Thesen zu ihrer zukünftigen Rolle in Transitionsländern.

Die Arbeitsgemeinschaft genossenschaftswissenschaftlicher Institute e.V. (AGI) versammelt Forscher unterschiedlicher Disziplinen und versucht mit Tagungen und Publikationen die Verankerung der interdisziplinären Genossenschaftswissenschaft in der Praxis wie in der Scientific Community zu stärken. Damit sollen Forscher verstärkt motiviert werden, sich mit diesem Gebiet zu beschäftigen, und zugleich sollen der Genossenschaftspraxis nützliche Ergebnisse geboten werden.

Gießen und Wien im Jänner 2009

Rainer Kühl* Dietmar Rößl** Johann Brazda***

* *Vorsitzender der Arbeitsgemeinschaft Genossenschaftswissenschaftlicher Institute e.V. (AGI) Institut für Genossenschaftswesen, Justus-Liebig-Universität Gießen*

** *Forschungsinstitut für Kooperationen und Genossenschaften Wirtschaftsuniversität Wien*

*** *Fachbereich für Genossenschaftswesen Institut für Betriebswirtschaftslehre, Universität Wien*

Inhaltsverzeichnis

RESEARCH PAPERS

Organisationsdynamik von Genossenschaften – Rekonstruktion und Konstruktion

Thomas Zieger

1. Organisationsdynamik von Genossenschaften – State of the art

Es besteht in Wissenschaft und Praxis Einigkeit darüber, dass die Entwicklung von Genossenschaften im Zeitablauf durch eine markante Dynamik geprägt ist. Diese deutliche „Strukturtransformation“ (Mändle/Swoboda 1992: 274) wird im Vergleich zur historischen Ausgangskonfiguration oftmals pauschal mit der Annäherung an die Organisationsform der Unternehmung (auf der Ebene der Primärgenossenschaften) (Tebroke 1998: 333; Beuthien 2003: 26) bzw. Konzern (auf der Ebene des genossenschaftlichen Finanzverbunds) (Hellinger 1999: 322) gleichgesetzt. Die Strukturdynamik pflanzt sich in der Frage „Quo vadis, Genossenschaft?“ fort, auf die es ebenfalls sehr vielfältige Antworten gibt (z. B. Bonus 1994: 57f; Grosskopf 1990). Häufig unterschätzen diese Ex-post- und Ex-ante-Überlegungen jedoch die reale Komplexität der Entwicklung von Genossenschaften. Ein verzerrtes Bild von der genossenschaftlichen Organisationsdynamik lässt sich in viererlei Hinsicht feststellen.

Erstens berücksichtigen Überlegungen zur strategiegerechten Gestaltung der genossenschaftlichen Organisation bislang häufig nur unzureichend die Argumentation der Pfadabhängigkeit: „Bestehende Corporate Governance-Systeme können nur erklärt werden, wenn von der historischen Entwicklung der Systeme [...] nicht abstrahiert wird.“ (Bassen/Zöllner 2007: 96) Eine vergangenheitsgerichtete Ex-post-Rekonstruktion der Organisationsdynamik von Genossenschaften ist insofern unverzichtbare Grundlage für Ex-ante-Überlegungen zur zukunftsfähigen Neu-Konstruktion der Organisation von Genossenschaften.

Zweitens wird bei der Diskussion um die Organisationsdynamik von Genossenschaften deren Gegenstand, also der Begriff der genossenschaftlichen Organisation, nicht klar genug spezifiziert. Ist von der „Organisation“ der Genossenschaft die Rede, können grundsätzlich die genossenschaftliche Kultur, die genossenschaftlichen Prinzipien oder die genossenschaftlichen Struktur angesprochen sein. Gemäß der Konstruktionslogik organisatorischer Ebenenmodelle, die sich an dem Modell der Unternehmenskultur Scheins orientieren (Schein 1995: 29ff; Zerche/Schmale/Blome-Drees 1998: 214), bestehen hierbei zweierlei Zusammenhänge zwischen den beiden Extremen dieses Spektrums, also der intransparenten, sich nur den Organisationszugehörigen erschließenden Tiefenkomponente (Kultur) und den transparenten, für einen Außenstehenden unmittelbar erkennbaren Oberflächenkomponenten (Struktur) (vgl. Abb. 1).

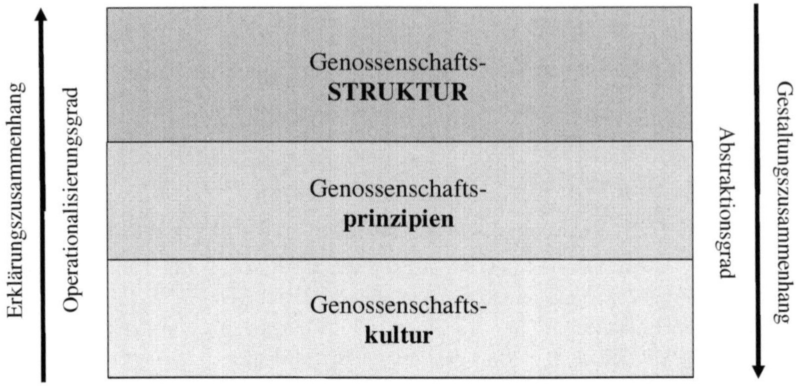

Abb. 1: Ebenenmodell der Genossenschafts-Organisation

Auf der einen Seite lässt sich die Genossenschafts-Struktur mit Hilfe der Genossenschafts-Kultur erklären. Es besteht also erstens ein Ursache-Wirkungs- bzw. Erklärungszusammenhang. Auf der anderen Seite kann umgekehrt die Genossenschafts-Kultur mit Hilfe einer gezielten Ausgestaltung der Genossenschafts-Struktur beeinflusst werden. Es besteht also zweitens ein Ziel-Mittel- bzw. Gestaltungszusammenhang. Genossenschafts-Prinzipien nehmen eine Zwischenrolle insofern ein, als sie einerseits intransparenten Charakter (z. B. als Arbeitsweisen oder Maximen), andererseits transparenten Charakter (z. B. als dokumentierte Grundsätze oder Normen) aufweisen können. Im Hinblick auf das primäre Interesse jeglicher genossenschaftsstrategischer Managementaktivität, der effektiven und effizienten Gestaltung der Organisation von Genossenschaften, kann eine Betrachtung der Kultur- bzw. Prinzipien-Ebene zwar wertvolle Erklärungsbeiträge für den heutzutage weit verbreiteten genossenschaftlichen Strukturtypus liefern. Doch verharren solche grundsätzlichen Überlegungen oft auf einer wenig praktikablen, abstrakten, wenn nicht gar ideologischen Ebene. Weit mehr konkrete Ansatzpunkte für eine gezielte Gestaltung der Genossenschafts-Organisation bieten sich dagegen auf der Strukturebene, die oft nicht klar von den anderen Ebenen abgegrenzt wird.

Ein drittes Forschungsdefizit besteht darin, dass vertiefte Gedanken zur spezifischen Struktur von Genossenschaften als hybride „Mischwirtschaften“ (Mändle/Swoboda 1992: 239; Thiemeyer 1993) bislang häufig der Ebene des genossenschaftlichen Finanzverbunds (Makroebene) vorbehalten bleiben. Hier werden Wesen und Erfolgsdeterminanten netzwerkförmig organisierter Wertschöpfungskooperationen zwischen Primärgenossenschaften, Zentralinstituten, Verbundunternehmen und Verbänden umfassend diskutiert (stellvertretend Bonus u. a. 1999; Grichnik/Börner 1999; Grichnik 2000; Grichnik 2002; Hellinger 1999; Klingenberger 1997). Die systematische Anwendung des Hybridkonzepts auf die „Binnenstruktur“ (Mikroebene) der primären Genossenschaften als Beziehungsgeflecht zwischen Mitgliedern (institutionalisiert in den Organen Vorstand, Generalversammlung, Vertreterversammlung und Aufsichtsrat) und dem Mitgliederkollektiv „Genossenschaft“ kommt dagegen bisher zu kurz.

Werden viertens Hybridkonzepte mancherorts doch explizit zur Strukturanalyse herangezogen, Genossenschaften also nicht als strukturelle Grundformen der Governance, wie z. B. Unternehmen, Märkte oder Clans, sondern als netzwerkförmig strukturierte, hybride Organisationsformen interpretiert, bleiben diese Überlegungen immer noch häufig eindimensional. Die Mischstruktur von Genossenschaften wird regelmäßig als einfaches Hybrid betrachtet, also als eine zwischen Markt und Hierarchie (Hellinger 1999: 322, 106ff; Bonus u. a. 1999: 34; Grichnik/Börner 1999: 15, 18) bzw. zwischen Markt und Demokratie (Klingenberger 1997: 24ff, S. 37ff) angesiedelte Organisationsform. Hierbei wird vernachlässigt, dass sich die Mischstruktur von Genossenschaften nicht unter Rekurs auf einzelne Strukturdimensionen – wie es etwa für die Hybrid- bzw. Netzwerkformen im Sinne der Neuen Institutionenökonomik typisch ist – ausreichend beschreiben lässt, sondern dass die genossenschaftliche Hybridstruktur als komplexe Mischform durch eine mehrdimensionale Kombination von Markt und Unternehmen, von Hierarchie und Demokratie, von Kooperation und Konkurrenz sowie von Geschäftsorientierung und Mitgliederorientierung gekennzeichnet ist.
Mit der Intention, simultan einen Beitrag zur Überwindung der vier erläuterten Forschungsdefizite zu leisten, steht im Folgenden die

- dynamische Analyse (vergangenheitsgerichtete Rekonstruktion) und Gestaltung (zukunftsgerichtete Konstruktion)
- der mehrdimensional-komplexen
- hybriden Organisations-Struktur
- der primären Genossenschaften

im Vordergrund.

2. Rekonstruktion der Organisationsdynamik von Genossenschaften

2.1. Terminologische Rekonstruktion

Die Strukturentwicklung der im vorliegenden Beitrag als Erfahrungsobjekt dienenden „modernen Genossenschaften" (Neumann 1975: 32), insbesondere diejenige von Kreditgenossenschaften, aber auch diejenige von Konsumgenossenschaften sowie bestimmten Absatz- und Beschaffungsgenossenschaften, wird im Vergleich zur historischen Ausgangskonfiguration der Gründerzeit unter anderem beschrieben als „Defigurierung" bzw. „Entdemokratisierung" (Mändle/Swoboda 1992: 444f), „Denaturierung" (Neumann 1981: 171), „Entfremdung" (Grosskopf 1990: 375; Hoffmann 1992: 75f), „Ermüdung und Entartung" (Beuthien 2003b: 26) bzw. „Verfremdung" (Beuthien 2003b: 37), „Kommerzialisierung" (Münkner 2004: 13), „Demutualisierung" bzw. „Ökonomisierung" (Mändle/Swoboda 1992), „Sekundarisierung" (Mändle/Swoboda 1992: 328), „Verselbständigung" (Mändle/Swoboda 1992: 445) oder „Verwässerung" (Engels 1997).
Ergebnis dieser Organisationsdynamik ist der in der Gegenwart dominierende Strukturtypus von Genossenschaften, der neben der Charakterisierung als „moderne Genossenschaft" mit Begriffen wie „entartete Genossenschaft" (Derfuss 1970: 29), „degenerierte Genossenschaft" (Ringle 1994: 20), „Marktbeziehungs-Kooperativ" (Dülfer 1984: 92),

„emanzipierte Genossenschaft“ (Neumann 1973: 54) oder „New Generation of Co-operative“ (Katz/Boland 2002) umschrieben wird (bereits Kluge 1957: 196).
Diese Begriffe geben zwar einen ersten Einblick in die genossenschaftliche Organisationsdynamik, sind aber oftmals wertend und heben überdies jeweils nur einzelne Facetten der genossenschaftlichen Organisationsdynamik hervor, ohne ein systematisches Gesamtbild zu zeichnen. Demgegenüber soll im Folgenden ein Modell dargestellt werden, das eine organisationstheoretisch fundierte, systematische Analyse sowie eine praktisch-normative (nicht: ethisch-normative) Gestaltung der genossenschaftlichen Organisationsdynamik ermöglicht.

2.2. Analyseraster: Organisatorisches Hybridmodell

Die Dynamik der hybriden Mischstruktur von Genossenschaften, die sich insbesondere in der Beziehung der individuellen Mitglieder zur Genossenschaft als Mitgliederkollektiv niederschlägt, kann mit Hilfe eines „Sets von Regeln und Ressourcen“ analysiert werden (Giddens, 1988, 81; Windeler 2001: 303ff; Sydow 2003: 346; Eckart 2005, 238, Figure 39; Bernecker 2005: 68ff; Reiß/Bernecker 2005; Zieger/Reiß 2008), das vier allgemeine Strukturdimensionen umfasst. Dazu gehören zunächst drei Strukturdimensionen, die auf dem klassischen Differenzierung-Integration-Paradigma der Organisationslehre (Kosiol 1976: 42ff; Staehle 1980: 408) basieren. Hiernach können Strukturen anhand der Arbeitsteilung, interpretiert als auf Güter fokussierte, vertraglich fixierte Verfügungsgewalt über allokative Ressourcen (Interdependenz), anhand der Kompetenzteilung, interpretiert als die auf Akteure fokussierten Herrschaft über autoritative Ressourcen (Machtverteilung), sowie anhand der Integration, interpretiert als koordinierende Regeln und Normen, untersucht werden. Diese klassische Modellarchitektur wird im vorliegenden Beitrag ergänzt durch die Strukturdimension Schichtenprofil (Einbettung, korrespondierend mit dem relativen Stellenwert organisatorischer Schichten) (Granovetter 1985; Kosiol 1976: 80ff), mit welcher die Ausprägung der hybriden „Doppelnatur“ von Genossenschaften als Personenverband (Clan) und Zweckverband (Wertschöpfungssystem) erfasst werden kann (Draheim 1955: 16). Diese vier für die weitere Analyse herangezogenen, generischen Strukturdimensionen werden im Folgenden näher erläutert.

2.2.1. Strukturdimension Interdependenz

Der Tausch bzw. die Poolung von Verfügungsrechten stellen die vertragsökonomische Konkretisierung des Phänomens der Interdependenz dar. Dieses erfasst die Verflechtung allokativer Ressourcen, also die programmseitigen und ressourcenseitigen Abhängigkeiten bzw. Überschneidungen zwischen den Akteuren. Die hybride Struktur der Interdependenz steht im Mittelpunkt des institutionenökonomischen Interpolationsparadigmas. In Abhängigkeit von Kontextvariablen wie Faktorspezifität oder Dynamik wird der transaktionskostenoptimale Einsatzbereich marktwirtschaftlicher (z. B. Kaufvertrag, Dienstvertrag) oder planwirtschaftlicher (z. B. Gesellschaftsvertrag, Arbeitsvertrag, Ergebnisabführungsvertrag) Steuerungsformen festgelegt (Williamson 1985; Williamson 1993: 53; grundlegend Alchian 1965; Coase 1960).

Durch die Strukturdimension Interdependenz werden also im Kern die institutionellen Arrangements bzw. Governancestrukturen (z. B. Markt, Hybridform, Unternehmen)[1] im Sinne der Neuen Institutionenökonomik erfasst. Die Dimension kann skaliert werden zwischen den Ausprägungen eng bzw. gepoolt (z. B. Ko-Unternehmertum, Solidarverantwortung, Gesellschaftsvertrag, erfolgsabhängige Residualentgelte) und lose bzw. sequentiell (z. B. Markt, Individualverantwortung, Kaufvertrag, fixe Kontraktentgelte). Gemischte bzw. hybride Ausprägungen (z. B. Hybridformen nach Williamson, relationale Verträge, Angestellten-Unternehmertum, unternehmensinterne Märkte (Frost 2005) bzw. Service Level Agreements, erfolgsabhängige und fixe Entgeltbestandteile) werden als „amalgamiert" bezeichnet (Bernecker 2005: 76ff).

2.2.2. *Strukturdimension Machtverteilung*

Die Strukturdimension Machtverteilung bildet die relative Macht der Akteure ab, also die Verflechtung autoritativer Ressourcen (allgemein Staehle 1980: 406, genossenschaftsbezogen Zerche/Schmale/Blome-Drees 1998: 190ff). French/Raven bzw. Raven/Kruglansky definieren Macht als Saldierung eines wechselseitigen Beeinflussungspotenzials über mehrere Macht- bzw. Einflussbasen hinweg (French/Raven 1959: 150ff; Raven/Kruglansky 1970: 69ff). So verstanden, ist Macht nicht nur vom Informationsgefälle oder von den Verfügungsrechten über Ressourcen abhängig. Sie resultiert vielmehr auch aus der Verteilung von Belohnungs- bzw. Sanktionierungsmacht, Legitimationsmacht, Identifikationsmacht und Expertenmacht zwischen den Akteuren sowie aus weiteren Facetten wie der sozialtechnologischen Macht in Form von Führungswissen und der Macht durch Kontextgestaltung.

Die Strukturdimension Machtverteilung erfasst das Verhältnis von Selbstorganisation zu Fremdorganisation und ist negativ korreliert mit dem Grad an Fremdorganisation bzw. Hierarchie. Sie kann skaliert werden zwischen den Ausprägungen polyzentrisch bzw. hochgradig selbstorganisatorisch (symmetrische Machtverteilung bzw. wechselseitiges Machtgleichgewicht) und monozentrisch bzw. hochgradig fremdorganisatorisch (asymmetrische Machtverteilung bzw. einseitige Machtkonzentration). Gemischte bzw. hybride Ausprägungen (wechselseitige Machtasymmetrien bzw. fluktuierend hierarchische Beziehungen) werden als circular (Romme 1999) oder heterarchisch (Probst 1992: 499; Bellmann 2001) bezeichnet.

2.2.3. *Strukturdimension Integration*

Integration in Gestalt koordinationsförderlicher Infrastrukturen steht für die Ausbildung von Gemeinsamkeiten in den Zielsystemen bzw. für den „Konsens" der beteiligten Akteure zur Sicherung des Systemzusammenhalts (Zerche/Schmale/Blome-Drees 1998: 192f). Ein hoher Integrationsgrad liegt bei Zielharmonie zwischen den Akteuren vor. Alle individuellen Akteure handeln dann im Interesse der Organisation, d.h. im kollektiven Inte-

[1] Als dem „Markt" gegenüberstehender Archetypus ist das „Unternehmen" zu betrachten, wenn – wie in vorliegendem Beitrag – ausschließlich Bezug auf die Interdependenz genommen wird. Die von Williamson (1985: 20ff) als Gegenpol zum „Markt" interpretierte „Hierarchie" berücksichtigt dagegen neben der Ressourcenallokation auch die hierarchischen Unterstellungsverhältnisse in Unternehmen und vermischt insofern die hier betrachtete Strukturdimension Interdependenz mit der im folgenden Abschnitt erläuterten Strukturdimension Machtverteilung (Bernecker 2005: 77).

resse. Weichen Ziele, Werte und Überzeugungen der Akteure voneinander ab oder birgt die Ausgestaltung der organisatorischen Strukturen Konfliktpotenzial, so ist der Integrationsgrad als niedrig einzustufen. Alle Organisationsmitglieder handeln dann bei situationsbedingtem Auseinanderfallen von Eigen- und Kollektivinteressen im Eigeninteresse (Eschenburg 1971). Gemischte bzw. hybride Ausprägungen der Integration werden als „Co(-)opetition" bzw. „Koopkurrenz" (Brandenburger/Nalebuff 1996), „Competitive Collaboration" (Doz/Hamel/Prahalad 1989), „coopetitive Organisation" (Miklis 2004) oder „kooperative Wettbewerbsbeziehungen" (Dowling/Lechner 1998) bezeichnet. Die Beteiligten agieren hierbei gleichzeitig als Mitspieler und als Gegenspieler.

Zusammenfassend bleibt festzuhalten, dass die Strukturdimension Integration die „Übereinstimmung" bzw. „Nähe" zwischen den Akteuren erfasst. Der Integrationsgrad deckt sich im Kern mit dem Grad an Kooperation bzw. Harmonie und ist negativ korreliert mit dem Grad an Konkurrenz bzw. Konflikt sowie dem Bedarf an koordinativen „Infrastrukturen" (Reiß 1992: 128ff; Reiß 2001: 149). Integration kann skaliert werden zwischen den Ausprägungen harmonisch bzw. kooperativ und konfliktär bzw. kompetitiv. Die hybride Ausprägung wird als koopkurrent (Brandenburger/Nalebuff 1996) bzw. koopetitiv (Miklis 2004) bezeichnet.

2.2.4. Strukturdimension Schichtenprofil

Jede Interaktionsbeziehung innerhalb einer Organisationsstruktur besteht tatsächlich aus mehreren, sich überlagernden Beziehungsformen (Granovetter 1985). Es können drei solcher Schichten einer Organisation unterschieden werden (Reiß/Koser 2000: 125). Erstens wird auf der hochgradig organisierten Leistungsschicht eines kommerziellen Wertschöpfungssystems der Fremdbedarf von „externen" Kunden gedeckt. Zweitens spielen sich auf der formal gestalteten Trägerschicht alle Aktivitäten zur Eigenbedarfsdeckung ab, also sämtliche Prozesse des Versorgungs- und Beziehungsmanagements, die dem Aufbau organisationseigener Ressourcen- und Beziehungspotenziale dienen. Mit der vorwiegend selbstorganisierten Verknüpfungsschicht werden schließlich drittens die informellen, nicht bewusst organisierten Verbindungen erfasst. Diese gewachsenen Beziehungen können auf der einen Seite integrationsgetrieben sein. Eine Clanorganisation etwa wird als Personengemeinschaft durch implizite Regeln bzw. gemeinsame, Vertrauen schaffende Wertvorstellungen koordiniert (Ouchi 1980). Auf der anderen Seite können Beziehungen auf der Verknüpfungsschicht interdependenzgetrieben sein, d.h. z. B. aus räumlicher Nähe oder einem Agieren auf demselben relevanten Markt resultieren. Dieselben Akteure unterhalten bei der Schichtenbetrachtung also verschiedenartige Beziehungen, die sich vor allem hinsichtlich Funktionalität und Organisationsgrad unterscheiden.

Mit Hilfe eines Schichten-Profils kann nun abgebildet werden, dass in unterschiedlichen Organisationsformen der Stellenwert dieser einzelnen Schichten deutlich differiert. Die Ausprägungen der Strukturdimension Schichtenprofil reicht dabei in Abhängigkeit vom relativen Stellenwert der jeweiligen Schichten von clanorientiert bzw. personalistisch (Personenverband bzw. „Personenvereinigung") bis hin zu geschäftsorientiert bzw. kommerzialistisch (Wertschöpfungsverband bzw. „Betriebswirtschaft") (Draheim 1955: 16). Hybride Schichtenprofile, die mindestens zwei funktional zueinander teilweise in Konflikt stehende Schichten gleichermaßen fokussieren, werden als bifunktional bzw. janus-

köpfig (Draheim 1967) (Doppelnatur als Personen- und Wertschöpfungsverband) bezeichnet.
Das aus den erläuterten vier Strukturdimensionen aufgebaute, im Folgenden als Analyseraster verwendete Gesamtmodell, stellt sich graphisch gemäß Abb. 2 dar.

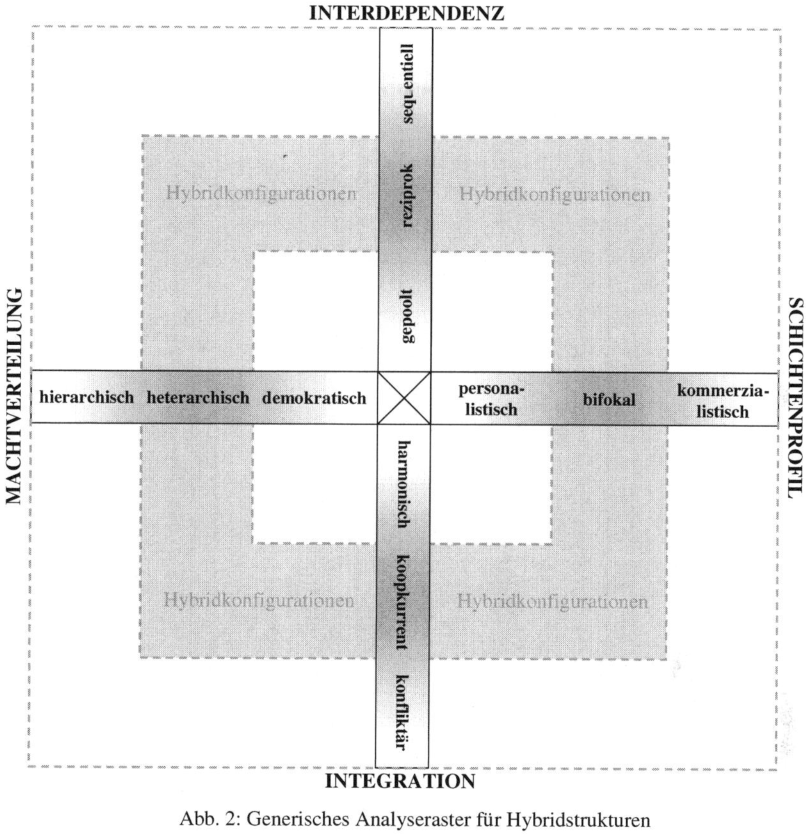

Abb. 2: Generisches Analyseraster für Hybridstrukturen

2.3. Strukturdynamik von Genossenschaften

Vergleicht man die Struktur von historischen und von modernen Genossenschaften mit Hilfe dieser vier Dimensionen, ergibt sich ein starker Kontrast (ausführlich Zieger 2007: 84ff; in Bezug auf Kreditgenossenschaften Bonus 1994: 32ff, 47ff, 59ff).
Im Zuge einer vertieften Analyse kann gezeigt werden, dass die Beziehung der individuellen Mitglieder zur Genossenschaft in der Gründungszeit um die Wende des 19./20. Jahrhunderts gekennzeichnet war durch relative

- Enge, d.h. eine hybride Interdependenz, die eher gesellschaftsrechtlich denn marktlich geprägt war, was sich z. B. in der Solidarhaftung der Mitglieder oder der Treuhänderfunktion des Vorstands zeigte. Diese Ausprägung der Interdependenz spiegelte in hohem Maße das genossenschaftliche Prinzip der Selbstverantwortung für den wirtschaftlichen Umgang mit allokativen Ressourcen (organische Solidarität bzw. Solidarität des Handelns (Durkheim 1977)) sowie den materialen Aspekt des Prinzips der Selbsthilfe als „gegenseitige Hilfe" (Faust 1977: 35) durch Ressourcenpoolung wider. Diese in historischen Genossenschaften dominante Ausprägung der engen Kopplung erfuhr aber auch gewisse Einschränkungen bzw. „Grundwiderstände" (Matejko 1971: 4). Eine Entkopplung erfolgte etwa durch das mit dem genossenschaftlichen Freiwilligkeitsprinzip korrespondierende, grundsätzliche Recht zum freien Zu- und Austritt (Mändle/Swoboda 1992: 213f). In Bezug auf das Risiko führten sowohl Kapitaleinlagen, die mitunter von wohlhabenden Bürgern in Stiftungsfonds eingebracht wurden, als auch die fakultative Haftungsbeschränkung auf die Haftsumme zu einer Aufweichung der Solidarhaftung. Auf der Seite der Genossenschaftsleitung resultierte eine Hybridisierung der Ressourcenpoolung aus dem Einsatz eines arbeitsrechtlichen Vertragsverhältnisses für sog. „Rendanten" bzw. „Rechner", die nach ihrem individuellen Aufwand entschädigt wurden und nicht in Abhängigkeit vom Förderungserfolg wie die übrigen Mitglieder (Mändle/Swoboda 1992: 546). Die Interdependenz hatte damit insgesamt den Charakter einer amalgamierten Hybridform als „eine lebendige Übereinstimmung von Freiheit und Gebundenheit" (Faust 1977: 37), wobei die Abhängigkeiten überwogen.
- Balance, d.h. eine hybride Machtverteilung, die eher heterarchisch denn hierarchisch geprägt war, was sich etwa in der basisdemokratischen Umsetzung der Mitgliederversammlung als Generalversammlung oder in der Weisungsgebundenheit des Vorstands zeigte. Diese Ausprägung der Machtverteilung spiegelte in hohem Maße das genossenschaftliche Prinzip der Selbstverwaltung bzw. Demokratie in Gestalt des akzeptanzförderlichen Umgangs mit autoritativen Ressourcen (z. B. One-man-one-vote-Prinzip bzw. „Kopfstimmrecht") wider. Für klassische Genossenschaften war also grundsätzlich eine polyzentrische Machtverteilung typisch, mit anderen Worten: eine „Zusammenarbeit auf dem Boden der Gleichheit" (Faust 1977: 36). Diese erfuhr jedoch wiederum gewisse Einschränkungen (Matejko 1971: 4). In Bezug auf die Mitglieder etwa führte die „Duldungspflicht" zu einer Unterordnung von Minderheiten unter Mehrheitsbeschlüsse (Beuthien 2003a: 9). Insofern sicherte die „individuelle Entmachtung" der Genossen zu Gunsten der kollektiven Entscheidungsbefugnis des Mitgliederorgans die Durchsetzung und Stabilisierung des Förderprinzips (Jäger 2001: 150). Gleichzeitig ließen sich Machtasymmetrien auch in der Leitungs- und Kontrollstruktur historischer Genossenschaften feststellen. Der angestellte Rechner (Geschäftsführer) etwa gewann sein Einflusspotenzial aus der Expertise in Fragen der Finanzwirtschaft und wurde selbst wiederum vom ehrenamtlichen Vorstand kontrolliert.

  Insgesamt lag damit eine heterarchisch-hybride Machverteilung vor, wobei demokratische Elemente dominierten.

- Nähe, d.h. eine hybride Integration, die eher kooperativ denn kompetitiv geprägt war, was sich z. B. in der gegenseitigen Hilfsbereitschaft, dem „Willen zur Zusammenarbeit" (Mändle/Swoboda 1992: 268), der „genossenschaftlichen Treue" (Mändle/Swoboda 1992: 267) sowie der auf Reziprozität basierenden Genossenschaftsgesinnung zeigte. Diese Ausprägung der Integration spiegelte in hohem Maße den formalen Aspekt des Prinzips der Selbsthilfe (mechanische Solidarität bzw. Solidarität der Gesinnung) (Durkheim 1977) wider. Bei klassischen Genossenschaften entsprach das Zielsystem der Mitglieder also im Wesentlichen dem Zielsystem des Organbetriebs (Tebroke 1998: 332f).

  Aber auch hier ließ sich eine Hybridisierung durch Beimischung gegensätzlicher Ausprägungen feststellen. An die Stelle der Reinform trat also faktisch die Kombination der dominanten Harmonietheorie (Mändle/Swoboda 1992: 336f) mit der Konflikttheorie (Eschenburg 1971) der Genossenschaftswissenschaft (Neumann 1973: 52, 61f). Mechanische Solidarität war kombiniert mit mehr oder weniger starkem Eigeninteresse. Kompetitive Elemente resultierten etwa aus Unvollkommenheiten der organisatorischen Konfliktregelungsmechanismen bei der Rivalität um knappe Ressourcen oder aus partiellen Überschneidungen in den Leistungsprogrammen von Mitgliedsbetrieb und Organbetrieb. Daneben sorgte das Bedürfnis nach einer eigenen Identität (Matejko 1971: 4) für die simultane Existenz von „zentrifugalen" und „zentripetalen" Kräften (Bonus 1986: 310).

  Die den Rahmen bildende Leitidee der kollektiven Kooperation war also mit individuellem Eigeninteresse gepaart (Kaltenborn 2006: 26ff), so dass insgesamt eine koopkurrente Konstellation vorlag, wobei jedoch kooperative Elemente dominierten.
- Tiefe, d.h. ein hybrides Schichtenprofil, das eher mitgliederfokussiert denn geschäftsfokussiert war, was sich etwa im Verbot von Nichtmitgliedergeschäften oder in der strengen Umsetzung der Selbstorganschaft zeigte. Diese Ausprägung des Schichtenprofils spiegelte in hohem Maße das genossenschaftliche Prinzip der Identität, also der regionalen und formalen „Einheit von Mitgliedern und Kunden" (Beuthien 2003a: 20) wider.

  Doch existierten auch hier Beimischungen kommerzialistischer Elemente. Der Betrieb von Geschäften mit Nichtmitgliedern war insoweit zulässig, als diese einseitigen Marktbeziehungen mit Nur-Kunden ausschließlich Gegengeschäft, d.h. „Mittel zum Zweck" der Mitgliederförderung blieben (Dülfer 1984: 56). In historischen Genossenschaften lag mit der strengen Orientierung an dieser Zweckbindung eine umgekehrte Instrumentalbeziehung im Vergleich zu erwerbswirtschaftlichen Organisationsformen vor. Die Fremdbedarfsdeckung war bei Genossenschaften ein Instrument zur Eigenbedarfsdeckung, d. h. zur Förderung der die Genossenschaft tragenden Mitglieder, während bei Unternehmen die Versorgungs- und Beziehungsprozesse ein Mittel zum Geschäftsbetrieb sind.

  Insgesamt lag bei klassischen Genossenschaften ein hybrides Schichtenprofil vor, bei dem die personalistische Vereinsorientierung „Vorfahrt" vor der kommerzialistischen Geschäftsorientierung hatte.

Die archetypischen Ausprägungen der Mitglieder-Mitgliederkollektiv-Beziehung in Genossenschaften stellen sich zusammenfassend gemäß Abb. 3 dar.

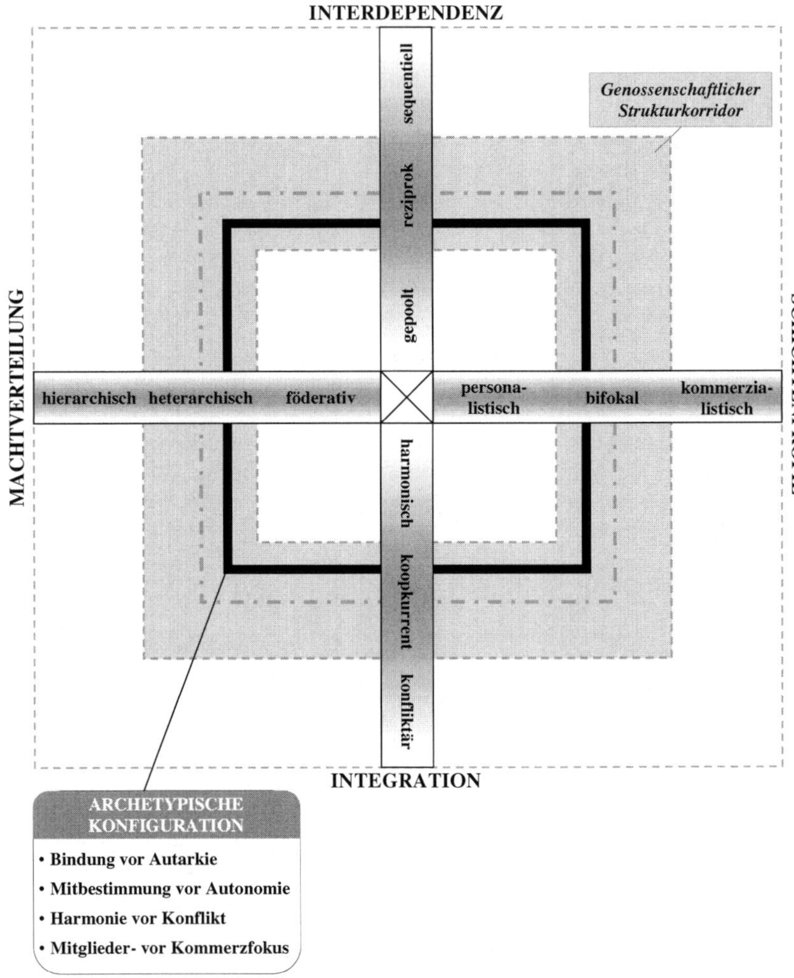

Abb. 3: Historische Strukturkonfiguration von Genossenschaften

Auf Grundlage einer umfassenden, detaillierten Strukturanalyse lässt sich weiter zeigen (ausführlich Zieger 2007: 98ff), dass die Organisationsstruktur moderner Genossenschaften eine Konfiguration aufweist, die spiegelbildlich zu derjenigen historischer Genossenschaften ausgeprägt ist. Die Strukturkonfiguration, wie sie in der Gründerzeit typisch war, hat sich nach und nach zu einer realtypischen Strukturkonfiguration hinentwickelt, die gegensätzliche Ausprägungen zum Archetypus aufweist, ohne jedoch den hybriden, genossenschaftlichen Strukturkorridor gänzlich verlassen zu haben.

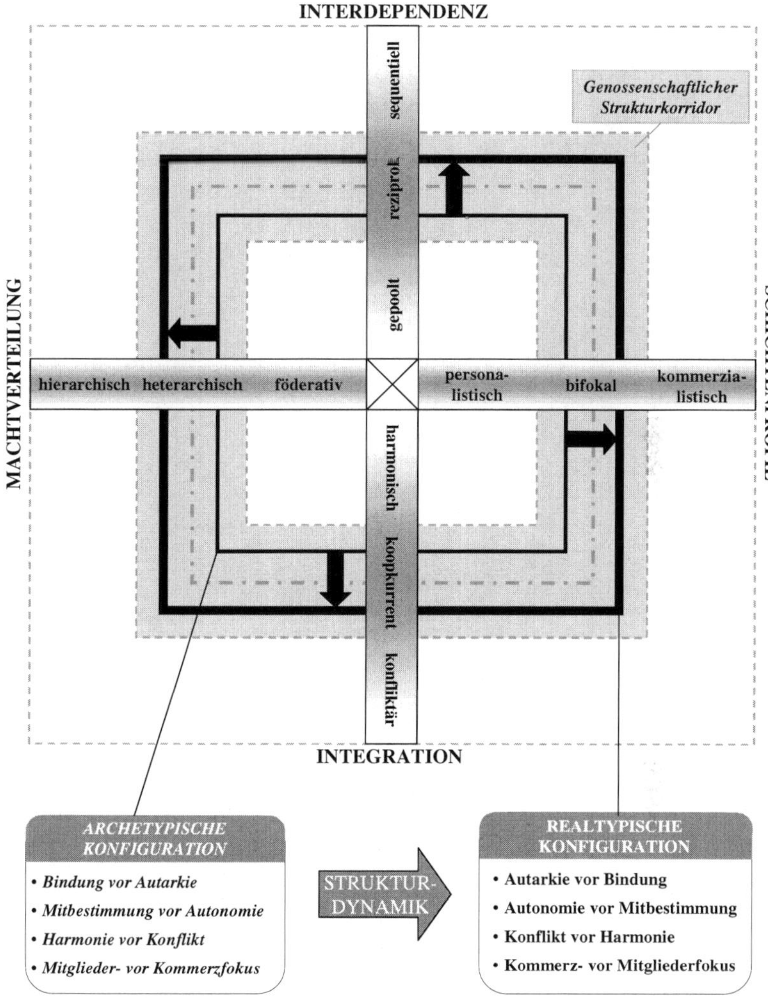

Abb. 4: Rekonstruktion der Organisationsdynamik von Genossenschaften

Die Organisationsdynamik von historischen Genossenschaften bis hin zu modernen Genossenschaften kann in der gebotenen Kürze wie folgt charakterisiert werden.

- In Bezug auf die Interdependenz ist eine Schwerpunktverlagerung von der eher engen, unternehmenstypischen Kopplung zu der eher losen, markttypischen Kopplung festzustellen. Diese relative „Entkopplung“ zeigt sich z. B. in der auf die Haftsumme begrenzten Mitgliederhaftung oder in der Absicherung des Vorstandshandelns durch D&O-Versicherungen.
- In Bezug auf die Machtverteilung ist eine Schwerpunktverlagerung von der eher demokratischen, polyzentrischen Willensbildung zu der eher hierarchischen, monozentrischen Willensbildung festzustellen. Diese relative „Entmündigung“ zeigt sich z. B. in der verbandsdemokratischen Organisation der Mitgliederversammlung als Vertreterversammlung oder in der Weisungsungebundenheit des Vorstands, gepaart mit einem weitgehend wirkungslosen Kontrollausübung durch den Aufsichtsrat.
- In Bezug auf die Integration ist eine Schwerpunktverlagerung von der eher harmonischen, kooperativen Gesinnung zu der eher konfliktären, kompetitiven Gesinnung festzustellen. Diese relative „Entfremdung“ zeigt sich z. B. in der abnehmenden Loyalität der Mitglieder (z. B. Verlust des Hausbankstatus durch Zweitbankverbindungen bei Kreditgenossenschaften) oder in einer mangelnden Identifikation von Vorstand und Mitgliedern mit den Eigenheiten der Rechtsform.
- In Bezug auf das Schichtenprofil ist eine Schwerpunktverlagerung von der eher mitgliederorientierten, personalistischen Orientierung zu der eher geschäftsorientierten, kommerzialistischen Orientierung festzustellen. Diese relative „Entpersonalisierung“ zeigt sich z. B. in der Ausweitung von Nichtmitgliedergeschäften, der Umgehung des Selbstorganschaftsprinzips durch „Fördermitgliedschaften“ oder der virtuellen Ausdehnung des Geschäftsgebiets (z. B. via Onlinebanking bei Kreditgenossenschaften).

Wie obige Abb. 4 illustriert, hat sich der Hybridcharakter moderner Genossenschaften seit ihrer Gründungszeit also nach und nach zu einer Mischkonfiguration hinentwickelt, die – gerade spiegelbildlich zur historischen Konfiguration – durch die Dominanz der jeweils entgegengesetzten Reinformen in den vier Strukturdimensionen geprägt ist (Harbrecht 2000c: 52). Genossenschaften haben sich damit sozusagen von einer „speziellen Form einer Personengesellschaft“ zu einer „speziellen Form einer Kapitalgesellschaft“ gewandelt (Harbrecht 2000c: 52; Harbrecht 2000a: 326, 328; Harbrecht 2000b: 95f).

3. Konstruktion der Organisationsdynamik von Genossenschaften

3.1. Risikoprofil der genossenschaftlichen Organisationsdynamik

Fasst man die Risikoprofile der beiden tiefer analysierten Strukturkonfigurationen zusammen, so ergibt sich – entsprechend der jeweiligen strukturellen Schwerpunktsetzung archetypischer bzw. realtypischer Genossenschaften – ein genossenschaftstypisches Spannungsfeld zwischen dem „Performanzrisiko“, wie es die Strukturkonfiguration archetypischer

Genossenschaften birgt, und dem „Konformanzrisiko", wie es die realtypische, moderne Genossenschaftsstruktur birgt (vgl. im Folgenden Abb. 5).[2]

Das Kernrisiko performanzfokussierter Genossenschaften liegt in der einseitigen strukturellen Anpassung an den externen Kontext, ohne mit dem internen Kontext, d.h. den koordinationsförderlichen Strukturspezifika der Organisationsform konform zu gehen (Heinzelmann 1989: 64f; Jeschke 2001: 304; Münkner 1996: 60). Die Genossenschaft macht sich aufgrund der fehlenden Akzeptanz der Träger hierbei „von innen heraus obsolet" (Schorr 2007: 27). Das mit der Strukturdynamik einhergehende „Identitätsproblem bezüglich des genossenschaftlichen Selbstverständnisses" (Harbrecht 2000b: 97) kann dazu führen, dass die Genossenschaft die Akzeptanz ihrer Träger verliert. Die „Gefahr einer inneren Orientierungsschwäche" bzw. das „Risiko des Identitätsverlusts" (Grosskopf 1990: 376) führt dann zu einer „Sinnkrise" (Beuthien 2003: 39) bzw. „Identitätskrise" (Grosskopf 1990: 376; Hammer 2007). Die Tendenz zur strukturellen Verwässerung der Grundprinzipien bildet insofern eine existentielle Bedrohung für die Konstruktion von Genossenschaften (Steding 2000: 8).

Demgegenüber war die Genossenschaft in der archetypischen Strukturkonfiguration auf die strukturelle Umsetzung der genossenschaftlichen Organisationsprinzipien in einer strikten Form fixiert, die dem Differenzierungsbedarf im heutigen Wettbewerbsumfeld nicht mehr gerecht werden könnte. Derart konformanzfokussierte Genossenschaften sähen sich heutzutage in ihrer wirtschaftlichen Performance und damit langfristig in ihrer Existenz gefährdet: „Wenn die Genossenschaften überleben wollen, müssen sie [...] in einem bisher nicht gekannten Maße um die Wirtschaftlichkeit [...] bemüht sein." (Neumann 1975: 33)

Plakativ und überspitzt formuliert, liegen den jeweiligen Konfigurationen zwei divergierende Verständnisse von der Bedeutung des Mitglieds für die Genossenschaft zugrunde, die mit den entsprechenden Risiken korrespondieren. „Das Mitglied ist Mittelpunkt" bei einer nach archetypischem Muster konstruierten Genossenschaft, wobei die Markterfordernisse vernachlässigt werden. In der modernen Genossenschaft dagegen, die sich Akzeptanzdefiziten ausgesetzt sieht, gilt: „Das Mitglied ist Mittel – Punkt!".

Zusammenfassend lässt sich eine „doppelte Gefahr für die Genossenschaft" eruieren (Harbrecht 2000b: 96f): ein „Identitätsproblem bezüglich des genossenschaftlichen Selbstverständnisses" auf der einen Seite und das „Risiko eines Verlustes an Wettbewerbsfähigkeit" (jeweils Harbrecht 2000b: 97) auf der anderen Seite.

[2] Vgl. zum Spannungsfeld zwischen „Conformance" und „Performance" Garratt (1996).

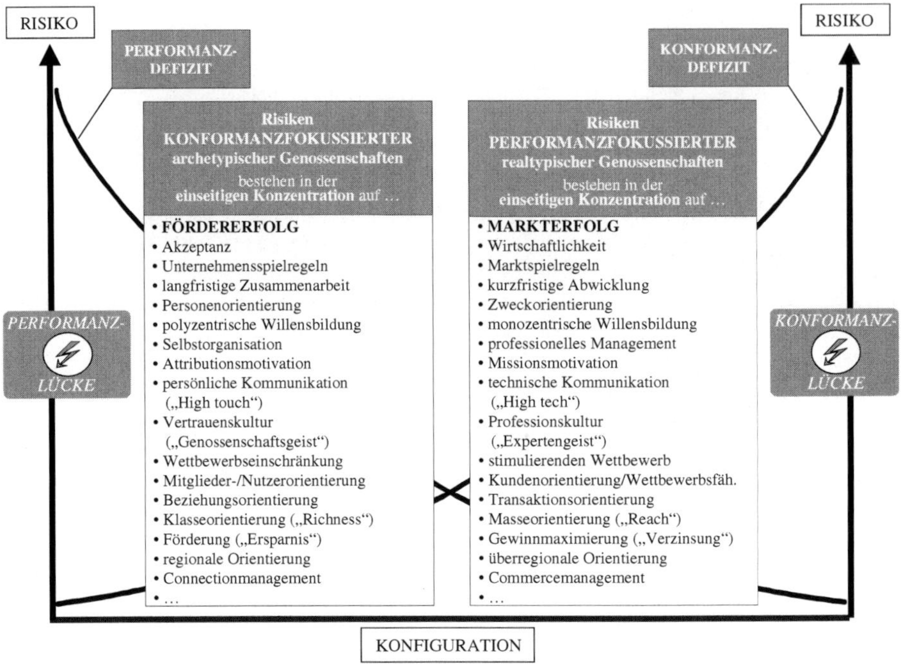

Abb. 5: Risikoprofile genossenschaftlicher Strukturkonfigurationen

3.2. Risikooptimierte Organisationsstrukturen für Genossenschaften

3.2.1. Spektrum der Entwicklungsstrukturen

Die Kernherausforderung einer risikooptimierten und insoweit zukunftsfähigen Gestaltung der Genossenschaftsorganisation besteht in der strukturellen Bewältigung des aufgezeigten Spannungsfelds zwischen Performanz und Konformanz. Es handelt sich dabei insofern um ein übergeordnetes Spannungsfeld, bei dem gegenläufige Effekte zu bewältigen sind, als mit den zugehörigen diametralen Ausprägungen der verschiedenen Strukturdimensionen jeweils fundamentale organisatorische Dilemmata angesprochen sind (Sydow/Windeler 1995: 416ff; Reiß 1998: 45f, 56; Reiß 2000: 218f; Pastowski/Roth/Woratschek 2003: 255, 264), insbesondere

- das Interdependenz-Dilemma zwischen Autarkie und Parallelausstattung
- das Machtverteilungs-Dilemma zwischen Autonomie und Abhängigkeit,
- das Integrations-Dilemma zwischen Unterintegration und Überintegration sowie
- das Schichtenprofil-Dilemma zwischen Außenorientierung und Innenorientierung.

Zur konstruktiven Bewältigung bzw. Aufbrechung dieser Dilemmata bedarf es eines systematischen Überblicks über mögliche strukturelle Entwicklungsszenarien von Genossenschaften. Diese lassen sich danach systematisieren, ob mit der zukünftigen Entwicklung eine formale Wesensänderung (juristische Transition) und/oder eine materiale Wesensänderung (ökonomische Transition) einhergeht (vgl. Abb. 6).

		materiale Wesensänderung	
		nein	ja
formale Wesensänderung	nein	Genossenschafts-Stagnation (1)	Genossenschafts-Modifikationen (4)
	ja	Genossenschafts-Surrogate (3)	Genossenschafts-Substitute (2)

Abb. 6: Entwicklungspfade für Genossenschaften

Die Genossenschafts-Stagnation (1), verstanden als resignative bzw. passive Beibehaltung des Status-quo, scheidet unter Risikoerwägungen weitgehend aus. Hierbei würden die Augen vor den in der modernen, durch ineffektive und ineffiziente Inkonsistenzen (Neumann 1975: 38; Khandwalla 1975; Mintzberg 1981) geprägten Strukturkonfiguration liegenden, existenziellen Risiken verschlossen. Insoweit kann der „Verzicht auf eine ‚Strukturökonomisierung' [..] – inmitten einer dynamischen Umwelt – keine Antwort auf die gegenwärtigen und zukünftigen Strukturprobleme [...] sein." (Klingenberger 1997: 66) Vielmehr liegt es nahe, Genossenschaften in geeigneter Weise zu reorganisieren. Die Fortschreibung der rekonstruierten Strukturentwicklung mündet dabei in drei mögliche Grundmuster, die auch als Zielstrukturen zur strategiegerechten Restrukturierung von Genossenschaften verstanden werden können und deshalb für Genossenschaftsarchitekten hohe Relevanz als strategischer Wegweiser besitzen: Genossenschafts-Substitute, Genossenschafts-Surrogate und Genossenschafts-Modifikationen (allgemein Reiß/Bernecker 2005: 376ff; Bernecker 2005: 82ff).

3.2.2. Genossenschafts-Substitute (2)

Die erste und zugleich radikalste Möglichkeit der strukturellen Weiterentwicklung von Genossenschaften besteht in der Aufgabe sowohl des materialen als auch des formalen Wesens der Genossenschaft. Genossenschafts-Substitute entsprechen einer Annäherung an bzw. einem Ersatz durch strukturelle Reinformen. Die damit verbundene Enthybridisierung kommt dem Untergang der spezifischen Hybridkonstruktion von Genossenschaften gleich. Genossenschaften werden in diesem Fall als Auslaufmodell ohne Zukunft mit lediglich historischer Bedeutung angesehen. Neben dem vollständigen Verlust der Existenzberechtigung, also Auflösung und Ersatz durch Markt, Staat oder soziale Strukturen wie Clans, ist bei den bereits existierenden Genossenschaften vor allem an die weitere Annäherung an gesellschaftsrechtliche Reinformen zu denken.

Ausgehend von der modernen performanzfokussierten Organisation von Genossenschaften kann sich insbesondere die Entwicklung in Richtung Kapitalgesellschaft weiter fortsetzen. Diese Entwicklung mündet konsequenterweise in einer Umwandlung in bzw. einer Substitution durch rein kapitalistisch-erwerbswirtschaftliche Rechtsformen (Grosskopf

1990: 376), wie sie einige Genossenschaften in der Praxis bereits vollzogen haben (z. B. Stuttgarter Volksbank AG). Eine Umwandlung der Genossenschaft in eine erwerbswirtschaftliche Rechtsform bietet sich immer dann an, wenn ein anderes Unternehmensinteresse als die „Mitgliederförderung“ dominieren soll, wenn genügend Kapitalgeber bereit und fähig sind, gleiche Leistungen wie die Genossenschaft auf der Grundlage privatwirtschaftlicher Initiative zu erbringen oder wenn bewusst überwiegend spekulative bzw. Kapitalinteressen in den Mittelpunkt der Geschäftstätigkeit rücken (Neumann 1975: 34). Unter diesen Bedingungen kann die Umwandlung in eine reine Kapitalgesellschaft ökonomisch durchaus Sinn machen. Leistet die Genossenschaft jedoch einen wesentlichen Beitrag zur Kompensation von Marktmacht, soll eine „feindlichen Übernahme“ ausgeschlossen werden und/oder erbringt die Genossenschaft nicht-imitierungsfähige bzw. -würdige, d.h. aus Mitgliedersicht einzigartige Leistungen, so hat sie auch in Zukunft eine Daseinsberechtigung. Selbst nach dem Erreichen bzw. Überschreiten des Minimums der Durchschnittskosten wird man hier also keine Substitution in Betracht ziehen, sondern vielmehr überlegen müssen, wie die Beziehungen zwischen Mitgliedern und Mitgliederkollektiv in anderer Weise risikooptimiert werden können (Neumann 1973: 54f).

3.2.3. Genossenschafts-Surrogate (3)

Während bei der Substitution sowohl das materiale als auch das formale Wesens der Genossenschaft aufgegeben wird, beinhaltet der Übergang auf Genossenschafts-Surrogate lediglich die formale Aufgabe der Rechtsform, während das ökonomische Wesen der Genossenschaft beibehalten wird.

Grundsätzlich ist die Umsetzung genossenschaftlicher Prinzipien zunächst auch in einem rein erwerbswirtschaftlichen Rechtskleid (z. B. AG) denkbar. Diese Ersatzkonstruktion ist jedoch insbesondere aufgrund des damit einhergehenden Kontrollverlusts der Eigentümer problematisch. Da es bei Genossenschaften keinen Kapitalmarkt für Genossenschaftsanteile und keine Mehrheitsbeteiligungen gibt, tritt an die Stelle der Kapitalmarktkontrolle die Aufsicht durch den Aufsichtsrat und die Pflichtprüfung durch den Verband, die sich auch auf die Prüfung der Erfüllung des Förderauftrags erstreckt und damit von anderer Qualität ist als die Pflichtprüfung etwa bei AG. Würde beim Übergang auf die Rechtsform der AG auf der einen Seite die externe genossenschaftliche Prüfung durch die aktienrechtliche Prüfung ersetzt, auf der anderen Seite die interne Möglichkeit zur Bildung von „Kontrollmehrheiten“ – mit der (ggf. durch den Vorstand nur vorgeschobenen) Intention zur Wahrung des wirtschaftlichen Charakters einer Genossenschaft – durch Satzungsbeschluss verhindert, erhielte die Geschäftsführung einen Freiheitsspielraum, den sie weder in der Rechtsform der eG noch bei einer „reinrassigen“ Kapitalgesellschaft besitzen würde. Vor diesem Hintergrund leuchtet es ein, dass diejenigen, die einem Rechtsformwechsel unter Wahrung des genossenschaftstypischen Unternehmensinteresses (Mitgliederförderung) kritisch gegenüberstehen, grundsätzlich die besseren Argumente auf ihrer Seite haben dürften (Neumann 1981: 173). Würde hier doch versucht, hybride ökonomische Prinzipien in eine gesellschaftsrechtliche Reinform zu pressen und damit weniger ein ökonomisch vorteilhaftes Surrogat als vielmehr ein ökonomisch zumindest fragwürdiges „Quasi-Substitut“ realisiert.

Unter rationalistischen Gesichtspunkten näher liegt die Ablösung von Genossenschaften durch verwandte Strukturen, d.h. ähnlich konstruierte strukturelle Hybride. Bei einer solchen Hybridersatzstrukturierung erfolgt ein Übergang auf alternative Strukturen unter Beibehaltung des hybriden Konstruktionsprinzips. Genossenschaften in der Rechtsform der eG werden also durch Hybridstrukturen anderer juristischer Ausgestaltung abgelöst. Der ökonomische „Hybridstrukturkorridor" (Grosskopf/Münkner/Ringle 1998: 2; Beuthien 2003b: 37) wird nicht wie beim Substitutions-Szenario verlassen, sondern die Strukturmischung wird in einer anderen Organisationsform als der eG verwirklicht. Die sozioökonomische Kategorie „Doppelnatur" etwa, wie sie für Genossenschaften im materialen Sinne im Hinblick auf das Schichtenprofil typisch ist, wird hier in einer anderen Form als der organisatorischen Schichtenidentität realisiert, wie sie für Genossenschaften im formalen Sinne im Rechtskleid der eG typisch ist (Neumann 1973: 49). Es kommt unter anderem ein formaler Ersatz durch Franchising-Systeme, Gesellschaften bürgerlichen Rechts, multilaterale Kooperationen, Communities, Wertschöpfungsnetzwerke, Outsourcingpartnerschaften oder virtuelle Unternehmen in Betracht (Bonus u. a. 1999: 12ff, 37ff; Harbrecht 2000a: 334). Man denke im kreditgenossenschaftlichen Kontext etwa an Alternativmodelle wie Solidarbürgschaftsvereine, Kreditgarantiegemeinschaften oder das Payback-System. Die Mischstrukturierung in Gestalt von derartigen „Surrogaten" kann grundsätzlich Erfolg versprechend sein (Seiter 2006). Allerdings gilt es hierbei, die Flexibilitätsvorteile „loserer" Strukturen gegen die Integrationsvorteile der eG als einziger Netzwerkform mit eigenem Gesetz abzuwägen (z. B. hohe Rechtssicherheit). Das Einsatzgebiet von Surrogaten scheint daher grundsätzlich auf ein im Vergleich zu Genossenschaften deutlich begrenztes Geschäftsportfolio beschränkt.

3.2.4. Genossenschafts-Modifikationen (4)

Das letzte grundsätzliche Szenario der Strukturentwicklung von Genossenschaften besteht in der Hybridstrukturoptimierung, also der modifizierten Reorganisation der genossenschaftsspezifischen Hybridstruktur. Die modifizierte Hybridstrukturierung entspricht der strukturellen Reorganisation unter Beibehaltung des Rechtsformkleids. Bei diesem partiell konservierenden Ansatz steht der strukturelle Umbau von Genossenschaften unter Wahrung bewährter Prinzipien, nicht jedoch ein dogmatischer, uneingeschränkter „Denkmalschutz" im Mittelpunkt. Es geht also wie bei der Surrogat-Lösung nicht um den Übergang auf ökonomische Reinformen, d.h. die Kapitulation vor den hybriden Spannungen auf einer oder mehreren Strukturdimensionen. Ziel ist vielmehr eine optimierende Kombination von Unternehmen und Markt, Hierarchie und Demokratie, Kooperation und Konkurrenz sowie Clan und Betriebswirtschaft, die eine Schwächenkopplung vermeidet bzw. eine Stärkenkopplung ermöglicht. Im Unterschied zum Surrogat wird jedoch die Rechtsform eG beibehalten. Bei der Modifikation der genossenschaftlichen Organisation ist zum einen an eine radikale Restrukturierung in Richtung der historischen Strukturkonfiguration zu denken. Zum anderen kommt eine moderate Restrukturierung hin zu einer flächendeckend gemischten Struktur in Betracht, bei der Performanz- und Konformanzorientierung in einem ausgewogenen Verhältnis zueinander stehen.

Die erstgenannte, nostalgische Modifikation beinhaltet eine Adaptierung der historischen Strukturkonfiguration. Als radikale Trendumkehr entspricht sie einer Rückkehr zur Struk-

turkonfiguration historischer Genossenschaften mit einer der modernen Konfiguration entgegengesetzten Schwerpunktsetzung (Grosskopf 1990: 376). Es findet eine jeweils einseitige Schwerpunktverlagerung zurück auf die gepoolten, demokratischen, harmonischen und personalistischen Ausprägungen statt. Wie bereits in Abschnitt 3.1 angesprochen, ist diese spezifische einseitige Ausprägungskombination konformanzfokussierter Genossenschaften jedoch grundsätzlich nicht als Zielstruktur für die Gestaltung geeignet.[3] Die nostalgische Modifikation kommt vielmehr nur im Ausnahmefall als Gestaltungskonzept in Betracht, etwa bei der Verfolgung einer Nischenstrategie oder im Kontext gering entwickelter Volkswirtschaften. Ansonsten droht mit einer künstlich „übertriebenen Rückorientierung und Wiederbesinnung“ bzw. „Sozialromantik“ (Hofinger 2002: 13) wiederum die Substitution durch natürliche Reinformen. Genossenschaften degenerierten in diesem Falle zu „gemeinwirtschaftlichen Genossenschaften“ (Mändle/Swoboda 1992: 239) bzw. „Idealgenossenschaften“ (Geschwandtner/Helios 2006: 20), die von gemeinwirtschaftlichen Organisationsformen bzw. „Idealvereinen“ nur noch schwer unterschieden werden können und sich insofern – spiegelbildlich zur weiteren Annäherung an Kapitalgesellschaften – die Frage nach ihrem Differenzierungsmerkmal und damit ihrer Existenzberechtigung gefallen lassen müssen.
Unter rationalistischen Gesichtspunkten näher liegt die moderatere, kombinative Modifikation. Im Gegensatz zur nostalgischen Modifikation erfolgt hierbei keine einseitige Fokussierung auf Bindung, Mitbestimmung, Harmonie und Mitgliederfokus, sondern die gegensätzlichen Strukturausprägungen werden über die jeweiligen Strukturdimensionen hinweg gleichwertig gemischt. Diese strenge, gleichwertige Mischung diametraler Ausprägungen über verschiedene Dimensionen hinweg ist auch für Unternehmensnetzwerke typisch und macht deren durchschlagenden Erfolg aus, der Gegenstand zahlreicher wissenschaftlicher Untersuchungen ist und zu einem regelrechten Hype bezüglich organisatorischer Netzwerke geführt hat. Ähnlich wie Erwerbsunternehmen, die zunehmend genossenschaftstypische Stärken (z. B. durch den Aufbau des Unternehmens als Kulturgemeinschaft, rückvergütungsähnliche Kundenbindungssysteme oder Kundenclubs) in ihre Organisationsstruktur integrieren, um die eigenen Schwächen zu kompensieren (Hellinger 1999: 322), wird bei der kombinativen Restrukturierung – ausgehend von den „gewachsenen inneren Strukturen der Genossenschaften“ (Grosskopf 1990c: 377) – nach „realisierbaren Möglichkeiten Ausschau gehalten [..], genossenschaftliche Merkmale und Verhaltensweisen so in den existierenden Marktgenossenschaften zu integrieren, dass dadurch deren wirtschaftliche Existenz nicht nur erhalten, sondern möglichst auch gestärkt wird“ (Grosskopf 1990: 377). Diese strukturelle „Rückbesinnung“ (Harbrecht 2000c: 52) basiert auf der bewussten Akzeptanz der immanenten Widersprüche (Neumann 1975: 34; Mändle/Swoboda 1992: 141) und deren produktiver Nutzung, d.h. auf der Bündelung deren Stärken (Komplementarität) statt der Addition deren Schwächen (Substitutionalität) (Brixner 2002: 12). Statt vor der strukturimmanenten Hybridität zu kapitulieren, indem andere Strukturen kopiert werden und damit die eigene strukturelle Identität aufgegeben wird, werden Genossenschaften bei der kombinativen Modifikation (wieder) konsequent

[3] In diesem Sinne auch Bonus (1994: 58), der betont, es gehe darum, dass die Mitglieder „gestärkt“ würden, nicht darum, dass diese „überall mitregieren“; letzteres wäre „laienhaft“.

als hybride Strukturform gestaltet, wie es ihrer ureigensten Wesen als „wirtschaftlicher Sonderverein“ (Weber 1984) entspricht (vgl. Abb. 7).
Dieser Rechtsform wahrenden, kombinativen Modifikation von Genossenschaften soll im Folgenden vertiefte Aufmerksamkeit geschenkt werden. Das Ergebnis dieser modifizierenden Gestaltung kann nämlich aufgrund seiner erheblichen praktischen Bedeutung als „Prototyp“ für eine zukunftsfähige Genossenschaft betrachtet werden, deren ökonomisches und juristisches Wesen bewahrt werden soll.

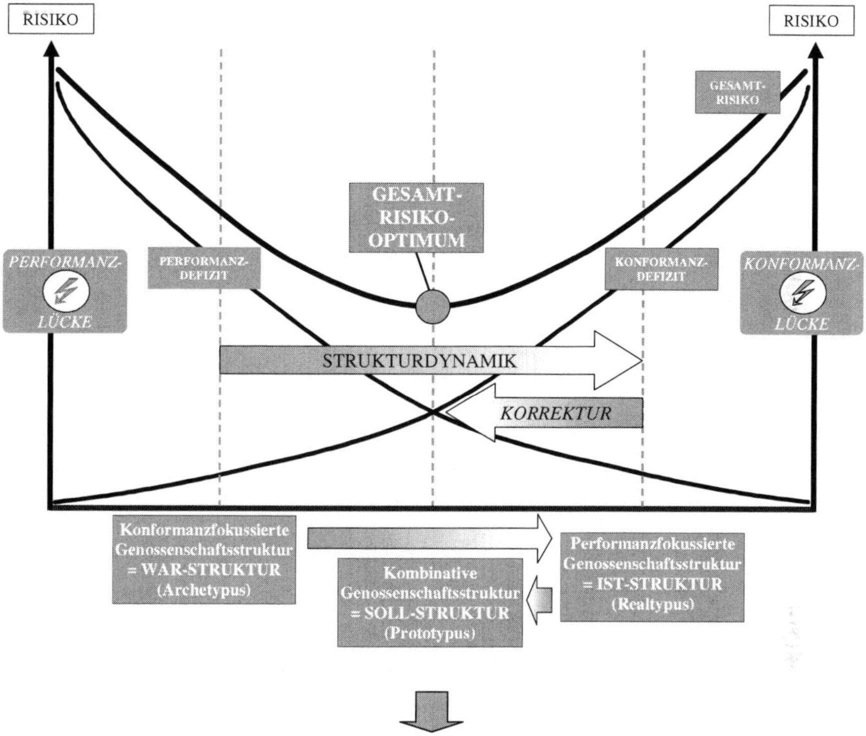

PROTOTYPISCHE Genossenschaften
weisen eine **Organisationsstruktur** auf,
die zu einem langfristig **ausgewogenen Mix** der Stärken führt
aus …

• MARKTERFOLG	+ FÖRDERERFOLG
• Wirtschaftlichkeit	+ Akzeptanz
• Marktspielregeln	+ Unternehmensspielregeln
• kurzfristiger Abwicklung	+ langfristiger Zusammenarbeit
• Zweckorientierung	+ Personenorientierung
• monozentrischer Willensbildung	+ polyzentrischer Willensbildung
• professionellem Management	+ Selbstorganisation
• Missionsmotivation	+ Attributionsmotivation
• technischer Kommunikation	+ persönlicher Kommunikation
• Professionskultur	+ Vertrauenskultur
• stimulierendem Wettbewerb	+ Wettbewerbseinschränkung
• Kundenorientierung	+ Mitgliederorientierung
• Transaktionsorientierung	+ Beziehungsorientierung
• Masseorientierung	+ Klasseorientierung
• Gewinnerzielung	+ Förderung
• überregionaler Orientierung	+ regionaler Orientierung
• Commercemanagement	+ Connectionmanagement
• …	+ …

Abb. 7: Kombinative Modifikation der Genossenschaftsorganisation

3.3. Kombinative Modifikation der Genossenschaftsorganisation

Ziel der kombinativen „Korrektur genossenschaftlicher Fehlentwicklungen“ (Harbrecht 2000a: 329) ist ein risikooptimaler Mittelweg zwischen Konformanz-Defiziten und Performanz-Defiziten. Bei dieser moderaten Rechtsform-Restrukturierung sollte weder die für investororientierte Unternehmen typische, einseitige Fokussierung auf die Chancen einer hochgradigen Organ-Differenzierung im Vordergrund stehen, da diese mit dem Risiko hoher Koordinationsbedarfe bzw. mit dem „Risiko des Identitätsverlusts“ (Grosskopf 1990: 376) einherginge. Noch sollte die für eigentümergeführte Unternehmen typische, einseitige Fokussierung auf die Chancen einer hochgradigen Organ-Deckungsgleichheit angestrebt werden, da diese mit dem Risiko hoher Spezialisierungsbedarfe bzw. mit dem „Risiko eines Verlustes an Wettbewerbsfähigkeit“ (Harbrecht 2000b: 97) erkauft würde. Wie Abbildung 8 zeigt, sollte bei der Strukturgestaltung vielmehr die simultane Optimierung im Mittelpunkt stehen.

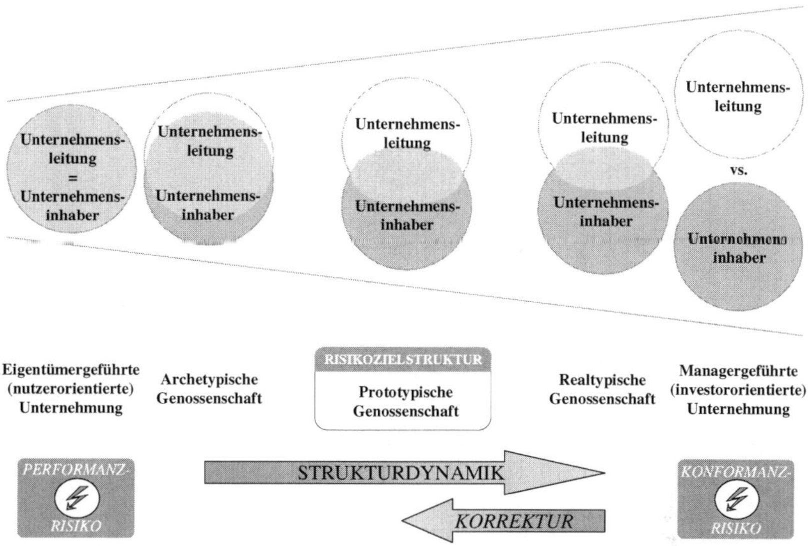

Abb. 8: Erhöhung der Schnittfläche zwischen Unternehmensleitung und -inhabern

Um diese auch für das Surrogat „Unternehmensnetzwerk" typische Strukturkonstellation innerhalb des Rechtsformkleids der eG nachzubilden, bedarf es – ausgehend von der einseitig performanzfokussierten Struktur moderner Genossenschaften – einer relativen Korrektur „zur Mitte hin" über alle vier Strukturdimensionen hinweg, also von der Autarkie hin zur Bindung, von der Autonomie hin zur Mitbestimmung, von der Distanz hin zur Harmonie sowie vom Kommerzfokus hin zum Mitgliederfokus (vgl. im Folgenden Abbildung 9). Die Zielstruktur kann insofern als eine „wohlabgewogene Konstruktion zur Sicherung der Mitgliederinteressen" (Neumann 1981: 175) bezeichnet werden, die durch eine ausgewogene, kongruente[4] Mischung über alle vier Strukturdimensionen hinweg gekennzeichnet ist.

[4] Das organisatorische Kongruenzprinzip beinhaltet gemäß Vahs (1999: 61f) ein stimmiges Verhältnis von Rechten und Pflichten bzw. Leistungs- und Lastpotenzialen.

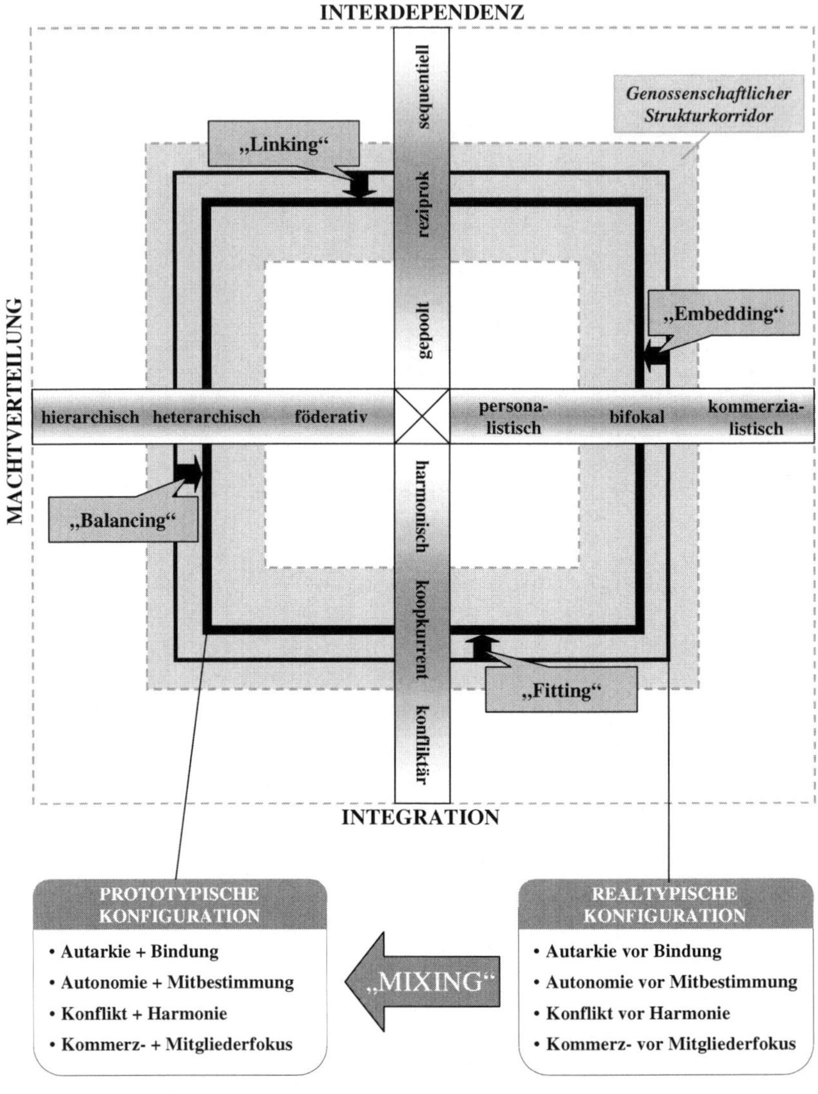

Abb. 9: Ansatzpunkte zur kombinativen Strukturmodifikation

Ansatzpunkte für die strukturelle „Rückkehr zur Mitte“ bieten sich konkret wie folgt.

- Linking: Die Gestaltung der zunehmend entkoppelten Interdependenz sollte auf eine Erhöhung der ökonomischen Verflechtung ausgerichtet sein. Es gilt, Beteiligte (wieder) zu Betroffenen zu machen. Ziel ist also eine ausgewogene Mischung von Bindung und Autarkie. Praktische Ansatzpunkte zu dessen Erreichung bestehen insbesondere in der genossenschaftsspezifisch ausgestalteten Erhöhung der wirtschaftlichen Bindung und Verantwortung (Harbrecht 2000a: 330). In Bezug auf die Vorstände sollten etwa gewinnbezogene Vergütungskomponenten durch fördererfolgsbezogene Vergütungskomponenten ergänzt werden oder Selbstbehalte bei D&O-Policen verringert werden. Die Ausschüttung von Dividenden an Mitglieder sollte zu Gunsten von Rückvergütungen reduziert werden, die an die Inanspruchnahme der Genossenschaft gekoppelt sind. Für Aufsichtsräte sollte eine leistungsabhängige Entlohnung eingeführt werden.

- Balancing: In Bezug auf die zunehmend einseitig asymmetrische Machtverteilung sollte es darum gehen, die relative Macht der Mitglieder durch gezielte „Rückbindung" (Bonus 1994) zu stärken. Es gilt insbesondere, durch erhöhte Teilhabe der Mitglieder, Betroffene (wieder) zu Beteiligten zu machen (Harbrecht 2000a: 329), d.h. die Akzeptanz von Entscheidungen zu erhöhen, ohne die Entscheidungsfindung allzu schwerfällig zu machen (Peemöller 2005: 422f; Harbrecht 2000b: 98). Ziel ist also eine ausgewogene Mischung von Mitbestimmung und Autonomie. Da die an Vorstände moderner Genossenschaften zu stellenden Anforderungen eine konsequente Nutzung von Spezialisierungsvorteilen unumgänglich machen, scheidet eine Machtbeschränkung des Vorstands weitgehend aus. Vielmehr sollte die Gegenmacht der Mitglieder erhöht werden, etwa durch Ad-hoc-Zustimmungsvorbehalte des Aufsichtsrats oder dessen Unterstützung durch Ausschüsse oder Sachverständige, die Senkung der Einberufungsquoren für außerordentliche Versammlungen oder die Anwendung des Bezirkswahlverfahrens bzw. die Demokratisierung des Listenwahlverfahrens bei der Vertreterwahl.
- Fitting: Die Gestaltung der zunehmend konfliktären Integration sollte auf eine Erhöhung der Gemeinsamkeiten und die Schaffung von Integrität abzielen. Es gilt, die Interessen der Beteiligten und Betroffenen (wieder) in Einklang zu bringen. Ziel ist also eine „right balance" (Jorde/Teece 1989) von Kooperation und Wettbewerb, d.h. eine ausgewogene Mischung von Harmonie und Konflikt. Praktische Ansatzpunkte für die Erhöhung der Gemeinsamkeiten bestehen etwa in der verstärkten Einbeziehung der Mitglieder (z. B. über Beiräte, Regionalversammlungen oder Projektteams), in der aktiven Pflege der Mitgliedschaft (z. B. gemeinsame Aktivitäten von Vorstand und Mitgliedern, Auszeichnung von Mitgliedschafts-Jubilaren, Begrüßungsschreiben an neue Mitglieder) oder in genossenschaftsspezifischen Qualifizierungsmaßnahmen bzw. -angeboten (z. B. Schulungen zur genossenschaftlichen Rechtsform bzw. Historie für Vorstände, Aufsichtsräte und Mitglieder).
- Embedding: In Bezug auf das zunehmend kommerzialistisch orientierte Schichtenprofil sollte es vornehmlich darum gehen, die Mitgliederorientierung zu erhöhen. Es gilt, Beteiligte und Betroffene (wieder) zu einer Einheit zu machen. Ziel ist also eine ausgewogene Mischung von Mitgliederorientierung und Kommerzorientierung. Diese kann etwa dadurch erreicht werden, dass Nicht-Mitgliedergeschäfte auf das ökonomisch notwendige Maß beschränkt werden, dass Selbstorganschaft nicht nur „auf dem Papier" umgesetzt wird (z. B. durch eine systematische Nachfolge- und Führungskräftenachwuchsplanung) oder dass ein systematisches Fördermanagement betrieben

wird, insbesondere unter Zuhilfenahme genossenschaftsspezifischer Managementtools zur Förderplanung (z. B. Mitgliederbefragungen) und Förderkontrolle (z. B. Förderbilanzen) (Harbrecht 2000a: 329f).

Es würde den Rahmen dieses Beitrags sprengen, auf alle Modifizierungsansätze mit Optimierungspotenzial dezidiert einzugehen. Daher kann es an dieser Stelle nur bei einem beispielhaften Überblick bewendet bleiben. Der tiefer gehend interessierte Leser sei auf eine detaillierte Untersuchung des Verfassers verwiesen (Zieger 2007: 124ff).

4. Fazit und Ausblick

Im vorliegenden Beitrag konnte anhand einer vergangenheitsgerichteten Rekonstruktion der realen Entwicklung von Genossenschaften gezeigt werden, dass sich diese deutlich von der Strukturkonfiguration ihrer Gründungszeit entfernt haben, allerdings ohne einen hybriden Strukturkorridor verlassen zu haben. Der Strukturwandel mündet in eine Identitätskrise, welche die berechtigte Frage nach der zukünftigen Existenzberechtigung von Genossenschaften aufwirft. Es wurde weiter aufgezeigt, dass sich im Hinblick auf die zukünftige Entwicklung der genossenschaftlichen Hybridstruktur drei grundsätzliche Szenarien abzeichnen. Neben der Enthybridisierung (Substitution durch Nicht-Hybride) und der Hybridersatzstrukturierung (Ablösung durch verwandte Hybride), die beide mit der Aufgabe der Rechtsform eG einhergehen und sich nur vor dem Hintergrund spezifischer strategischer Kontexte anbieten, besteht ein dritter Weg in der optimierten Hybridstrukturierung (Änderung der Mischungsverhältnisse der kombinierten strukturellen Reinformen) unter Wahrung der Rechtsform. Während die nostalgische Rückkehr zur einseitig konformanzfokussierten, historischen Strukturkonfiguration unter Risikoerwägungen weitgehend ausscheidet, kann die modifizierte Kombination von Konformanz und Performanz als prototypisches Organisationsmodell der Genossenschaft der Zukunft gesehen werden. Diese ausgewogene Mischung gegensätzlicher Reinformen nach dem Vorbild von Unternehmensnetzwerken kann durch modifizierende Restrukturierungsmaßnahmen (Linking, Balancing, Fitting und Embedding) innerhalb der Genossenschaft erreicht werden.
Die Überlegungen im vorliegenden Beitrag waren isoliert auf die primärgenossenschaftliche Ebene bezogen. Bei der weiterführenden Forschung zur strategiegerechten Restrukturierung von Genossenschaften ist simultan die spezifische Ebenenstruktur der genossenschaftlichen Organisation zu berücksichtigen. Der modifizierten Hybridstrukturierung über zwei oder mehr organisatorische Gestaltungsebenen hinweg liegt eine Unterscheidung zwischen der Makroebene und der Mikroebene der Organisation zugrunde. Die Makrostrukturebene gibt dabei als Supersystem den Rahmen vor, innerhalb dessen Spielraum für eine wesensverschiedene Organisation der Subsysteme bleibt. Eine hybride Ebenenstruktur liegt dann vor, wenn das organisatorische Gesamtsystem, also z. B. das „Verbundsystem" (Grichnik/Börner 1999: 3), anders strukturiert ist als seine Teile, also z. B. die Primärgenossenschaften. Die Ebenenhybridität spiegelt insbesondere das genossenschaftliche Prinzip der Subsidiarität wider (Grichnik/Börner 1999: 6). Die Primärgenossenschaften geben hierbei auf der einen Seite einen Teil ihrer Souveränität auf, um auf der anderen Seite mit der Kooperation ihre Handlungsmöglichkeit zu erhöhen („Paradox der Kooperation") (Boettcher 1974: 42). Demgemäß existieren im Verbund „integrierte Genossenschaften"

(Dülfer 1995: 99) in Gestalt von Zentralunternehmen und Verbänden nach dem Vorbild von Management-Holdings. Idealerweise ergänzen diese zentralen Dienstleister die Leistungserstellung der primären Genossenschaften subsidiär, indem sie nur solche Leistungen anbieten, die von der Primärstufe kapazitäts- oder regionalitätsbedingt nicht erbracht werden können (Grichnik/Börner 1999: 7). Im Idealfall wird also eine motivationsstärkende Basisorganisation aus selbstorganisatorischen Einheiten mit einer koordinationsstärkenden, monozentrischen Rahmenstruktur gemischt, was zum Ausgleich der jeweiligen Schwächen führt. Real sind jedoch vertikale Verwerfungen der Trennlinien bei der Strukturgestaltung zu berücksichtigen (Grichnik/Börner 1999: 6f). Auf der einen Seite verlagern sich strategische Aktivitäten zunehmend auf die Zentral- bzw. Verbundunternehmen, was zu einem weiteren „Übergewicht der erwerbswirtschaftlichen Ausrichtung" (Grichnik/ Börner 1999: 19) führt. Auf der anderen Seite beanspruchen auch die Regional- und Spitzenverbände zunehmend eine Führungsrolle, weisen also gleichsam Züge von fokalen Unternehmen auf (Grichnik/Börner 1999: 19). Agieren die primären Genossenschaften jedoch überwiegend als „Vertriebsfilialen" in konzernförmigen Strukturen und werden sie auch durch die Mitglieder so wahrgenommen, setzen sie ihr wettbewerbliches Differenzierungspotenzial, das „mitgliederorientierte Beziehungsmanagement" aufs Spiel (Bonus u.a. 1999: 41; Hellinger 1999: 296ff). Insofern gilt umso mehr auch bei Berücksichtigung des Ebenen-Kontextes, dass „die vorrangige Verfolgung des Effizienzziels als existenzgefährdend [...] angesehen werden" (Klingenberger 1997: 37) muss. Wie dieser kurze Problemanriss zeigt, ist bei der strategiegerechten Restrukturierung von Primärgenossenschaften auch der Ebenenstruktur besondere Aufmerksamkeit zu widmen, in welche diese eingebettet sind. Während sich bei der isolierten Betrachtung der Primärebene im Rahmen des vorliegenden Beitrags die kombinative Strukturmodifikation als besonders geeignetes Gestaltungskonzept herausgestellt hat, kann bei Berücksichtigung der Verbundbeziehungen eine weiter fortschreitende Performanzorientierung auf der Sekundär- bzw. Tertiärebene allerdings auch eine radikalere Modifikation auf der Primärebene erforderlich machen, um den hybriden Charakter der genossenschaftlichen Gesamtorganisation zu wahren. Die spezielle genossenschaftliche Mischstruktur kann also unter Umständen insgesamt nur dann bewahrt werden, wenn eine weiter zunehmende Performanzorientierung in der Rahmenorganisation mit einer noch klarer konformanzorientierten Schwerpunktsetzung in der Basisorganisation kombiniert wird, und wenn dieses Interesse im Rahmen der „makropolitischen Verbundprozesse" bei der verbundweiten Strategiefindung auch „von unten nach oben" (Bonus u. a. 1999: 43) durchgesetzt werden kann (Klingenberger 1997: 23; Hellinger 1999: 323). Ähnlich komplexe Überlegungen sind im Rahmen zukünftiger Forschung nicht nur für Hybrid-Hybrid-Kombinationen innerhalb der Verbundstruktur, sondern z.B. auch für hybrid-hybride Konzernstrukturen auf der Primärebene (z.B. Holdinggenossenschaften und erwerbswirtschaftliche Tochterunternehmen) oder für Hybrid-Hyrid-Kombinationen jenseits der Verbünde (z. B. Public-Private-Partnerships zwischen performanzfokussierten Genossenschaften und öffentlichen Organisationen) anzustellen.

Literaturverzeichnis

Alchian, A. (1965): Some Economics of Property Rights, in: Il Politico, 30/4/816-829

Bassen, A. / Zöllner, C. (2007): Corporate Governance, in: Die Betriebswirtschaft, 67/1/93-112

Bellmann, K. (2001): Heterarchische Produktionsnetzwerke, in: Bellmann, K. (Hrsg.): Kooperations- und Netzwerkmanagement, Berlin, 31-54

Bernecker, T. (2005): Entwicklungsdynamik organisatorischer Netzwerke, Wiesbaden

Beuthien, V. (2003a): Ist die Genossenschaft eine sozialethische Veranstaltung?, in: Beuthien, V. (Hrsg.): Die eingetragene Genossenschaft im Strukturwandel, Göttingen, 1-23

Beuthien, V. (2003b): Wieviel Wandel verträgt die Genossenschaft?, in: Beuthien, V. (Hrsg.): Die eingetragene Genossenschaft im Strukturwandel, Göttingen, 24-40

Boettcher, E. (1974): Kooperation und Demokratie in der Wirtschaft, Tübingen

Bonus, H. (1986): The Cooperative Association as a Business Enterprise, Münster

Bonus, H. (1994): Das Selbstverständnis moderner Genossenschaften, Tübingen

Bonus, H. u. a. (1999): Der genossenschaftliche Finanzverbund als Strategisches Netzwerk, Arbeitspapiere des Instituts für Genossenschaftswesen der Universität Münster, Nr. 16, Münster

Brandenburger, B. / Nalebuff, A. (1996): Co-opetition, London

Brixner, J. (2002): Im Wettbewerb wachsen – die Mitglieder mitnehmen, in: Brixner, J. / Grosskopf, W. (Hrsg.): Im Wettbewerb wachsen – die Mitglieder mitnehmen, Stuttgart, 3-74

Coase, R. (1960): The Problem of Social Cost, in: Journal of Law and Economics, 3/3/1-44

Derfuss, J. (1970): Risiko und Risikopolitik bei förderungswirtschaftlichen Genossenschaften, Göttingen.

Dowling, M. / Lechner, C. (1998): Kooperative Wettbewerbsbeziehungen, in: Die Betriebswirtschaft, 58/1/86-102

Doz, Y. / Hamel, G. / Prahalad, C. (1989): Collaborate with Your Competitors – And Win, in: Harvard Business Review, 67/1-2/133-139

Draheim, G. (1955): Die Genossenschaft als Unternehmungstyp, 2. Aufl., Göttingen

Dülfer, E. (1984): Betriebswirtschaftslehre der Kooperative, Göttingen

Dülfer, E. (1995): Betriebswirtschaftslehre der Genossenschaften und vergleichbarer Kooperative, 2. Aufl., Göttingen

Durkheim, E. (1977): Über die Teilung der sozialen Arbeit. Frankfurt (Main)

Eckart, M. (2005): Cooperative governance. St. Gallen

Engels, M. (1997): Verwässerung der Verfügungsrechte in Genossenschaften, in: Schmalenbachs Zeitschrift für betriebswirtschaftliche Forschung, 49/7-8/674-684

Eschenburg, R. (1971): Ökonomische Theorie der genossenschaftlichen Zusammenarbeit, Tübingen

Faust, H. (1977): Geschichte der Genossenschaftsbewegung, 3. Aufl., Frankfurt (Main)

French, J. / Raven, B. (1959): The Bases of Social Power, in: Cartwright, D. (Hrsg.): Studies in Social Power, Ann Arbor, 150-167

Frost, J. (2005): Märkte in Unternehmen, Wiesbaden

Garratt , B. (1996): The fish rots from the head – the crisis in our boardrooms, London 1996

Geschwandtner, M. / Helios, M. (2006): Genossenschaftsrecht, Freiburg/Berlin/München

Giddens, A. (1988): Die Konstitution der Gesellschaft, Frankfurt (Main)/New York

Granovetter, M. (1985): Economic Action and Social Structure, in: American Journal of Sociology, 91/3/481-510

Grichnik, D. (2000): Bankenverbände, Wiesbaden

Grichnik, D. (2002): Strategisches Netzwerkmanagement, in: Verbands-Management, 28/1/24-35

Grichnik, D. / Börner, C. (1999): Bankwirtschaftliche Verbundsysteme als strategische Netzwerke zwischen Markt und Hierarchie, in: Büschgen, H. (Hrsg.): Mitteilungen und Berichte des Instituts für Bankwirtschaft und Bankrecht an der Universität zu Köln, Köln, 72-103

Grosskopf, W. (1990): Grundlagen genossenschaftlicher Strukturen und deren Wandlungen als Folge von Marktzwängen, in: Laurinkari, J. (Hrsg.): Genossenschaftswesen, München/Wien, 363-378

Grosskopf, W. / Münkner, H.-H. / Ringle, G. (1998): Zukunftssicherung der Genossenschaften, Hamburg

Hammer, T. (2007): Der Genosse als König, in: Die Zeit, 11.01.2007, 23

Harbrecht, W. (2000a): Die Zukunft der Genossenschaftsidee im 21. Jahrhundert im Lichte ihrer historischen Entwicklung, in: Genossenschaftsverband Bayern e.V. (Hrsg.): Entwicklung und Realisierung des Genossenschaftsgedankens vom Mittelalter bis zur Gegenwart, München, 316-335

Harbrecht, W. (2000b): Herausforderungen an die Genossenschaft an der Schwelle zum 21. Jahrhundert, in: Harbrecht, W. / Vogel, W. (Hrsg.): 50 Jahre Forschungsinstitut für Genossenschaftswesen an der Universität Erlangen-Nürnberg, Nürnberg, 87-103

Harbrecht, W. (2000c): Zukunftsaufgaben der Genossenschaften im wirtschaftlichen Strukturwandel, in: Thiemann, B. (Hrsg.): Die Genossenschaften an der Jahrtausendwende, Frankfurt (Main), 18-56

Heinzelmann, A. (1989): Controlling in Genossenschaften, Frankfurt (Main)

Hellinger, C. (1999): Kernkompetenzbasiertes Outsourcing in Kreditgenossenschaften, Kooperations- und Genossenschaftswissenschaftliche Beiträge des Instituts für Genossenschaftswesen der Universität Münster, Bd. 44, Münster

Hoffmann, G. (1992): Genossenschaftliche Funktionen im wirtschaftlichen und sozialen Wandel, Frankfurt/ Main

Hofinger, H. (2002): Soziale Verantwortung versus verordnete Ethik durch Gesetz, Statut und Leitbild, in: Die Gewerbliche Genossenschaft, 130/9/2-17

Jäger, W. (2001): Die Selbstverwaltung als Typen bestimmendes Merkmal, in: Zeitschrift für das gesamte Genossenschaftswesen, 51/–/139-154

Jeschke, G. (2001): Wohnungsgenossenschaften – Quo vadis?, in: Ebert, G. / Bach, H. / Grosskopf, W. (Hrsg.): Kooperative Wirtschaft – Theorie und Praxis, Landsberg (Lech), 301-310

Jorde, T. / Teece, D. (1989): Competition and Cooperation, in: California Management Review, 31/3/25-37

Kaltenborn, W. (2006): Hermann Schulze-Delitzsch und die soziale Frage, Delitzsch

Katz, J. / Boland, M. (2002): One for all and all for one? A New Generation of Co-operatives emerges, in: Long Range Planning, 35/1/73-89

Khandwalla, P.N. (1975): Unsicherheit und die optimale Gestaltung von Organisationen, in: Grochla, E. (Hrsg.): Organisationstheorie, Band 1, Stuttgart, 140-156

Klingenberger, D. (1997): Strukturprobleme im genossenschaftlichen Verbund, Kölner Genossenschaftswissenschaft, Bd. 23, Regensburg

Kluge, G. (1957): Rechtsprechung und überpositives Genossenschaftsrecht, in: Zeitschrift für das gesamte Genossenschaftswesen, 7/–/183-198

Kosiol, E. (1976): Organisation der Unternehmung, 2. Aufl., Wiesbaden

Mändle, E. / Swoboda, W. (Hrsg.) (1992), Genossenschaftslexikon, Wiesbaden

Miklis, M. (2004): Coopetitive Unternehmungsnetzwerke, Marburg

Mintzberg, H. (1981): Organization design: fashion or fit?, in: Harvard Business Review, 59/1-2/ 103-116

Münkner, H.-H. (1996): Genossenschaftsidentität als strategisches Führungsinstrument, in: Hermann, A. / Ringle, G. (Hrsg.): Perspektiven des genossenschaftlichen Führungssystems, Göttingen, 45-70

Münkner, H.-H. (2004): Ist die Genossenschaft als Wirtschaftsform noch wettbewerbsfähig?, in: Münkner, H.-H. / Tonellier, H.-J. / Sibert, J. (Hrsg.): Ist die Genossenschaft als Wirtschaftsform noch wettbewerbsfähig?, Marburg, 9-31

Neumann, M. (1973): Konflikt- oder Harmonietheorie der Genossenschaften, in: Zeitschrift für das gesamte Genossenschaftswesen, 23/–/46-62

Neumann, M. (1975): Das kapitalistische Element in der modernen Genossenschaft, in: Zeitschrift für das gesamte Genossenschaftswesen, 25/–/32-40

Neumann, M. (1981): Wirtschaftliche Effizienz und die Rechtsform von Genossenschaften, in: Zeitschrift für das gesamte Genossenschaftswesen, 31/–/171-175

Ouchi, W. (1980): Markets, Bureaucracies, and Clans, in: Administrative Science Quarterly, 25/1/129-141

Pastowski, S. / Roth, S. / Woratschek, H. (2003): Kooperation und Konkurrenz in Dienstleistungsnetzwerken, in: Bruhn, M. / Stauss, B. (Hrsg.): Jahrbuch Dienstleistungsmanagement 2003, Wiesbaden, 253-284

Peemöller, V. (2005): Genossenschaften als „historische“ und moderne Form der Kooperation, in: Zentes, J. / Swoboda, B. / Morschett, D. (Hrsg.): Kooperationen, Allianzen und Netzwerke, 2. Aufl., Wiesbaden, 405-427

Probst, G. (1992): Organisation, Landsberg/Lech

Raven, B. / Kruglansky, A. (1970): Conflict and Power, in: Swingle, P. (Hrsg.): The Structure of Conflict, New York, 69-109

Reiß, M. (1992): Unternehmensübergreifende Koordination, in: Hanssen, R. / Kern, W. (Hrsg.): Zeitschrift für betriebswirtschaftliche Forschung, Sonderheft 30: Integrationsmanagement für neue Produkte, 119-147

Reiß, M. (1998): Der Neue Mittelstand, in: Reiß, M. (Hrsg.): Der neue Mittelstand, Frankfurt (Main), 11-95

Reiß, M. (2000): Koordinatoren in Unternehmensnetzwerken, in: Blecker, T. / Kaluza, B. (Hrsg.): Produktions- und Logistikmanagement in Virtuellen Unternehmen und Unternehmensnetzwerken, Berlin/Heidelberg, 217-248

Reiß, M. (2001): Netzwerk-Kompetenz, in: Corsten, H. (Hrsg.): Unternehmungsnetzwerke, München, 121-187

Reiß, M. / Bernecker, T. (2005): Organisationsstrukturen jenseits der Netzwerke, in: Foschiani, S. / Habe nicht, W. / Wäscher, G. (Hrsg.): Strategisches Wertschöpfungsmanagement in dynamischer Umwelt, Frankfurt (Main), 365-385

Reiß, M. / Koser, M. (2000): Netzwerkstrukturen für das E-Business, in: Reiß, M. (Hrsg.): Netzwerkorganisation in der Unternehmenspraxis, Bonn, 113-142

Ringle, G. (1994): Cooperate Culture, Hamburg

Romme, G. (1999): Domination, Self-Determination and Circular Organizing, in: Organization Studies, 20/5/800-832

Schein, E. (1995): Unternehmenskultur, Frankfurt (Main)/New York

Schorr, G. (2007): Hat sich Schulze-Delitzsch geirrt?, in: Württembergischer Genossenschaftsverband (Hrsg.): GENO, –/1/24-27

Seiter, M. (2006): Management von kooperationsspezifischen Risiken in Unternehmens-netzwerken, München

Staehle, W. (1980): Management, München

Steding, R. (2000): Genossenschaftsbanken: quo vadis?, Hamburg

Sydow, J. (2003): Dynamik von Netzwerkorganisationen, in: Hoffmann, W. (Hrsg.): Die Gestaltung der Organisationsdynamik, Stuttgart, 327-356

Sydow, J. / Windeler, A. (1995): Action, structure, and networks, in: Bouchikhi, H. / Kilduff, M. / Whittington, R. (Hrsg.): Action, structure, and organizations, Coventry, 416-430

Tebroke, H.-J. (1998): Kontrolle der Managementleistung in Kreditgenossenschaften, in: Zeitschrift Führung + Organisation, 67/6/332-339

Thiemeyer, T. (1993): Genossenschaften, in: Wittmann, W. u. a. (Hrsg.): Handwörterbuch der Betriebswirtschaft, Bd. 1, 5. Aufl., Stuttgart, 1396-1405

Vahs, D. (1999): Organisation, 2. Aufl., Stuttgart

Weber, H.-O. (1984): Die eingetragene Genossenschaft als wirtschaftlicher Sonderverein, Göttingen

Williamson, O. (1985): The Economic Institutions of Capitalism, New York

Williamson, O. (1993): The Evolving Science of Organization, in: Journal of Institutional and Theoretical Economics, 149/1/36-63

Windeler, A. (2001): Unternehmungsnetzwerke, Wiesbaden

Zerche, J. / Schmale, I. / Blome-Drees, J. (1998): Einführung in die Genossenschaftslehre, München/Wien

Zieger, T. (2007): Risikomanagement genossenschaftlicher Managementrisiken, Stuttgart

Zieger, T. / Reiß, M. (2008): Szenarien der Strukturentwicklung von Kreditgenossenschaften, Arbeitspapier, Stuttgart

The Role of Leadership in Establishing and Sustaining Cooperation. Evidence from Producer Groups in Poland

Ilona Banaszak

Volker Beckmann

Abstract: The article reviews theories and investigates empirical data on how leadership emerges in cooperative organizations and how it changes over time. We also ask what is the leaders' motivation to perform their tasks and how different incentives provided by organizations affect leadership strategies. The empirical evidence collected on farmers' cooperative organizations shows that groups created out of an initiative of a strong leader tend to maintain strong leadership over time. Receiving a salary by the leader and leaders' power in decision-making are the most significant variables for determining the leadership strategy. [1]

1. Introduction

There are a few studies that explore theoretically the concept of leadership in economics. Hermalin (1998) models leadership as a way of influencing behavior of rational actors through setting an example or sacrifice. Hermalin (2007) extends the model and studies leadership in a multi-period context. Foss (1998, 2001) shows that leadership is a means of achieving an efficient outcome in both coordination and social dilemma games. However, except laboratory studies in experimental economics (e.g. De Cremer/Van Vugt 2002; Güth et al. 2004; Güth et al 2007), leadership has been merely subjected to empirical analyses. Among exceptions we find Ziegenhorn (1999), who shows the importance of knowledge and information possessed by leaders and the efficient exchange of information between leaders and members for the success of cooperation (Ziegenhorn 1999: 66), and Hurrelmann et al. (2006) who points out that in Central and Eastern European Countries trust in authorities remain low while personal trust between actors is present and therefore cooperation is often initiated and sustained by leaders who are locally respected actors.

As revealed by Hermalin (2007: 18), we still know very little about how leaders are chosen or selected by their followers, what motivates candidates to run for the leadership posts, and how and when leaders are replaced. This applies also to theoretical and empirical studies of cooperative organizations. While investigating the rationale for undertaking cooperation and efficiency of cooperative organizations the literature omits the role of leadership for setting up and varying performance of cooperative organizations (Bonus 1986; Hansmann 1998; Valentinov 2007).

[1] The research was supported by the Integrated Development of Agriculture and Rural Institutions in Central and Eastern European Countries Project (IDARI) funded within the 5th Framework Program of the European Commission. The authors acknowledge comments on the paper given by Konrad Hagedorn.

In this article we would like to fill this gap in the literature and answer both theoretically and empirically why and how leadership emerges in cooperative organizations, how it changes over time, and what is the leaders' motivation to perform their tasks. Following Hermalin's (2007) theoretical deliberations we also ask how different incentives provided by organizations affect leadership strategies.

The first theory employed in the study is transaction costs theory. This theory suggests that organizations function initially as peer groups. Over time, however, particularly as they enlarge, some of them choose a leader in order to decrease total communication and decision-making costs (Williamson 1983: 51). Introduction of leadership might be also mean reducing shrinking costs through monitoring members' performance (Alchian/ Demsetz 1972: 786). The second theory employed in the article, game theory, proposes that in coordination games leaders emerge in order to economize on choosing one of multiple equilibria. In social dilemma games, furthermore, the institution of leadership increases individual contribution levels by setting an example for other players and changing the payoff structure by introducing sanctions for free-riding (Foss 1998: 22; 2001: 357; Miller 1992: 34; Güth et al. 2004: 12). Game theory also suggests that leaders who create extra value by making players change their strategies might be paid by their groups for undertaking this work, or they might receive other non-material rewords (Foss 1998: 24-5). The performance of leaders can moreover be affected by a "tribute" paid by members or perks of office (Hermalin 2007: 14). Both transaction costs theory and game theory, nonetheless, perceive leadership mainly in the perspective of its functionality for the group. A slightly different view is provided by collective action theory. This theory proposes a notion of political entrepreneurs, people who engage in the provision of collective goods for the groups in order to achieve their private interests (Hardin 1982: 35).

The empirical evidence was gathered from Polish cooperative farmer marketing organizations called producer groups. The groups appeared in Poland in the mid 1990s. Their main task was to organize joint sales of agricultural output produced by individual member-farmers. All the groups were managed by a group leader. The leader was usually a member of the group as well (Banaszak 2008). Fifty functioning groups were subjected to the research. Most of the groups were established in 1999 and 1998. Each group associated about 80 farmers. The majority of the groups associated farmers producing pork (56%), vegetables (24%), and fruits (7%). The main task of organizing joint sales of the members' output was carried out by 80% of the functioning groups. Other groups were only engaged in such activities as organizing trainings, joint purchases of the means of production, and joint transportation of the output.

The following section theoretically analyses leadership in producer groups and formulates testable hypotheses. Section three presents the methods of the research, and the forth section presents the empirical results. The last section concludes and discusses the main findings.

2. Theoretical Background

2.1. Leadership in Transaction Cost Theory

Producer groups act as intermediary market organizations that coordinate exchange between farmers and purchasers of their produce. Both sides save on transaction costs (Spulber 1999:263). Farmers associated in producer groups may also save on transaction costs due to horizontal and vertical integration. Economies achieved by avoiding transaction costs and vertical integration that decreases the number of market transactions and strengthens the market position increase, however, internal coordination and bureaucracy costs (D'Aveni/Ravenscraft 1994:1192).

Producer groups therefore have to bear costs of coordinating farmers' actions and organizing production, marketing and administration. The simplest form which the organization may take is a peer group. Actors in such groups take decisions collectively. The groups may involve some type of income sharing, but do not entail subordination (Williamson 1983: 321). This type of organization may provide advantages in indivisibility, risk-bearing and associational respect, however, it is vulnerable to free rider abuses and usually imposes a costly communication and collective decision-making process due to bounded rationality of the actors (Williamson 1983: 41, 45). Therefore some groups will supplant the all-channel network in the peer group by a wheel network of a simple single-stage hierarchy where the leadership is taken by a central coordinator, who takes the burden of managing the decision-making process and information flows. However, introduction of a single-stage hierarchy enables the group to save on both total information transmission and decision-making costs (Williamson 1983: 51):

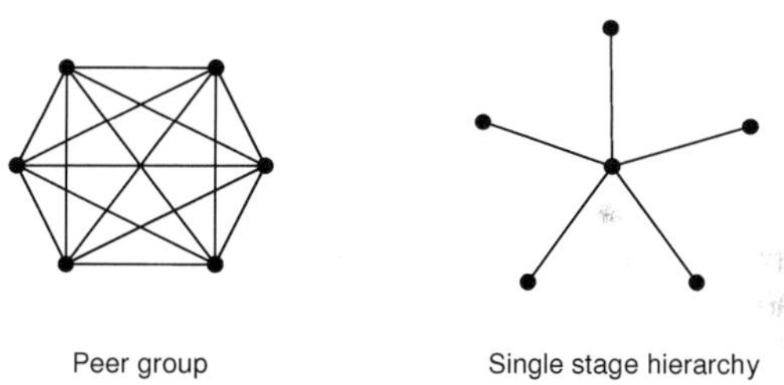

Fig. 1: Peer group and single-stage hierarchy structure (adapted from Williamson 1983: 46)

The costs of information and decision-making in the peer group are closely connected to the communication intensity and the number of members in the group. The number of linkages in the peer group increases as the square of the number of members. We may assume therefore the likelihood of replacing a peer group structure with a single-stage hierarchy increases with the number of group members. Hierarchy has higher set up costs; however, the costs increase linear as the number of actors increases (Beckmann 2000: 110):

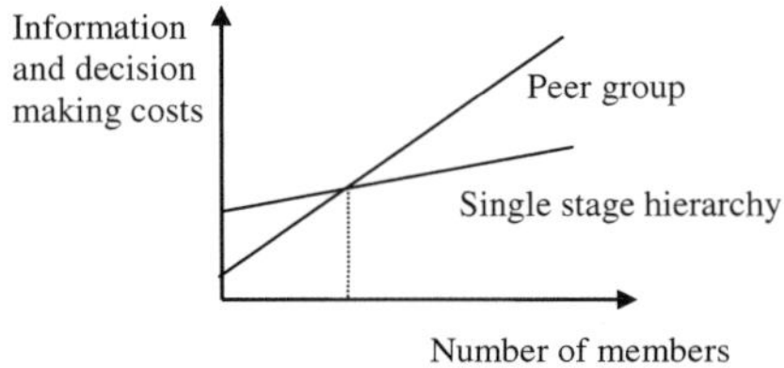

Fig. 2: Peer group and single stage hierarchy costs (adapted from Beckmann 2000: 111)

Another advantage of hierarchy is that it assigns the central actor the tasks of auditing and experience-rating, which reduces the risk of opportunism and free-riding (Williamson 1983: 54). The position of the leader who is charged with auditing and experience-rating changes, however, and implies a supervisor-subordinate relationship (Williamson 1973: 322). This inequality between actors may offend their sense of individual and collective well-being. That is why not all peer groups will be replaced by simple hierarchy (Williamson 1983: 55). Alchain and Demsetz (1972: 786), moreover, point out that introduction of central coordination might be also a means of reducing shrinking costs through monitoring performance of team members. They suggest that the motivation for the monitor to specialize and perform the monitoring tasks honestly can come from giving him title to the net earnings of the team. Both specialization in monitoring and dependence on a residual claimant status will reduce shirking (Alchian/Demsetz 1972: 782). In a producer group situation, this would mean that some leaders who appropriate residual claims would turn cooperative group into companies run by themselves.

2.2. Leadership in Game Theory and Collective Action Theory

There are two main types of noncooperative games that might be played by producer groups. The first case is a coordination game. In this type of game the players need to coordinate on one strategy that is Pareto superior for all of the players (Rasmusen 2001:29). The coordination game describes a situation where the producer group is able to negotiate higher prices for the members' produce by enlarging the quantities of the product offered on the market, and thus lowering per-unit transaction costs. Under such circumstances the Pareto superior strategy for the players is to cooperate and sell their output through the group, since on their own they would not be able to decrease per-unit transaction costs.

The choice of cooperation by all the players results in a Pareto superior Nash equilibrium. Each coordination game moreover might have more than one Nash equilibrium (Rasmusen 2001:29). The problem here is how to coordinate players on the most efficient equilibrium. We can imagine a situation where farmers have a choice to sell their output either to a plant A or a plant B. The farmers will get a price (P) enlarged by the premium (p) which results from lowering the transaction costs only if all of them at the same time deliver their products to either one of the buyers:

		Farmer 2	
		Plant A	*Plant B*
Farmer 1	*Plant A*	**$P + p_1$, $P + p_1$**	P, P
	Plant B	P, P	**$P + p_2$, $P + p_2$**

Tab. 1: Multiple equilibriums in a coordination game

At least three types of problems emerge from playing this type of coordination game: how players coordinate on an equilibrium, how they select among multiple equilibria, and how they move from an inferior equilibrium (Foss 1998: 8). In terms of table 1, the players must come to hold beliefs that will sustain one equilibrium (e.g. Plant A, Plant A), they must select one equilibrium, and if it turns out that p2>p1 they must coordinate on a joint move from selling their products to Plant A to Plant B.

Foss (1998) claims that the phenomenon of leadership is closely connected to the above coordination problems. Leadership is a higher-level coordination instrument that makes more efficient coordination on strategies at lower levels (p.13). Miller (1992) puts forward a similar argument. Hierarchy and leadership help groups playing a coordination game to coordinate members' actions on one of multiple equilibria and therefore lower bargaining costs which players would have to spend to agree on and implement one of the options (p. 50). Ternström (2006: 7-8) theoretically proves that the probability of coordinating on an individual is greater than the probability of coordination on an action. According to this finding, it is more efficient for groups to coordinate whom to choose as the leader than to coordinate on each action separately. The leader will later choose and coordinate the group on other actions undertaken.

Foss (1999: 24) also discusses why in some groupings coordination emerges through conscious establishment of the institution of leadership and in others through spontaneous formation of conventions. Leadership will be more likely to emerge in large groups, in groups that play the same game for a long time, in groups where communication is costly, and in groups where it is important to solve the coordination problem quickly. The leader's attributes matter as well, for example the ability of the leader to understand the situation, judge and take action and the leader's motivation and reward.

Additionally, Foss (2001: 379, 377) connects the role of leadership in coordination games with the communication costs. Leadership might decrease communication and delay costs. Economizing on the costs through leadership might also be due to enhanced creation of common knowledge among players. One role of leaders is to influence how well-founded players think certain beliefs are.

The second type of game that might be played by producer groups is a social dilemma game, where the dominant strategy for each of the players is not to cooperate with the other players. However, if the majority of the players choose this strategy it brings worse payoffs for all of them. The dominant strategy equilibrium in this game is having no cooperation, but all group members would be better off if they all cooperated than if all defected (Dawes/Messick 2000: 111). In a producer group situation this game could be modeled as a prisoner's dilemma game or a public goods game.

In the prisoner's dilemma game the strictly dominant strategy for each of the players is not to cooperate with the others, however, it is not the best strategy for the players jointly (Mas-Colell et al. 1995: 237). For example let us consider two farmers who usually get price P for their produce, but once they jointly negotiated with one purchaser a very good price premium (p) for a certain quantity of product. The farmers agreed each will provide half of the negotiated quantity; however, in order to decrease transportation costs, they agreed to pack their products on one truck. It is quite understandable that the farmer to whom the truck comes first has a serious incentive to load the whole truck just with his produce, send it directly to the purchaser rather than the other farmer, and sell at the good price premium twice as much as if he followed the agreement. The cheating farmer looses some utility (u) from not being nice to the other farmer and hurting his own reputation, but for sure he earns twice as much as if he cooperated. If they both try to shirk at the same time, and quarrel as to whom the truck should come first, they might both loose the price premium (p) as a result of the delay and additionally they both loose utility (u) from not being nice and hurting their reputations. Although from the perspective of the group as a whole cooperating and marketing the output jointly is the best strategy under these circumstances, it is not a Nash equilibrium since at least one of the players would be better off by shirking the agreement:

		Farmer 2	
		Cooperation	*Shirking*
Farmer 1	*Cooperation*	**P + p + u, P + p + u**	**P, P + 2 p - u**
	Shirking	**P + 2 p - u, P**	P - u, P - u

where 2p > u

Tab. 2: Cooperation in a 2-person prisoner's dilemma game

Foss (1999) again argues that in a prisoner's dilemma situation establishing leadership may lead to achieving and sustaining cooperation. A leader is a person who influences the formation of preferences and beliefs. Particularly charismatic leadership changes the pay-offs structure in the game by adding additional utility from reciprocating cooperation and being "nice" to other players (Foss 1999: 22). A charismatic leader could therefore change the pay-off structure of the above game, and increase the value of utility and reputation (u) in relation to the price premium (p) so the players would have stronger incentives to cooperate. Exceptional leaders have an ability to transform the needs, values, preferences and aspirations of their followers from self-interest to collective interest (Shamir et al.1993: 577). French and Raven (1959) identified five types of leader's power that increase a leader's ability to influence attitudes, values and behavior of others; these are reward and coercive, legitimate, referent and expert powers. Leadership as a form of hierarchy solves the tension between individual self-interest and group efficiency by disciplining the group members and monitoring their performance in order to reduce shirking (Miller 1992: 34). Banaszak and Beckmann (2006: 17) show that leaders' decision-making power was significantly correlated with exercising sanctions in producer groups in Poland.

In public goods games individuals contribute a sum of money or other funds for the provision of a public good called a "group exchange". The invested group exchange is then distributed equally among all the group members. In this situation the dominant strategy is to contribute nothing, since those who do not contribute cannot be excluded from the provision of the public good (Dawes/Thaler 1988: 188). In a producer group situation the price premium negotiated for members' output based on average quality can be considered as a local public good. If we assume that the price for quality of the good is a step function, once the price has been set the incentives for members to maintain the initial quality level will be expected to decrease. Nonetheless, if the average quality level decreases below a certain point, all members loose the quality premium.

The payoff structure of such a game is represented in Table 3. In this case p stands for local public benefits produced by producer group, in this case quality premium, and c stands for the costs of provision of the local public good for each player, that is maintenance of the quality.

<table>
<tr><td colspan="2"></td><td colspan="2">Farmer 2</td></tr>
<tr><td colspan="2"></td><td>Contribution to the public good</td><td>No contribution</td></tr>
<tr><td rowspan="2">Farmer 1</td><td>Contribution to the public good</td><td>P + p – c, P + p – c</td><td>P + p – c, P + p</td></tr>
<tr><td>No contribution</td><td>P + p, P + p – c</td><td>P, P</td></tr>
</table>

Tab. 3: Cooperation in a public goods game

Experiments in public goods games show that introduction of leadership results in achieving higher contribution levels within the groups. Leaders who move first set an example for other players. Also, giving the leader power to ostracize leads to higher contributions (Güth et al. 2004: 12). Other experiments also show that the leader's commitment and fairness and the selection procedure are important for achieving higher individual contributions. Players' contributions in public goods experiments were higher with an elected leader than with an appointed leader (de Cremer/van Vugt 2002: 134).

Empowering one player versus the other might nonetheless influence the distribution of benefits in the group. As revealed by Rode and Le Menstrel (2007: 1, 16), players use their decision power to increase their monetary gains. The division of gains is perceived as more fair when the decision power over allocation of the resource is shared by all parties involved. The findings suggest that on one hand leaders' decision-making power might decrease members' benefits from the group's functioning, and on the other hand members' participation in the decision-making process might diminish this negative impact or at least increase perceived fairness of the distribution of the benefits.

Attaining cooperation through leadership, however, does not emerge without friction. The leaders of producer groups bare certain time, financial and opportunity costs due to exercising their function in the producer groups. Why do they do it? Literature on coordination games suggests that the leader creates value by making players change their strategies, and therefore he can be paid for creating this extra value. The leader might be also motivated by receiving non-material rewards, such as the pleasure from exercising leadership (Foss 1998: 24-5). Hermalin (2007: 14) points out that followers might bestow a financial or emotional "tribute" upon their leaders. Such tribute could be costly for followers but also could take a form of "perks of the office" and provide "virtue benefits" such as prestige or fame to the leader. Additionally, Hardin (1982: 35) points out that groups may obtain a collective good through leadership of a so-called political entrepreneur. Political entrepreneurs are people who work to provide collective benefits to the groups for their private interest and their own career reasons. Their reward is usually distinct from the collective good.

Differences in leadership performance are seen as a result of providing different incentive structures by organizations. Rotemberg and Saloner (1993: 1313, 1317) model how different incentive structures provided by organization shareholders influences firms' leadership style and recruitment methods. "Empathic" leaders, who tend to be more participatory and whose utility functions include the utility of their managers, will be appointed if the firms operate in an opportunity-rich environment, whereas "selfish" leaders, who are more autocratic and whose utility functions do not include the utility of their managers, will be appointed in stable environments.

2.3. Summary of the Theoretical Arguments

To summarize, regarding the role of leadership for establishing cooperation, transaction costs economics argues that leadership reduces transaction costs particularly in large groups (Williamson 1983: 46). However, organizations can first function as peer groups and then at a certain point introduce a central coordinator (Beckmann 2000: 111). Game theory argues that leadership is important for facilitating cooperation irrespective of which type of game is played. Leadership might also decrease communication costs and time (Foss 1999: 24). In social dilemma situations leadership might add additional utility to players' payoffs from reciprocating cooperation or making sanctioning more credible; these are expect to increase cooperation rates as well (Shamir et al. 1993: 577; Miller 1992: 34). The reviewed literature, however, does not address the problem of how leadership emerges. In experimental settings leaders and the scope of their power are usually assigned by the researchers. Similarly, we did not find any discussion tackling the issue of transformation of leadership overtime.

Regarding leaders' motivation to perform their tasks, we may expect that different incentive structures provided by organizations and also competitiveness of the environment will influence firms' leadership style (Rotemberg/Saloner 1993: 1313, 1317). Both transaction costs theory and game theory pay attention to compensation schemes adopted in groups. Leaders might be motivated either by direct material rewards or indirect rewards related to private interests, career reasons or self-satisfaction (Alchian/Demsetz 1972: 782; Foss 1999: 24-25; Hardin 1982: 35; Hermalin 2007: 14).

Collective action theory additionally argues that individuals might not have equal interests and benefits from provision of a certain collective benefit. Thus those who expect to benefit more might be more willing to take the lead in organizing provision of the good (Olson 1965: 45). However, as suggested by game theory, the decision-making power of a certain player might also impact on the distribution of benefits, in such a way that the empowered individual will assign himself higher benefits (Rode/Le Menstrel 2007: 1, 16).

3. Methodology

3.1. Methods and Techniques of the Research

The cross-sectional research design was selected as a research method for this investigation. Within this design, the technique of social survey was employed, in which a structured interview with producer group leaders was the data collection strategy. The interviews were carried out in early 2005 in Wielkopolska Province in Poland. Fifty functioning groups, which associated 4,056 farmers were subjected to the research. Only 80% of the functioning groups performed the task of organizing joint sales. Since the main research questions posed in this paper is investigating dynamic in the role of leadership in establishing and sustaining cooperation only the 50 functioning will be subjected to empirical analysis. Additionally, in regard to the question on the leaders' motivation to perform their main task, which in producer groups was to organize joint sales, only 40 functioning and performing joint sales groups will be subjected to investigation.

The structured interview with producer group leaders was organized into a questionnaire composed of 6 parts. The first part comprised general questions such as the group's address, legal status, number of members, and activities performed. The other 5 parts regarded the process of formation of the group, functioning of the group (divided into 3 sections: management and decision making, production and marketing, and membership), costs and benefits of cooperation, the role of the institutional environment, and leadership. The questionnaire comprised 132 questions in total. Two types of questions were asked. The first type of question was related to facts such as numbers or descriptions of processes; the second type was related to subjective evaluation of these facts.

3.2. Computation of Variables

For most of the analysis, descriptive statistics and correlation between variables were applied. However, in order to investigate the question about leaders' motivation, we used probit and tobit regressions.

The probit model was employed in order to estimate the likelihood of entering by the groups a long-term contract, which was treated as a dichotomous dependent variable. The tobit model was employed in order to estimate the likelihood of negotiating by the groups a certain price premium. The regression was censored at the level of zero price premiums.

4. Empirical Findings

4.1. Profile of the Group Leaders

On average the group leaders were about 46 years old. The youngest leader was 25, the oldest 62. The majority of the groups were led by a man, only one group was led by a woman. Also, a majority of the leaders were married (94%), and on average they had about 3 children. Considering education, 22% of the leaders had only vocational education, 58% finished only secondary education, and 20% completed higher education. The majority of the leaders interviewed were farmers (92%). For 80% of them, farming was the main source of income, and for 12% farming was only an additional source of income. The average size of agricultural holdings possessed by those leaders was 47 ha, which is substantially higher that the average for farmers in the province (about 8.5 ha – GUS 2004). Four groups (8%) were led by persons not occupied with farming at all. Most of the leaders did not have any previous management experience (52%), and also most of them did not finish any management training (64%).

Furthermore, the leaders appeared to be deeply embedded in their local community and quite active in local arenas. Seventy percent of them grew up in the municipality were the producer group was established, and 96% said they had either a good (20%) or very good knowledge (76%) of the local people and environment. Also, 96% of interviewees declared to know (86%) or somewhat know (10%) personally most of the local decision-makers. What is more, 56% reported to have friendship relationships with most (30%) or some (26%) of the local decision-makers.

4.2. The Role of the Leader for Establishing of the Cooperation

On average the stage of planning the establishment of the group took about 5.7 months, and about 6.6 people were involved in this process. Considering factors that led to formation of the groups, the data indicate a quite important role for leadership. The largest portion of the groups (46%) was initiated by one farmer who started to organize the group and usually was elected as the official leader afterwards. Eighteen percent of the groups, particularly those in pork, were created as an outcome of farmers' strikes which took place at the end of 1999 and the beginning of 2000 when farmers were protesting against a dramatic decrease in pork prices. As the interviewees reported, the strikes created an opportunity for the farmers to meet and discuss their situation together, and also it was often the first time they undertook joint actions. The meetings and discussions brought the farmers to the conclusion that only if they were united and associated in some kind of organization, would they be strong enough to impact the government and to influence the agricultural market.

The remaining 36% of groups were created due to actions of external actors, which were either extension service or a municipality office (18%), processing company (12%), municipal cooperative (4%), or an outside businessman (2%):

Who/what initiated the process of group establishment?

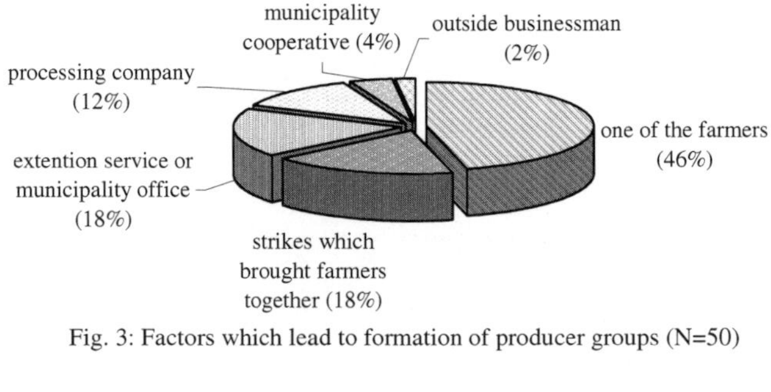

Fig. 3: Factors which lead to formation of producer groups (N=50)

After the stage of planning the group, the members of all groups chose formal group leaders in an election process during the group's first general assembly. The chosen leaders, however, usually knew most of the group members quite well before establishing the group and reported being involved earlier in some different social relationship with them. Eighty percent either fully agreed (74%) or partially agreed (6%) with that they knew earlier most of the members of their group. Moreover 66% declared having an earlier friendship relationship with most of the members, and 18% declared having some earlier family relationship with most of the members. Furthermore, 40% were involved in some business with most of their groups' members before the group was established, and these business relationships were mostly positive. The majority of the interviews reported being fully satisfied with the relationship (90% of those who declared to be involved in a business relationship with other members), or to be partially satisfied (10%). The data also show that not only did the leaders know group members before, but most of them actually persuaded farmers to join the group. Thirty-four percent of the leaders fully agreed and 24% partially agreed with the statement that they convinced most of the members to join the group:

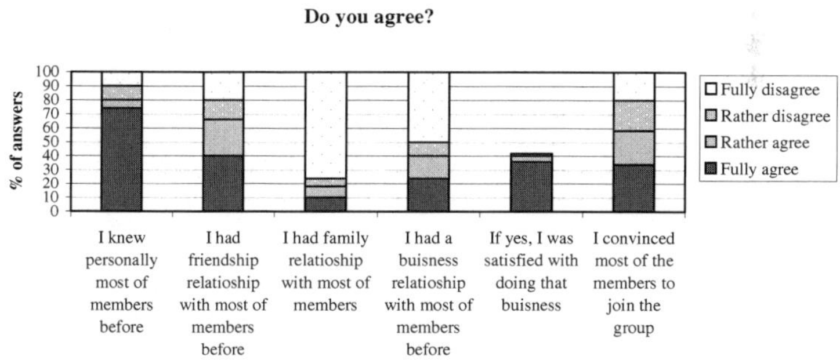

Fig. 4: The leaders' previous relationship with group members (N=50)

The group leaders also appeared to play a significant role in the process of designing the group. The leaders, together with a few other farmers (on average 5), constituted initiative groups which decided upon the legal form of the group (in 40% of cases) and the choice of vision and mission of the group (in 74% of cases). The other groups relied on the advice and choices made by extension service employees, lawyers or other subjects (such as processing plants, nearby cooperatives or examples of other groups). In 66% of the groups the initiative group discussed the design of the group with all the members, in 32% only with some members and in 2% did not discuss it with other members at all. The leaders also played a key role in finding purchasers of the groups' products. In 54% of groups it was the leader who found the first buyers of the output. Moreover 42% of the leaders declared to have previous contacts with the first purchasers.

To sum up, in most cases the group leaders played a very significant role in brining the farmers together, convincing them to join the group and in the process of designing and starting up cooperation. The data also suggest that the leadership was not a source of problems for the groups. The majority of the groups at the beginning did not have any problems with leadership (68%) nor with trust in the leaders (74%):

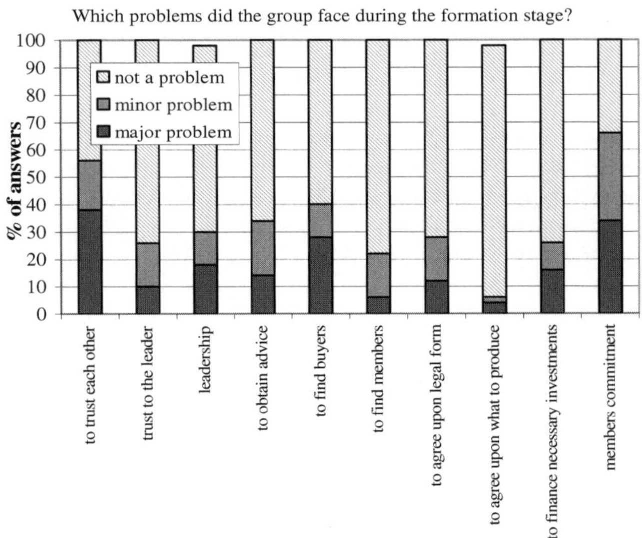

Fig. 5: Problems which the groups faced in the formation stage (N=50)

4.3. The Role of the Leader During Groups' Functioning

The research results suggest that over time, as the group was running, leaders of most of the groups had to share their power but also the work load with other members through management teams which, together with the leader, managed the group. Just 3 groups (6%) were managed only by the leader and did not have any management team. The average number of people in the management team was 4.22. There is a significant (p=0.001) positive correlation between the number of members and the number of people in the management groups. The biggest groups had as many as 12 managers in the management team. Also some groups (18%) incorporated in the management team people who were not group members (e.g. extension service employees). The management team on average organized its meetings 2.6 times per month, all group members were meeting on average about 1 time per month. There is no correlation between the intensity of both management and group meetings and the number of group members. However, the data suggest that some groups, irrespective of size, clearly preferred to have more frequent communication and meetings of both their management team and all members. A significant positive correlation (p=0.001) was found between the number of meetings of the management team and the number of meetings of all the members.

The respondents were also asked a question about which group organ was the most powerful and took the most decisions. The data show that for half of the groups the management team was the most powerful decision-making body. The leader took most decisions

in 34% of groups, and in 12% of groups all the members decided upon the most important decisions. However, there is no correlation between the number of members and which of the three group organs takes the decisions. There is a slight relationship, though, between the group being created as a result of the initiative of the leader and taking most group decisions by the leader (p=0.09). We may expect, therefore, that groups created as a result of an initiative of a strong leader tend to maintain strong leadership over time.
Seventy-four percent of groups had the same leaders from the beginning; in the remaining 26% the leader was changed. A change usually happened due to old leaders' lack of time or taking a new position outside the group (38% of groups who changed the leader) or due to dissatisfaction with their leadership (another 38%).
Taking into account the time which the leaders had to devote to their work for the group, 52% of them worked less that 10 hours per week, 14% worked from 10 to 22 hours, 10% worked from 20 to 35 hours, and 22% worked for their group more than 35 hours per week. Most of the leaders, however, did not receive any financial gratification for their work; only 22% of the leaders received a regular salary. Receiving a salary was positively significantly correlated with working hours (p=0.01). However, the amount of salary that the leaders received was fixed and similar in all the groups. It was in between the official minimum and average salaries for Poland.
It also seems that over time the leaders either realize opportunity costs or do not feel compensated for their work and seem to step back from the group activity. As was already mentioned, lack of time and other businesses was a reason of quitting the post by leaders of 6% of groups. Moreover many leaders also perceive the time they spent for the group as a serious cost of group functioning. Twenty-four percent of leaders rank the costs of their time as one of the major costs of group functioning, and 18% ranked their time as a minor cost. It is interesting that a slightly significant negative correlation was found between the time cost of leaders and groups entering a long-term contract (p=0.06), which suggests that leaders of groups who sold their output through a long-term contract felt less overwhelmed by the work for the group.
Over time leadership becomes a more serious problem for the groups. At the beginning of cooperation only 18% of groups reported having major problems and 12% reported having minor problems with leadership. During operation, though, as many as 26% of the groups reported having major problems with leadership and 16% reported having minor problems. Nonetheless, there is no significant correlation between having problems with leadership at the beginning of cooperation and during operation of the group:

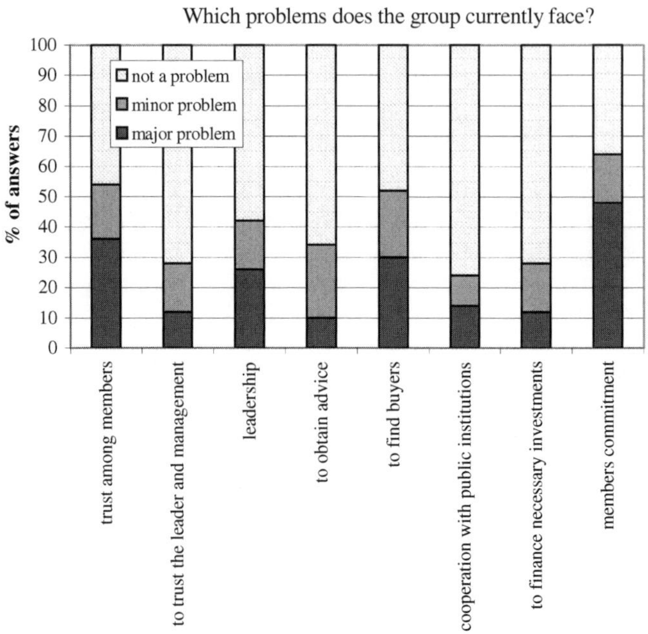

Fig. 6: Problems which producer groups face during their running (N=50)

4.4. Leaders' Motivation and Business Strategies

In this section we investigate what was the role of group leaders and their motivation for achieving group goals. Since the main task performed by producer groups was to organize joint sales of members' individual output, we analyze here only those groups that carried out this task at the time of the interview (N=40). Banaszak and Beckmann (2006) identified two types of strategies which leaders of producer groups adopt in carrying out their basic function of organizing joint sales. Group leaders were either trying to sell the produce each time at as high a price premium as possible or they valued more stability and certainty and were searching for buyers who would sign a long-term contract with the group. These two strategies are of course ideal types, and there were a few groups that marketed their output at a very low price premium and did not have a long-term contract, and a few others which had both a long-term contract and received a high price premium. On average the price premium which members of those groups got for their output was 9.5% higher than what non-associated farmers got on the market. The worst performing group did not manage to negotiate any price premium; the most successful were selling their produce at a price that was almost 40% higher than the non-member market price. Furthermore 62.5% of the joint-sales-performing groups were able to negotiate a long-term contract with purchasers of their output.

The theory suggested that direct, institutional structure factors as well as indirect personal factors affect leaders' performance. Institutional structure factors were measured by asking whether the leaders were paid for their work and how strong was their decision-making power. Indirect personal factors were measured by asking how big was the size of the leaders' agricultural holdings, to how many other organizations they belonged, and – in order to measure self-esteem rewards from exercising leadership – whether they thought their group was successful. We also added to the model one environmental variable, market competition, and a time dimension.
Twenty-seven percent of the leaders declared receiving a salary for performing their function. The amount of the salary was in all cases similar, and was in between the polish official minimum and average salary. The leader's ability to enforce his decisions was investigated by asking the leaders do they agree with a statement that they take most of the decisions in the group. In general the leaders saw themselves as rather strong. On average their responses scored 3.02 on a 1-to-4 scale, where 1 stood for disagree and 4 agree with the statement. The mean size of agricultural holdings owned by the leaders was about 53 hectares. Five leaders did not have agricultural land at all, and one leader held 600 hectares of agricultural land. Political rewards from performing the leadership function were measured by asking the leaders to how many social, agricultural, and political organizations they belong. Twelve leaders did not belong to any organization, and one belonged to as many as 7 organizations. Obtaining self-esteem rewards was furthermore measured by asking the interviewees whether they thought their group was a successful organization. Leaders of 6 groups did not perceive their group as a successful business, 13 leaders declared their groups were very successful.
Market competition was measured by investigating how the interviews perceived competition from other business organizations occupying the same market niche; in this case these were intermediaries. On average competition was perceived as not very harsh and it was ranked as 1.72 on a 1-to-4 scale. Regarding how long the groups operated, on average the groups were functioning about 4 years. The youngest group operating joint sales was created several months before the interview was carried out, the oldest one has been already for 12 years on the market. Table 4 and 5 present measurement and summary statistics for the distinguished dependent and independent variables:

Variable	Measurement (Mean Value)	Coding	N	Mean	Min.	Max.	St. Dev.
Dependent variables							
Price Premium	How much is the price the members get higher than non-associated farmers get on the market?	%	40	9.55	0	39.30	11.56
Having a long-term contract	Does the group have a long-term contract with its buyer/s?	Yes-1, no-0	40	0.62	0	1	0.49

Tab. 4: Summary statistic of the dependent variables

Independent variables							
Salary	Does the leader get a financial gratification of his work?	Yes-1, no-0	40	0.27	0	1	0.45
Leadership strength	Does the leader take most of decisions in the group?	1-disagree, 2-rather disagree, 3-rather agree, 4-agree	40	3.02	2	4	0.83
Area	How big is the leader's agricultural holding?	No. of hectares	40	53.33	0	600	109.96
Organ-izational membership	To how many social, agricultural and politi-cal organizations does the leader belong?	No. of organi-zations	40	1.75	0	7	1.73
Self under-stood suc-cess	Does the leader think the group is successful?	1-not success-ful, 2-small success, 3-middle suc-cess, 4-very successful	40	2.92	1	4	1.02
Competition	How would you evalu-ate the competition with the middlemen on the market?	3-major com-petition, 2-minor competi-tion, 1-not a competition	40	1.72	1	3	0.82
Years of op-eration	For how many years does the group func-tion?	No. of years	40	4.3	0	12	2.60

Tab. 5: Summary statistic of the independent variables

The probit model was used in order to estimate the likelihood of groups entering a long-term contract. The tobit model was employed to estimate the likelihood of negotiating a certain price premium. Although seven independent variables were distinguished, two of them, self-understood success of the group and membership in agricultural and political organizations, were highly correlated with other independent variables and had to be excluded from the model. It is interesting, nonetheless, that self-understood success was significantly correlated with the dependent variable having a long-term contract ($p=0.003$). That means that the leaders of the 40 groups analyzed in this section perceive themselves and their groups as successful not in relation to obtaining a high price premium, but to being able to negotiate a long-term contract for the group and provide stability for the members. This result is particularly striking in comparison with results obtained by Banaszak and Beckmann (2006) who pointed out that from the members' perspective, stability was less valuable than selling at a high price premium. The best strategy to ensure members' commitment and loyalty was searching for as high price premium as possible, and entering a long-term contract increased the likelihood of the group playing a prisoner's dilemma game.

Considering the relationship of membership in other organizations, which was the second excluded independent variable, with the dependent variables, it appeared to be significantly negatively correlated with the price premium ($p=0.02$). This indicates that a producer group's leader's membership in other agricultural and political organizations actually had a negative impact on the leader's motivation to pursue group goals. Table 6 presents the results of running probit and tobit regressions.

Independent variable	Tobit regression for price premium	Probit regression for having a long-term contract
Salary	9.981 *** 3.491†	.557 .621†
Area	-.040 * .022	-.015 .016
Leadership strength	-.732 1.973	.730 ** .335
Competition	-4.701 ** 2.285	.916 ** .386
Years of operation	-1.200 * .713	-.257 ** .131
Pseudo R2	0.077	0.395
No. of Obs.	40	40

† The upper line in the row indicates coefficient, and the bottom one indicates standard error
*** significant at .01 level
** significant at .05 level
* significant at .10 level

Tab. 6: Regression results

The most significant positive impact on the likelihood of selling the group's output at a high price premium was paying a wage to the leader. Financial gratification appears to provide the most efficient motivation for the leaders to work for their groups. Nonetheless, the price premium that could be obtained by the groups was highly influenced by competition on the market. Those groups that faced harsh competition were less likely to negotiate a high price premium. The age of the group had a negative impact on the price premium, what confirms the prediction that over time the market adapts to the presence of the group. Surprisingly the size of agricultural holding possessed by the leader also negatively affected the price premium variable. This was probably due to the opportunity cost of the leaders' work on their own farms, which made them less available for the groups.

These two variables representing the environment also had a significant impact on the likelihood of groups entering a long-term contract. The only difference was that competition had in this case a positive impact on having a long-term contract. We can assume that in a situation of harsh competition a long-term contract and its stability are more valuable and enable one group to escape from its competitors. It is interesting that the decision making power of the leader also had a positive significant impact on the likelihood of entering a long-term contract. This suggests again that the leaders personally value more having a long-term relationship on the market, which probably means less work for them. If they have enough decision making power to force the group to enter such contract, they are very likely to pursue it.

5. Conclusions and Discussion

The study investigated the role of leadership in the process of establishing and functioning of cooperative organizations. We also inquired about leaders' motivation to perform their tasks given the incentives provided by the group. The empirical evidence was collected from Polish farmer marketing organizations called producer groups. As suggested by transaction costs theory and game theory, the data show that leadership plays a key role for establishing cooperative organizations. Similar to the findings of Ziegenhorn (1999), most leaders had a good earlier knowledge of the members, and they convinced most of the members to join the organizations. The literature reviewed in Sections 1 and 2, however, did not provide insights on how the institution of leadership transforms over time. According to the data, the groups created as a result of an initiative of a strong leader tend to maintain strong leadership over time. Nonetheless, in the majority of the groups the leaders shared their power but also the work load with management teams. As the group matures, leadership tends to cause more problems in group activity.

Taking into account leaders' motivation to perform their task, game theory and collective action theory suggest that leaders could be either paid by their groups or receive other rewards for creating extra value for group members. In the research we identified two types of leadership strategies in managing the task of organizing joint sales. The leaders could choose a strategy of searching for as high a premium as possible for group products, or they could choose a strategy which valued more stability and certainty and search for buyers who would sign a long-term contract with the group. The main variable that increased the likelihood of choosing the first strategy was whether the leader received a salary. Nonetheless, if the leaders could take most decisions by themselves they were more likely to enter a long-term contract. Entering a long-term contract was interpreted by the leaders as a group success. Previous studies on producer groups show, however, that members valued selling at a high price premium more than having a long-term contract (Banaszak/Beckmann 2006: 20). Selling at a high price premium involves certain costs, which are born by group leaders, such as monitoring the market and continually searching for buyers.

We may conclude that leaders play an important role in establishing and maintaining cooperation and that groups should be aware of the burden leaders have to take. Groups not only can but must compensate leaders' effort if they want to keep leaders' work motivation high. If a group does not solve this motivation problem, the leaders might be more willing to choose options which are less work-intensive for themselves but which are valued less by the group members. This might result in lower cooperation rates or eventually having no cooperation.

References

Alchian, A.A. / Demsetz, H. (1972): Production, Information Costs, and Economic Organization, in: The American Economic Review, 62/5/777-795

Banaszak, I. (2008): Agricultural Producer Groups in Poland: Empirical Survey Results, in: Journal of Rural Cooperation, 36/1/73-86

Banaszak, I. / Beckmann, V. (2006): Compliance with Rules and Sanctioning in Producer Groups in Poland, IDARI Working Paper, Humboldt University, Berlin

Beckmann V. (2000): Transaktionskosten und institutionelle Wahl in der Landwirtschaft. Zwischen Markt, Hierarchie und Kooperation, Berlin: Edition Sigma

Bonus, H. (1986): 'The Cooperative Association as a Business Enterprise: A Study in the Economics of Transactions, in: Journal of Institutional and Theoretical Economics, 142/–/310-339

Caputo, M. / Mininno, V. (1996): Internal, vertical and horizontal logistics integration in Italian grocery distribution, in: International Journal of Physical Distribution & Logistics Management, 26/9/64-90

D'Aveni, R. / Ravenscraft, D.J (1994): Economies of Integration versus Bureaucracy Costs: Does Vertical Integration Improve Performance?, in: Academy of Management Journal, 27/5/1167-1206

Dawes, R.M. / Thaler, R.H. (1988): Anomalies Cooperation, in: Journal of Economic Perspectives, 2/3/187-197

De Cremer, D / van Vugt M. (2002): Intergroup and Intragroup Aspects of Leadership in Social Dilemmas: A Relational Model of Cooperation, in: Journal of Experimental Social Psychology, 38/–/126-136

Foss, N. J. (1999): Understanding Leadership: A Coordination Theory, DRUID Working Paper, 99/3

Foss, N.J. (2001): Leadership, Beliefs and Coordination: An Explorative Discussion, in: Industrial and Corporate Change, 10/2/357-388

French, J.R.P. / Raven, B. (1959): The Bases of Social Power, in: Cartwright, D. (ed.), Studies in Social Power, Ann Arbor: University of Michigan, Research Center Group

GUS – Cenral Statistical Office (2004): Statistical Yearbook of the Republic of Poland, Warszawa: GUS

Güth, W. / Levati, M. V. / Sutter, M. (2004): Leadership and Cooperation in Public Goods Experiments, Discussion Paper 28-2004, Max Planck Institute of Economics

Güth, W. / Levati, M. V. / Sutter, M. / van der Heijden, E. (2007): Leading by Example with and without Exclusion Power in Voluntary Contribution Experiments, in: Journal of Public E-conomics, 91/–/1023-1042

Hansmann, H. (1996): The Ownership of the Enterprise, Cambridge/London: The Belknap Press of Harvard University Press

Hardin, R. (1982): Collective Action, Maryland: Resources for the Future

Hermalin, B.E. (1998): Toward an Economic Theory of Leadership: Leading by Example, in: American Economic Review, 88/–/1188-1206

Hermalin, B.E. (2007): Leading for the long term, in: Journal of Economic Behavior and Organization, 62/–/1-19

Hurrelmann, A. / Murray, C. / Beckmann, V. (2006): Social Capital and Leadership: Rural Cooperation in Central and Eastern Europe, in: Society and Economy, 28/3/219-243

Mas-Colell, A. / Whinston, M.D. / Green, J.R. (1995): Microeconomic Theory, New York/Oxford: Oxford University Press

Miller, G. J. (1992): Managerial Dilemmas. The Political Economy of Hierarchy, New York: Cambridge University Press

Rasmusen, E. (2001): Games and Information. An Introduction to Game Theory, Oxford: Blackwell Publishers

Rode, J. / Le Menestrel, M. (2007): 'What is a Fair Wage and Who Should Decide About it? An Experimental Study, Working Paper, University Pompeu Fabra, Barcelona

Rotemberg, J.J. / Saloner, G. (1993): Leadership Style and Incentives, in: Management Science, 39/1/1299-1318

Shamir, B. / House, R. / Arthut, M.B. (1993): The Motivational Effects of Charismatic Leadership: A Self-Concept Based Theory, in: Organizational Science, 4/4/577-594

Spulber, D.F. (1999): Market Microstructure: Intermediaries and the Theory of the Firm, Cambridge: Cambridge University Press

Ternström, I. (2006): Leadership in Common-Pool Resource Management, paper presented at the European Regional Meeting of the International Association for the Study of Common Property (IASCP) Building the European Commons: From Open Field to Open Source, Brescia, Italy, March 23-25

Valentinov, V. (2007): Why are Cooperatives Important in Agriculture? An Organizational Economics Perspective, in: Journal of Institutional Economics, 3/1/55-69

Wagner, R.E. (1966): Pressure Groups and Political Entrepreneurs: A Review Article, Public Choice, 1/1/161-170

Williamson, O. E. (1983): Peer Groups and Simple Hierarchies, in: Williamson, O.E. (ed.): Markets and Hierarchies: Analysis and Antitrust Implications, New York: Free Press

Der Vorschlag einer Verbundbeteiligung

Holger Blisse

1. Einleitung

Große genossenschaftliche Verbünde in Europa haben inzwischen die Möglichkeit eines Eigenkapitalzugangs über die Börse geschaffen. Auch in Ländern, in denen dies bisher nicht der Fall ist, wird über einen Kapitalmarktzugang diskutiert. Ein leistungsfähiger Verbund erfordert genügend Eigenkapital von den Trägern des Verbundes auf der Primärstufe bis hin zum Spitzeninstitut. Wie sehr dies auch andere Verbundorganisationen wie z. B. die Sparkassen-Gruppe betrifft, zeigen die jüngsten Maßnahmen, dort das Kapital aufzustocken (Köhler 2008). Sehr oft stellt sich die Frage nach der Aufnahmefähigkeit und Aufnahmebereitschaft der Eigentümer für eine Kapitalmaßnahme. Die Kreditgenossenschaften haben in der Vergangenheit stets die Kapitalaufnahme des Spitzeninstituts erfüllt und decken ihre Beteiligung aus der ihnen zur Verfügung stehenden Liquidität.

In der Vergangenheit hieß es, die Eigenkapitalbildung der deutschen Kreditgenossenschaften in der Rechtsform der eingetragenen Genossenschaft (eG) sei an ihre Grenzen gestoßen und es wären deshalb andere Wege der Kapitalaufnahme im Verbund zu beschreiten, bis hin zu dem Vorschlag eines Börsenganges des Spitzeninstitutes. Insbesondere die Eigentümer der Kreditgenossenschaften, die Mitglieder, könnten dabei als potenzielle Aktionäre angesprochen werden. Diese Form der Eigenkapitalgewinnung würde jedoch den subsidiären Aufbau der Eigenkapitalaufbringung in genossenschaftlichen Verbünden neu ordnen und in Konkurrenz zur Mitgliedschaft bei einer Kreditgenossenschaft treten. Denn Mitglieder der Kreditgenossenschaften wären dann direkt am Spitzeninstitut beteiligt.

Würde die Zentrale die ihr durch den Kapitalmarktzugang zufließenden Mittel dafür nutzen, sich in umgekehrter Beteiligungsrichtung ihrerseits an den Kreditgenossenschaften zu beteiligen, würde sich die subsidiäre Beteiligungsrichtung umkehren. Das Mitglied würde als Eigentümer und Eigenkapitalgeber seiner Kreditgenossenschaft möglicherweise weniger bedeutsam, erhielte eine Beteiligungsalternative im Verbund, und die Eigentumsrechte würden sich zu Gunsten des Spitzeninstitutes verschieben. Der Verbund nähme die Gestalt einer integrierten Genossenschaft ein, deren Organbetrieb die Zentralbank wäre. Es bliebe fraglich, warum die Mitglieder sich nicht eher am Spitzeninstitut beteiligen sollten als die Beteiligung an ihrer Kreditgenossenschaft aufzustocken.

Diese Annahme deutet auf ein Defizit bei den Eigentumsrechten der Mitglieder, insbesondere bei deren Vermögensrechten, in der genossenschaftlichen Rechtsform hin und würde die Rechtsform dem Konkurrenzangebot der Aktiengesellschaft aussetzen. Zu suchen sind alternative Wege, die sich im Rahmen des bisherigen Verständnisses der Eigenkapitalbildung in der genossenschaftlichen Rechtsform bewegen und die Position des Mitgliedes als Eigenkapitalgeber der Genossenschaft nicht verdrängen, sondern eher wieder stärken. Es wird an dem Vorschlag einer direkten Beteiligung am Spitzeninstitut

nur allzu deutlich, wo Alternativen ansetzen: Sie schaffen mit erweiterten Vermögensrechten für die Mitglieder einen zusätzlichen Anreiz, wodurch die Mitgliedschaftsrechte in einer Zusammensicht aufgewertet würden.
Daher soll im Folgenden ein Weg abgeleitet werden, der die Mitglieder bei der Eigenkapitalbildung auch im Verbund im Mittelpunkt belässt, ohne sie von ihrer Genossenschaft zu entfernen, und der am Beispiel der Verbundbeteiligung der österreichischen Volksbank Gruppe bereits realisiert worden ist.

2. Eigenkapitalbedarf im genossenschaftlichen Verbund

Ein leistungsfähiger Verbund setzt voraus, dass das geschäftsnotwendige Eigenkapital auf allen Ebenen vorhanden ist. Da es sich bei vielen Verbundunternehmen um Kreditinstitute handelt, kommt den Eigenkapitalbestandteilen des Kernkapitals eine wichtige Rolle zu (§ 10 Abs. 2b und 2c jeweils Satz 2 Gesetz über das Kreditwesen). Als Eigentümer stellen die Kreditgenossenschaften mit ihrem Beitrag zum Eigenkapital „stellvertretend für ihre Mitglieder“ (Bonus 1990: 263) die Geschäftsbasis der Verbundunternehmen sicher.

2.1. Eigenkapitalbedarf im deutschen FinanzVerbund

Die inländischen und ausländischen Spezialinstitute sind überwiegend Mehrheitsbeteiligungen der DZ Bank AG. Sie hält auch den europäischen Anteilsbesitz. Die DZ Bank und andere Verbundunternehmen, die Kreditinstitute, Finanzunternehmen oder Unternehmen mit bankbezogenen Hilfsdiensten sind, bilden eine Institutsgruppe (Gruppe) gemäß § 10a KWG (§ 10a Abs. 2 KWG), die insgesamt über angemessene Eigenmittel verfügen muss (§ 10a Abs. 1 KWG).
Die Kreditgenossenschaften sind an der DZ Bank überwiegend indirekt über regionale Beteiligungs-/Holdinggesellschaften beteiligt (Abbildung 1), die z. T. als Vermögensträger früherer Zentralbanken verblieben sind. Die Kreditgenossenschaften halten 79,65% der DZ Bank-Aktien, weitere Eigentümer sind mit zusammen 6,68% die WGZ Bank AG bzw. deren Holding, „sonstige Genossenschaften“ (9,1%), und sonstige Eigentümer halten 4,57% (DZ Bank 2006: 24).
Mit dieser Beteiligungsstruktur vermeidet man, dass der Eigentümerkreis der Verbundunternehmen zu kleingliedrig zusammengesetzt ist, über die Holdings lassen sich Kapitalmaßnahmen bei der DZ Bank für den Verbund leichter koordinieren, und es fällt die Verwaltung der Anteile nicht bei der einzelnen Kreditgenossenschaft an. Anteile können nur eingeschränkt veräußert werden, da ein Handel und eine laufende marktgerechte Bewertung der Anteile fehlen.

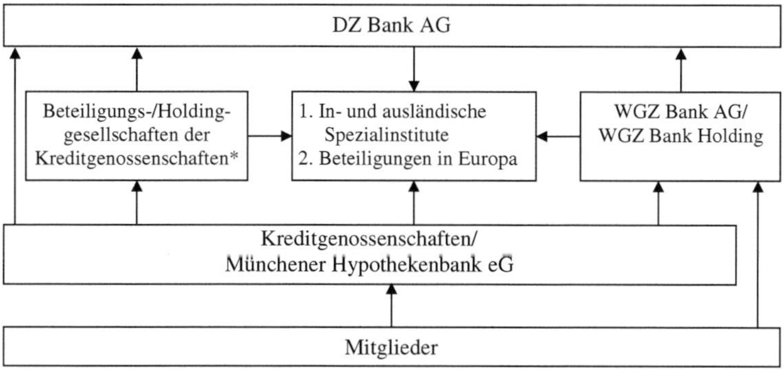

* Holdings der Kreditgenossenschaften sind v. a. Norddeutsche Genossenschaftliche Beteiligungs-Aktiengesellschaft, Beteiligungs-Aktiengesellschaft der bayerischen Volksbanken, Bayerische Raiffeisen-Beteiligungs-Aktiengesellschaft, Genossenschaftliche Beteiligungsgesellschaft Kurhessen, GVS-Holding GmbH, DG mbH.

Abb. 1: Schematische Darstellung der Beteiligungsstruktur im Finanzverbund (Blisse 2006: 131)

Die DZ Bank nimmt nicht nur, weil sie selbst als Holding für die Verbundunternehmen fungiert und „für eine angemessene Eigenmittelausstattung der Gruppe verantwortlich" (§ 10a Abs. 8 KWG) ist, eine Schlüsselstellung ein, sondern auch weil sie im Metakreditgeschäft mit den Kreditgenossenschaften (Gemeinschaftskreditgeschäft), für das eigene Firmenkundengeschäft und Investmentbanking über Eigenkapitalfreiräume verfügen muss. Diese Freiräume schlagen sich in einem guten Rating nieder, das für die Refinanzierung des gesamten Verbundes vorteilhaft ist. Hinsichtlich der Beteiligungen ergeben sich aus den Anforderungen des KWG Einschränkungen beim Eigenkapital, die es erfordern können, einen eventuell zu engen Spielraum zu erweitern.

Mit § 10 Abs. 6 Nr. 1 KWG sind insofern Grenzen gesetzt, als Beteiligungen an Kreditinstituten und Finanzunternehmen von der Summe des eigenen Kern- und Ergänzungskapitals dann abzuziehen sind, wenn diese Beteiligungen mehr als zehn Prozent des Kapitals dieser Unternehmen betragen.[1] Dies ist ebenso anzuwenden auf neue Beteiligungen. Von der DZ Bank getragene Kapitalerhöhungen bei den Kreditinstituten unter den Verbundunternehmen und anderen Beteiligungen an Kreditinstituten führen folglich bei der DZ Bank zu einem Abzug vom haftenden Eigenkapital, der in der Regel zeitgleich durch eigene Kapitalerhöhungen ausgeglichen wird. Diese werden wiederum von den Holdinggesellschaften mit Hilfe der Kreditgenossenschaften übernommen.

Aufgrund der geringen Anteile der Kreditgenossenschaften an einzelnen Verbundunternehmen greift bei ihnen § 10 Abs. 6 Nr. 1 KWG nicht. Die Kreditgenossenschaften halten Beteiligungen von weniger als zehn Prozent des Kapitals dieser Unternehmen. Der Gesamtbetrag derartiger Beteiligungen an Kreditinstituten ist erst dann vom haftenden Eigenkapital abzuziehen, wenn er zehn Prozent des haftenden Eigenkapitals einer Kreditgenossenschaft übersteigt (§ 10 Abs. 6 Nr. 5 KWG). Wenn der Eigenkapitalabzug für eigenes Geschäft benötigt worden wäre und es jeweils nicht gelingt, ihn auszugleichen,

[1] Siehe auch § 10 Abs. 6 Nr. 2 bis 4 KWG für weitere in Abzug vom haftenden Eigenkapital des Instituts zu bringende Bestandteile des haftenden Eigenkapitals der Beteiligungen.

wirkt sich zusätzlicher Eigenkapitalbedarf bei den Verbundunternehmen durch die bei der DZ Bank vorzunehmenden Kapitalerhöhungen über die Holdinggesellschaften auf die Kreditgenossenschaften aus. Außerdem kann der Erhalt einer marktgerechten Struktur des haftenden Eigenkapitals bei der DZ Bank zu Kapitalerhöhungen veranlassen.

2.2. Vorbild einer Börsennotierung im Ausland

Vor diesem Hintergrund ist es nachvollziehbar, wenn von der DZ Bank Vorschläge geprüft werden, auf welchen neuen Wegen man zusätzlich Eigenkapital aufnehmen könnte. Zur Eigenkapitalstärkung wurde empfohlen, gerade auch mit Blick auf Beispiele in anderen Ländern Europas, komparativ die Möglichkeit eines Zugangs zu den externen Kapitalmärkten zu prüfen (Brixner 2003, Gerke 2003; Theurl 2006). Erst durch den Markt entfaltet die Aktie ihre Vorteile als Beteiligungsinstrument, da sie leicht handelbar wird. Dabei orientierte man sich vor allem an den genossenschaftlichen Instituten in Frankreich und beabsichtigte ebenso einen Zugang zum Kapitalmarkt, zunächst nur mit stimmrechtslosen Vorzugsaktien: Ein partieller Börsengang durch Ausgabe von Vorzugsaktien wurde 2002 von Brixner sowohl für die DZ Bank als auch für einzelne Verbundunternehmen angeregt (z. B. Brixner 2002a: 19, 2002b: 13). Die Vorschläge hatten sich in der Folge auf einen Börsengang der DZ Bank konzentriert (o.V. 2002a), sind dann aber wieder auf andere Verbundunternehmen erweitert worden (Brixner in Heumann 2003: 651).[2]
Als Beispiele in Europa seien angeführt (Blisse 2006: 232–236, 249-251):

- Frankreich: Die Banques Populaires haben über eine Tochtergesellschaft, die Natexis Banque Populaire (inzwischen: Natixis) den Zugang zur Börse gefunden. Möglich wurde der Börsengang durch die Übernahme der im Großkundengeschäft tätigen, börsennotierten Banque Natexis im März 1998. An diese Struktur angelehnt, hat der Crédit Agricole 2001 einen Börsengang vorgenommen. Dabei sind die Aktien der Zentrale, der Caisse National de Crédit Agricole direkt an der Börse eingeführt worden. Rund die Hälfte des Emissionsvolumens sollte auf Privatpersonen entfallen. Einen Kursvorteil für diese Gruppe gab es nicht. Allein die bisherigen Eigentümer der lokalen Kassen (Bankgenossen) wurden gegenüber außenstehenden Privatpersonen bevorzugt, indem sie bei dieser überzeichneten Emission mit der doppelten Quote bedient wurden im Vergleich zu Nicht-Bankgenossen. Insgesamt erwarben 2,5 Mio. Privatpersonen Aktien, darunter nur knapp 800.000 der 5,5 Mio. Mitglieder dieser genossenschaftlichen Bankengruppe.
- Finnland: Die im März 2008 in Pohjola Bank umbenannte OKO Bank ist die wichtigste Tochtergesellschaft der OP-Pohjola Group Central Cooperative und arbeitet vor allem als Geschäftsbank im Corporate und Investment Banking und übernimmt das Zahlungsstrommanagement in der OP-Pohjola-Gruppe. Die OP-Pohjola-Gruppe mit ihren Mitgliedsbanken hält die Stimmrechtsmehrheit, nicht aber die Kapitalmehrheit an der Pohjola Bank. Dies ist auf zwei mit unterschiedlichem Stimmrecht

[2] noch vorsichtiger, aber nicht generell ausschließend Pleister in o. V. 2004: 8, schon deutlicher Pleister in Eigendorf/Schwaldt (2004): „Ich halte einen Börsengang für vorstellbar und attraktiv. ... Es gibt aber zurzeit keine konkreten Pläne und keinen Kapitalbedarf."

ausgestattete Aktiengattungen zurückzuführen: Aktien der Serie A sind seit 1989 an der Börse in Helsinki notiert und können von jedermann erworben werden. Eine Aktie verbrieft eine Stimme und bietet eine um mindestens einen Prozentpunkt höhere Dividende als die Aktien der anderen Serie. Aktien der Serie K verbriefen je fünf Stimmen. Die Aktien der Serie K sind den zur OP-Pohjola-Gruppe gehörenden Unternehmen vorbehalten.

- Italien: Die Möglichkeit, die Eigenkapitalbasis durch eine Börsennotierung überregional zu verbreitern, steht in Italien auch Genossenschaften offen. Sie können seit 1992 nicht nur übertragbare Aktien zur Genossenschaftsbeteiligung ausgeben, sondern die Genossenschaftsanteile können auch aktienähnlich ausgestattet sein, so dass aktienrechtliche Vorschriften gelten. Die Anteile einiger Banche Popolari (Volksbanken) in der Rechtsform einer Genossenschaft (Società Cooperativa a Responsibilità Limitata, SCRL) werden an der Mailänder Börse (Borsa Italia) ebenso gehandelt wie die Aktien von zwei als Aktiengesellschaft (Società per Azioni, SpA) tätigen Banche Popolari.
- Österreich: Für das Spitzeninstitut der Raiffeisengruppe in Österreich, die Raiffeisen Zentralbank Österreich AG (RZB) wird ein Börsengang ausgeschlossen. Allerdings sind im April 2005 die Aktien der Raiffeisen International Bank-Holding AG, der Beteiligungsholding für das Osteuropageschäft, an der Wiener Börse eingeführt worden. Ähnlich wie bei der RZB besteht mit der Volksbank International AG auch bei der Österreichischen Volksbanken-AG (Volksbank AG) eine Tochtergesellschaft für das Osteuropageschäft. Für dieses Unternehmen wäre angesichts wachsenden Kapitalbedarfs ein zusätzliches genossenschaftliches Engagement z. B. der im Osteuropageschäft wenig engagierten genossenschaftlichen Zentralbanken aus Deutschland, Frankreich oder Italien denkbar oder sogar ein Börsengang (Zandanell in Karner 2004: 22).

2.3. Möglichkeit eines Börsenganges in Deutschland

In Deutschland denkt man bei den möglichen Käufern von (Vorzugs-) Aktien nicht nur an die Kreditgenossenschaften, sondern auch an deren Mitglieder, denen „im Sinne der Partizipation ... an den wirtschaftlichen Erfolgen der Primärgenossenschaften wie auch des FinanzVerbunds ... folgerichtig ... Aktien der Verbundinstitute zur bevorzugten Zeichnung“ angeboten werden könnten. Die Aktien würden „ein hochinteressantes Instrument der Mitgliederwerbung“ darstellen (Brixner 2003: 254).

Mit einem Angebot von Verbundbeteiligungen für die Mitglieder der Kreditgenossenschaften setzte nicht nur ein Wettbewerb um Eigenkapitalbeiträge der Mitglieder ein, sondern es träte auch eine Konkurrenz zum Eigenkapitalbedarf der Kreditgenossenschaften ein, wenn man unterstellt, dass die Mitglieder trotz im Durchschnitt niedriger Geschäftsguthaben die Beteiligungsmöglichkeiten eher als sich ausschließende Alternativen ansehen würden. Zudem wollte man auch verbundfremde Eigenkapitalgeber ansprechen. Die Zusammensetzung des Aktionärskreises und damit auch der Einfluss auf das Spitzeninstitut änderte sich ohnehin spätestens dann, wenn Mitglieder sich von ihren Aktien am Markt trennen würden, z. B. um Gewinne zu realisieren, und diese Aktien von jedermann erworben werden könnten. Daher wären zumindest Übertragungsbeschränkungen und eventuell ein interner Handel zu bevorzugen. Grundsätzlich würde man die bisherigen Beteiligungsbeziehungen verändern.

Die bisherigen Beteiligungsbeziehungen im Verbund wurden gerade von Seiten der DZ Bank in Frage gestellt. Denn man sah die Fähigkeit der Eigenkapitalbildung der Kreditgenossenschaften in der eG als z. T. begrenzt an, den Eigenkapitalbedarf der Verbundunternehmen zukünftig zu decken: Vor allem stieße die Eigenkapitalbildung über Geschäftsguthaben der Mitglieder an ihre Grenzen (Brixner 2002a: 19, 2002b: 13) und sei aufgrund der wirtschaftlichen Situation der Institute erschwert (o.V. 2002a). Zweifellos sind den Kreditgenossenschaften mit § 10 Abs. 6 Nr. 5 KWG Grenzen gesetzt, was es erfordern kann, einen eventuell entstehenden Bedarf mit Hilfe der Mitglieder zu decken. Darauf könnte sich im Einzelfall die Kritik beziehen, dass dies nur begrenzt erfolgreich gelänge. Aber an einer generellen Kritik der Eigenkapitalbildung der eG als Grund für die Suche nach weiteren Eigenkapitalgebern für Verbundunternehmen sind zumindest aus zwei Richtungen Zweifel anzumelden:

- Nicht nur weisen die Verbände darauf hin, dass die Eigenkapitalausstattung bei vielen Kreditgenossenschaften ausbaufähig sei (o.V. 2002b), sondern oft reicht schon allein die Eigenkapitalbildung durch Rücklagen aus (o.V. 2003). Dass auch das Spitzeninstitut Mitglieder der Kreditgenossenschaften anzusprechen gedenkt, belegt, dass an der Beteiligungsfähigkeit der Mitglieder nicht zu zweifeln ist. Vielmehr verringert sich die Kritik dann auf die in der Rechtsform der eG verwirklichbare Beteiligung mit dem Geschäftsanteil.
- Gegen die Kritik ist ferner einzuwenden, dass es zunächst weniger eine Frage des Eigenkapitals ist als der Liquidität, in welchem Umfang Mittel der Kreditgenossenschaften bei der DZ Bank investiert werden können. Denn die dafür eingesetzten Mittel stammen aus der Liquiditätsreserve des Instituts, die sich nicht zwingend aus dem Eigenkapital speist (Hein 1993: 162-167). Aus dem Verhalten der Kreditgenossenschaften in der Vergangenheit kann man jedoch weder schließen, dass es an der erforderlichen Liquidität oder den Beteiligungsspielräumen gefehlt hätte, noch dass es an einer Bereitschaft mangelte, den Kapitalbedarf im Verbund mit decken zu helfen.

Gleichwohl könnte der Kapitalbedarf der Verbundunternehmen in einer Weise steigen, wie es die kreditgenossenschaftliche Basis und deren Mitglieder nicht aufzubringen bereit oder überfordert wären, was es dann doch rechtfertigte, nach neuen Kapitalquellen und -gebern zu suchen (Münkner 1993: 34)[3].

3. Eigenkapitalbildung der Kreditgenossenschaften

Zieht man in Betracht, dass einem Mitglied einer Kreditgenossenschaft etwa drei bis vier Nur-Kunden gegenüberstehen, wird deutlich, welch großes Potenzial für eine Mitgliedschaft allein unter den Nur-Kunden besteht. Auch vor dem Hintergrund gewachsener Ver-

[3] Münkner sieht diese Tendenz sich bei Primärgenossenschaften verstärken, die börsengängige Anteile (auch) an Investoren-Mitglieder ausgeben.

mögenswerte der Kunden und einer wieder ansteigenden, mit in den letzten Jahren durchschnittlich über zehn Prozent stabilen Geldvermögensbildung aus dem verfügbaren Einkommen könnte die Mitgliedschaft im Rahmen der Vermögensbildung und -planung eine Rolle spielen, befindet sich aber in Konkurrenz zu anderen eigentümerorientierten Beteiligungs- bzw. Geldanlagemöglichkeiten.

3.1. Geschäftsanteil und Geschäftsguthaben

Jedes Mitglied hat mindestens einen Geschäftsanteil zu übernehmen. Der Geschäftsanteil ist im GenG definiert als „eine in der Satzung festzulegende abstrakte Beteiligungsgröße, die den Höchstbetrag der Einlage bezeichnet – unabhängig von der Möglichkeit, mehrere Geschäftsanteile zu übernehmen" (Metz in Lang u. a. 1997: 173, § 7, Rn. 5). Im Statut ist für mindestens 10% des Geschäftsanteils genauer zu bestimmen, wann und in welcher Höhe Zahlungen zu erfolgen haben (§ 7 Ziff. 1 GenG); Ratenzahlungen sind möglich (Metz in Lang u. a. 1997: 176f, § 7, Rn. 24-27, 29f, 36, 41).

Weil sich über den Geschäftsanteil kein Anteil des Mitgliedes am Vermögen der Genossenschaft ableiten lässt, ist die Terminologie des GenG missverständlich, wenn man sie z. B. mit der des GmbHG vergleicht. Dort bezeichnet der Begriff des Geschäftsanteils die Mitgliedschaft im Sinne „aller das Mitglied mit der Gesellschaft verbindenden Rechte und Pflichten." (Kübler 1999: 147) Ein solcher Vergleich führt häufiger dazu, dass dem Geschäftsanteil des GenG die Rechtsnatur eines verbriefbaren Beteiligungsinstrumentes, wie z. B. der Aktie, zugeschrieben wird. Gleichwohl werden dabei nicht die Unterschiede verkannt,[4] die aus seiner andersartigen Rechtsnatur folgen und den Geschäftsanteil des GenG letztlich für den Vergleich ungeeignet machen.

Mit Geschäftsguthaben wird der Betrag bezeichnet, in dessen Höhe ein Mitglied tatsächlich beteiligt ist. Es ist nie höher als der Gesamtbetrag der gezeichneten Geschäftsanteile. Die weitere Gestaltung der mitgliedschaftlichen Beteiligung wird die Kreditgenossenschaft in ihrer Satzung an ihre wirtschaftlichen Erfordernisse und die finanziellen Möglichkeiten ihrer Mitglieder anpassen.

Üblicherweise bewegt sich bei Kreditgenossenschaften ein Geschäftsanteil zwischen 50 und 150 Euro Nennwert; das durchschnittlich von einem Mitglied gehaltene Geschäftsguthaben betrug Ende 2006 etwa 590 Euro (errechnet mit BVR 2006: 67, 152).

Sofern es die Satzung vorsieht, dass mehrere Geschäftsanteile übernommen werden können (§ 7a Abs. 1 GenG), liegt es grundsätzlich im Ermessen des Mitgliedes, ob freiwillig eine höhere Beteiligung eingegangen wird. Es ist aber auch möglich, dass eine Beteiligung mit mehreren Geschäftsanteilen als Verpflichtung geregelt ist (Pflichtbeteiligung) (§ 7a Abs. 2 Satz 1 GenG). Diese kann für alle Mitglieder die gleiche Anzahl der Anteile vorsehen (§ 7a Abs. 2 Satz 2 erster Teil GenG) oder als Staffelbeteiligung geregelt sein, d.h., die Mitglieder übernehmen zusätzliche Geschäftsanteile „nach dem Umfang der Inanspruchnahme von Einrichtungen oder anderen Leistungen" (§ 7a Abs. 2 Satz 2 zweiter Teil GenG), z. B. abhängig von ihrer Kredithöhe.

---

[4] z. B. „nicht gehandelt und unterliegt keiner marktlichen Bewertung" (Lange 1999: 71), „nicht handelbar" (Peemöller/Weller 2001: 112 mit Bezug auf Luther 1978: 50, 52), „Ein Markt ... existiert nicht." (Theurl 2002: 52)

Wie insgesamt mit Hilfe der Satzung die Höhe des von den Mitgliedern gebildeten Eigenkapitalanteils gesteigert werden kann, ergibt sich letztlich aus

- der Höhe des einzelnen Geschäftsanteils
- dem Anteil des auf einen Geschäftsanteil eingezahlten Betrages

und führt über

- die Anzahl der freiwillig übernommenen oder aufgrund einer Staffelung vorgesehenen Anteile eines Mitgliedes und
- der Gesamtzahl der Mitglieder (Vormbaum 1977: 115, nach Manewald 1988: 21) – einschließlich investierender Mitglieder (§ 8 Abs. 2 GenG) –

zu dem über Geschäftsguthaben gebildeten Eigenkapital.

Hinsichtlich des Umfanges der aufzunehmenden Mittel wird das Institut sich selbst Grenzen setzen. So kann z. B. die Satzung eine Beteiligungsobergrenze je Mitglied vorsehen,[5] um nicht durch die Kündigung von Mitgliedern (§ 65 GenG) bzw. von Geschäftsanteilen (§ 67b GenG) gefährdet zu werden.
Sieht man das Geschäftsguthaben eher vergleichbar einem Eintrittsgeld, „um an der genossenschaftlichen Fördergemeinschaft beteiligt zu sein", dessen „Zweck ... nicht eine möglichst hohe Kapitaldividende [ist]" (Metz in Lang u. a. 1997: 174, § 7, Rn. 15), so könnte es für die Kreditgenossenschaft erschwert sein, die ihr durch die Beteiligungsbereitschaft der Mitglieder gesetzten Grenzen durch die Wahl geeigneter Anreize zu verschieben.
Im Folgenden soll zunächst untersucht werden, welche Maßnahmen einer Eigenkapitalbildung durch die Kreditgenossenschaft selbst bestehen.

3.2. Rücklagenbildung

Bei der Dotierung der Rücklagen kommen bei Genossenschaften verschiedene Positionen in Frage, die zusammen auch als offene Rücklagen bezeichnet werden. Dazu rechnen (§ 266 Abs. 3 i. Vb. m. § 337 Abs. 2 HGB):[6]

- die Ergebnisrücklagen, die sich weiter gliedern in
  - gesetzliche Rücklage
  - andere Ergebnisrücklagen und
  - die Ergebnisrücklage nach § 73 Abs. 3 GenG sowie
- die Kapitalrücklagen.

Die gesetzliche Rücklage ist nach § 7 Ziff. 2 GenG verbindlich vorgesehen und kann als gesetzliche Vorsorge zum Schutz vor der Variabilität der Geschäftsguthaben angesprochen werden. Die Satzung hat den genauen Umfang zu regeln, bis zu dem sie zu bilden ist

[5] Grundsätzlich entscheidet der Vorstand nicht nur über die Zulassung eines Mitgliedes, sondern auch, ob die Zeichnung weiterer Anteile erfolgen darf – wenn die Satzung nichts anderes bestimmt (Schaffland in Lang u. a. 1997: 250, § 15, Rn. 18).

[6] Das HGB nennt die hier wegen ihrer geringen Bedeutung und anderen Dotierungsart zuletzt aufgeführten Kapitalrücklagen zuerst. Die Ergebnisrücklagen heißen bei Unternehmen anderer Rechtsform Gewinnrücklagen. Die Bezeichnung Ergebnis wurde gewählt, um auszudrücken, dass die Genossenschaften nicht nach dem maximalen Gewinn strebten.

und zu vermerken, in welcher anteiligen Höhe sie jeweils aus dem Gewinn dotiert wird. Das Problem, in welchem Umfang die Mitglieder am Jahresüberschuss teilhaben, verringert sich hinsichtlich der gesetzlichen Rücklage damit auf die einmalige Entscheidung über den Gesamtumfang und den jährlich einzustellenden Betrag.
Das jährliche Verteilungsproblem reduziert sich auf den Betrag, der für die anderen Ergebnisrücklagen frei ist und für den die Satzung ebenfalls Beträge vorgeben kann.
Der nach Abzug der statutarisch vorgesehenen Beträge verbleibende Teil des Jahresüberschusses ist gemäß den Interessen der Kreditgenossenschaft und der Mitglieder aufzuteilen. Bei absoluter Dividendenstabilität ergibt sich der Betrag für die anderen Ergebnisrücklagen als Restgröße. Bei einer eher gewinnorientierten Dividendenzahlung verbleibt der Betrag an die Mitglieder als Restgröße. Bei relativer Dividendenkontinuität dürfte eine Anpassung in beide Richtungen vorgenommen werden.
Eine Sonderstellung nimmt die Ergebnisrücklage nach § 73 Abs. 3 GenG ein, da sie im Gegensatz zu den anderen Rücklagen unter bestimmten Voraussetzungen an ausscheidende Mitglieder anteilig ausgezahlt wird.
Im Falle der Kapitalrücklagen fließen der Kreditgenossenschaft von außen Mittel von ihren Eigentümern zu. Sie sind in der Vergangenheit nahezu bedeutungslos gewesen. Am ehesten können andere Zahlungen der Gesellschafter z. B. Eintrittsgelder, verlorene Baukostenzuschüsse o. ä. anfallen (Metz in Lang u. a. 1997: 181f, 191, § 7, Rn. 59f, 101).
Die Rücklagen dienen unterschiedlichen Zwecken. Die gesetzliche Rücklage ist ausschließlich heranzuziehen, um Bilanzverluste zu decken (§ 7 Ziff. 2 GenG). Wenn sie verwendet wird, beschließt darüber die Generalversammlung.[7] Wie die anderen Ergebnisrücklagen zu verwenden sind regelt die Satzung (Metz in Lang u. a. 1997: 191 (§ 7a, Rn. 100), die bei Kreditgenossenschaften vorsieht, dass Vorstand und Aufsichtsrat nach getrennter Beratung gemeinsam beschließen.[8] Die Ergebnisrücklage nach § 73 Abs. 3 GenG kann auf Beschluss der Generalversammlung verwendet werden, um Bilanzverluste zu decken (Schaffland in Lang u. a. 1997: 1003, § 73, Rn. 29).
Widerspruch gegen die Art der Rücklagenbildung könnte aber bei den Mitgliedern geweckt werden, wenn die Dotierung der Rücklagen erkennbar zu ihren Lasten geht, z. B. die Dividendensumme regelmäßig deutlich niedriger ausfällt als die Rücklagendotierung, und der entstandene Gesamtbetrag der Rücklagen ihrem Zugriff entzogen ist. In der Tat hat der Umfang der Rücklagen im Vergleich zu den Geschäftsguthaben beträchtlich zugenommen.
Das führt zu der Frage, ob dem Mitglied noch die Stellung des wirtschaftlichen Eigentümers zukommt oder ob schon, besonders bei Großgenossenschaften, „eine wie auch immer geartete ‚Vergesellschaftung des Eigentums'" (Großfeld 1975: 7) eingetreten ist (Großfeld 1975: 15). Als Maß für Größe sollte nicht allein die Bilanzsumme dienen, sondern vor allem die Mitgliederzahl. Nicht anders als bei einer AG tendiert das Management der größer werdenden eG dazu, den Gewinn vermehrt zu thesaurieren und tritt damit in Gegensatz zu den Interessen der Eigentümer. Da aber ein Mitglied anders als ein

---

7 § 38 Abs. 3 der Mustersatzung, Gräser/Hoppert 2003: 129

8 § 23 Abs. 1 Buchst. g i.Vb. m. § 39 der Mustersatzung, Gräser/Hoppert 2003: 71, 131

Aktionär „an der Steigerung des inneren Wertes im Sinne einer Vermögensumschichtung weder während der Mitgliedschaft noch beim Austritt partizipiert, bedeutet dies faktisch eine Kollektivierung der Gewinne" (Blümle 1976: 11).

3.3. Vermögensbeteiligung nach § 73 Abs. 3 GenG

Demzufolge ergeben sich aus der Rücklagenbildung in der werbenden eG Vermögensnachteile für die Mitglieder, die als eine „Verwässerung" ihrer Vermögensrechte (Property Rights) gesehen werden können. Die Vermögensrechte sind in Höhe des jährlich in die Rücklagen eingestellten Teils (Vermögenszuwachs) verwässert – und insgesamt in der Höhe des den vorhandenen Rücklagen entsprechenden Vermögens.

Den Verbleib dieser Beträge innerhalb der Kreditgenossenschaft drückt gerade auch die Bezeichnung „innerer Wert" (Selchert 1966: 20)[9] aus. Da die Mitglieder im Falle ihres Ausscheidens grundsätzlich keinen Anspruch auf das Vermögen in Höhe der Rücklagen besitzen, wenn von der Ergebnisrücklage nach § 73 Abs. 3 GenG einmal abgesehen wird, entwickelt sich mit zunehmenden Rücklagen „eine Genossenschaft ..., die von den Mitgliedern nur noch in einem geringen Grade finanziell abhängig ist, ... bei der das Eigenkapital zum größten Teil der Genossenschaft als Rechtspersönlichkeit zusteht" (Henzler 1970: 317).

Dem entgegenwirkend hatte der Gesetzgeber 1974 in die Vorschriften zur Auseinandersetzung einen freiwilligen, in der Satzung näher zu gestaltenden Rücklagenposten aufgenommen, die Ergebnisrücklage nach § 73 Abs. 3 GenG, die auch als Beteiligungsfonds bezeichnet wird (ausführlich Feuerborn 1977). Damit sollten die Vermögensrechte der Mitglieder statutarisch erweitert werden können. Ausscheidende Mitglieder erhalten einen Anteil am Beteiligungsfonds, wenn sie mindestens die Pflichtbeteiligung voll eingezahlt haben. Darüber hinaus kann der Anspruch von einer Mindestmitgliedschaftsdauer oder weiteren Erfordernissen abhängen und beschränkt werden (§ 73 Abs. 3 Satz 2 GenG). Daneben besteht ein Anspruch bei Teilkündigung von Geschäftsanteilen, nicht dagegen bei einer Übertragung von Geschäftsguthaben für das übertragende Mitglied.[10] Mit dem Beteiligungsfonds ließen sich die Mitglieder wenigstens am Wertzuwachs eines Teils der Rücklagen beteiligen. Der Fonds stellt jedoch variables Eigenkapital dar, daran ändert auch eine Mindestmitgliedschaftsdauer nichts.

Als Beteiligungsanreiz erweist sich der Fonds erst, wenn die Kreditgenossenschaft den Fonds kontinuierlich dotiert und nicht auf ihn zurückgreifen muss, um Verluste auszugleichen, oder der Fonds durch Satzungsänderungen nachträglich begrenzt oder aufgehoben wird. Allerdings ist zu befürchten, dass dieser Anreiz gerade umgekehrt wirkt, weil er erst entsteht, wenn das Mitglied kündigt. Bei Instituten, bei denen die Beteiligung eher Anlagecharakter besitzt, kann ein Fonds als Austrittsprämie wirken, mit der Folge, dass sich der Eigenkapitalabfluss über den Geschäftsguthabenbetrag hinaus beim Austritt verstärkt.

[9] In einem weiteren Sinne wird unter innerer Wert über die bilanziellen Positionen hinaus der Anteil der stillen Reserven berücksichtigt (Henzler 1962: 52).

[10] Allerdings ließe sich in der Satzung regeln, dass der übernehmende Genosse sich die Mitgliedschaftsdauer des übertragenden Mitglieds als Anwartschaftszeit anrechnen lassen kann (Schaffland in Lang u. a. 1997: 1004, § 73, Rn. 33f).

Auch wenn das Gesetz den Zugriff der Mitglieder auf einen Teil der Rücklagen vorsieht, würde ein Beteiligungsanreiz erst mit der Zeit entstehen, da der Fonds aus dem Jahresüberschuss dotiert wird und nicht auf bestehende Rücklagen zurückgegriffen werden darf (Schaffland in Lang u. a. 1997: 1003, § 73, Rn. 30). Bei den Kreditgenossenschaften ist diese Möglichkeit in der Vergangenheit praktisch bedeutungslos geblieben. Allerdings hat die Mitgliederversammlung der VR Bank Kitzingen eG 2007 beschlossen, dass die Kreditgenossenschaft für die Mitglieder einen Beteiligungsfonds dotiert, in den bis zu 20% des Jahresüberschusses fließen. Jedes Mitglied erhält anteilig den gleichen Betrag zugerechnet. Kündigt ein Mitglied seine Mitgliedschaft, wird neben dem Geschäftsguthaben auch ein Anteil am Beteiligungsfonds ausgezahlt. Dies geschieht frühestens fünf Jahre nach Einführung des Beteiligungsfonds bzw. fünf Jahre nach Beginn der Mitgliedschaft (VR Bank Kitzingen 2007, online). Mit dem Beteiligungsfonds ist ein weiterer finanzieller Anreiz entstanden, der den gesetzlichen Spielraum von § 73 Abs. 3 GenG nutzt. Die VR Bank Kitzingen dürfte die erste Kreditgenossenschaft in Deutschland sein, die von dieser Möglichkeit Gebrauch gemacht hat.

Von dieser Ausnahme abgesehen, besteht damit aber grundsätzlich das Problem einer Beteiligung an den Rücklagen weiterhin. Dass die Mitglieder dies tolerieren, wird mit deren mangelndem Einblick in bestehende Alternativen erklärt (Bartels 1994). Theoretisch sind drei Lösungswege denkbar, von denen die Lösung durch eine erneute Anpassung des GenG im Gegensatz zu den beiden anderen nicht sogleich verwirklichbar wäre. Die beiden anderen Wege sind heute schon gangbar: dass die eG in Liquidation geht oder dass sie in eine Rechtsform ausweicht, die eine umfassende(re) Beteiligung am Vermögen vorsieht. In der Vergangenheit hielt man das Problem am ehesten durch einen Rechtsformwechsel für lösbar und empfahl, Kreditgenossenschaften in Aktiengesellschaften zu wandeln, um über die Aktie den Mitgliedern die gegenwärtigen und zukünftig entstehenden Rücklagen zu erschließen. Der Hinweis auf die Tatsache, dass die Mitglieder über ihre Beteiligung mit Geschäftsanteilen nicht am (Markt-) Wertzuwachs teilhaben, weist dem Geschäftsanteil über den oft gezogenen Vergleich mit der Aktie eine aktienähnliche Rechtsnatur zu (Lange 1999: 71). Es werden häufiger deshalb auch auf die Finanzierungsform der Aktie bezogene Unternehmenskonzeptionen, insbesondere das Shareholder Value-Konzept, auf ihre Übertragbarkeit hin überprüft. Das Interesse könnte durch eine Entwicklung zunehmen, die auch mit den Verbundbeteiligungen ausgelöst worden ist. Es stellt sich die Frage, ob es Alternativen gibt, die sich innerhalb der eG verwirklichen lassen.

4. Gestärkte Vermögensrechte durch eine Verbundbeteiligung

Eine Möglichkeit wäre es, erweiterte Vermögensrechte mit dem Geschäftsanteil zu verbinden und einen Geschäftsanteil zu schaffen, der übertragbar ist und jeweils eine Stimme verbrieft (Beuthien 2000, 2002). Dies würde die Rechtsnatur der Mitgliedschaft in der eG verändern. Sind die daraus sich für die eG und den Verbund ergebenden Folgen noch mit einem genossenschaftlichen Verständnis zu vereinbaren? Falls nicht, wäre eine Alternative zu entwerfen. Diese Alternative hätte den Mitgliedern einen zusätzlichen Beteiligungsanreiz zu bieten und der Kreditgenossenschaft einen zusätzlichen und stabilen Eigenkapitalbeitrag zu leisten.

4.1. Entscheidung gegen eine Lösung in alleiniger Satzungsfreiheit der eG

Die Genossenschaft erhielte kein zusätzliches Eigenkapital, wenn die bisherigen Geschäftsanteile kraft Gesetzes automatisch in übertragbare Geschäftsanteile übergingen, höchstens – nach der Erweiterung der Vermögensrechte – durch das als Ausgleich erhobene Eintrittsgeld neu eintretender Mitglieder. Sieht man dagegen eine Regelung in Satzungsfreiheit vor, so müsste diese nicht von allen Genossenschaften in gleicher Weise angewendet werden, so dass es Genossenschaften mit bzw. ohne übertragbare Geschäftsanteile geben könnte. Daher ist eine Lösung vorzuziehen, die nicht dazu führt, dass es zwei Gruppen von Genossenschaften mit unterschiedlicher Mitgliedschaft gibt.

Die Zwei-Gruppen-Problematik kann auch zwischen den Kreditgenossenschaften auftreten, wenn der Wert eines zusätzlich zum Geschäftsanteil geschaffenen Anteils sich in unterschiedlicher Weise entwickelt bzw. der jeweilige Zusatzanteil einer eG unterschiedlich ausgestattet worden ist. Damit wäre nicht nur ein Unterscheidungs-, sondern ein Wettbewerbselement zwischen die Institute getreten. Vom Umfang her fiele es größer aus als unterschiedlich hohe Dividendensätze und würde den „hochsensiblen Bereich der Substanzbeteiligung" (Hofinger/van Husen 2004: 91) umfassen.

Wenn ein Zusatzanteil mit dem Recht, am Vermögen(szuwachs) teilzuhaben, als fester Eigenkapitalbestandteil das Variabilitäts-Rücklagen-Problem ausgleicht, so weisen doch die Konflikte zwischen Kreditgenossenschaften darauf, auf institutsübergreifender Ebene nach einer Lösung zu suchen und lassen die Verbund-Dimension eines solchen Anteils erkennen. Ebenso wie ein seitens der DZ Bank für die Mitglieder der Kreditgenossenschaften in Betracht gezogener Aktienerwerb mit dem Anreiz einer Beteiligung an Verbundunternehmen den Eigenkapitalbeitrag der Mitglieder auf den Verbund ausdehnen würde.

In diesem Zusammenhang blieb jedoch die Frage unbeantwortet, wie es sich vermeiden ließe, die Mitglieder von zwei Seiten des Verbundes – seitens der Kreditgenossenschaften und der Verbundunternehmen – um Eigenkapital zu umwerben.

Mit einer gewissen Tendenz zu einer erweiterten Vermögensbeteiligung insbesondere durch Börsengänge im Ausland, aber auch deren Verträglichkeit mit dem frühen deutschen GenG (Hofinger/Blisse 2005), zugleich aber den Gefahren eines verbundinternen Wettbewerbs um Eigenkapital wäre zu prüfen, ob nicht als Kompromiss eine Verbundbeteiligung über die Kreditgenossenschaften erschlossen werden könnte. Ein Beteiligungsanreiz bliebe erhalten, aber ein Wettbewerb zwischen Kreditgenossenschaften würde vermieden, wenn als Referenz eines Zusatzanteils nicht mehr der einzelgenossenschaftliche Erfolg diente, sondern der Erfolg von Verbundunternehmen.

Dieses Instrument veränderte nicht die Rechtsnatur der Mitgliedschaft in der eG. Es würde verdeutlicht, dass die Mitglieder über ihre Kreditgenossenschaft durch Verbundleistungen gefördert werden, an denen sie beteiligt werden. Die Beteiligung der Mitglieder wirkt einer Verselbständigung im Verbund entgegen und würde eine Inanspruchnahme des Kapitalmarkts erübrigen. Im Gegensatz zum Erwerb von Aktien eines Verbundunternehmens würde eine Emission durch die Kreditgenossenschaft die Rolle der Mitglieder als mittelbare Eigenkapitalgeber für den Verbund beibehalten, verliehe ihnen aber ein Vermögensrecht und würde die Kontrollrechte der Kreditgenossenschaften erhalten, bei denen sie größeres Gewicht besitzen, als wenn sie auf sehr viele einzelne Mitglieder übergingen.

Im Folgenden wird eine solche Form einer Beteiligung am Verbund über die Kreditgenossenschaft näher entwickelt (Kapitel 4.2) und beispielhaft vorgestellt (Kapitel 4.3).

4.2. Verschiedene Möglichkeiten einer Verbundbeteiligung

Die Verbundbeteiligungen sind in Deutschland bisher mehrheitlich bei der DZ Bank konzentriert, deren Aktien bei den genossenschaftlichen Holdinggesellschaften liegen.
Eine Art Verbundbeteiligung stellen bereits die Aktien der genossenschaftlichen Holdinggesellschaften dar, die von den Kreditgenossenschaften gehalten werden und konkrete Kapitalmaßnahmen insbesondere bei der DZ Bank refinanzieren. Den Mitgliedern der Kreditgenossenschaften könnte, um sie an den Verbundunternehmen zu beteiligen, angeboten werden, Aktien der Holdinggesellschaften zu erwerben. Dadurch würde der Spielraum des Eigenkapitals für Beteiligungen erweitert, gleichzeitig umginge man eine direkte Beteiligung an den Verbundunternehmen (Abbildung 2).

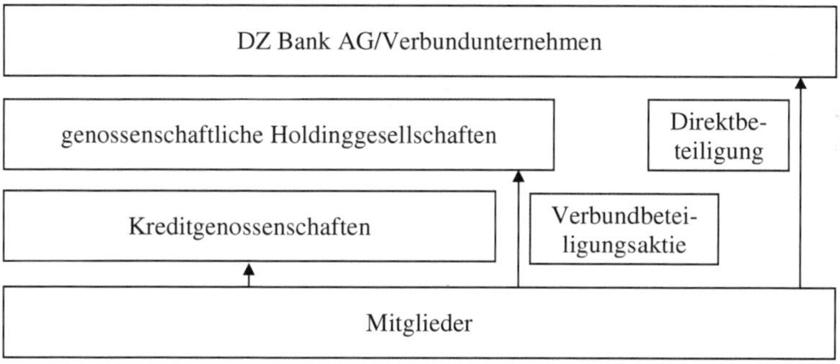

Abb. 2: Verbundbeteiligungsmöglichkeiten der Mitglieder (Blisse 2006: 342)

Die Mitglieder trügen zur Eigenkapitalbildung im Verbund bei; dies käme aber nicht direkt den Kreditgenossenschaften zugute, sondern entlastete höchstens deren mit Beteiligungen belegtes Eigenkapital (§ 10 Abs. 6 Nr. 5 KWG) insofern, als die Kreditgenossenschaften selbst bei Kapitalmaßnahmen der Holdinggesellschaften zugunsten der Mitglieder zurücktreten würden. Gleichzeitig würde die Eigentümerstruktur der Holdinggenossenschaften mit vielen Mitgliedern unter den Aktionären unübersichtlich und eine einheitliche Meinungsfindung erheblich erschwert.
Für eine verbesserte Kontrolle im Verbund wäre zunächst die Stellung der Kreditgenossenschaften zu stärken. Dies gelingt, wenn sie in die Lage versetzt werden, den Eigenkapitalanforderungen im Verbund zu entsprechen. Dafür wird über einen zusätzlichen Anteil Eigenkapital bei den Mitgliedern eingeworben, denen weniger direkt Kontrollansprüche an den Verbundunternehmen entstehen müssten. Es reichte aus, wenn der Einfluss Dritter, z. B. bei einem Börsengang, auf die Verbundunternehmen ausgeschlossen bliebe. Die DZ Bank und die WGZ Bank sowie die Kreditgenossenschaften blieben, bei gleichzeitiger Entlastung ihres Kapitals, in bisheriger Weise die Eigentümer der Verbundunternehmen.
Der zusätzliche Anteil bildet den Wertzuwachs der Verbundbeteiligungen oder eines Ausschnitts ab. Die aus der Emission des Anteils einer Kreditgenossenschaft zufließenden Mittel sind stabiles Eigenkapital, wenn der Anteil nicht kündbar ist. Bilanziert wird er bei

der Kreditgenossenschaft, deren Mitglieder den Anteil erworben haben und nach wie vor über den Geschäftsanteil beteiligt sind. Aufsichtsrechtlich sollte das Anteilskapital als Kernkapital anerkannt sein. Stimmrechtslos ausgestattet greift er nicht in die bestehenden Organschafts-/(Stimm-) rechte in der eG ein.
Differenzierter ließe sich der Verbundbeitrag honorieren, wenn verschieden gestaltete Anteile emittiert werden. Als weiteres Referenzportofolio kämen z. B. DZ Bank-Aktien allein in Frage. Vorstellbar wäre es auch, angesichts des Engagements von DZ Bank und WGZ-Bank bei der Österreichische Volksbanken-AG und deren Tochtergesellschaft, der Volksbank International AG, eine Emission zu gestalten, deren Referenz europäische Beteiligungen umfasst; diese könnte z. B. auch die DZ Bank International S. A., Luxemburg, einschließen. Dann wäre zwischen den einzelnen Emissionen zu unterscheiden, wodurch es komplizierter würde, das Instrument einzuführen und zu überwachen. Zu diesem Zweck würde es sich anbieten, eine eigenständige Emissionsgesellschaft mit der Koordination zu versehen.

4.3. Gestaltung einer übertragbaren Verbundbeteiligung

4.3.1. Österreich: „Volksbank Erfolgsanteile" der Volksbank-Quadrat Bank
Als erster genossenschaftlicher Verbund und zugleich erster dezentraler Sektor in Europa hatte 2006 die österreichische Volksbank Gruppe durch eine Emissionsgesellschaft, die Volksbank-Quadrat Bank AG (VB²), eine Verbundbeteiligung geschaffen. Die Idee dazu reicht bis Mitte der 1980er Jahre zurück, als eine Investmentfondsgesellschaft zum Zweck der gebündelten Aufnahme von Partizipationsscheinen der Kreditgenossenschaften angeregt worden ist (Hofinger 1987: 170-173). Weiter ausgeformt findet sich diese Idee zu einer Verbundbeteiligung in der „Volksbanken-Emissions- und Beteiligungsgesellschaft" (kurz: VEBAG, in der Rechtsform der AG), die national und später international genossenschaftsverträglich Kapital für den österreichischen Volksbanken-Verbund außerbörslich und über die Börse aufnehmen könnte (Hofinger 1992: 8). Das Rating der VEBAG würde die gesamte Leistungsfähigkeit des Verbundes abbilden: „Mitglieder und Kunden könnten sich somit an der wirtschaftlichen Potenz und Ertragskraft des gesamten Volksbanken-Verbundes beteiligen." (Hofinger 1992: 8)[11] Auf diese Weise würde der Verbund als Einheit wahrgenommen, die jede einzelne Volksbank mit umfasst. Die VEBAG würde die erhaltenen Mittel bedarfsgerecht den Volksbanken und anderen Verbundunternehmen zur Verfügung stellen. Die Volksbanken blieben frei vom Einfluss Dritter, und dennoch wäre über die VEBAG ein Beteiligungsinstrument hinzugekommen, das gegenüber einer direkten (Substanz-) Beteiligung an einer Volksbank Vermögensrechte umfasste, die eine Beteiligung an Verbundunternehmen einschließen.
Ende 2005 ist die VB² geschaffen worden (Fritzl 2005). Deren erste Emission wurde von Mai bis Juli 2006 durchgeführt. Den Instituten der Volksbank Gruppe flossen insgesamt rund 110 Mio. Euro Kernkapital zu (Karner 2006). Dabei wurden Partizipationsscheine („Volksbank Erfolgsanteile") der VB² ausgegeben, die vor allem Mitglieder und Kunden der Volksbanken erworben haben. Partizipationskapital wird als Kernkapitalbestandteil

[11] Als „Volksbanken-Beteiligungsgesellschaft m.b.H. (VB-BG)" bei Hofinger (1991: 9).

anerkannt (§ 23 Abs. 3 Ziff. 8, Abs. 4 Bankwesengesetz) und bietet einen großen Gestaltungsspielraum, ohne die bestehenden Rechte der Eigentümer zu verändern.
Die VB² hat die ihr zugeflossenen Mittel in Partizipationsscheine sowohl der Volksbanken als auch der Österreichischen Volksbanken-AG mit ihren Tochtergesellschaften investiert. Die Volksbank Erfolgsanteile schaffen einen weiteren Beteiligungsanreiz und sind eine „Verbundklammer", die sich in das Konzept eines vertikal integrierten Verbundes einfügt (Borns/Hofinger 2006)[12] und diesen übernahmeresistenter macht.
Mit der Gründung von VB² ist diese Form der Außenfinanzierung für einen dezentralen Banken-Sektor möglich geworden. Die österreichische Volksbank Gruppe verfügt mit VB² über eine weitere Stufe für die Kapitalaufbringung, die den Prinzipien der Selbsthilfe, dem verbundlichen Identitätsprinzip und dem Subsidiaritätsprinzip entspricht:

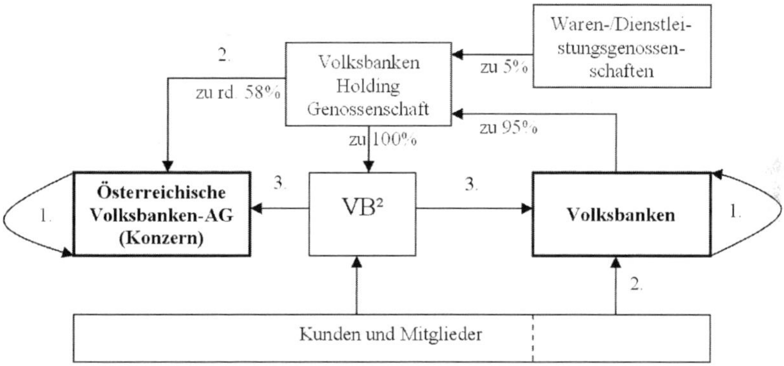

Abb. 3: Eigenmittelaufbringung im Volksbanken-Verbund (Hofinger/Blisse 2007: 253)

An erster Stelle steht die Innenfinanzierung der Volksbanken und der Österreichischen Volksbanken-AG (1.). Hinzu kommen die Instrumente der institutsbezogenen externen Kapitalaufbringung (2.) und an dritter Stelle – subsidiär zu einer Beteiligung an einer einzelnen Volksbank – die Beteiligung an der Volksbank Gruppe (3.). Dabei handelt es sich um eine erfolgsabhängige Beteiligung[13] mit einer geringfügigen Vermögensbeteiligung.
Es ergeben sich zahlreiche Möglichkeiten für weitere Emissionen auf nationaler Ebene (Hofinger 2006: 10f):

- Eine Beteiligung am Volksbanken-Verbund über VB² ist sowohl auf horizontaler Ebene möglich und bezieht sich so nur auf die Primärinstitute, als auch auf vertikaler Ebene, und umfasst dann auch z. B. das Spitzeninstitut und die anderen Verbundunternehmen, insbesondere dessen Tochtergesellschaften.
- Darüber hinaus bietet es sich mit Blick auf die Verschärfung der Prospektpflicht an, neben Partizipationskapital auch weitere Instrumente der Eigenmittelaufbringung für die Volksbanken zu begeben. Das hat für die einzelne Volksbank gegenüber einer

[12] zum Verbund Hofinger (1998).
[13] Benchmark ist der 3-Monats-Euribor zuzüglich 130 Basispunkte.

eigenen Emission den Vorteil, dass sie selbst keinen billigungspflichtigen Prospekt nach dem Kapitalmarktgesetz erstellen muss.

Mittel- bis längerfristig könnten auch grenzüberschreitende Emissionen in Betracht gezogen werden. Damit würde der Kreis potentieller Eigenkapitalgeber innerhalb Europas auf andere nationale Märkte ausgedehnt. VB² würde sich aber auch als nützlich erweisen, wenn die einzelnen Spitzen- und Spezialinstitute, aber auch die nationalen kreditgenossenschaftlichen Gruppen insgesamt in besonderen Situationen kurzfristig größeren Kapitalbedarf genossenschaftskonform decken müssen. Diese Kapitalmaßnahmen ließen sich auch durch Emissionen von VB² mit begleiten oder sogar, sofern dies von den nationalen Gruppen gewünscht wird, für diese vollständig von VB² durchführen. Dann würden Volksbanken bzw. Kreditgenossenschaften aus anderen Ländern Europas vom Angebot der VB² profitieren. Daher hat der österreichische Volksbanken-Verbund beim CIBP-Kongress im Oktober 2006 in Paris einen ersten Anlauf unternommen, die CIBP-Mitglieder näher zu informieren, und hat das Angebot der VB² vorgestellt (Hofinger 2006: 11 sowie grundsätzlich schon Hofinger 1987: 170-173).
Ein finanzieller Anreiz für die Mitglieder in Form einer Erfolgs- und/oder Vermögensbeteiligung mit Hilfe eines zusätzlichen Eigenkapitalinstruments kann genossenschaftskonform die Eigenkapitalbasis der Kreditgenossenschaften wie auch für den Verbund stärken und so einen unmittelbaren Einfluss des Shareholder-Value-Ansatzes in der Genossenschaft abwenden. Der Zusammenhalt im Verbund wird, auch für Ratingagenturen, nach außen noch sichtbarer.

4.3.2. Deutschland: Verbundbeteiligungsanteil

Als ein Sonderfall des vorgestellten österreichischen Ansatzes mit einer zugleich weniger starken Verbundklammer lässt sich eine Vermögensbeteiligung einordnen, die sich nur auf Spezial- und Zentralinstitute eines Verbundes bezieht. Dies ist das Kennzeichen des Vorschlages eines „Verbundbeteiligungsanteils" (Hummel/Blisse 2004), der für die deutschen Kreditgenossenschaften und ihren Finanzverbund konzipiert wurde, allerdings nach deutschem Recht derzeit noch nicht zulässig ist.
De lege ferenda wäre die Emission über jede Kreditgenossenschaft möglich, die den Emissionserlös direkt aufnehmen würde. Mit der Ausgabe dieses Wertpapiers exklusiv an Mitglieder einer Kreditgenossenschaft blieben, wie beim Volksbank Erfolgsanteil, die Besonderheiten der Eigenkapitalbildung über den Geschäftsanteil bestehen und würden um einen unkündbaren, festen Eigenkapitalbestandteil erweitert. Der Wert eines Verbundbeteiligungsanteils sollte sich nicht an der Wertentwicklung der einzelnen Kreditgenossenschaft orientieren, sondern an der Wertentwicklung der Spezial- und Zentralinstitute, um einen Vergleich zwischen den Kreditgenossenschaften zu vermeiden. Im Einzelnen sieht der Vorschlag vor, dass der Anteil übertragbar ist, aber stabiles Eigenkapital darstellt, weil er nicht kündbar ist, und kein Stimmrecht verbrieft. Bilanziert würde er bei der Kreditgenossenschaft, deren Mitglieder den Anteil erworben haben und nach wie vor über den Geschäftsanteil beteiligt sind. Diese Anteile können nur Mitglieder der Genossenschaft erwerben und halten. Ein Austritt aus der eG sollte dazu führen, dass der Verbundbeteili-

gungsanteil veräußert wird, spätestens wenn die gesamte Kundenverbindung aufgegeben wird. Daneben sollte das Anteilskapital aufsichtsrechtlich als Kernkapital anerkannt sein. Mit dem Verbundbeteiligungsanteil würden die bisherigen Verbundbeteiligungen einer jeden Kreditgenossenschaft bei ihren über 16 Mio. Mitgliedern refinanzierbar. Dadurch könnte jedes Institut den Eigenkapitalanforderungen im Verbund, z. B. auch aus der Erhöhung seines Beteiligungsanteils an den Spezialinstituten, besser nachkommen. Die Anteilsinhaber würden an einem Vermögenszuwachs teilnehmen, ohne dass für die eG der eigene Spielraum von § 73 Abs. 3 GenG berührt wäre.
Der Wert des Verbundbeteiligungsanteils sollte zeitnah verbundeinheitlich festgestellt werden. Es sollte möglich sein, dass die Kreditgenossenschaft Anteile vorübergehend selbst hält. Einen verbundweiten internen Handel könnten z. B. die genossenschaftlichen Holdinggesellschaften gemeinsam mit den Prüfungsverbänden, dem Bundesverband der Deutschen Volksbanken und Raiffeisenbanken (BVR) oder den Zentralbanken organisieren. Allerdings wären – ein praktisches Bedürfnis überhaupt vorausgesetzt – GenG bzw. KWG, anders als in Österreich, erst noch anzupassen.

4.3.3. Europa: Verbundbeteiligungsfonds

Dadurch dass einige Unternehmen aus genossenschaftlichen Verbünden wie z. B. in Finnland, Frankreich, Italien oder Österreich börsennotiert sind bzw. eine verbriefte Verbundbeteiligung anbieten, wäre es denkbar, diese Wertpapiere in einem Investmentfonds zu bündeln. Auf diese Weise würde eine Beteiligung an europäischen Verbundunternehmen entstehen. Die in der genossenschaftlichen Kapitalanlagegesellschaft, die diesen Fonds auflegt, gesammelten Mittel würden dazu beitragen, dass ein genossenschaftlicher Eigentümer sich an den verschiedenen Unternehmen beteiligen würde. Dadurch würde deren Eigentümerkreis genossenschaftlich verbreitert und es würde der Gefahr eines vermehrt verbundfremden Einflusses entgegengewirkt.

5. Fazit

Die komplex aufgebauten genossenschaftlichen Verbünde erfordern auch darauf ausgerichtete Instrumente, um den Eigenkapitalbedarf zu decken. Dabei sind die genossenschaftlichen Besonderheiten zu beachten, wie sie nur schwer mit einem Börsengang zu vereinbaren sind. Gleichwohl sind in einigen europäischen Ländern Spitzen- oder Verbundinstitute an der Börse notiert und geht davon die Tendenz einer zusätzlichen Vermögensbeteiligung aus. Eine Verbundbeteiligung soll eine Alternative zum Börsengang bieten.
Die Idee besteht darin, den Geschäftsanteil der eG unangetastet zu lassen und daneben ein mit einem Vorzug ausgestattetes stimmrechtsloses Finanzierungs-/Beteiligungsinstrument (Verbundbeteiligung) einzuführen. Dadurch wird auch ein Wettbewerb zwischen Genossenschaften mit unterschiedlich gestalteten Geschäftsanteilen vermieden. Die Idee ähnelt vom Grundsatz her der in das Aktiengesetz aufgenommenen Vorzugsaktie. Die mit einer Mitgliedschaft verbundenen Rechte, insbesondere auch das Stimmrecht, bleiben unverändert und werden nur um einen Beteiligungsanreiz erweitert, wie er tendenziell in dem Beteiligungsfonds nach § 73 Abs. 3 GenG innerhalb der Genossenschaft angelegt, aber praktisch noch nahezu bedeutungslos geblieben ist. Für die eG findet ein zusätzliches

Finanzierungs-/Beteiligungsinstrument auch im Statut der Europäischen Genossenschaft (SCE) ein Vorbild (Art. 4 und Art. 64).

Eine Verbundbeteiligung kann stärker am Erfolg oder Vermögen(szuwachs) der Verbundunternehmen orientiert gestaltet sein. Es wäre nicht erforderlich, zusätzliches Kapital über den Kapitalmarkt aufzunehmen, was die Selbständigkeit eines Verbundunternehmens einem verbundfremden Einfluss aussetzen würde. Vielmehr wird die Beteiligungsbereitschaft der Mitglieder angesprochen und den Trägern der Eigenkapitalbildung im Verbund, den Primärinstituten, erschlossen. Ein Emissionsinstitut vereinfacht es, regelmäßig Emissionen zu realisieren, die durchaus auch verschieden ausgestattet sein können. Dabei ist sowohl an Emissionen zu denken, die nur bestimmte Verbundunternehmen einbeziehen, wie auch an Emissionen, die verschiedene Eigenkapitalqualitäten verbriefen. Das Beispiel der österreichischen Volksbank Gruppe zeigt, wie eine Verbundbeteiligung über ein zu diesem Zweck errichtetes Emissionsinstitut hergestellt werden kann und dass diese Emission Kernkapitalqualität besitzt.

Ein Verbundbeteiligungsinstrument eröffnet den Mitgliedern keine ausschließliche Beteiligung an ihrer Kreditgenossenschaft, stärkt aber deren Selbständigkeit und die Unabhängigkeit des Verbundes durch die Möglichkeit, Eigenkapital aufzunehmen. Der Vorschlag wäre grundsätzlich auf andere im Verbund arbeitende Genossenschaften/Unternehmen im nationalen Maßstab übertragbar, kann aber auch eine internationale, z. B. europäische Dimension erhalten. Die Eigenkapitalbasis einer Genossenschaft und über sie die Eigenkapitalbasis der anderen Verbundunternehmen wird durch zusätzliches Eigenkapital vor allem der Mitglieder und Kunden gestärkt, ohne einen die Identität des Institutes gefährdenden Rechtsformwechsel vornehmen zu müssen. Die Kreditgenossenschaften erhalten ein Angebot, mit dem sie in der genossenschaftlichen Rechtsform den künftigen Eigenkapitalanforderungen – gerade auch im nationalen Verbund, aber auch grenzüberschreitend – besser entsprechen können.

Literatur

Bartels, H. G. (1994): Durch eine Umwandlung in Aktiengesellschaften erhalten die Eigner Zugriff auf die Rücklagen, in: Handelsblatt, 14.03, 12

Beuthien, V. (2000): Zeit für eine Genossenschaftsrechtsreform, in: Der Betrieb, 53/23/1161-1164

Beuthien, V. (2002): Der genossenschaftliche Geschäftsanteil – Begriffliches Unding oder Schlüssel zur Öffnung der Rechtsform?, in: Die Aktiengesellschaft, 47/5/266-278

Blisse, H. (2006): Stärkung der Kreditgenossenschaften durch verbundbezogenes Eigenkapital der Mitglieder – Ein Beitrag zur Corporate Governance-Diskussion, Schriftenreihe Finanzierung und Banken, Bd. 10. Sternenfels: Verlag Wissenschaft und Praxis

Bonus, H. (1990): Zur Eigentümerproblematik von Kreditgenossenschaften und Verbund – Überarbeitete Fassung eines Referates auf der Bankleiter-Fachtagung des Genossenschaftsverbandes Niedersachsen e. V. am 27. April 1989 in Göttingen, in: Rheinisches Genossenschaftsblatt, 263-266, 305 (2. Teil)

Borns, R. / Hofinger, H. (2006): Neue Wege der Eigenkapitalaufbringung, in: Die gewerbliche Genossenschaft, 134/4/2-8

Brixner, U. (2002a): Perspektiven des FinanzVerbundes, in: Genossenschafts-Kurier, –/3/18-19

Brixner, U. (2002b): Tabufrei über neue Formen der Eigenkapitalbildung nachdenken, in: Genossenschaftsverband Frankfurt: Magazin zur Mitgliederversammlung. o. O.

Brixner, U. (2003): Vision 2010: Der genossenschaftliche FinanzVerbund in der Wettbewerbslandschaft von morgen, in: Genossenschaftsverband Frankfurt (Hrsg.): Freiheit und Verantwortung, Klaus Lambert: 40 Jahre Verbandsarbeit, 1. Juli 1963 bis 31. Dezember 2003. Neu-Isenburg: Genossenschaftsverband Frankfurt, 250-257

BVR (2006): Früchte der Reformen – Jahresbericht 2006. Berlin: BVR

DZ Bank (2006): Finanzbericht 2006. Zahlen, Daten und Fakten, Frankfurt am Main: DZ Bank

Eigendorf, J. / Schwaldt, N. (2004): Kein Kauf der Berliner Bank – BVR-Chef Christopher Pleister ist gegen Fusionen mit Sparkassen – „Wir brauchen keinen Champion" (Gespräch mit Christopher Pleister), in: Berliner Morgenpost, 28.06., 6

Feuerborn, S. (1977): Der Beteiligungsfonds und das genossenschaftliche Eigenkapital, Schriften zur Kooperationsforschung, Reihe B: Vorträge, Bd. 8. Tübingen: Mohr (Siebeck)

Fritzl, H. (2005): VB², in: myweb – Das informative Magazin für Volksbank-Mitarbeiter –/12/6

Gerke, W. (2003): Nutzung der europäischen Kapitalmärkte durch Genossenschaftsbanken, in: Genossenschaftsverband Frankfurt (Hrsg.): Freiheit und Verantwortung, Klaus Lambert: 40 Jahre Verbandsarbeit, 1. Juli 1963 bis 31. Dezember 2003, Neu-Isenburg: Genossenschaftsverband Frankfurt, 258-282

Gräser, B. / Hoppert, R. (2003): Die Satzung der Kreditgenossenschaften – Kommentar, 2. Aufl., Wiesbaden: DG Verlag

Großfeld, B. (1975): Genossenschaft und Eigentum – Zur Problematik des „wirtschaftlichen" Eigentums der Genossen, Schriften zur Kooperationsforschung, B. Vorträge, Bd. 4, Tübingen: Mohr (Siebeck)

Henzler, R. (1962): Betriebswirtschaftliche Probleme des Genossenschaftswesens. Wiesbaden: Gabler

Henzler, R. (1970): Über die Frage einer Beteiligung der Mitglieder am inneren Wert der Genossenschaft, (Wiederabdruck aus: Sozialwissenschaftliche Untersuchungen, Gerhard Albrecht zum 80. Geburtstag, Berlin 1969), in: Henzler, R. (Hrsg.): Der genossenschaftliche Grundauftrag: Förderung der Mitglieder – Gesammelte Abhandlungen und Beiträge. Veröffentlichungen der Deutschen Genossenschaftskasse, Bd. 8. Frankfurt am Main: Deutsche Genossenschaftskasse, 315-322

Heumann, D. W. (2003): DZ Bank-Chef Dr. Brixner: norisbank wird im Verbund zu einer Erfolgsstory werden (Interview), in: Genossenschafts-Magazin Weser-Ems, 647, 648, 650-651

Hofinger, H. (1987): Die Haftkapitalbestimmungen der KWG-Novelle 1986 und ihre Auswirkungen auf die Kreditgenossenschaften „nach dem System Schulze-Delitzsch", in: Hofinger, H. / Brandner, W. (Hrsg.): Aspekte des Kreditwesengesetzes nach der Novelle 1986, Schulze-Delitzsch-Schriftenreihe, Bd. 5, Wien: Österreichischer Genossenschaftsverband, 107-173

Hofinger, H. (1991): Das Konzept der Verbundverfassung der österreichischen Volksbanken, in: Die gewerbliche Genossenschaft, 119/4/2-19

Hofinger, H. (1992): Zur Strategie des Volksbanken-Verbundes, in: Die gewerbliche Genossenschaft, 120/6/2-13

Hofinger, H. (1998): Der vertikal integrierte Volksbanken-Verbund, in: Kemmetmüller, W. / Schmidt, M. (Hrsg.): Genossenschaftliche Kooperationspraxis, Wien: Ueberreuter, 185-314

Hofinger, H. (2006): Volksbank-Quadrat Bank AG, in: Die gewerbliche Genossenschaft, 134/10/9-11

Hofinger, H. / Blisse, H. (2005): Reservefonds mit Fürsorgecharakter bei Vorschuss- und Kreditvereinen (Kreditgenossenschaften), in: Bankhistorisches Archiv – Zeitschrift zur Banken- und Finanzgeschichte, 31/–/134-143

Hofinger, H. / Blisse, H. (2007): Verbundbezogenes Eigenkapital für Kreditgenossenschaften, in: Zeitschrift für das gesamte Genossenschaftswesen, 57/4/250-256

Hofinger, H. / Husen, R. van (2004): Eigenkapitalaufbringungsinstrumente bei Genossenschaften, in: Zeitschrift für das gesamte Genossenschaftswesen, 54/2/90-99

Hummel, D. / Blisse, H. (2004): Zum Eigenkapitalbedarf im Verbund der deutschen Kreditgenossenschaften – Der Vorschlag eines Verbundbeteiligungsanteils, in: Die gewerbliche Genossenschaft, 132/5-6/22-30

Karner, A. (2004): Geht's den Volksbanken gut, so geht's auch der ÖVAG gut. GG-Interview mit Dr. Walter Zandanell, Generaldirektor der Volksbank Salzburg und Präsident des Aufsichtsrates der Österreichischen Volksbanken-AG, in: Die gewerbliche Genossenschaft, 132/3/21-22

Karner, A. (2006): Jahresrückblick 2006, in: Die gewerbliche Genossenschaft, 134/10/1

Köhler, P. (2008): WestLB schaut nach vorne, in: Handelsblatt, 11.02., 22

Kübler, F. (1999): Gesellschaftsrecht – Die privatrechtlichen Ordnungsstrukturen und Regelungsprobleme von Verbänden und Unternehmen, 5. Aufl., Heidelberg: C. F. Müller

Lang, (J.); u. a. (1997): Genossenschaftsgesetz (Gesetz, betreffend die Erwerbs- und Wirtschaftsgenossenschaften): Kommentar, bearb. v. Metz, E.; Schaffland, H.-J., Sammlung Guttentag. 33. Aufl., Berlin, New York: de Gruyter

Lange, D. (1999): Shareholder Value – ein Thema im Verbund?, in: Bankinformation und Genossenschaftsforum, 26/11/70-72

Luther, M. (1978): Die genossenschaftliche Aktiengesellschaft. Schriften zur Kooperationsforschung, Reihe C: Berichte, Bd. 6. Tübingen: Mohr (Siebeck)

Manewald, P. (1988): Zinsrückvergütungen bei Bankgenossenschaften der Primärstufe – als Chance genossenschaftsspezifischer Eigenkapitalbildung, Schriften zum Genossenschaftswesen und zur Öffentlichen Wirtschaft, Bd. 23. Berlin: Duncker und Humblot

Münkner, H.-H. (1993): Die Rechtstypik der Genossenschaft in den Partnerstaaten der EG. Genossenschaftswissenschaftliche Beiträge, Vorträge, H. 32. Münster: Institut für Genossenschaftswesen der Westfälischen Wilhelms-Universität Münster

o. V. (2002a): Börsengang der Genossen ist noch kein Thema, in: Handelsblatt, 06.05., 35

o. V. (2002b): „Viele Volksbanken können leicht ihr Eigenkapital verdoppeln", in: Frankfurter Allgemeine Zeitung, 29.07., 14

o. V. (2003): Ratingagenturen bewerten deutsche Kreditgenossenschaften positiv, in: Handelsblatt, 14.10., 25

o. V. (2004): BI im Gespräch mit BVR-Präsident Dr. Christopher Pleister: „Geschäftsmodell noch konsequenter verfolgen", in: Bankinformation und Genossenschaftsforum, 31/1/6-9

Peemöller, V. H. / Weller, H. (2001): Möglichkeiten zur Überwindung der Kostenbarrieren bei der Neugründung von Genossenschaften, in: Zeitschrift für das gesamte Genossenschaftswesen, 51/2/107-119

Selchert, F. W. (1966): Die Beteiligung der Mitglieder am inneren Wert der Genossenschaft. Diss. Univ. Berlin (Freie Universität)

Theurl, T. (2002): „Shareholder Value" und „genossenschaftlicher Förderauftrag" – Zwei unvereinbare strategische Ausrichtungen?, in: Theurl, T. / Greve, R. (Hrsg.): Vom Modell zur

Umsetzung – Strategische Herausforderungen für Genossenschaften, Münstersche Schriften zur Kooperation, Bd. 54, Aachen: Shaker, 51-91

Theurl, T. (2006): Die Kapitalbedürfnisse und die Finanzierung im genossenschaftlichen Finanzverbund, in: Zeitschrift für das gesamte Kreditwesen, 59/18/967-971

Vormbaum, H. (1977): Finanzierung der Betriebe. 5. Aufl., Wiesbaden: Gabler

VR Bank Kitzingen (2007): VR News – Sonderausgabe zum Thema Mitgliedschaft bei unserer Bank. Kitzingen: VR Bank Kitzingen, www.vrbankkitzingen.de/content/bank/vr_news_ mitglieder _06-2007.pdf (abgefragt: 20.10.08)

Investierende Mitglieder – Eine rechtliche Würdigung des Begriffs der investierenden Mitgliedschaft im Recht der eingetragenen Genossenschaft[*]

Rouven Kober

1. Einführung

Nach § 8 Abs. 2 S. 1 GenG können nun erstmalig Personen, „die für die Nutzung oder Produktion der Güter und die Nutzung oder Erbringung der Dienste der Genossenschaft nicht in Frage kommen" als investierende Mitglieder zugelassen werden.[1] Die Gesetzesnovelle stößt dabei auf scharfe Kritik. Dem Gesetzgeber wird vorgeworfen, dass die Zulassung investierender Mitglieder dem ursprünglichen Charakter des Genossenschaftswesens zuwiderlaufe. Infolge einer immer weiter fortschreitenden Annäherung des Genossenschaftsrechts an das Recht der Kapitalgesellschaften, insbesondere an das Recht der AG werde der Verwandlung der ursprünglich rein mitgliederorientierten Rechtsform der eG in eine profitorientierte Unternehmung „Tür und Tor" geöffnet (Cario 2005: 152) bzw. weiter Vorschub geleistet. Die genossenschaftliche Praxis befände sich bereits seit geraumer Zeit in einem Dauerkonflikt zwischen Identitätsfindung und „Artverfremdung": Straflosigkeit von Förderzweckverstößen, die weitgehende Verdrängung des Ehrenamtes aus dem Vorstand, die konditionengleiche Be-

---

[*] Der Beitrag fußt auf einem am 18. März 2008 auf der XIII. AGI-Nachwuchswissenschaftler-Tagung in Wien gehaltenen und in Brazda/Kühl/Rößl (Hrsg.): Beiträge zur genossenschaftlichen Forschung, Proceedings der XIII. Nachwuchswissenschaftlertagung der Arbeitsgemeinschaft genossenschaftswissenschaftlicher Institute (AGI) e.V., veröffentlichten Vortrag („Investierende Mitglieder – Einfallende ‚Heuschrecken' oder Chance für die Genossenschaft? Eine rechtliche Würdigung des Begriffs der investierenden Mitgliedschaft", S. 43-62).

[1] Die Neuerung fußt auf der Zulassung investierender Mitglieder im Recht der SCE (§ 4 SCE-AG): Mit Verordnung vom 22. Juli 2003 (VO (EG) Nr. 1435/2003, ABl. EG 2003 L 207/1) hat der Rat der Europäischen Union (zur Abgrenzung gegenüber Europarat und Europäischen Rat, Diehm 2007:211) das Statut zur SCE erlassen, welches am 18. August 2006 in Kraft trat (Art. 80 SCE-VO). Verordnungen gelten nach Art. 249 Abs. 2 EG in den Mitgliedstaaten zwar unmittelbar. Der europäische Verordnungsgeber hat aber von seiner Regelungskompetenz nur zurückhaltend Gebrauch gemacht. Die SCE-VO überlässt ausdrücklich einige Punkte einer nationalstaatlichen Regelung (vgl. SCE-Ausführungsgesetz). Obwohl das GenG als rein nationalstaatliche Regelung hiervon nicht betroffen war, wurde es durch das „Gesetz zur Einführung der Europäischen Genossenschaft und zur Änderung des Genossenschaftsrechts" vom 18. August 2006 (BGBl. I, S. 1911ff) ebenso reformiert. Dies soll mögliche Benachteiligungen der rein nationalen Rechtsform gegenüber der SCE verhindern. Die Novellierung des nationalen GenG erfolgte somit zwar mit Blick auf die SCE-Gesetzgebung, aber sie basierte nicht auf einer von deutscher Seite umzusetzenden Richtlinie oder gar auf einer unmittelbar geltenden Verordnung. Die Novellierung geschah nicht auf Grund einer europarechtlich vorgegebenen Rechtsangleichung. Das hat für das Verständnis der nationalstaatlichen Regelungen insoweit Bedeutung, dass es für die Frage, was unter dem Begriff der investierenden Mitglieder iSv § 8 Abs. 2 S. 1 GenG zu verstehen ist, allein auf das national geprägte Verständnis der eG ankommt. Regelungen zur SCE können dabei rechtsvergleichend herangezogen werden. Aber einen Gleichlauf der Begrifflichkeiten gibt es nicht.

handlung des Nichtmitgliedergeschäfts oder die gesetzlich festgeschriebene Allmacht des Vorstandes seien nur einige Anzeichen dafür (Stedin 1999: 283). Durch die Zulassung investierender Mitglieder würde schließlich der doch gleichermaßen von Praxis und Wissenschaft als schlichter Profiteur zu kritisierende Typ des „kapitalverwertenden Mitglieds“ im Recht der eG „salonfähig“ (Ringle 2003: 165). Neben dem ursprünglichen und der eG eigentümlichen Interesse auf Förderung der nutzenden Mitglieder trete nun zwangsläufig das Interesse der investierenden Mitglieder auf bloße Kapitalrenditeerzielung (Beuthien 2006: 59; Cario 2005: 150).

Bei näherer Betrachtung schlägt dabei weniger die Kritik an einer profitorientierten Unternehmensführung negativ zu Buche, denn auch die eG ist auf die Erzielung von Gewinnen zur Förderung ihrer Mitglieder angewiesen (Beuthien 1989: 19f), als vielmehr die möglicherweise kassandrische Warnung vor der Zerstörung genossenschaftlicher Ideale zugunsten einer rein kapitalistischen Ausrichtung der Genossenschaft zur schlichten Kapitalrenditegenossenschaft. Kassandrarufe leiden unter dem Schicksal, nicht gehört im Sinne von nicht geglaubt zu werden. Ob es nun der Ruf der Kassandra ist, der zu hören ist, lässt sich erst am Ende der (Rechts-) Entwicklung sagen. Aufzeigen kann dieser Beitrag jedenfalls einen möglichen Verständnisansatz, dass es sich nicht so verhält. Das investierende Mitglied ist nämlich an die förderwirtschaftliche Zwecksetzung der Genossenschaft gebunden:

Eingetragenen Genossenschaften[2] wird die Förderung des Erwerbs oder der Wirtschaft ihrer Mitglieder durch gemeinschaftlichen Geschäftsbetrieb als Gesellschaftszweck zwingend vorgegeben (§ 1 Abs. 1 GenG). Die neuerdings namentliche Erstreckung des Fördergedankens auf die sozialen und kulturellen Belange der Mitglieder hat lediglich klarstellende Funktion, da diese seither bereits vom Begriff der „Wirtschaft“ erfasst sind. Die Förderung dieser Belange hat ebenfalls durch den gemeinschaftlichen Geschäftsbetrieb zu erfolgen (dies in Abgrenzung zum nichtwirtschaftlichen Verein, § 21 BGB; Beuthien 2004, § 1 Rn. 14; Geschwandtner/Helios 2007: 35; Hirte 2007: 2166). Solange ein Unternehmen in der Rechtsform der eG betrieben wird, ist es an den Förderzweck gebunden und muss ihn verfolgen (Steding 1999: 284). Förderzweckverstoße können zur Auflösung der eG führen (§ 81 Abs. 1 S. 1 GenG). Unabhängig davon, ob in der Rechtspraxis von der Regel Gebrauch gemacht wird, handelt es sich bei § 81 Abs. 1 S. 1 GenG um gesetztes und folglich um geltendes Recht. Wäre es anders, so hätte der Reformgesetzgeber 2006 die Norm einfach streichen können, was er jedoch nicht getan hat. Die gesetzlich zwingend vorgeschriebene Art und Weise der Mitgliederförderung – nämlich durch gemeinschaftlichen Geschäftsbetrieb –, aber auch die Auflösungsandrohung beschreiben den Kern der genossenschaftlichen Mitgliedschaft: den mitgliedschaftlichen Anspruch auf Nutzung der genossenschaftlichen Einrichtung. Damit einhergehend darf die eG kapitalzinswirtschaftliche Ziele nicht verfolgen. Hierfür stehen die Vereinigungsformen der AG und GmbH bereit (Beuthien, 2004, § 1 Rn. 8). Die Identität von Mitglied und Kunde bedingt den personalistischen

[2] Die eG setzt nach § 1 GenG einen offenen Mitgliederkreis, also die Struktur einer Körperschaft voraus. Genossenschaftliche Verbände iwS sind dagegen auch geschlossene Gesellschaften (GmbH, AG); Wiedemann 1980:105.

Charakter der eG (Beuthien 2004, § 1 Rn. 2ff; Hirte 2007: 2166), was auch den Satzungsvorbehalt bei der Ausdehnung des Geschäftsbetriebes auf den Bereich der Nichtmitglieder erklärt (§ 8 Abs. 1 Nr. 5 GenG). Der Förderzweck kann hingegen nicht auf die Nichtmitglieder erstreckt werden. Dies wäre nach § 18 GenG iVm § 1 Abs. 1 GenG nicht nur unzulässig; es wäre schlechthin ein Verstoß gegen den Gesellschaftszweck der eG. Dadurch unterscheidet sich die eG von allen anderen Vergemeinschaftungsformen des geltenden Rechts. Zwar stellen auch diese einen Zusammenschluss mehrerer Personen zur Erreichung eines gemeinsamen Zwecks dar (arg. § 705 BGB), aber im Unterschied zur eG liegt dieser nicht in der Förderung des eigenen Mitglieds durch gemeinschaftlichen, sondern im Betreiben eines nicht auf den Kreis der Mitglieder beschränkten, nach außen gerichteten Geschäftsbetriebes (Beuthien 2006: 58).
Unter diesem Gesichtspunkt beantwortet sich nicht nur die Frage, was investierende Mitglieder letztendlich zu einer Beteiligung an einer Genossenschaft veranlasst, und ob es zwischen ihnen und den nutzenden Mitgliedern einen (Gewinn-) Verteilungskonflikt gibt (Ringle 2003: 166), sondern auch, welche „geeigneten Regelungen" die Satzung zur Stimmrechtsbeschränkung überhaupt vorsehen kann. Nach § 8 Abs. 2 S. 2 GenG muss die Satzung „durch geeignete Regelungen sicherstellen, dass investierende Mitglieder die anderen Mitglieder in keinem Fall überstimmen können und dass Beschlüsse der Generalversammlung, für die nach Gesetz oder Satzung eine Mehrheit von mindestens drei Vierteln der abgegebenen Stimmen vorgeschrieben ist, durch investierende Mitglieder nicht verhindert werden können". Dabei begegnet die Muss-Vorschrift des § 8 Abs. 2 S. 2 GenG verfassungsrechtlichen Bedenken.

2. Das investierende Mitglied iSv § 8 II 1 GenG

2.1. Eine Begriffs- und Personenbestimmung

Der Begriff des investierenden Mitglieds im Recht der eG ist neu. Insofern könnte das GenG selbst zwischen diesem und dem Begriff des nutzenden Mitglieds iSd § 1 Abs. 1 GenG (insgesamt) unterscheiden wollen. Dabei könnte dem beschreibenden Merkmal „investierend" besondere Bedeutung zukommen. Unter Investition ist im Allgemeinen die Verwendung finanzieller Mittel oder die Anlage von Kapital in Vermögen bzw. Geldkapital zu verstehen, um damit neue Geldgewinne, oder höhere Geldgewinne aus bestehenden Unternehmungen zu bekommen. Aber auch die nutzenden Mitglieder einer Genossenschaft legen Kapital als Geschäftsanteil bei dieser in der Regel ein (§ 7 Nr. 1 GenG). In diesem Punkt unterscheiden sich die Genossenschaftsmitglieder untereinander nicht. Aber während die Rendite des nutzenden Mitglieds in der Förderung seines Erwerbes oder seiner Wirtschaft liegt, kommt das investierende Mitglied nach dem Wortlaut des § 8 Abs. 2 S. 1 GenG hierfür nicht in Frage. Es scheint daher weniger die Begrifflichkeit „investierend" selbst für die Unterscheidung ausschlaggebend zu sein, als vielmehr der Umstand, dass das GenG nur zwischen den nutzenden Mitgliedern und Personen, die für den Förderwirtschaftsverkehr nicht in Frage kommen (vgl. § 8 Abs. 2 S. 1 GenG), unterscheiden möchte.
Dabei erweist sich möglicherweise die Ansicht, dass es sich bei den investierenden

Mitgliedern nur um nicht-förderfähige Personen handelt, als zu eng. Versteht man die Worte „nicht in Frage kommen" im Sinne von nicht förderfähig, so könnten Genossenschaften, welche nach ihrem Unternehmensgegenstand jedermann zu fördern vermögen (wie insbesondere Kreditgenossenschaften) keine investierende Mitglieder aufnehmen. Ihnen wäre diese Art der Eigenkapitalbeschaffung verwehrt. Sie wären gegenüber den Spezial- und Spartengenossenschaften in ihrer Eigenkapitalbeschaffung diskriminiert (Beuthien 2007, § 8 Rn. 11).
Während aber der Kreis der förderttauglichen Mitglieder bei einer Genossenschaftsbank und folglich der Kreis der potentiellen Eigenkapitalgeber weit gefasst sein kann, sieht es bei Spezial- und Spartengenossenschaften schon ganz anders aus. Während den zu erst genannten Genossenschaften ein großer Kreis potentiell in Frage kommender Mitglieder zur Eigenkapitalbeschaffung zur Verfügung steht, ist dieser Kreis den Spezial- und Spartengenossenschaften durch ihren Unternehmensgegenstand verwehrt. Hier setzt die gesetzliche Innovation an, investierende Mitglieder zukünftig aufnehmen zu können. Gerade die Spezial- und Spartengenossenschaften sollen in die Lage versetzt werden, sich aus einem größeren Kreis – nun mit Hilfe investierender Mitglieder – Eigenkapital zu beschaffen. Insofern ist nicht den breitgefächerten Genossenschaften der Weg zur Aufnahme weiterer, nunmehr investierender Mitglieder durch Auslegung zu ebnen.
Es kommt nicht darauf an, ob das Mitglied gefördert werden will oder nicht, sondern alleine darauf, ob es überhaupt gefördert werden kann. Der Wortlaut des § 8 Abs. 2 S. 1 GenG stellt nicht auf die Sicht eines potentiellen Genossen und folglich nicht auf dessen Willensmoment ab, sondern darauf, dass diese Person für die Genossenschaft als nutzendes Mitglied nicht in Frage kommt. Nicht in Frage kommt derjenige, welcher entsprechend dem Unternehmensgegenstand (§ 6 Nr. 2 GenG) in seinem Erwerb, seiner Wirtschaft oder seinen sozialen oder kulturellen Belange nicht gefördert werden kann. Es kommt daher für die Bestimmung des investierenden Mitglieds auf eine Unterscheidung zwischen aktiven und inaktiven, aber potentiell förderfähigen Mitgliedern nicht an. Das Gesetz versteht unter „nicht in Frage kommen" die objektive Förderuntauglichkeit.

2.2. Was kann das rein investierende Mitglied als Rendite erwarten?

Mitglied einer eG kann grundsätzlich jeder werden, der entsprechend dem Unternehmensgegenstand iSv §§ 1 Abs. 1, 6 Nr. 2 GenG gefördert werden kann. Das Mitglied muss potentiell mittels gemeinschaftlichen Geschäftsbetriebs förderfähig sein. Eine über den Anspruch hinausgehende Pflicht des Mitglieds zur Nutzung der genossenschaftlichen Einrichtungen besteht grundsätzlich nicht.[3] Da nun aber das „einigende Band der Förderung primär mittels gemeinschaftlichen Geschäftsbetriebes" (Ringle 2003: 166) zwischen der eG und dem investierenden Mitglied fehlt, stellt sich die Frage, inwieweit das investierende Mitglied überhaupt einen „Förderanspruch" gegenüber der Genossenschaft hat. Die Rückvergütung scheidet als Förderinstrument aufgrund ihrer sachlichen Nähe zur Mitgliederförderung durch gemeinschaftichen Geschäftsbetrieb von vornherein aus. Das GenG regelt die Rückvergütung zwar nicht; sie

[3] Anderes kann durch die Satzung (wahrlich in den Grenzen der §§ 134, 138 BGB) bestimmt werden.

stellt auch keine Gewinnverteilung iSd § 19 GenG dar (Beuthien 2004, § 19 Rn. 14; Paulick 1954: 118). Die Zulässigkeit der Rückvergütung folgt aber direkt aus dem in § 1 Abs. 1 GenG festgelegten Gesellschaftszweck (Beuthien 2004, § 19 Rn. 14; W. Schulte 2006, KStG, § 22 Rn. 1). Die Rückvergütung ist im Rahmen des § 22 Abs. 1 S. 1 KStG steuerlich absetzbar (W. Schulte 2006, § 22 Rn. 3).

Nach § 19 Abs. 1 S. 1 GenG ist der bei Feststellung des Jahresabschlusses für die Mitglieder sich ergebende Gewinn auf diese zu verteilen. Dieses Recht auf Teilnahme am Gewinn ist mitgliedschaftlicher Natur. Es muss daher für alle Mitglieder im Maße nach gleich sein (Waldecker 1916: 276.). Ergibt sich ein Gewinn, ist dieser ebenso auf die investierenden Mitglieder zu verteilen. Da die investierenden Mitglieder nicht in den Genuss der Mitgliederförderung nach § 1 Abs. 1 GenG kommen können, könnte die Gewinnverteilung nach § 19 Abs. 1 S. 1 GenG zum zentralen Thema der Unternehmensführung werden, um ein Abwandern „nicht nutzender" Mitglieder zu verhindern. Dies hätte zur Konsequenz, dass sich der Schwerpunkt von der naturalen Mitgliederförderung nach § 1 Abs. 1 GenG auf eine reine Gewinnausschüttungspolitik verschieben würde (Ringle 2003: 166). Diese Art der Schwerpunktsetzung verstieße jedoch gegen die Zwecksetzung des § 1 Abs. 1 GenG, welcher unbeschadet ihrer Förderuntauglichkeit auch für die investierenden Mitglieder gilt (Beuthien 2006: 59; Beuthien 2008: 213). Eine Gewinnverteilung nach § 19 Abs. 1 S. 1 GenG ist der Mitgliederförderung durch gemeinschaftlichen Geschäftsbetrieb untergeordnet (Beuthien 2004, § 19 Rn. 2). Werden die Mittel der Genossenschaft bereits im Fördergeschäftsverkehr aufgebraucht, liegt kein zu verteilender Gewinn vor. Erwirtschaftet die eG hingegen einen Überschuss, so ist dieser auf alle Mitglieder gleichmäßig zu verteilen.

Nunmehr könnte den investierenden Mitgliedern im Unterschied zu den nutzenden Mitgliedern eine Art Vorrecht auf den (verbleibenden) Gewinn bzw. dessen Verteilung statutarisch zugebilligt werden. Sie würden dann kein „Mehr" am verbleibenden und zu verteilenden Gewinn erhalten, sondern überhaupt als Einzige einen Anspruch hierauf haben. Der Förderanspruch des nutzenden Mitglieds würde sich dann in dessen naturalen Förderung durch gemeinschaftlichen Geschäftsbetrieb erschöpfen. Dies verstieße möglicherweise gegen den genossenschaftlichen Gleichbehandlungsgrundsatz. Der Gleichbehandlungsgrundsatz soll die willkürliche Schlechterstellung einzelner Mitglieder ohne sachlichen Grund verhindern (Heinrichs 2007, § 35 Rn. 3; Schöpflin 2006, § 38 Rn. 7). Damit stellt sich die Frage, ob in einer eG notwendigerweise eine strikte Gleichheit aller Mitglieder herrschen muss oder ob es Differenzierungen geben kann (Beuthien 2003a: 12f). Möglicherweise ließe sich zwischen den nutzenden und den investierenden Mitglieder mit der Folge differenzieren, dass fortan bei der Gewinnverwendung nach den beiden Mitgliedergruppen unterschieden werden könnte. Während die nutzenden Mitglieder weiterhin durch den gemeinschaftlichen Geschäftsbetrieb gefördert werden würden, könnte sich eine nachträgliche Gewinnverteilung allein auf die investierenden Mitglieder konzentrieren. Insofern müssten zwar nutzende und investierende Mitglieder jeweils untereinander gleich, aber in Bezug auf die jeweils andere Mitgliedergruppe ungleich behandelt werden dürfen. Das GenG enthält selbst keine Antwort hierauf.

2.2.1. *Unterschiedliche Renditeerwartungen im Recht der SCE*

Nach Art. 14 Abs. 1 SCE-VO kann die Satzung, sofern das Recht des Sitzstaates der SCE dies zulässt, vorsehen, dass Personen, die für die Nutzung oder Produktion der Güter und die Nutzung oder Erbringung der Dienste der SCE nicht in Frage kommen, als investierende (nicht nutzende) Mitglieder zugelassen werden können. Insofern entspricht die Rechtslage der SCE die der des GenG. Der Unterschied liegt jedoch darin, dass nach Art. 4 Abs. 1 SCE-VO mehrere Kategorien von Geschäftsanteilen ausgegeben werden können. Dabei kann die Satzung festlegen, dass unterschiedliche Kategorien von Geschäftsanteilen mit unterschiedlichen Rechten bei der Verteilung des Ergebnisses gebildet werden können. Obwohl der nationale Reformgesetzgeber die Idee der investierenden Mitglieder wortgetreu übernommen hat, hat er die Regelung, verschiedene Kategorien von Geschäftsanteilen bilden zu können, nicht in das GenG übertragen. Das Recht der SCE lässt es somit ausdrücklich zu, dass verschiedene Gesellschaftergruppen unterschiedlich behandelt werden können; so insbesondere das investierende im Verhältnis zum nutzenden Mitglied. Das GenG weist derartige Differenzierungen nicht auf. Insofern ist das Verständnis über den Begriff des investierenden Mitglieds trotz Namensgleichheit nicht deckungsgleich. Ergebnisse, die aus dem Recht der SCE zum investierenden Mitglied gezogen werden, sind nicht ohne Weiteres auf das Genossenschaftsrecht zu übertragen.

2.2.2. *Unterschiedliche Renditeerwartungen im Recht der AG*

Den Aktionären steht das mitgliedschaftliche Dividendenrecht als Vermögensrecht grundsätzlich gleichermaßen zu (Hüffer 2007: 303f). In „Abkauf" des Stimmrechts können bestimmten Aktien ein Vorzug bei der Gewinnverteilung gewährt werden („Vorzugsaktien"). Insofern ist der AG die Bildung unterschiedlicher Kategorien von Aktien gestattet (vgl. §§ 139ff AktG). Dies ist mit der SCE durchaus vergleichbar. Dennoch lassen sich die aktienrechtlichen Regelungen nicht auf das GenG übertragen, da zum Schutz der Vorzugsaktionäre diverse Regelungen zur Verfügung stehen. Danach bedarf ein Beschluss, durch den der Vorzug aufgehoben oder beschränkt wird, der Zustimmung der Vorzugsaktionäre (§ 141 Abs. 1 AktG). Zudem lebt das Stimmrecht auf, wenn der Vorzug nicht geleistet wird (§ 140 Abs. 2 S. 1 AktG). Derartige Regelungen existieren im GenG nicht. Nunmehr könnte an eine analoge Anwendung der aktienrechtlichen Bestimmungen gedacht werden. Dagegen spricht aber schon, dass eine planwidrige Regelungslücke, welche beim bloßen gesetzgeberischen Versäumnis durchaus existieren kann (Wank 2001: 100ff), nicht auszumachen ist. Die Regelung, investierende Mitglieder aufnehmen zu können, ist erst jüngst bei der letzten Gesetzesrechtsnovelle (2006) eingeführt worden. Da dem Gesetzgeber unterstellt werden kann, dass er die Regelungen zu den stimmrechtslosen Vorzugsaktien kannte, ist deren Nichtbeachtung im Recht der eG kein gesetzgeberisches Versehen gewesen. Eine planwidrige Regelungslücke liegt nicht vor.

2.2.3. *Unterschiedliche Renditeerwartungen im Recht der KG*

Das Recht der KG unterscheidet zwischen dem Komplementär und dem Kommanditisten. Anders als der Komplementär haftet der Kommanditist nur in Höhe seiner

Einlagen (§ 167 Abs. 3 HGB). Von der Geschäftsführung ist er grundsätzlich ausgeschlossen (§ 164 HGB). Die KG ist damit der Prototyp einer Zwei-Klassen-Gesellschaft mit einem Unternehmer- und einem Anlegergesellschafter (Wiedemann/Frey 2007: 176ff, 181). Insofern wäre ein dem Komplementär gegenüber vorrangiges Gewinnverteilungsrecht des Kommanditisten für seine Einlage denkbar. Eine Ausgangslage, welche mit der Situation des investierenden Mitglieds in der eG vergleichbar wäre.
§ 168 HGB unterscheidet zwischen zwei Fällen: Abs. 1 bestimmt die gleichmäßige prozentuale Verteilung des Gewinns anhand der Kapitalanteile „soweit der Gewinn den Betrag von vier Prozent der Kapitalanteile nicht übersteigt". Für den Gewinnanteil, welcher den Betrag nach Abs. 1 übersteigt, „gilt, soweit nicht ein anderes vereinbart ist, ein den Umständen nach angemessenes Verhältnis der Anteile als bedungen". Die Gewinnverteilungsregel steht einer gesellschaftsrechtlichen Regelung offen gegenüber. Ein dem Komplementär vorrangiges Gewinnverteilungsrecht des Kommanditisten ist gesellschaftsvertraglich möglich. Anders als im Recht der KG besteht im Recht der eG jedoch Satzungsstrenge. Eine satzungsmäßige Bestimmung, wonach den investierenden Mitgliedern ein vorrangiges Gewinnrecht eingeräumt werden würde, widerspräche mangels ausdrücklicher Zulassung dem geltenden Recht (§ 18 S. 2 GenG). Zudem ist dem investierenden Mitglied eine Teilnahme am Vorstandsorgan nicht versagt. Er ist anders als der Kommanditist nicht nur „bloßer" Anlegergesellschafter, sondern auch Unternehmergesellschafter. Insofern besteht kein Gleichlauf zwischen dem Kommanditisten einer KG und dem investierenden Mitglieds einer eG.

2.2.4. Unterschiedliche Renditeerwartungen im Recht der „Stillen Gesellschaft"

Vielleicht ähnelt die Interessenlage des investierenden Mitglieds vielmehr derjenigen des stillen Gesellschafters. Gesellschaftszweck der stillen Gesellschaft ist die Förderung des von einem anderen, dem Geschäftsinhaber betriebenen Handelsgewerbes (Schmidt 2002: 1837; Wiedemann/Frey 2007: 235).[4] Die stille Gesellschaft (§§ 230ff HGB) ist dadurch gekennzeichnet, dass der stille Gesellschafter das Handelsgewerbe nicht selbst betreibt. Ein direktes Mitbestimmungsrecht am handeltreibenden Unternehmen besteht mangels Mitgliedschaft an dieser nicht. Welchen Anteil der stille Gesellschafter an Gewinn und Verlust des Handelsgeschäfts hat, richtet sich in erster Linie nach dem Gesellschaftsvertrag der Stillen Gesellschaft (Hüffer 2007: 254). Aber anders als das investierende Mitglied steht der stille Gesellschafter sozusagen außerhalb der (Handels-) Gesellschaft. Er begründet mit dieser vielmehr ein eigenes Rechtsverhältnis; nämlich in Gestalt einer BGB-Innengesellschaft (Hüffer 2007: 254). In dieser steht im auch ein Mitgestaltungsrecht als Gesellschafter zu. Insofern ist dem stillen Gesellschafter nicht das Stimmrecht beim handelsgewerbetreibenden Unternehmen versagt, sondern es erstreckt sich auf ein völlig anderes Rechtsverhältnis. Das Recht des stillen Gesellschafters ist mit der rechtlichen Stellung des investierenden Mitglieds nicht vergleichbar. Das gilt auch für den Fall der unechten stillen Gesell-

[4] Im Unterschied hierzu das Rechtsverhältnis einer Unterbeteiligung. Vertragspartner des Unterbeteiligten ist ein Gesellschafter, an dessen Beteiligung – also der Mitgliedschaft – er partizipieren soll.

schaft. Denn Bezugspunkt ist wiederum das zwischen dem Inhaber des Handelsgewerbes und dem stillen Gesellschafter vertraglich geregelte Innenverhältnis.

2.2.5. Was ist der Investitionsanreiz des investierenden Mitglieds im Recht der eG?

Trotz gewisser Ähnlichkeiten ist das Rechtsverhältnis des investierenden Mitglieds zur Genossenschaft ein anderes als bei den Vorgenannten zu deren Gesellschaften. Die Vereinbarung eines vorrangigen Gewinnverteilungsanspruchs des investierenden Mitglieds und damit einhergehend deren bevorzugten Ungleichbehandlung gegenüber den nutzenden Mitgliedern lässt sich nicht anhand der obigen Rechtsformenvergleiche begründen. Gewiss können den investierenden Mitgliedern weder naturale Förderleistungen noch eine genossenschaftliche Rückvergütung, sondern nur eine Dividende gewährt werden. Aber das ist genossenschaftsrechtlich unschädlich, solange der mit der Dividende ausgeschüttete Überschuss im Fördergeschäftsverkehr erwirtschaftet worden ist (Beuthien 2006: 59). Sie erhalten aber nur dann eine Gewinnausschüttung, wenn diese in gleicher Höhe sämtlichen Mitgliedern zu Teil werden. Sollte die Genossenschaft jedoch ihre Erträge bereits im Fördergeschäftsverkehr verwenden, so verbleibt den investierenden Mitgliedern nichts. Dies entspricht auch dem Verständnis, wonach sich die Mitgliedschaft nicht in einer bloßen Kapitalbeteiligung erschöpft. Nicht der drohende Einfluss des Kapitals gefährdet also die Genossenschaftlichkeit, sondern genossenschaftsfremd ist die kapitalistische Rendite. Nur sie widerspricht dem nutzerbezogenen Förderzweck der eG (Beuthien 2002: 762; Beuthien 2003b: 29).

Der Investitionsanreiz des nutzenden Mitglieds kann demnach nicht in einer vorrangigen Kapitalrenditeerzielung liegen. Was aber dient dem investierenden Mitglied als Investitionsanreiz? Möglicherweise ergibt genau die Zwecksetzung der eG den Anreiz für das investierende Mitglied, sich an dieser zu beteiligen: Das Interesse, dass durch die erbrachte Einlage die nutzungstauglichen Mitglieder durch den Geschäftsbetrieb der eG (besser) gefördert werden können. Dies vermag auf den ersten Blick altruistisch klingen; auf den zweiten entpuppt es sich als zweckdienlich. Dabei kann der spezielle Unternehmensgegenstand einer eG das Investitionsinteresse wecken. Dieser kann sämtliche Facetten des Alltags ausmachen: von der Genossenschaftsbank bis hin zum Wohnungssektor, von der Lebensmittelbranche bis hin zum Kindergarten. Genau dieser Facettenreichtum ist es, der Personen veranlasst, sich als investierendes Mitglied zu betätigen:

- Beispielsweise das Unternehmen, das ein Interesse daran hat, seinen Arbeitnehmern diverse soziale Einrichtungen (Kindergarten, Sport- und Kultureinrichtungen) anzubieten. Dabei würde das Unternehmen, ohne die Möglichkeit sich als investierendes Mitglied an der eG beteiligen zu können, als juristische Person schon allein aufgrund seines Unternehmenszweckes für derartige Einrichtungen nicht in Frage kommen. Aber auch das Interesse ländlicher Kommunen, Genossenschaften – sei es in Form eines Kindergartens oder Lebensmittelmarktes – anzusiedeln und durch Kapitaleinlage zu unterstützen, ist nicht von der Hand zu weisen. Dabei folgt das Unternehmen wirtschaftlichen Interessen: zufriedenere Arbeitnehmer verbessern deren Produktivität. Aber auch die Kommune kann die vorhandene Infrastruktur durch derartige Anreize verbessern. Eine verbesserte Infrastruktur zieht wiederum Anwohner an, was die Finanzkraft der Kommune zu stärken vermag.

- Genossenschaften können sich nach § 1 Abs. 2 Nr. 1 GenG an anderen Unternehmen beteiligen, wenn es der Mitgliederförderung zweckdienlich ist. Dass dabei die eG selbst herrschendes Unternehmen innerhalb eines Konzernverbundes sein kann, ist unbestritten (Beuthien 2004, § 1 Rn. 84). Selbst das Objekt einer Beteiligung zu sein, hing bisher von der Frage ab, ob das Beteiligungsunternehmen als Mitglied selbst förderfähig iSv § 1 Abs. 1 GenG war. Nunmehr können sich auch Unternehmen an der eG als investierende Mitglieder beteiligen, für die das nicht zutrifft. Deshalb kommt der Zulassung der investierenden Mitglieder im Rahmen des genossenschaftlichen Verbundsystems, aber auch bei der Einbindung der eG in eine Konzernstruktur eine maßgebliche Funktion zu. Inwieweit die eG auch abhängiges Unternehmen iSv § 17 Abs. 1 AktG sein kann, ist umstritten (siehe zum Streit Beuthien 2004, § 1 Rn. 84). Die konzernrechtliche Einbindung darf jedoch mit dem Förderzweck der eG nicht in Konflikt geraten (Hirte 2007: 2174).

2.3. Investierendes und nutzendes Mitglied zugleich?

Investierende Mitglieder kommen für die Nutzung der genossenschaftlichen Einrichtung nicht in Frage (§ 8 Abs. 2 S. 1 GenG). Das alleine ist der ausmachende Unterschied zwischen ihnen und der Gruppe der nutzenden Mitglieder. Was passiert, wenn der ausmachende Unterschied für die Zukunft wegfällt? Wenn in Bezug auf die Person des investierenden Mitglieds fortan eine potentielle Förderfähigkeit bestehen würde. Müsste dann das bisher „nur" investierende Mitglied aus der Genossenschaft als solches ausgeschlossen werden? Bedürfte es eines erneuten Mitgliedschaftserwerbes, um fortan nutzendes Mitglied sein zu können?

Sollte die Aufnahme als nutzendes Mitglied nicht zugleich mit der Kündigung des bisher investierenden Mitgliederstatus verbunden sein, entstünde eine doppelte Mitgliedschaft: eine Person wäre nutzendes wie auch investierendes Mitglied zugleich. Dabei müsste bei Zulassung der doppelten Mitgliedschaftsstellung nicht nur die Frage beantwortet werden, ob es sich hierbei entweder um eine einheitliche nur in zwei verschiedenen Ausprägungen gestaltete Mitgliedschaft oder um zwei verschiedene Mitgliedschaften ein und derselben Person (doppelte Mitgliedschaft) handelt, sondern auch, ob das Stimmrecht uneinheitlich ausgeübt werden dürfte. Dürfte also der Genosse bei Abstimmungen unterschiedlich entsprechend seiner jeweiligen Stellung als nutzendes und investierendes Mitglied votieren und inwieweit würde die Stimmrechtsbeschränkung des § 8 Abs. 2 GenG dann noch seinen Zweck erfüllen?

Durch den Gesellschaftsvertrag verpflichten sich die Mitglieder (auch die einer Genossenschaft) gegenseitig, den gemeinsamen Zweck in der durch den Vertrag bestimmten Weise zu erreichen (arg. § 705 BGB). Dabei spricht der Vertragsgedanke grundsätzlich für eine einheitliche Mitgliedschaft, da eine Mehrfachbeteiligung einer Person an ein und demselben Vertragsverhältnis ausscheidet (Ulmer 2004, § 705 Rn. 181). Das direkt auf §§ 705ff BGB aufbauende Personengesellschaftsrecht verträgt es danach nicht, dass eine Person beispielsweise gleichzeitig vollhaftender Komplementär und beschränkt haftender Kommanditist einer KG ist (Ulmer 2004, § 705 Rn. 183.). Derartig widersprüchliche Rechtstellungen schließen sich im Personengesellschaftsrecht aus (Wiedemann 1998: 644f). In Bezug auf das investierende Mitglied könnte etwas anderes gelten, da es sich bei der eG nicht um eine Personengesellschaft, sondern um einen Wirtschaftsverein iSd § 22 BGB handelt (Schöpflin 2006, § 21 Rn. 3; Heinrichs 2007, § 21 Rn. 4), welcher möglicherweise die Innehabung mehrfacher Mitgliedschaften ein und derselben Person rechtlich anerkennt.

Beim Verein ist die Vereinsmitgliedschaft nicht übertragbar und nicht vererblich (§ 38 S. 1 BGB). Die Mitgliedschaft ist fest an die Person des Inhabers gebunden. Ein derivativer Erwerb ist ausgeschlossen. Eine mehrfache Mitgliedschaft scheidet beim Verein aus.

Bei der GmbH bestimmt sich der Geschäftsanteil jedes Gesellschafters nach dem Betrag der von ihm übernommenen Stammeinlage (§ 14 GmbHG). Erwirbt ein Gesellschafter zu seinem ursprünglichen Geschäftsanteil weitere Geschäftsanteile, so behalten die Geschäftsanteile ihre Selbständigkeit (§ 15 Abs. 2 GmbHG). Nach dem Wortlaut wird der Gesellschafter zudem als solcher bereits vorausgesetzt. Der GmbH-Geschäftsanteil verkörpert die Mitgliedschaft demnach nicht (Beuthien 2002: 760). Die Möglichkeit einer mehrfachen Mitgliedschaft scheidet für das Recht der GmbH aus.

Obwohl auch das Recht der AG auf dem Vereinsrecht aufbaut, wird die Mitgliedschaft in der AG dagegen grundsätzlich durch die Übernahme von Aktien gegen Einlagen erworben (§ 2 AktG; Paulick 1956: 132; Steding 2002: 451). Insofern ist im Aktienrecht eine mehrfache Mitgliedschaft ein und derselben Person an einer bestimmten Aktiengesellschaft durchaus denkbar. Aber trifft dies auch auf das Recht der eG zu?

Nach § 7 Nr. 1 GenG muss die Satzung den Betrag bestimmen, bis zu welchem sich die einzelnen Mitglieder mit Einlagen beteiligen können (Geschäftsanteil). Die Regelung setzt entsprechend ihres Wortlauts die Mitgliedschaft bereits voraus. Nach § 76 Abs. 1 GenG kann ein Mitglied nur sein Geschäftsguthaben auf einen Mitgenossen oder an jemanden, der aber zuvor Mitglied werden muss, übertragen (Paulick 1956: 156). Eine Übertragung der Mitgliedschaft ist ausgeschlossen (Hirte 2007: 2172). Die statutarische geregelte Verpflichtung zur Übernahme eines oder mehrerer Geschäftsanteile sowie die hierauf zu richtenden Einzahlungen (§ 7 Nr. 1 GenG) sind nicht Voraussetzung für den Erwerb der Mitgliedschaft, sondern deren Folge. Die Mitgliedschaft wird bereits allein durch Beitritt und Zulassung zur Genossenschaft (§ 15 Abs. 1 S. 1 GenG) und der Eintragung in die Mitgliederliste (§ 15 Abs. 2 GenG) erworben (Steding 1999: 283). Auch die Übernahme weiterer Geschäftsanteile bei der eG begründet keine mehrfache Mitgliedschaft (Beuthien/Friebel 2006: 507). Grundlage des genossenschaftlichen Mitgliedschaftsverhältnisses ist demnach nicht die kapitalmäßige Beteiligung, sondern die Person des Mitglieds selbst (Paulick 1956: 131).[5] Während die AG die Mitgliedschaft an der kapitalmäßigen Beteiligung festmacht, favorisiert das GenG

[5] Die Mitgliedschaft ist folglich kein selbständiges Vermögensrecht; sie ist weder übertragbar noch belastbar.

die Person des Mitglieds als mitgliedschaftlichen Bezugspunkt (Steding 2002: 451).[6] Dem widerspricht auch nicht die Regelung, wonach die Mitgliedschaft auf den Erben übergeht (§ 77 Abs. 1 S. 1 GenG). Entweder wird der bisher an der Genossenschaft nicht beteiligte Erbe in den zeitlichen Grenzen des § 77 Abs. 1 S. 2 GenG kraft Gesetz Mitglied der Genossenschaft und kann diese kraft Statut fortsetzen (§ 77 Abs. 2 S. 1 GenG) oder, wenn der Erbe im Zeitpunkt des Erbfalles bereits Mitglied der Genossenschaft war, verstärkt sich seine eigene um die Rechte und Pflichten der geerbten Mitgliedschaft (Beuthien 2004, § 77 Rn. 8). Dies gilt für das investierende Mitglied gleichermaßen. Folglich scheidet die Möglichkeit einer doppelten Mitgliedschaft im Recht der eG aus. Das nutzende kann nicht investierendes oder das investierende kann nicht nutzendes Mitglied zugleich sein. Einer besonderen Erwähnung wie beispielsweise für den Fall, dass der „Erwerb und Fortdauer der Mitgliedschaft an den Wohnsitz innerhalb eines bestimmten Bezirks geknüpft wird“ (§ 8 Abs. 1 Nr. 2 GenG), bedarf es daher nicht. Insofern ist der Auffassung zu widersprechen, „wonach ein Mitglied z.B. nach Beendigung seiner Berufstätigkeit, die durch den Beitritt zur Genossenschaft gefördert werden sollte“ seine Mitgliedschaft fortsetzt (so BT-Drs. 16/1025, S. 82). Er ist entgegen dieser Auffassung auch nicht mehr potentiell förderfähig. Anders dagegen, wenn ein Mitglied nach „Aufgabe seiner Wohnung bei einer Wohnungsgenossenschaft seine Mitgliedschaft fortsetzt“ (BT-Drs. 16/1025, S. 82), da er weiterhin potentiell förderfähig ist und eine Wohnung (bei entsprechendem Angebot) wieder beziehen könnte.

2.3.1. Kann es einen Wechsel innerhalb der Mitgliedergruppen geben?

Wie wird ein möglicher Wechsel zwischen den beiden Mitgliedergruppen nunmehr vollzogen? Bedarf ein Wechsel vom ordentlichen Mitglied zum investierenden oder umgekehrt einer erneuten Zulassung? Am einfachsten wäre es, wenn es zwischen den beiden Mitgliedergruppen einen „fließenden Wechsel“ geben könnte. Dann bedürfte es eines erneuten Entscheids über die Mitgliedschaft nicht. Ein solcher ist aber im Hinblick auf die erhöhten Anforderungen des Erwerbs einer investierenden Mitgliedschaft ausgeschlossen. Die Zulassung eines investierenden Mitglieds bedarf im Vergleich zu den nutzenden Mitgliedern zusätzlich der Zustimmung der Generalversammlung bzw. des Aufsichtsrates (§ 8 Abs. 2 S. 3 GenG). Da es zudem keine Rechtspflicht der Genossenschaft gibt, bestimmte Personen als Mitglieder aufzunehmen (Paulick 1956: 140), bedarf generell der Wechsel zwischen den beiden Mitgliedergruppen der erneuten Zustimmung der Genossenschaft. Es steht im Belieben der Genossenschaft, wen sie als Mitglied – sei es nun als nutzendes oder investierendes – aufnehmen möchte.

2.3.2. Sind Geschäftsabschlüsse der eG mit dem investierenden Mitglied zulässig?

Investierende Mitglieder können am Fördergeschäftsverkehr nicht teilnehmen (§ 8 Abs. 2 S. 1 GenG). Gesellschaftsrechtlich wird die besondere Vereinigungsform der eG ähnlich wie die der AG (§ 23 Abs. 5 AktG) vom Grundsatz der Satzungsstrenge

[6] Dies entspricht auch dem Recht der SCE, obwohl der Anteil an dieser unter denen in der Satzung festgesetzten Bedingungen abgetreten oder veräußert werden kann. Denn auch bei der SCE handelt es immer noch um eine Personenvereinigung.

beherrscht. Danach darf das Statut die im Genossenschaftsgesetz getroffenen Regelungen nur ergänzen. Das Statut darf vom GenG nur insoweit abweichen, wie das GenG es selbst ausdrücklich zulässt (§ 18 S. 2 GenG; Beuthien 2003b: 30).
Nach § 8 Abs. 1 Nr. 5 GenG kann die Satzung die Ausdehnung des Geschäftsbetriebes auf Personen bestimmen, welche nicht Mitglieder der Genossenschaft sind (Beuthien 2004, § 8 Rn. 7). Die Regelung stellt eine gesetzliche Ausnahme dar. Die Frage muss daher lauten, ob diese Ausnahme im Wege eines Analogieschlusses überhaupt auf die investierenden Mitglieder übertragen werden kann. Anders gefragt: Darf die Genossenschaft mit den investierenden Mitgliedern Zweckgeschäfte gleich den Nichtmitgliedern abschließen? Nichtmitglieder sind Personen, welche durch die Genossenschaft potentiell als Mitglieder gewonnen werden könnten. Investierende Mitglieder kommen von vornherein für den Fördergeschäftsverkehr nicht in Frage. Folglich verhalten sich investierende Mitglieder zu Nichtmitgliedern wie A zu Non-A. Eine Vergleichbarkeit besteht nicht. Eine Erstreckung des Geschäftsbetriebes auf die investierenden Mitglieder im Wege eines Analogieschlusses ist daher nicht möglich.

2.4. Die Besetzung des Vorstandes durch investierende Mitglieder – Eine Gefahr für die eG?

Anders als beim Aufsichtsrat ist die Anzahl der investierenden Mitglieder im Vorstand nicht begrenzt. Der Vorstand kann sich allein aus investierenden Mitgliedern zusammensetzen. Besteht aber nicht die Gefahr, dass ein solch zusammengesetzter Vorstand andere Zwecke verfolgt als es von den nutzenden Mitgliedern gewollt wird? Diese Gefahr besteht nicht. Unabhängig davon, dass letztendlich es auch die nutzenden Mitglieder in der Hand haben, wen sie als Vorstand bestimmen, hat das investierende Mitglied als Vorstand die Sorgfalt eines ordentlichen und gewissenhaften Geschäftsleiters einer Genossenschaft anzuwenden (§ 34 Abs. 1 S. 1 GenG). Der Förderzweck des § 1 Abs. 1 GenG ist für sie maßgeblich. Daran können sie auch nichts ändern, da der Verbandszweck als Maßstab des inneren Verbandsrechts eine unveränderliche Schranke im Gesellschaftsrecht für sie darstellt (Schmidt 2002: 65). Sollte der Vorstand den gesetzlichen Förderauftrag verletzen, ist er gegenüber der Genossenschaft schadenersatzpflichtig.

3. Das Stimmrecht des investierenden Mitglieds (§ 8 II 2 GenG)

Nach § 8 Abs. 2 S. 2 GenG muss die Satzung durch „geeignete Regelungen" sicherstellen, dass investierende Mitglieder die nutzenden Mitglieder in keinem Fall überstimmen können und dass Beschlüsse der Generalversammlung, für die nach Gesetz oder Satzung eine Mehrheit von mindestens drei Vierteln der abgegebenen Stimmen vorgeschrieben ist, durch die investierenden Mitglieder nicht verhindert werden können. Hierdurch soll nach der Intention des Gesetzgebers die Genossenschaft bzw. vielmehr die Belange der nutzenden Mitglieder vor allzu großer Einflussnahme durch die investierenden Mitglieder geschützt werden. Entscheidende Beschlüsse könnten danach nicht gegen den Willen der nutzenden Mitglieder durchgesetzt werden. Das genossenschaftliche Prinzip, dass diejenigen, die gefördert werden sollen, am Besten wissen, wie sie zu fördern sind, bliebe gewahrt. Insofern dürften die investierenden

Mitglieder eine Entscheidung zwar mittragen, aber nicht herbeiführen oder verhindern (Schulte 2006, § 8 Rn. 16). „Überstimmen“ (§ 8 Abs. 2 S. 1 Var. 1 GenG) heißt, dass sich die Mehrheit der Genossenschaft aus investierenden Mitgliedern zusammensetzt (arg. § 43 Abs. 3 S. 1 GenG) oder diese über entsprechende Mehrstimmrechte verfügen (§ 43 Abs. 3 S. 2 u. 3 GenG). Die nutzenden Mitglieder befänden sich personell oder stimmrechtlich in der Minderheit.
Aber auch wenn die investierenden Mitglieder nicht die Mehrheit der Stimmen halten und folglich auch nicht in der Lage wären, die nutzenden Mitglieder zu überstimmen, so sollen „Beschlüsse, für die nach Gesetz oder Satzung eine Mehrheit von mindestens drei Vierteln der abgegebenen Stimmen vorgeschrieben ist, durch investierende Mitglieder nicht verhindert werden können“ (§ 8 Abs. 2 S. 1 Var. 2 GenG). Die Regelung greift also bereits schon früher ein. Zu einem Zeitpunkt, in dem die investierenden Mitglieder noch nicht die Hälfte der Stimmen halten. Aber ab wann ist der Beschluss durch investierende Mitglieder „verhindert“ worden? Bereits dann, wenn die Stimme des investierenden Mitglieds nur die ausschlaggebende war? Das würde letztendlich bedeuten, dass investierende Mitglieder bei Beschlüssen, bei denen es auf die qualifizierte Mehrheit ankommt, überhaupt und von vornherein nicht abstimmen dürften. Es wäre nicht auszuschließen, dass eine ihrer Stimmen letztendlich die ausschlaggebende war. Aufgrund der Nähe zur 1. Variante („nicht überstimmen dürfen“) ist auch hier nicht von der einzelnen, ausschlaggebenden Stimme auszugehen, sondern von einer in Händen der investierenden Mitglieder konzentrierten Stimmgewalt. Halten investierende Mitglieder mehr als ein Viertel der Stimmen, so sollen sie nicht geschlossen derartige Beschlüsse verhindern dürfen. Erst wenn dieses Quorum erreicht wird, sind ihre Stimmen nicht zu zählen. Einzelne Stimmen, auch wenn sie letztendlich die ausschlaggebende waren, sind unschädlich.

3.1. Der vollständige Stimmrechtsausschluss als „geeignete Regelung“?

Um komplizierte Abstimmungs- und Auszählungsmodi bei der Generalversammlung zu verhindern, empfiehlt ein Teil Literatur, dem investierenden Mitglied das Stimmrecht von vornherein per Satzungsbestimmung vorzuenthalten (Bösche 2008; Schulte 2006, § 8 Rn. 16). Das wäre am Praktikabelsten, da anderenfalls bei jeder Beschlussfassung geachtet werden müsste, ob eine der beiden in § 8 Abs. 2 S. 2 GenG angesprochene Variante betroffen ist. Grundsätzlich sind jedoch alle Mitglieder gleichmäßig und unabhängig ihrer Einlage stimmberechtigt (Wiedemann 1980: 106). Für die investierenden Mitglieder gilt das entsprechend (Beuthien 2007, § 43 Rn. 17). Das Stimmrecht verkörpert den mitgliedschaftlichen Anspruch, in der Generalversammlung auf die Angelegenheiten der Genossenschaft mitbestimmend einzuwirken. Es ist ein „integrierender Bestandteil der Mitgliedschaft“ (Flume 1983: 201f).

3.1.1. Stimmrechtsausschluss bei Interessenkollision

Nach § 34 BGB, speziell nach § 43 Abs. 6 GenG ist das Genossenschaftsmitglied nicht stimmberechtigt, wenn die Beschlussfassung die persönlichen Belange des Mitglieds betrifft. Der Stimmrechtsausschluss ist dem Vereins- bzw. dem Genossenschaftsrecht nicht unbekannt. Das Gesetz regelt jedoch nur eine Ausnahme: den Stimmrechtsausschluss bei besonderen Interessenkollisionen.[7] Nur in den vom Gesetz genannten Fällen soll das Stimmrecht des Mitglieds ausgeschlossen sein. Die Ausnahme betrifft daher nur einen (kleinen) Teil möglicher Interessenkonflikte zwischen den Mitgliedern (Flume 1983: 221). Der Reformgesetzgeber hat die Ausnahmen in § 43 Abs. 6 GenG auch nicht mit Blick auf die möglichen Interessenkonflikte zwischen nutzenden und investierenden Mitgliedern erweitert. So lange sich die Interessen im Rahmen des durch § 1 Abs. 1 GenG vorgegebenen Gesellschaftszwecks bewegen, sind Interessenkonflikte zwischen nutzenden und investierenden Mitgliedern legitim und nicht sanktionsbedürftig.

3.1.2. Stimmrechtsausschluss bei Innehabung einer Vorzugsstellung

Dem Aktionär steht grundsätzlich das Stimmrecht als ein unentziehbares, nicht von der Mitgliedschaft abtrennbares Recht zu, sofern die Einlage vollständig geleistet ist (Schmidt 2002: 849). Nach § 139 Abs. 1 AktG kann aber für Aktien, die mit einem nachzuzahlenden Vorzug bei der Verteilung des Gewinns ausgestattet sind, das Stimmrecht ausgeschlossen werden (Vorzugsaktien ohne Stimmrecht). Dem Gesellschaftsrecht, vornehmlich dem Aktienrecht ist somit der vollständige Stimmrechtsausschluss nicht unbekannt. Dennoch lassen sich die aktienrechtlichen Vorgaben entsprechend den obigen Ausführungen zur Ungleichbehandlung von Aktionären und Vorzugsaktionären mangels Regelungslücke nicht auf das Genossenschaftsrecht übertragen. Zudem kann für Stammaktien das Stimmrecht nicht ausgeschlossen werden (Wiedemann 1980: 367).

3.1.3. Lässt sich das Stimmrecht statutarisch ausschließen?

Das Rechtsverhältnis der eG zu ihren Mitgliedern richtet sich primär nach der Satzung. Das folgt dem Recht, seine inneren Angelegenheiten in freier Selbstbestimmung regeln zu können (Art. 9 Abs. 1 GG; Heinrichs 2007, § 25 Rn. 7; Schöpflin 2006, Vor §§ 21ff Rn. 11). Dennoch darf die Satzung von den Bestimmungen des GenG nur insoweit abweichen, als dies ausdrücklich durch dieses für zulässig erklärt worden ist (Schulte 2006, § 18 Rn. 3). Der in § 18 S. 2 GenG aufgestellte Grundsatz der Satzungsstrenge steht zum Grundrecht der Vereinigungsfreiheit im Spannungsverhältnis (Beuthien 2004, § 18 Rn. 3). Im Vorfeld wird sogar bereits gefragt, ob § 18 GenG als ein vorkonstitutionelles und „den Geist des Obrigkeitsstaates (noch) atmendes Recht" überhaupt in dem Maße Geltung beanspruchen kann (Bösche, 2008, im Erscheinen begriffen). Dabei ist jedoch weniger der Punkt „vorkonstitutionell" als eher das Verhältnis zu Art. 9 Abs. 1 GG ausschlaggebend. Vorkonstitutionell bedeutet schlicht, dass es sich um eine Norm handelt, welche bereits vor und bis zum Inkrafttreten des Grundgesetzes galt. Nach Art. 123 Abs. 1 GG gilt das Gesetz fort, soweit es dem GG nicht widerspricht. Die Regelung des § 18 GenG stammt zwar aus den Anfängen der Genossenschaftsgesetzgebung. Dadurch wird es aber noch nicht zu einem „den Geist des Obrigkeitsstaat atmendes" Recht. Denn es gilt seit Inkrafttreten des GG unverändert fort. Die Norm hat „unbeschadet" zwei große Genossenschaftsgesetznovellen

[7] Die §§ 136 I, 142 I 2 AktG sehen für das Recht der AG vier Fallkonstellationen vor, in welchen ein typisierbarer Interessenkonflikt vorliegt (Eigene Entlastung, Befreiung von einer Verbindlichkeit, Geltendmachung eines Anspruchs u. Entscheidung über eine Sonderprüfung; Langenbucher 2008: 117); das gilt ebenso für den GmbH-Gesellschafter (§ 47 IV GmbHG; Hueck/Windbichler 2008: 235).

(1973 und 2006) überstanden. Als zentrale Norm des GenG ist die Regelung auch nicht vom „Gesetzgeber“ schlicht übersehen worden. Sie beansprucht vielmehr, nunmehr als bundesrepublikanisch gewolltes Recht Geltung.[8] Es gilt daher zu klären, ob es im Recht der eG ein Satzungsnebenrecht für den Bereich der investierenden Mitglieder mit der Folge eines vollständigen Stimmrechtsausschlusses trotz des Vorbehalts in § 18 S. 2 GenG überhaupt geben kann. Möglicherweise bleibt es bei der angeordneten Satzungsstrenge, so dass dann, wenn das GenG die Rechtsbeziehung des investierenden Mitglieds zur Genossenschaft regeln will, dies auch ausdrücklich (namentlich) tun muss. Während § 16 Abs. 2 S. 1 Nr. 11 GenG für die Zulassung von investierenden Mitgliedern durch die Satzung eine Mehrheit von mindestens drei Vierteln der abgegebenen Stimmen verlangt, existiert ein vergleichbarer Vorbehalt beispielsweise für die Gründung einer eG nicht. § 4 GenG verlangt lediglich die Mindestanzahl von drei Mitgliedern. Eine Unterscheidung zwischen nutzenden und investierenden Mitgliedern erfolgt nicht. Heißt das, dass investierende Mitglieder keine Gründungsmitglieder sein können? Das würde auch bedeuten, dass, wenn das GenG „nur“ von Mitgliedern spricht, nur das gründungstaugliche, sprich nutzende Mitglied gemeint sein könnte. Dann aber stünden sämtliche Regelungen, welche auf das „bloße“ Mitglied abstellen, zur Überprüfung an; insbesondere der Gesetzesvorbehalt des § 18 GenG. Sollte dieser auf das Rechtsverhältnis zu den investierenden Mitgliedern nicht anzuwenden sein, könnte die eG ein vom GenG unabhängiges Satzungsnebenrecht für die investierenden Mitglieder schaffen. Dieses könnte, ohne dann ggf. gegen das GenG zu verstoßen, Regelungen enthalten, wonach die investierenden Mitglieder zwar einen vorrangigen Gewinnanspruch, aber kein Stimmrecht hätten (eine Art „Vorzugsmitglieder“).
§ 18 S. 2 GenG verlangt ausdrücklich, dass das GenG selbst die Ausnahmemöglichkeit bezeichnet. Ausdrücklich lässt das GenG die statutarische Zulassung investierender Mitglieder zu. Ebenso ist auch die Einschränkung ihres Stimmrechts ausdrücklich geregelt (§ 8 Abs. 2 S. 2 GenG). Zudem war es auch Ziel der Genossenschaftsrechtsnovelle 2006, der eG die Besetzung des Vorstandes durch gesellschaftsfremde Personen zu erleichtern (BT-Drs. 16/1025, S. 81). Nach § 9 Abs. 2 S. 1 GenG müssen die Mitglieder des Vorstands nämlich Genossen sein. Genosse kann aber grundsätzlich nur derjenige sein, der nach dem Unternehmensgegenstand (§ 6 Nr. 2 GenG) förderfähig iSv § 1 Abs. 1 GenG ist. § 9 Abs. 2 GenG führt den Begriff des investierenden Mitglieds nicht. Demnach verwendet das GenG den Begriff des investierenden Mitglieds als solchen nur dann, wenn eine Abweichung von der Regel bestimmt wird. Ansonsten steht der Begriff des Mitgliedes synonym für das nutzende als auch das investierende Mitglied. Folglich können auch investierende Mitglieder zu den Gründungsmitgliedern einer Genossenschaft gehören. Die einzige Einschränkung ergibt sich dabei direkt aus § 1 Abs. 1 GenG, wonach die Mitglieder durch gemeinschaftlichen Geschäftsbetrieb gefördert werden sollen. D. h. das zumindest ein Mitglied bei Gründung diese Eigen-

[8] Auch im Recht der AG findet sich das Prinzip der Satzungsstrenge (§ 23 V AktG). Das GenG entspricht demnach eher dem Recht der AG als dem GmbHG. Infolge der Satzungsstrenge ist bei der AG ebenso alles verboten, was nicht ausdrücklich erlaubt ist, wohingegen etwa bei der GmbH umgekehrt alles erlaubt ist, was nicht ausdrücklich untersagt wird (Nodoushani 2008: 452).

schaft erfüllen muss.[9] Die Möglichkeit eines vom GenG abweichenden Satzungsnebenrechts für investierende Mitglieder besteht folglich nicht.

Ein vollständiger Stimmrechtsentzug bzw. -vorenthalt verstößt letztendlich gegen §§ 43 Abs. 3, 18 GenG. Dabei wird nicht verkannt, dass § 43 Abs. 3 S. 1 GenG nur die Grundsatznorm ist. Der entscheidende Punkt ist jedoch, dass es kein Satzungsnebenrecht für investierende Mitglieder gibt. Der Satzungsgeber es also nicht in der Hand hat, über den Regelungsbereich des § 8 Abs. 2 S. 2 GenG hinaus, dem investierenden Mitglied das Stimmrecht vollends zu entziehen. Der Regelungsbereich des § 8 Abs. 2 S. 2 GenG beschränkt sich lediglich auf die Frage, wie eine Überstimmung der nutzenden Mitglieder durch die investierenden Mitglieder verhindert werden kann, was durch „geeignete Satzungsregelungen" zu geschehen hat. Diese können aber keinen auch nur anzudenkenden Stimmrechtsentzug legitimieren. § 8 Abs. 2 S. 2 GenG ist folglich nicht der passende Geltungsgrund für einen vollständigen Stimmrechtsentzug. Hätte der Reformgesetzgeber etwas anderes gewollt, so hätte dies in § 43 GenG erfolgen müssen und nicht „versteckt" in § 8 Abs. 2 S. 2 GenG. § 43 GenG ist die maßgebliche Norm für das Stimmrecht der Mitglieder. Zudem hätte es einer ausdrücklichen Regelung nach § 18 S. 2 GenG bedurft. Die Formulierung, dass die Satzung durch geeignete Regelungen sicherstellen muss, dass nutzende Mitglieder nicht überstimmt oder Beschlüsse durch investierende Mitglieder nicht verhindert werden dürfen, ist hinsichtlich eines vollständigen statutarisch zu regelnden Stimmrechtsentzuges nicht „ausdrücklich" bestimmt. Der Wortlaut des § 8 Abs. 2 S. 2 GenG umfasst einen vollständigen Stimmrechtsausschluss nicht.

Hieran ändert sich auch nichts, wenn die Satzung die Bildung eines genossenschaftlichen Mindestkapitals vorsieht. Im Unterschied zu den Kapitalgesellschaften sah das bisherige GenG auch nicht die Aufbringung eines Mindestkapitals vor (Wiedemann 1980: 106). Mit Einführung eines genossenschaftlichen Mindestkapitals in § 8a GenG könnte die Unabhängigkeit des Stimmrechts von der Einlage aufgehoben und in die sachliche Nähe des GmbH-Rechts geschoben worden sein. Dem ist nicht so: In der Satzung kann zwar fortan ein Mindestkapital vorgesehen werden, welches „durch die Auszahlung des Auseinandersetzungsguthabens von Mitgliedern" [...] nicht unterschritten werden darf". Der Betrag wird durch die Satzung bestimmt. Das Mindestkapital ist aber nicht namentlich an bestimmte Geschäftsanteile gebunden, sodass unabhängig von der Person des Mitglieds eine uneingeschränkte Auskehrung des Auseinandersetzungsguthabens erfolgen kann, solange die Summe der Genossenschaftsanteile die Höhe des Mindestkapitals nicht unterschreitet. Folglich wird trotz Einführung eines genossenschaftlichen Mindestkapitals die Mitgliedschaft nicht zu einem anteilsbezogenen Objekt. Sie besteht weiterhin unabhängig zur geleisteten Einlage.

3.2. Die Beschränkung des Stimmrechts als „geeignete Regelung"?

Was ist nun unter „geeigneten Regelungen" im Sinne von § 8 Abs. 2 S. 2 GenG zu verstehen? Ein vollständiger Stimmrechtsentzug kann es nicht sein. Ein vollständiger

[9] Folglich scheidet auch die Möglichkeit, Genossenschaften auf „Vorrat" allein durch investierende Mitglieder zu gründen, aus.

Stimmrechtsausschluss ist vom Wortlaut der Norm nicht gedeckt. Der Wortlaut schließt das Stimmrecht vielmehr nicht von vornherein aus. Die Stimmen der investierenden Mitglieder sollen nur dann nicht zählen, wenn entweder die nutzenden Mitglieder überstimmt werden könnten (1. Variante) oder das Beschlüsse, für die nach Gesetz oder Satzung eine Mehrheit von mindestens drei Vierteln der abgegebenen Stimmen vorgeschrieben ist, verhindert werden würden (2. Variante). Ob die Stimmkraft der investierenden Mitglieder hierzu in der Lage ist, kann man aber nur wissen, wenn bereits abgestimmt wurde. § 8 Abs. 2 S. 2 GenG setzt demzufolge nicht bereits bei der Stimmabgabe an, sondern erst bei deren Zählung.
Es ist jedoch zweifelhaft, ob die Mussvorschrift des § 8 Abs. 2 S. 2 GenG verfassungsrechtlich überhaupt gerechtfertigt ist. Denn nach § 8 Abs. 2 S. 2 GenG muss die Satzung geeignete Regelungen zur Stimmrechtsbeschränkung enthalten. Eine Satzungsregelung, wonach auch die investierenden Mitglieder das uneingeschränkte Stimmrecht erhielten (wo also im Ergebnis überhaupt keine Unterscheidung zwischen investierenden und nutzenden Mitgliedern gemacht werden würde), verstieße gegen das Gesetz mit der Folge, dass der Beschluss wenn nicht gar nichtig so doch anfechtbar wäre. Das stellt aber einen unzulässigen Eingriff in die allgemeine Vereinigungsfreiheit dar. Der Mitglieder- bzw. Generalversammlung steht die Vereinsautonomie als dem „obersten Vertretungsorgan der Körperschaft"(Bülow 1982a: 527; Bülow 1982b: 121) zu (Flume 1983: 189). Also auch der Wille, dem investierenden Mitglied das volle Stimmgewicht zuzubilligen. Der Gesetzgeber hat dafür Sorge zu tragen, dass der Bürger von dem Grundrecht bestmöglichen Gebrauch machen kann (Beuthien 2005: 859). Er darf also im Interesse der allgemeinen Vereinigungsfreiheit die Organisationsautonomie nicht willkürlich, sondern nur zum Schutz von vier überragenden Gemeinschaftsgütern einschränken, und zwar (1.) zum Zwecke des Gläubigerschutzes, (2.) aus Gründen des Minderheitenschutzes, (3.) zum Schutz der Einleger und schließlich (4.) um die Funktionsfähigkeit des Kapitalmarktes zu gewährleisten (Beuthien 2005: 859; Wiedemann 1980: 357ff). Alle diese Schutzziele sind in Bezug auf die Stimmrechtsbeschränkung des investierenden Mitglieds nicht einschlägig. Die durch ein uneingeschränktes Stimmrecht der investierenden Mitglieder möglicherweise in Minderheit geratenen nutzenden Mitglieder werden durch die gesellschaftsrechtliche Bindung des investierenden Mitglieds an § 1 Abs. 1 GenG hinreichend geschützt. Zudem wird die Stimmrechtsmacht des einzelnen Mitglieds bereits durch die Vorschrift des § 27 Abs. 1 S. 1 GenG, wonach der Vorstand auch in der kleinsten Genossenschaft das genossenschaftliche Unternehmen zwingend frei von Weisungen der Generalversammlung zu leiten hat, sachlich weit stärker eingeschränkt als durch ein gleichberechtigtes Stimmrecht investierender Mitglieder. Insofern verstößt die Muss-Vorschrift des § 8 Abs. 2 S. 2 GenG gegen Art. 9 Abs. 1 GG. Das Stimmrecht, auch das des investierenden Mitglieds, ist nicht beschränkbar. Eine Gefahr für die eG besteht im Hinblick auf die obigen Erörterungen nicht. Eine andere Frage ist es, ob das Stimmrecht der investierenden Mitglieder de facto dadurch eingeschränkt werden könnte, wenn das Statut eine Begrenzung durch Einführung einer Höchstzahl investierender Mitglieder (eine Art „Höchstbeteiligungsgrenze") vorsähe (Brockmeier 2007: 875).

4. Ergebnis

- Investierende Mitglieder sind an den Förderzweck des § 1 Abs. 1 GenG gebunden.
- Eine mögliche Rendite ihrer Einlage erhalten sie nur dann, wenn auch auf die nutzenden Mitglieder ein gleich hoher Gewinn verteilt wird. Dies entspricht auch dem genossenschaftlichen Gleichbehandlungsgrundsatz. Einen (vorrangigen) Kapitalrenditeanspruch des investierenden Mitglieds ergibt sich weder aus dem GenG, noch aus einem Vergleich zu anderen Rechtsformen.
- Hieraus ergibt sich sodann auch der Kreis der potentiell als investierende Mitglieder in Frage kommenden Personen: Personen, denen es an der (naturalen) Förderung der nutzenden Mitglieder gelegen ist.
- Dabei ist zwischen nutzenden und investierenden Mitgliedern strikt zu unterscheiden: Nicht nur, dass die investierenden Mitglieder für den genossenschaftlichen Fördergeschäftsverkehr nicht in Frage kommen, ihnen ist auch der Abschluss von Zweckgeschäften anders als den statutarisch möglicherweise zugelassenen Nichtmitgliedern verwehrt. Zur Einordnung kommt es nicht darauf an, ob die investierenden Mitglieder nicht gefördert werden wollen, sondern ob sie aus der Sicht der eG überhaupt gefördert werden können.
- Insgesamt ergibt sich weniger eine Dissonanz zwischen den beiden Mitgliedergruppen, als ein gleichgerichtetes Interesse beider auf das wirtschaftliche Behaupten der Genossenschaft im Fördergeschäftsverkehr (Beuthien 2008: 213).
- Nach alledem liegt im investierenden Mitglied kein genossenschaftlicher Widersinn. Statt vom investierenden Mitglied sollte eher vom „fördernden Mitglied" gesprochen werden.
- Demnach kann dem investierenden Mitglied das Stimmrecht per Satzungsbeschluss nicht nur nicht vorenthalten werden, sondern es steht dem investierenden Mitglied in Gänze zu. § 8 Abs. 2 S. 2 GenG ist verfassungsrechtlich nicht geboten und schränkt das Stimmrecht des investierenden Mitglieds in unzulässiger Weise ein.

Literaturverzeichnis

Beuthien, V. (2008): Ist die Genossenschaftsrechtsreform geglückt?, in: Neue Zeitschrift für Gesellschaftsrecht, 210-215

Beuthien, V. (2007): Genossenschaftsgesetz, Aktualisierungsband zur 14. Auflage (Genossenschaftsrechtsnovelle und EHUG), Kommentar, München: C.H. Beck

Beuthien, V. (2006): Wie kapitalistisch darf eine Genossenschaft sein? Zum förderwirtschaftlichen Nutzen nicht nutzender Mitglieder, in: Die Aktiengesellschaft, S. 53-62

Beuthien, V. (2005): Zur Grundlagenungewissheit des deutschen Gesellschaftsrechts, in: Neue Juristische Wochenschrift, 855-860

Beuthien, V. (2004): Genossenschaftsgesetz mit Umwandlungs- und Kartellrecht sowie Statut der Europäischen Genossenschaft, Kommentar, 14. Auflage, München: C.H. Beck

Beuthien, V. (2003a): Ist die Genossenschaft eine sozialethische Veranstaltung?, in: Die eingetragene Genossenschaft im Strukturwandel, Marburger Schriften zum Genossenschaftswesen, Band 98, Göttingen: Vandenhoeck & Ruprecht

Beuthien, V. (2003b): Wieviel Wandel verträgt die Genossenschaft?, in: Beuthien, Die eingetragene Genossenschaft im Strukturwandel, Marburger Schriften zum Genossenschaftswesen, Band 98, Göttingen: Vandenhoeck & Ruprecht

Beuthien, V. (2002): Zur Mitgliedschaft als Grundbegriff des Gesellschaftsrechts, Festschrift Herbert Wiedemann zum 70. Geburtstag, München: C.H. Beck, 755-768

Beuthien, V. (1989): Wie genossenschaftlich ist die eingetragene Genossenschaft?, in: Beuthien, Genossenschaftsrecht: woher – wohin? Marburger Schriften zum Genossenschaftswesen, Band 69, Göttingen: Vandenhoeck & Ruprecht

Beuthien, V. / Friebel, J. (2006): Kein Geschäftsanteilserwerb mehr nach der Insolvenzeröffnung?, in: Neue Zeitschrift für Insolvenz und Sanierung, 505-507

Bösche, B. (2008): „Im Zweifel siegt die Satzungsfreiheit!", Festschrift Hans-Jürgen Schaffland (im Erscheinen)

Brockmeier, Th. (2007): Zur Reform des deutschen Genossenschaftsgesetzes – Frischer Wind durch das Statut der Europäischen Genossenschaft, in: Brockmeier, Th. / Fehl, U. (Hrsg.): Volkswirtschaftliche Theorie der Kooperation in Genossenschaften, Marburger Schriften zum Genossenschaftswesen, Band 100, Göttingen: Vandenhoeck & Ruprecht, 831-894

Bülow, P. (1982a): Zur wechselseitigen Beteiligung bei der GmbH & Co KG — Institutionsmißbrauch oder institutionsgerechter Gebrauch?, in: Der Betrieb, 527-532

Bülow, P. (1982b): Stimmrechtsausübung bei der Komplementär-GmbH im Alleinbesitz ihrer Kommanditgesellschaft, in: GmbH Rundschau, 121-126

Cario, D. (2005): Aufnahme von Investorenmitgliedern in die SCE? – Gedanken zur Ausübung des Wahlrechts in Art. 14 Abs. 2 SCE-VO durch den deutschen Gesetzgeber, in: Zeitschrift für das gesamte Genossenschaftswesen, 55/–/146-152

Diehm, D. (2007): Terminologische Tücken im Europarecht – Ein Überblick, in: Juristische Schulung, 209-212

Flume, W. (1983): Allgemeiner Teil des Bürgerlichen Rechts, Erster Band, Zweiter Teil, Die juristische Person, Berlin/Heidelberg/New York/Tokyo: Springer

Geschwandtner, M. / Helios, M. (2007): Genossenschaftsrecht, Das neue Genossenschaftsgesetz und die Einführung der Europäischen Genossenschaft, Münstersche Schriften zur Kooperation, Aachen: Shaker

Heinrichs, H. (2007): in Palandt, Bürgerliches Gesetzbuch, 66. Aufl., München: C.H. Beck

Hirte, H. (2007): Das neue Genossenschaftsrecht (Teil I), in: Deutsches Steuerrecht, 2166-2174

Hueck, G. / Windbichler, C. (2008): Gesellschafsrecht, 21. Auflage, München: C.H. Beck

Hüffer, U. (2007): Gesellschaftsrecht, 7. Aufl., München: C.H. Beck

Langenbucher, K. (2008): Aktien- und Kapitalmarktrecht, München: C.H. Beck

Nodoushani, M. (2008): Weniger Satzungsstrenge für geschlossene Gesellschaften?, in: Neue Zeitschrift für Gesellschaftsrecht, 452-453.

Paulick, H. (1956): Das Recht der eingetragenen Genossenschaft, Ein Lehr- und Handbuch, Karlsruhe: C.F. Müller

Paulick, H. (1954): Die eingetragene Genossenschaft als Beispiel gesetzlicher Typenbeschränkung zugleich ein Beitrag zur Typenlehre im Gesellschaftsrecht, Tübingen: JCB Mohr (Paul Siebeck)

Ringle, G. (2003): Brauchen Genossenschaften „Investorenmitglieder"?, in: Zeitschrift für das gesamte Genossenschaftswesen, 53/–/165-166

Schmidt, K. (2002): Gesellschaftsrecht, 4. Aufl., Köln/Berlin/Bonn/München: Carl Heymanns

Schöpflin, M. (2006): in: Prütting/Wegen/Weinreich (Hrsg.): BGB Kommentar, Neuwied: Luchterhand

Schulte, G. (2006): in Lang/Weidmüller (Hrsg.): Genossenschaftsgesetz mit Erläuterungen zum Umwandlungsgesetz, 35. Aufl., Berlin: De Gruyter

Schulte, W. (2006): in Erle/Sauter (Hrsg.): Heidelberger Kommentar zum Körperschaftssteuergesetz, 2. Aufl., Heidelberg: C.F. Müller

Steding R. (2002): Die Genossenschaft und ihr ambivalentes Verhältnis zum Aktienrecht – Überlegungen zur juristischen Annäherung der eG an die AG, in: Neue Zeitschrift für Gesellschaftsrecht, 449-455

Steding R. (1999): Die eingetragene Genossenschaft – eine (noch) konkurrenzfähige Rechtsform zwischen Personen- und Kapitalgesellschaften?, in: Neue Zeitschrift für Gesellschaftsrecht, 282–286

Ulmer, P. (2004): in Rebmann/Säcker/Rixecker (Hrsg.): Münchener Kommentar zum Bürgerlichen Gesetzbuch, Band 5, Schuldrecht, Besonderer Teil III, §§ 705-783, 4. Aufl., München: C.H.Beck

Waldecker, L. (1916): Die eingetragene Genossenschaft, Ein Lehrbuch, Tübingen: JCB Mohr (Paul Siebeck).

Wank, R. (2001): Die Auslegung von Gesetzen, 2. Aufl., Köln/Berlin/Bonn/München: Carl Heymanns

Wiedemann, H. (1998): Anteilsumwandlung und Mehrfachbeteiligung in der Personengesellschaft, Festschrift Wolfgang Zöllner zum 70. Geburtstag, Band I, Köln/Berlin/Bonn/ München: Carl Heymanns, 635-650

Wiedemann, H. (1980): Gesellschaftsrecht, Ein Lehrbuch des Unternehmens- und Verbandsrechts, Band I, Grundlagen, München: C.H. Beck

Wiedemann, H. / Frey, K. (2007): Gesellschaftsrecht, 7. Auflage, München: C.H. Beck

CASES
&
SEKTORALE ANALYSEN

Vom Marktführer zur Insolvenz: Ursachen und Hintergründe für den Zusammenbruch der Konsumgenossenschaft Konsum Österreich reg.Gen.m.b.H. im Jahre 1995

Emil Knotzer

1. Der Insolvenzfall „Konsum Österreich reg.Gen.m.b.H."

Am 9.3.1995 musste der „Konsum Österreich reg.Gen.m.b.H." und weitere 22 Tochterunternehmungen[1] die Zahlungsunfähigkeit erklären und beim Handelsgericht Wien den Ausgleich anmelden (Konsum Österreich Jahresbericht 1994: 13). Die externen Verbindlichkeiten betrugen nach einer ersten Presseinformation des „Konsum Österreich" vom 28.4.1995 17,4 Milliarden Schilling (Konsum Österreich Presseinformation Nr.5 1995). In der Öffentlichkeit wurde diese Insolvenz als die größte der 2. Republik beurteilt. Eine Wertung, die man nur unter gewissen Einschränkungen gelten lassen kann, da ähnlich gelagerte Fälle in der Verstaatlichten Wirtschaft nur durch staatliche Interventionen vor einem gleichen Schicksal bewahrt werden konnten. Eine Rettungsmaßnahme, die unter den 1995 herrschenden innenpolitischen Rahmenbedingungen für den „Konsum Österreich" natürlich nie in Frage kam. Der Zusammenbruch des „Konsum Österreich", der in den Folgejahren eine Kettenreaktion von Firmenübernahmen und damit eine einmalige Konzentration im Lebensmitteleinzelhandel auslöste, hatte für die gesamte Volkswirtschaft Österreichs auf Grund der immer geringer werdenden Zahl von Mitbewerbern weitreichende negative Auswirkungen auf das gesamte Preisgefüge sowohl für die Lebensmittelindustrie als auch für die Konsumenten bis zum heutigen Tag.

In seinem Beitrag zum Jubiläumsband „150 Jahre Konsumgenossenschaften in Österreich" im Jahre 2006 berichtigte Jan Wiedey, heute Vorstandsdirektor des „Konsum Österreich", den externen Schuldenstand 1995 des „Konsum Österreich" auf 13,65 Mrd. Schilling, wovon bis Juni 1998 5,5 Mrd. Schilling bevorrechtete Schulden zu 100% und 8,15 Mrd. Schilling Quotenschulden zu 44,9284% ausbezahlt wurden. Im Durchschnitt hat damit der „Konsum Österreich" rund 67,41% seiner Schulden bezahlt. Die „Konsum Österreich" Tochtergesellschaften hatten ihre Ausgleiche ebenfalls über die vereinbarte

---

[1] 1.) Ährenstolz Ges.m.b.H. 2.) CIRKEL-Kaffee Ges.m.b.H. 3.) Döblinger Herrenhaus Ges.m.b.H. 4.) DOGRO-Warenhandels GmbmH & Co KG 5.) familia-Betriebsgesellschaft II. F.M.ZumtobelGmbmH & Co 6.) familia-Handelsgesellschaft AG & Co KG 7.) familia-Märkte GmbH 8.) Inform Datenverarbeitungsges.m.b.H. 9.) KGM-Familia Handelsholding GmbH 10.) KGM-Familia Warenhandels GmbH 11.) K.Knäbchen Ges.m.b.H. 12.) Konsens Immobilien Verwaltungs- und Vermittlungsges.m. b.H. 13.) KONSUM-MIGROS Warenhandelsgmbh & Co KG 14.) KONSUM-MIGROS Warenhandels GmbH 15.) KTB Holzverarbeitungbetriebe Ges.m.b.H. 16.) KSL Handelsges.m.b.H. 17.) MEAT Vieh- und Fleischvermarktungs Ges.m.b.H. 18.) Oregano Restaurantbetriebsges.m.b.H. 19.) O.W.Anlauf Automobilvertriebsges.m.b.H. 20.) PICNIC Feinkost-Industrie Ges.m.b.H. 21.) TAXUS Möbelhandelsges.m.b.H. 22.) VIOLA Glas- und Porzellanwarenhandelsges.m.b.H.

Quote von 40%, teilweise sogar mit 100%, erfüllt. Die in der Presse immer wieder kolportierte Größenordnung des Schuldenstandes von S 25,0 Mrd. errechnete sich ohne Berücksichtigung der zu saldierenden Forderungen und Verbindlichkeiten innerhalb der Konsumgruppe (Wiedey 2006: 16f).
Nachdem eine Sanierung aus eigener Kraft ausgeschlossen war, weil für den Fortbestand eines Filialbetriebes nach Verwertung seiner Filialen zur Erfüllung des Ausgleichs keine Geschäftsbasis mehr vorhanden war und ausreichende Kaufangebote für das gesamte Unternehmen weder aus dem Inland noch dem Ausland vorlagen, kann Wiedey wohl zu Recht behaupten, dass Österreichs größte Insolvenz der Nachkriegszeit wegen der hohen Ausgleichsquote gleichzeitig auch die „erfolgreichste Insolvenz des Jahrhunderts" war. Diese Feststellung wird noch durch seine Aussage untermauert, dass auf Grund dieser hohen Ausgleichsquote auch die unmittelbaren Folgewirkungen für die österreichische Wirtschaft kaum ins Gewicht gefallen sind. Dieses Ausgleichsergebnis hatte auch für die Mitarbeiter der Konsum-Gruppe ein positives Resultat, da von den zuletzt beschäftigten rd. 15.000 Mitarbeitern immerhin mehr als 60% weiter ihren Arbeitsplatz durch die Übernahme der Filialbetriebe durch ehemaligen Mitbewerber oder den Verkauf wesentlicher Produktionsbetriebe behielten. Der ursprüngliche „Wunsch" der Gläubigergruppen nach einem Liquidationsausgleich konnte nicht erfüllt werden, da einerseits das Ausgleichsergebnis unerwartet hoch ausgefallen war und andererseits eine Liquidation der Genossenschaft mit rd. 600.000 Mitgliedern organisatorisch unmöglich abzuwickeln war. Allein die Feststellung der Erbberechtigten aller inzwischen verstorbenen Genossenschaftsmitglieder wäre unlösbar gewesen. Ein zusätzliches Organisationsproblem wäre auch daraus entstanden, dass sich für die Genossenschafter aus der unterschiedlichen Höhe der eingezahlten Geschäftsanteile entsprechend unterschiedliche Auseinandersetzungsansprüche ergeben hätten. (Der Geschäftsanteil, dessen Nominale S 2.300,- betrug, war ja durchschnittlich nur in einer Höhe von S 933,- einbezahlt). Da sich also kein Interessent für die Übernahme des gesamten Unternehmens gefunden hatte, musste in der Folge das Unternehmen filetiert und überwiegend an ehemaligen Mitbewerber und auch andere Interessenten verkauft werden. Drei Filialen, unter dem Namen „okay" in drei Wiener Bahnhöfen als Buffets bzw. S-Läden geführt, werden vom „Konsum Österreich", der als Konsumgenossenschaft bestehen blieb, weiter betrieben. Diese Regelung wurde von der Ausgleichsverwaltung zur Finanzierung der Ausgleichsabwicklung getroffen. In den folgenden Jahren konnten noch weitere S-Läden in einigen Bahnhöfen Niederösterreichs eröffnet werden. Daraus hat sich im Laufe von zehn Jahren ein weitgehend schuldenfreier Mittelbetrieb entwickelt, der mit der Großgenossenschaft von früher in keiner Weise verglichen werden kann, trotzdem aber die Verpflichtung der Pflege des historischen Bestandes von 150 Jahren Konsumgenossenschaften in Österreich als Aufgabe sieht. „Konsum Österreich" hatte im Jahre 2005 37 Mitarbeiter und eine Bilanzsumme von € 17,8 Mio. (Wiedey 2006: 17f).
Am 25.5.1999 wurden die drei letzten Vorstandsmitglieder des „Konsum Österreich" vor dem Ausgleich, Dr. Hermann Gerharter, Dkfm. Edwin Schuster und Erich Ruthner, angeklagt und nach § 159 „Fahrlässige Krida", Absatz 1 Ziffer 2 StGB (§ 161 (1) StGB) wegen Gläubigerbegünstigung zu Geld- und bedingten Haftstrafen in erster Instanz verurteilt. Der ebenfalls angeklagte Präsident des Aufsichtsrates, Ing. Hans Hobl, wurde freige-

sprochen (Landesgericht für Strafsachen 1999). Am 23.11.2000 wurde das Urteil vom Wiener Oberlandesgericht in letzter Instanz bestätigt und damit rechtskräftig.
Nach der Anmeldung des Ausgleichs setzte schon auf Grund der enormen Schadenssumme eine Flut von spekulativen Deutungen der Ursache des Unterganges ein. Die Erklärungen reichten von Skurrilitäten wie beispielsweise einer Freimaurerverschwörung oder Schwarzgeldspekulation bis zu seriösen betriebswirtschaftlichen Analysen und der grundsätzlichen Infragestellung der gesellschaftsrechtlichen Genossenschaftsform. Die ersten seriösen Diskursbeiträge über betriebswirtschaftliche, ideologische und historische Aspekte von Blaich (1995), Nilsson (1995: 264-271) sowie Brazda, Todev und Schediwy (1996) lagen zu Beginn meiner Forschungsarbeit bereits vor. Trotzdem waren noch viele Fragestellungen wie etwa die innerbetrieblichen Machtkämpfe zwischen GöC und KGW, die Vorgeschichte der Großfusion zum „Konsum Österreich“, die Rolle der Eigentümervertreter, die hintergründigen Bankenkämpfe, die Mitverantwortung der SPÖ und des Österreichischen Gewerkschaftsbundes, der Erwerb der Gerngross-Kaufhäuser, das Beteiligungs-Engagement der Schweizer Migros, die Eigenmarken- und Industriepolitik, die Investitionspolitik, der Einsatz des Unternehmensberaters McKinsey, die Marketingpolitik des Managements oder die Rolle der Personalvertretung, um nur einige zu nennen, offengeblieben und grundlegend zu bearbeiten. Der Strafprozess im Jahre 1999 gegen den Vorstand hatte ja nur die Aspekte der fahrlässigen Krida beleuchtet. Eine umfangreiche Forschungsarbeit war daher zur Erhellung dieses Kapitels der österreichischen Einzelhandelsgeschichte zu leisten.
Glücklicherweise stand ein umfangreiches Quellenmaterial, welches überwiegend aus privaten Archiven von ehemaligen Funktionären der Genossenschaft, ehemaligen leitenden Angestellten der Konsumgenossenschaften, der Raiffeisenorganisation[2], eines einschlägig tätigen Journalisten und aus den Gerichtsakten stammte, für die Forschungsarbeit zur Verfügung. Desgleichen konnte auch jederzeit auf die Archive und Bibliotheken des Instituts für Betriebswirtschaftslehre der Universität Wien, Fachbereich Genossenschaftswesen, und des Forschungsvereins Entwicklung und Geschichte der Konsumgenossenschaften zugegriffen werden.

2. Die historischen Wurzeln der Insolvenz 1995

In diesem Kapitel sollen einige geschichtliche Fakten kurz beleuchtet werden, welche für die Insolvenz des „Konsum Österreich“ im Jahre 1995 von Bedeutung wurden.
Als erstes und wohl bedeutendstes Faktum ist hier das in „Konsumkreisen“ bis in die 2. Republik ideologisch nachwirkende Konzept Dr. Karl Renners aus der Zwischenkriegszeit anzuführen, der mit dem Einzelhandel der Konsumgenossenschaften, dem Großhandel der GöC, einer genossenschaftlichen Industrie und der Arbeiterbank modellhaft eine bessere Parallelgesellschaft verwirklichen wollte. Dabei spielte die Idee einer eigenen industriellen Produktion im Trockensortimentsbereich noch in der Nachkriegszeit eine besonders verhängnisvolle Rolle. Es wurde den Genossenschaftsverantwortlichen nämlich

[2] Herrn Dr. Wolfgang Werner sei an dieser Stelle für die Zurverfügungstellung der Gauakte 4 C I 15/50 aus 1938 die Konsumgenossenschaftsbewegung betreffend und für die Einsichtnahme in sein Manuskript "Dr. Ludwig Strobl, ein Agrarier führt den Konsum“ ausdrücklich gedankt.

bis 1995 niemals klar, dass in einem Käufermarkt mit rd. 20% Marktanteil für die Konsumgenossenschaften, wovon der Lebensmittelanteil nur etwa zwei Drittel betrug, eine erfolgversprechende eigene Produktion des Trockensortiments nicht möglich war. Selbst wenn die Eigenmarken exklusiv geführt worden wären, was jedoch zumindest ab 1964 mit der Errichtung der ersten Supermärkte überhaupt nicht mehr der Fall war, konnte die Rechnung niemals aufgehen. So verstellten die Eigenmarken vor allem den ertragsträchtigeren B-Industriemarken die Regalplätze, ohne die notwendigen Umschläge zu erreichen. Andererseits erreichten dadurch die A-Marken mit ihren überwiegend schwächeren Spannen überproportional hohe Marktanteile. Damit sanken die Produktionsmengen der eigenen Industrie in der Relation zur Markenartikelindustrie ständig ab, was natürlich zu schleichenden Erhöhungen der eigenen Fabriksabgabepreise und einer ständigen Rohertragsverdünnung führte, um mit den Verkaufspreisen annähernd konkurrenzfähig bleiben zu können. Auch alle Anstrengungen die Überkapazitäten der eigenen Industriebetriebe für Drittabnehmer in Österreich oder für Exporte auszulasten, blieben trotz Dumpingpreisgestaltung überwiegend erfolglos. Von einer Preisführerschaft konnte unter diesen Bedingungen natürlich keine Rede sein.

Eine zweite historische Nachwirkung war in der engen Verflechtung zwischen den Konsumgenossenschaften und der von Dr. Karl Renner 1922 konzipierten Arbeiterbank, später Bank für Arbeit und Wirtschaft (BAWAG), zu sehen. Auch hier führten die geschäftlichen Bindungen und Interessensgegensätze der beiden Hauptaktionäre, ÖGB und KONSUM, zu wirtschaftlichen Nachteilen sowohl bei der BAWAG wie auch beim späteren Minderheitsaktionär KONSUM. Letztendlich löste die Bindung der BAWAG-Hauptaktionäre, Konsumgenossenschaften und Österreichischer Gewerkschaftsbund, durch einen Syndikatsvertrag, der eine freie Veräußerung des Aktienpaketes verhinderte, unmittelbar die Zahlungsunfähigkeit im Jahre 1995 aus.

Schließlich stellte sich auch die Neustrukturierung der österreichischen Konsumgenossenschaften, welche 1945 auf der Basis des NS-„Gemeinschaftswerkes der Deutschen Arbeitsfront" erfolgte, trotz ihrer betriebswirtschaftlich richtigen Maßnahmen letztendlich als verhängnisvoll heraus. Einerseits wurde auf Grund des 1945 festgesetzten Territorialprinzips, je Territorium nur eine Genossenschaft, der bis 1938 bestehende große bürgerliche „Erste Wiener Consumverein" (EWCV) nicht mehr gegründet und ging in der sozialistisch dominierten „Konsumgenossenschaft Wien" (KGW) auf und andererseits wurde dadurch die KGW in ihrer offensiven Geschäftspolitik so gestärkt, dass eine österreichweite „zentrale" Wirtschaftspolitik ohne ihre Zustimmung praktisch nicht mehr möglich war. Als zusätzlicher besonderer Glücksfall der Geschichte erwies sich dann noch für die Wiener Konsumgenossenschaft der rasche Verzicht der Sowjetischen Besatzungsmacht auf das ihr vertraglich zustehende Deutsche Eigentum im Jahre 1946.

Diese Konstellation führte zu einem jahrzehntelangen fruchtlosen Dualismus zwischen den konsumgenossenschaftlichen Zentralstellen, Grosseinkaufsgesellschaft (GöC) und Konsumverband, und der größten Genossenschaft Österreichs, der Konsumgenossenschaft Wien (KGW). Ökonomische Auffassungsunterschiede und persönliche Rivalitäten zwischen den Exponenten der GöC, Generaldirektor Andreas Korp, und der KGW, Vorstandsobmann Otto Sagmeister, führten zu einem jahrzehntelangen erbitterten Kampf um die Vorherrschaft. Die Folge war eine Lähmung der wirtschaftlichen Fortentwicklung der

Gesamtbewegung, die sich bis zur Insolvenzgefahr bei mehreren Genossenschaften verschlimmerte. Die in der Öffentlichkeit so stark erscheinende österreichische Konsumgenossenschaftsbewegung hatte ja in Wahrheit nur eine „Scheinkonzernstruktur", in der die zentralen Unternehmungen wie die Großeinkaufsgesellschaft, die Coop-Produktionsbetriebe oder die Kaufhausgesellschaft eben die „Töchter vieler Mütter" waren (Schediwy 1994: Referat).
Nach Überwindung der Generationsprobleme wurde dieser Gordische Knoten durch die Großfusion aller großen Konsumgenossenschaften Österreichs mit der Grosseinkaufsgesellschaft österreichischer Consumvereine im Jahre 1978 zum „Konsum Osterreich reg. Gen.m.b.H." scheinbar erfolgreich gelöst. Zur allgemeinen Überraschung der Akteure gelang es dann trotzdem nicht die strukturellen Kernprobleme wie die unbefriedigende Flächen- und Personalproduktivität durch eine leistungsfähigere Sortimentspolitik und Filial-Betriebsorganisation zu bewältigen.

2.1. Renners konsumgenossenschaftliches Wirtschaftskonzept der Zwischenkriegszeit als Gegenkonzept zu Otto Bauers Austromarxismus

2.1.1. Die konsumgenossenschaftliche Eigenproduktion

Die Sortimentspolitik der Konsumgenossenschaften und ihre Verknüpfung mit der Eigenproduktion war seit dem Eintritt Dr. Karl Renners in die Konsumverbandsführung im Jahre 1911 von einer kaufmännischen Frage der Konsumgenossenschaftsbewegung plötzlich auch zu einer gesellschaftspolitischen und ideologischen Frage geworden. In Renners eigenständigem Austromarxismus-Konzept, welches er als Gegenmodell zu Otto Bauer entwickelte, hatte nämlich die genossenschaftliche Eigenproduktion, neben dem Einzelhandel der Konsumgenossenschaften, dem Grosshandel ihrer Großeinkaufsgesellschaft und der Arbeiterbank, ihren festen Standort erhalten. Parallel zur bürgerlichen Gesellschaft standen Gesellschaftsmodelle zur Verwirklichung der Utopie des „Neuen Menschen", wie beispielsweise auch das „Rote Wien", in der Sozialdemokratie der Zwischenkriegszeit hoch im Kurs.
Ganz im Gegensatz zum Verkaufsmanagement stand daher trotz des aufkommenden Käufermarktes die Eigenproduktion bei den meisten Spitzenfunktionären auch noch in der 2. Republik immer hoch im Kurs. Somit waren die Eigenproduktionssortimente stets „ideologisch" geschützt und daher nur sehr schwer diskutierbar.
Bereits ab den 1870er Jahren errichteten die Konsumgenossenschaften Bäckereien, Kaffeeröstereien, Fleischereien, Wursterzeugungen, Molkereien, Sodawasser-, Limonadenabfüllereien und Mühlen. Es handelte sich bei diesen Betrieben jedoch überwiegend um Frischwarenerzeugungen, die auf Grund der damaligen logistischen Möglichkeiten überwiegend lokalen Charakter hatten. Nach hundertjähriger Entwicklung bestanden 1974 in ganz Österreich an lokalen Frischwaren-Eigenproduktionsbetrieben 24 Bäckereien, 11 Konditoreien, 14 Fleischereien, 3 Mühlen und 10 sonstige Betriebe. Der größte Betrieb und gleichzeitig die zweitgrößte Brotfabrik Österreichs war die Bäckerei der Konsumgenossenschaft Wien, die 1974 täglich 30 Tonnen Backwaren produzierte.
Wie bereits ausgeführt, wollte Karl Renner im Gegensatz zu Otto Bauer „seine" sozialistische Gesellschaftsordnung über den Einzelhandel der Konsumgenossenschaften, den Großhandel der GöC, eine genossenschaftliche Industrie und die Arbeiterbank gleichsam

in einer Parallelgesellschaft modellhaft verwirklichen. So wurden neben den lokalen Frischwarenbetrieben in den einzelnen Genossenschaften schließlich auch zentrale Eigenproduktionsbetriebe überwiegend für Trockensortimente errichtet. Ein erster Höhepunkt an Investitionen in zentrale Produktionsbetriebe erfolgte dann überraschenderweise während des Ständestaates 1934 bis 1938, da damals den Konsumgenossenschaften eine Filialexpansion untersagt war und die erwirtschafteten Gewinne daher überwiegend als Investitionen in die Produktionsbetriebe flossen. Ergänzend ist hier anzumerken, dass im Ständestaat auf Grund einer persönlichen Anordnung von Bundeskanzler Engelbert Dollfuß die österreichischen Konsumgenossenschaften durch den Raiffeisen-Genossenschafter Ludwig Strobl vor einer Privatisierung durch die Heinwehren geschützt worden waren (Werner 2006).

Im Jahre 1952 erzielte die lokale Eigenproduktion aller Konsumgenossenschaften einen Anteil am KG-Einzelhandelsumsatz von etwas über 10%. Die zentrale Eigenproduktion erreichte einen Umsatzanteil zu Verkaufspreisen von 17,8%. Zusammen stammten also rd. 29% der Einzelhandelsumsätze aus eigenen Produktionsstätten (Korp 1955: 55).

Zum Stichjahr 1974 bestanden 25 zentrale Eigenproduktionsbetriebe, die im Rahmen der GöC oder als Tochtergesellschaften geführt wurden:

- Im Rechtsrahmen der GöC bestanden: Kaffeerösterei, Weinkellerei, Bananenreifereien, Erdnussrösterei, Zentraler Abpackbetrieb und Kleidererzeugung.
- Als Tochtergesellschaften bestanden:
  - TACO Tagger & Co. Kraftfutterwerk und Mühlengesellschaft m.b.H.: Kraftfutterwerk und Mühlenbetrieb
  - Linzer Spatenwerke Ges.m.b.H.: Brotfabrik, Konditorei und Dauerbackwarenerzeugung
  - Linzer Wurstfabrik Ges.m.b.H.: Fleischerei und Wurstwarenerzeugung.
  - ETAB Erste Tiroler Arbeiterbäckerei Ges.m.b.H.: Brotfabrik, Konditorei und Teigwarenfabrik
  - CO-OP Konsumgüter-Industrie Gesellschaft m.b.H. mit folgenden Betrieben: chemischer Betrieb, Nährmittelbetrieb, Schokoladen- und Zuckerwarenbetrieb, Essig-, Spirituosen- und Fruchtsäftebetrieb, Öl-Abfüllbetrieb, Kunststoffverarbeitungsbetrieb und graphischer Betrieb

Im Jahre 1984 wurde noch der Schokoladeerzeugungsbetrieb Karl Knäbchen erworben, der als Ges.m.b.H. ebenfalls außerhalb des KÖ als eigenständiger Betrieb geführt wurde.

Alle diese Betriebe konnten 1985, nun bereits in der Konsum Österreich-Ära, einen innerbetrieblichen Umsatz in einer Größenordnung von 7,3 Mrd. Schilling zu Verkaufspreisen erzielen, was einem Anteil von rd. 31% vom Gesamtumsatz entsprach. Innerhalb der Konsumgruppe sowie an Drittabnehmer inkl. Exporte (überwiegend Kosmetikartikel in die DDR) setzten alle Betriebe inkl. der Mühle und Futtermittelproduktion Taco im Jahre 1988 Waren im Wert von S 10,8 Mrd. ab (KÖ Vorstandssitzung 21.2.1989). Aus den in der Einleitung bereits ausgeführten Marktanteils- und FE-Problemen hatten vor allem die Produktionsbetriebe im Trockensortimentsbereich ständig mit Ertragsproblemen zu kämpfen, sodass die notwendige Preisführerschaft der Eigenmarken nie zustande kam.

Die Rechtsformen und Firmierungen der Betriebe machten bis 1995 eine Reihe von Veränderungen durch. Mit Ausnahme der Tagger AG wurden am 9.3.1995 sämtliche Industriebetriebe gleichzeitig mit dem KÖ insolvent.

2.1.2. „Arbeiterbank AG" / „Bank für Arbeit und Wirtschaft AG" (BAWAG) eine Tochter der Gewerkschaften und der Konsumgenossenschaftsbewegung

Im Jahre 1922 wurde nach einem Konzept von Dr. Karl Renner, der auch ihr erster Verwaltungsratspräsident wurde, die Arbeiterbank AG gegründet. Nach seinen Vorstellungen sollte die Veranlagung der Gewerkschaftsgelder (Streikfond) und das Kreditbedürfnis der Konsumgenossenschaften durch ein gemeinsames Bankinstitut abgedeckt werden. Damit hatte sich in der Zwischenkriegszeit die „Dreisäulen-Theorie" Karl Renners, welche die Konsumgenossenschaften neben Partei und Gewerkschaften als dritte Gruppierung der sozialdemokratischen Arbeiterbewegung einschloss, trotz Kritik der Parteilinken um Otto Bauer, durchgesetzt. Die Konsumgenossenschaften konnten nunmehr bei der Finanzierung ihrer Betriebsmittel und ihres Investitionsbedarfes auf ein eigenes Bankinstitut zurückgreifen.
Mit der Gründung der Arbeiterbank hatte Karl Renner den letzten Schritt seiner Vision eines vierstufigen Modells „seines" Austromarxismus als Alternative zur kapitalistischen Privatwirtschaft realisiert. Nach dem genossenschaftlichen Einzelhandel und Großhandel sowie einer genossenschaftseigenen Industrieproduktion war als letzter Baustein nunmehr auch ein unter genossenschaftlichem Einfluss stehendes Bankinstitut Wirklichkeit geworden. Das Aktienkapital der Bank war von ihrer Gründung 1922 bis zum Jahre 1934 paritätisch im Besitz der Gewerkschaften und der Konsumgenossenschaften zu je 40%, je 10% hielten bei der Gründung die Floridsdorfer Brotfabrik und der Kreditverband (Hindels 1973: 39-42).
Es saßen sich also im Verwaltungsrat zwei gleich große Gruppierungen gegenüber, die wohl in der großen Zielsetzung einer Sozialisierung der gesamten Wirtschaft übereinstimmten, hingegen in ihrer tagespolitischen Arbeit durchaus gegensätzliche, sozusagen kapitalistische, Interessen verfolgten. Die Gewerkschaften auf der einen Seite sahen die Sicherheit ihrer veranlagten Gelder und deren möglichst hohe Verzinsung bei gleichzeitiger höchster Liquidität für den Fall eines Streiks im Vordergrund. Die Konsumgenossenschafter auf der anderen Seite hatten selbstverständlich Interesse an langfristigen und billigen Krediten. Dazwischen agierte die Geschäftsleitung mit dem Ziel die Bank effektiv zu führen, um zu beweisen, dass ein Bankinstitut der Arbeiterklasse auch unter den herrschenden Rahmenbedingungen Erfolge erzielen kann. Durchaus kein friktionsfreier Balanceakt wie man sich leicht vorstellen kann. Es ist naheliegend, dass bei diesen widersprüchlichen Interessen nur die starke Persönlichkeit Karl Renners einen Ausgleich der Spannungen und Gegensätze herbeiführen konnte. In der 2. Republik wurde diese Eigentümerstruktur bis 1968 voll beibehalten. Nach der Schwächung der Konsumgenossenschaften in ihrer Miteigentümerfunktion ab 1968 und nach ihrem völligen Ausscheiden im Jahre 1995 wurde der Einfluss des Hauptaktionärs ÖGB auf die BAWAG-Geschäftsführung dann offensichtlich völlig ungebremst und bar jeder betriebswirtschaftlichen Vernunft ausgeübt. „Die BAWAG sollte dem ÖGB üppige Dividenden abliefern und gleichzeitig den kleinen Mann mit günstigen Spar- und Kreditzinsen verwöhnen. Dass beides zugleich unmöglich war, wollte oder konnte der ÖGB nicht akzeptieren – und ist damit

zumindest mit schuld an den letzten ruinösen Spekulationsabenteuern (...)" (Domforth 2006). Die Folgen dieser Unternehmenspolitik führten 2006 zu einem wirtschaftlichen Desaster mit drohendem Konkurs, der zunächst nur durch Stützungsmaßnahmen des Staates und Solidarleistungen aller übrigen österreichischen Bankinstitute vermieden werden konnte. Am 15.5.2007 musste die BAWAG vom ÖGB zur Abdeckung seiner eingegangenen Haftungen aus diversen Spekulationsgeschäften der BAWAG an ein Konsortium unter der Führung des US-Investmentfonds Cerberus zu einem Preis von € 3,2 Mrd. verkauft werden.
Beim Zusammenbruch des „Konsum Österreich" im Jahre 1995 hielt dieser an der BAWAG immerhin noch einen Aktienanteil von 30,66%. Dieser Aktienanteil entsprach buchwertig S 528 Mio. für ein Nominale von S 436 Mio. Der tatsächliche Verkehrswert betrug zu dieser Zeit allerdings rd. S 3,052 Mrd. (tatsächlich wurde das Aktienpaket im Jahre 1995 um S 4,33 Mrd. an die Bayerische Landesbank veräußert), was eine permanente Bewertungsreserve in den KÖ-Bilanzen von rd. S 2,5 Mrd. ergab und daher bei allen Bilanzanalysen stets zu berücksichtigen war (KÖ Vorstandssitzung 27.2.1990). Das Problem dabei war allerdings, dass eine Veräußerung auf Grund eines Syndikatsvertrages ohne Zustimmung des Hauptaktionärs ÖGB nicht möglich war.

2.2. Die Strukturbereinigung in der NS-Zeit 1938-1945

Mussten die österreichischen Konsumgenossenschaften im Jahre 1945 „wieder von vorne beginnen" oder pflegten auch sie mit dieser Aussage den weit verbreiteten Wiederaufbaumythos der Nachkriegsgeneration? Diese rhetorische Frage ist viel komplexer als sie auf den ersten Blick aussieht. Natürlich waren viele genossenschaftliche Einrichtungen zerstört, die Warenlager geplündert, die Mitgliederorganisation und das demokratische Gefüge zerschlagen, aber keine Katastrophe, wo nicht auch ein Nutzen wäre. Die weit verbreiteten kleinen Konsumvereinsstrukturen wie sie trotz aller Bemühungen der Zentralstellen um die Schaffung leistungsfähigerer Betriebseinheiten noch in der Zwischenkriegszeit bestanden hatten, waren durch die Zwangsmaßnahmen des „Gemeinschaftswerkes der DAF", der reichsdeutschen NS-Nachfolgegesellschaft aller Konsumgenossenschaften, mit einem Schlag saniert. Damit waren aber die entscheidenden strukturellen Fundamente für ein modernes, leistungsfähiges Einzelhandelsunternehmen geschaffen worden.
So wie der 1.Weltkrieg zur Verfestigung des Großhandels der Konsumgenossenschaften und zur Schaffung der eigenen Kreditorganisation beigetragen hatte, war schließlich der 2. Weltkrieg förderlich für die Konzentration der konsumgenossenschaftlichen Betriebe. Zunächst waren ja die zentralen Verbände, Betriebe und Unternehmen durch die Nationalsozialisten aufgelöst und ihr Vermögen in das „Gemeinschaftswerk der deutschen Arbeitsfront GmbH" übergeführt worden, womit die Konsumgenossenschaftsbewegung in einer gesamtdeutschen, kriegswirtschaftlich ausgerichteten Wirtschaftsorganisation aufgegangen war. Danach wurden die vielen ehemaligen Ortskonsumvereine in der Ostmark mit den größeren Genossenschaften in territorial abgegrenzte 21 Versorgungsringe (o.V. 1950a: 7) zusammengeführt. Diese letztere Maßnahme wurde nach 1945 von den zentralen Spitzenfunktionären zum größten Teil beibehalten, sodass bis 1947 schließlich nur mehr 22 Konsumgenossenschaften gebildet wurden (Verbandsstatistik 1948/49).
Als wesentliche Folge der Strukturbereinigung waren auch die bürgerlichen Konsumgenossenschaften der Zwischenkriegszeit zu einem großen Teil in die neuentstandenen Be-

zirkskonsumgenossenschaften oder, so weit sie ihre Selbständigkeit bewahren konnten, in den von den „Arbeiterkonsumgenossenschaften" dominierten neuen und nunmehr einzigen „Konsumverband" integriert worden. Insgesamt bestanden in der Folge am 31.12. 1948 schließlich 33 und am 31.12.1949 doch bereits wieder 52 selbständige Konsumgenossenschaften (Verbandsstatistik 1948/49).
Damit waren im Vergleich zur Zwischenkriegszeit - im Jahre 1938 gab es ja noch 210 Konsumgenossenschaften - durch eine Zwangsmaßnahme aus kriegswirtschaftlichen Erwägungen wesentlich leistungsfähigere Strukturen entstanden. Ursprünglich war von den Nationalsozialisten ja eine völlige Zerschlagung und die Übernahme der Konsumvereinsfilialen durch private Kaufleute geplant gewesen. Dieser vom NS-Regime ausgelöste Modernisierungsschub für die Wirtschaft traf somit nicht nur für die österreichische Schwerindustrie zu (Bruckmüller 2001: 421f), sondern auch für das konsumgenossenschaftliche Handelssegment. Somit hatten die Konsumgenossenschaften nach dem 2.Weltkrieg gegenüber dem weitgehend kleinstrukturierten privaten Lebensmittelhandel einen enormen betriebswirtschaftlichen Wettbewerbsvorsprung. Wieder einmal musste nach Heraklit von Ephesos erst ein Krieg zum Vater des Fortschritts werden.
Nach dem 2.Weltkrieg wurde das gesamte Vermögen der Konsumgenossenschaften, mit Ausnahme von Werten im Ausland, aus dem Problemkreis des „Deutschen Eigentums" weitgehendst restituiert, sodass auch die Großhandelsgesellschaft, die COOP-Konsumgüterindustrie und das Bankinstitut wieder errichtet werden konnten. Ein weiteres gar nicht so unwichtiges Detail aus der NS-Zeit war die Fortführung des einheitlich organisierten Rechnungswesens mit monatlichen Zwischenbilanzen und Gebarungsrechnungen sowie einer monatlichen Betriebs- und Kostenstellenrechnung. Als Kuriosum sei hier am Rande erwähnt, dass in den Konsumgenossenschaften bis 1995 und wohl auch noch darüber hinaus als letztes Relikt aus dieser Zeit der deutsche Kontorahmen zur Anwendung kam.
Im Gegensatz zum privaten Lebensmitteleinzelhandel der ja überwiegend von Kleinstunternehmern, den sogenannten „Greißlern", geprägt war, hatten die Konsumgenossenschaften daher bereits ab 1945 den Vorteil eines modernen Filialunternehmens mit allen infrastrukturellen Einrichtungen gehabt, das sie dann allerdings aus partikularistischen Gründen bis zum Jahre 1978, dem Gründungsjahr des Konsum Österreich, nicht voll zu nutzen wussten. Am Entwicklungsbeginn der Konsumgesellschaft und der Entstehung eines Käufermarktes ab den 1950/60er Jahren hatten die Konsumgenossenschaften jedenfalls einen klaren Startvorteil gegenüber allen anderen Mitbewerbern.

2.3. Das Vermögen der österreichischen Konsumgenossenschaften 1945: Deutsches Eigentum

Einen völlig unerwarteten, aber sehr gefährlichen Schicksalsschlag musste das 1945 für die Neugründung der konsumgenossenschaftlichen Dachorganisationen eingesetzte „Vorbereitende leitende Komitee" jedoch hinnehmen als im Sommer 1945 bekannt wurde, dass sich das gesamte konsumgenossenschaftliche Vermögen durch die zwangsweise Übertragung vom 21.2.1941 (Durchführung erst in der Zeit vom 1.1. bis 31.7.1943, die GöC war bereits vorher übertragen worden, der Zentralverband österreichischer Konsumgenossenschaften erst im Dezember 1943) in das „Gemeinschaftswerk der Deutschen Arbeitsfront Ges.m.b.H.", mit Sitz in Hamburg, durch den Potsdamer Vertrag juristisch in

„Deutsches Eigentum“ verwandelt hatte und damit den vier Besatzungsmächten zugefallen war.[3]
Interessanterweise erklärten als erstes die Sowjets am 15.8.1946 durch den Chef der Verwaltung des Sowjeteigentums in Ostösterreich Generalmajor Borisow, im Auftrag des Oberbefehlshabers der Sowjetbesatzungstruppen in Österreich Generaloberst Kurasow, ihren Verzicht auf das Eigentum des ehemaligen Unternehmen „Gemeinschaftswerk der Deutschen Arbeitsfront“. Als Begründung wurde dabei angeführt, dass die Rückführung im Interesse der Werktätigen liegt gegen deren Willen dieses Vermögen von den Nazis in die Aktiven der Deutschen Arbeitsfront aufgenommen worden war.[4] Mit dieser Entscheidung der Sowjets, die aus heutiger Sicht für die Konsumgenossenschaften wohl eine Sternstunde bedeutete, besonders wenn man die späteren Ambitionen der Sowjets mit den USIA-Betrieben[5] und vor allem mit den 143 USIA-Lebensmittelläden in Wien bedenkt (Die Konsumgenossenschaft 19.6.1954: 1-6), war der Weg auch für eine Verzichtserklärung der Westmächte gegeben, die sich in rascher Folge auch anschlossen. Es dauerte dann aber noch bis zum 19.11.1947, dass der Österreichische Nationalrat ein Bundesgesetz „Über die Geltendmachung der Rückstellungsansprüche der aufgelösten österreichischen Verbrauchergenossenschaften“ beschloss. Dieses Rückstellungsgesetz trat nach Genehmigung durch den Allierten Rat am 31.12.1947 in Kraft, womit der Weg für die juristische Übertragung des Eigentums an die Konsumgenossenschaften freigegeben war. Nach dem ersten Rückstellungsanspruchsgesetz, BGBl. Nr.256/1947 wurde im Sinne des zweiten Rückstellungsgesetzes BGBl. Nr.53/1947 das gesamte vorhandene und entzogene Vermögen, einschließlich der Erträgnisse sowie allfälliger aus den Erträgnissen getätigten Investitionen, zurückgestellt (o.V. 1954: 1).

---

[3] „Auf der Potsdamer Konferenz vom Sommer 1945 hatten die Sowjetunion, die USA und Großbritannien die deutschen Vermögenswerte im Ausland derart aufgeteilt, dass Vermögenswerte in Osteuropa und auch der sowjetischen Zone in Österreich an die Sowjetunion fielen, Vermögenswerte weiter westlich fielen an die Westmächte“. (Stourzh o.J., online)

[4] Übersetzung und Original eines Faksimiles des Schreibens der Verwaltung des Sowjeteigentums in Ostösterreich an den Konsumverband (Korp o.J.: 88ff).

[5] USIA (anfangs USIWA, Abkürzung für "Uprawlenje Sowjetskim Imuschestwom w Awstrij" = Verwaltung des sowjetischen Vermögens in Österreich): Am 5. Juli 1946 wurden in der sowjetischen Besatzungszone mehr als 300 Industriebetriebe (darunter fast die gesamte Erdölindustrie und die DDSG) sowie 140 land- und forstwirtschaftliche Besitzungen mit mehr als 150.000 ha Kulturfläche als ehemaliges deutsches Eigentum. Der USIA-Konzern, dem auch zahlreiche nach 1938 arisierte Betriebe zugeschlagen wurden, dominierte mit 53.000 Beschäftigten (1955) die für das gesamte Österreich wichtigen Schlüsselindustrie (Böhler, Voith, Enzesfelder, Leobersdorfer, Heid usw.) und war dem österreichischen Recht und den Auswirkungen der Verstaatlichungsgesetze 1946 und 1947 (Verstaatlichung) entzogen.

3. Die wirtschaftliche Entwicklung der österreichischen Konsumgenossenschaften von 1945 bis 1995

3.1. Die Umsatz- und Marktanteilsentwicklung der österreichischen Konsumgenossenschaften und ihrer wichtigsten Mitbewerber von 1945 bis 1995

Auf einem Blick wird in den nachfolgenden beiden Diagrammen der Anstieg und Rückfall des Umsatzes und der Marktstellung der Konsumgruppe in den 50 Geschäftsjahren der Nachkriegszeit sichtbar. Man sieht im ersten Diagramm deutlich die kontinuierliche Umsatzentwicklung bis 1969 und ab 1970, mit Eröffnung der Konsumgroßmärkte von 1.000 bis 10.000 m² Verkaufsfläche, einen rasanten Anstieg, ab 1984 eine Verflachung und ab 1991 einen Absturz der Detailhandelsumsätze. Die exorbitanten Umsatzrückgänge 1993 und 1994 sind durch die Ausgliederungen der KGM-Vertriebslinie und deren Einbringung in die Migros-Kooperation begründet.
Ähnlich verläuft auch die Marktanteilsentwicklung. Allerdings ist hier die rückläufige Entwicklung bereits ab dem Jahre 1980 erkennbar. Der Marktanteilsanstieg ab 1993 ist in der Einbringung der Familia- und Dogro-Märkte (ehemals Zumtobel) durch die Migros begründet. In den Marktanteilsdaten nach Nielsen sind nämlich auch alle Ausgliederungen und Einbringungen jedoch nicht die Kaufhausgruppe enthalten.
Wie aus dem zweiten Diagramm geschlossen werden kann hat etwa ab 1989 die Konsumgruppe ihre Marktführerschaft an den BML-Konzern (heute REWE) verloren. Der BML-Konzern gestattete dem Marktforscher Nielsen erst ab 1994 die Veröffentlichung seiner Marktanteilsdaten. Die Umsätze bzw. die Marktanteile der Firma Hofer werden bis heute nicht publiziert und müssen daher von Nielsen geschätzt werden.

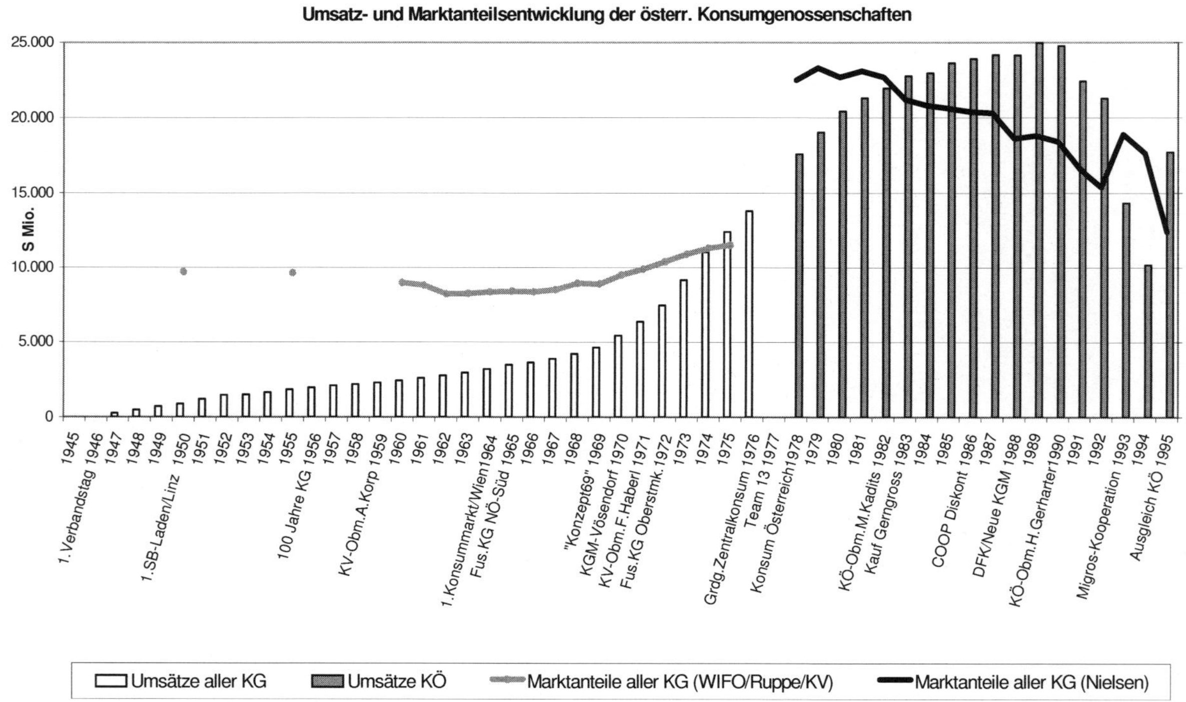

Abb. 1: Umsatz- und Marktanteilsentwicklung der österr. Konsumgenossenschaften
(Quelle Umsätze: 1947-1976: Verbandsstatistik 1978-1989 (exkl. Forum); 1978-1989: KV Mag.Ba/Mag.Hay (exkl. Gerngross); 1990-1995: BDO 1995; Quelle Marktanteile:1950-1968: Ruppe (WIFO); 1969-1975: Konsumverband; 1977-1995: Nielsen Jahresberichte)

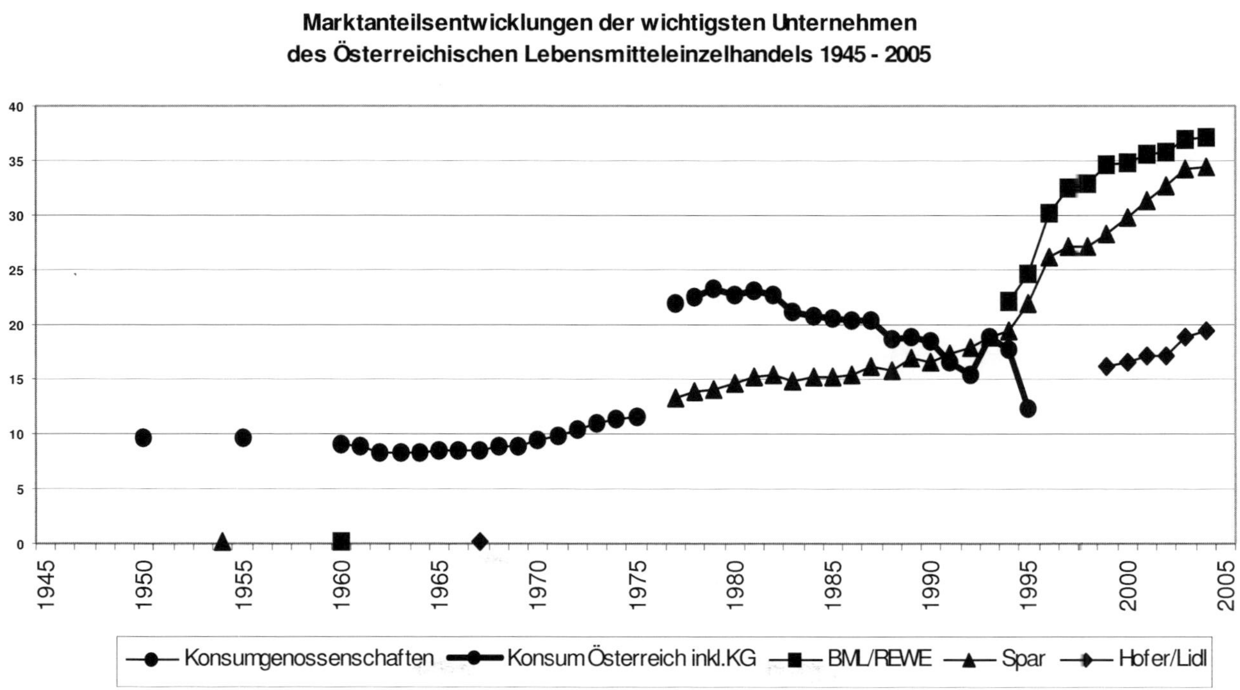

Abb. 2: Marktanteilsentwicklungen der wichtigsten Unternehmen des Österreichischen Lebensmitteleinzelhandels 1945 – 2005 (WIFO 1950-1975, Nielsen 1977-2004, Hofer/Lidl Schätzung durch Nielsen)

3.2. Die Entwicklung der Gebarungsergebnisse und Operativen Ergebnisse der österreichischen Konsumgenossenschaften von 1955 (Schillingeröffnungsbilanz) bis 1995

Die beste gesamtbetriebswirtschaftliche Übersicht bieten zwei Diagramme, welche die Gebarungsergebnisse, die operativen Ergebnisse und die Rückvergütungsausschüttungen aller österreichischen Konsumgenossenschaften von 1955 bis 1977 und des „Konsum Österreich" von 1978-1995 in Längsschnitten darstellen.

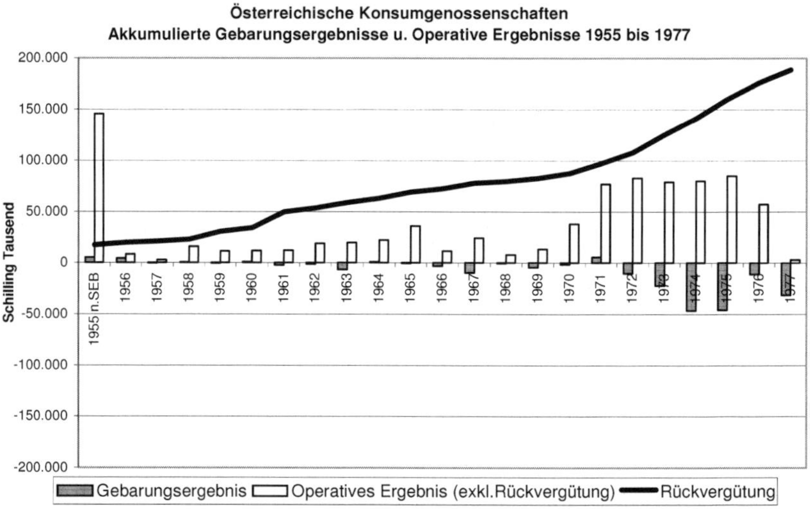

Abb. 3: Österreichische Konsumgenossenschaften – akkumulierte Gebarungsergebnisse und operative Ergebnisse 1955 bis 1977 (Rechnungsabschlüsse der österreichischen Konsumgenossenschaften 1955-1977)

Technische Diagramminterpretation:

In den akkumulierten (jedoch nicht konsolidierten) Gebarungsergebnissen und operativen Ergebnissen der Konsumgenossenschaften sind die zentralen Organisationen und Beteiligungen (GöC, COOP, BAWAG etc.) nicht enthalten.

Die Gebarungsergebnisse bewegen sich überwiegend um die Nulllinie. Gegen Ende des Betrachtungszeitraumes werden die Gebarungsergebnisse allerdings verstärkt negativ ausgewiesen. Damit scheint der Druck zu einer Fusion zum Konsum Österreich in den letzten Jahren erklärbar. Grundsätzlich wurden über den cash flow erwartete Gewinne unterjährig sofort wieder investiert, um die Bilanzen steuerschonend zu gestalten.

Um ein tatsächliches Bild der betriebswirtschaftlichen Entwicklung zu erhalten, war es daher notwendig aus den Gebarungsrechnungen die operativen Ergebnisse zu ermitteln. Das operative Ergebnis wurde retrograd aus den Bilanzen und Gebarungsrechnungen ermittelt. Dabei wurde das Gebarungsergebnis um die Dotierung der Rücklagen und des Investitionsfreibetrages sowie um die vorzeitige AfA und die a.o. Aufwendungen erhöht. Ebenso wurde sinngemäß das Gebarungsergebnis um die Auflösung von Rücklagen, des

Investitionsfreibetrages und um a.o. Erträge des Vorjahres vermindert. Die Gewinn- und Verlustvorträge der Vorjahre wurden nicht berücksichtigt, da sie erst mit dem Rechnungslegungsgesetzes 1992 nach der EGT Formel in Ansatz zu bringen gewesen wären. Mit dieser Adaption des Gebarungsergebnisses wurde ein operatives Ergebnis ermittelt, welches annähernd einem Ergebnis der gewöhnlichen Geschäftstätigkeit entspricht. Die an die Mitglieder ausgeschüttete Rückvergütung, üblicherweise ebenfalls ein Bestandteil der EGT, wurde dabei bewusst nicht berücksichtigt, um das operative Ergebnis in Beziehung zur Rückvergütung transparent darstellen zu können. Die Rückvergütung wurde im Diagramm gesondert dargestellt, damit deren Erwirtschaftungsgrad durch das operative Ergebnis (exkl. Rückvergütung) sichtbar wird.

Aus dem Diagramm ist deutlich erkennbar, dass die Rückvergütung für die Genossenschaftsmitglieder von 1956 bis 1970 aus der operativen Tätigkeit der Konsumgenossenschaften nie voll erwirtschaftet werden konnte. Erst ab 1971, mit dem Wirksamwerden der Großinvestitionen in die Konsum- und Coop-Großmärkte und der gleichzeitigen Reduktion des Rückvergütungssatzes für diese Verkaufseinheiten, wurden die operativen Ergebnisse zunächst soweit verbessert, dass die Rückvergütung annähernd gedeckt werden konnte. Allerdings war diese Tendenz bereits ab dem Jahre 1973 bereits wieder rückläufig und brach ab 1977 völlig ein.

Die dargestellten negativen Gebarungsergebnisses müssen damit erklärt werden, dass neben der aus steuerlichen Gründen bewusst vermiedenen bilanziellen Gewinndarstellung ja keineswegs alle österreichischen Konsumgenossenschaften vom Großmarkt-Boom profitierten. Weiters ist zu bedenken, dass in den dargestellten akkumulierten Gebarungsergebnissen aller Konsumgenossenschaften die Gebarungsrechnungen der zentralen Produktionsbetriebe, der Grosseinkaufsgesellschaft und der GöC/Stafa/Forum-Kaufhausorganisation nicht enthalten sind.

Die Lücke aus dem operativen Ergebnis und der Rückvergütungsausschüttung an die Mitglieder wurde im Wesentlichen durch a.o. Erträge finanziert. Eine Methode, die später in der „Konsum Österreich“-Ära noch eine besondere Rolle spielen sollte.

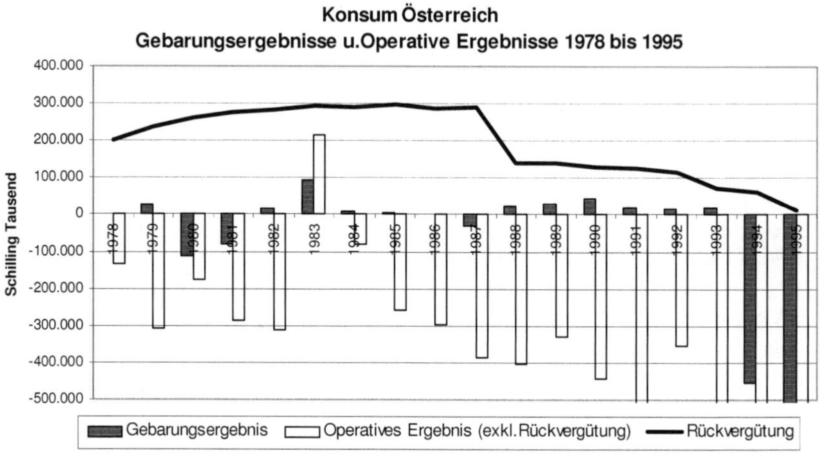

Abb. 4: Konsum Österreich – Gebarungsergebnisse und operative Ergebnisse 1978 bis 1995 (Jahresberichte Konsum Österreich 1978-1995)

Technische Diagramminterpretation:
Die Substanz der dargestellten Kennzahlengruppen 1978 bis 1995 sind mit den akkumulierten Werten der Konsumgenossenschaften 1955 bis 1977 nicht voll identisch jedoch tendenziell vergleichbar. Der inhaltliche Unterschied zu 1955 bis 1977 liegt darin, dass es sich beim Konsum Österreich um keine akkumulierten Bilanz- und Gebarungsrechnungen handelt und außerdem auch der ehemalige GöC-Großhandels- und Kaufhauskomplex sowie die BAWAG-Beteiligung enthalten ist.
Ab dem Jahre 1990 ist die Datenreihe durch die Ausgliederung der Forumkaufhäuser, Einrichtungshäuser, Geschenkboutiquen, Heimwerkerzentren und Restaurants sowie ab 1993 dann nochmals durch die Ausgliederung der KGM-Vertriebslinie nicht konsistent. Nicht enthalten sind selbstverständlich in keinem Jahr die selbständig bilanzierende Coop-Gesellschaft mit ihren Nachfolgegesellschaften, die Tagger AG, die Gerngross AG sowie die KGM-Familia Warenhandelsgesellschaft, die Konsum-Migros Warenhandelsgesellschaft und die GMS-Holding (Migros St.Gallen und Konsum Österreich in Vorarlberg), da eine konsolidierte Konzernbilanz nicht erstellt wurde.

3.3. Die Entwicklung der Personal- und Flächenproduktivität

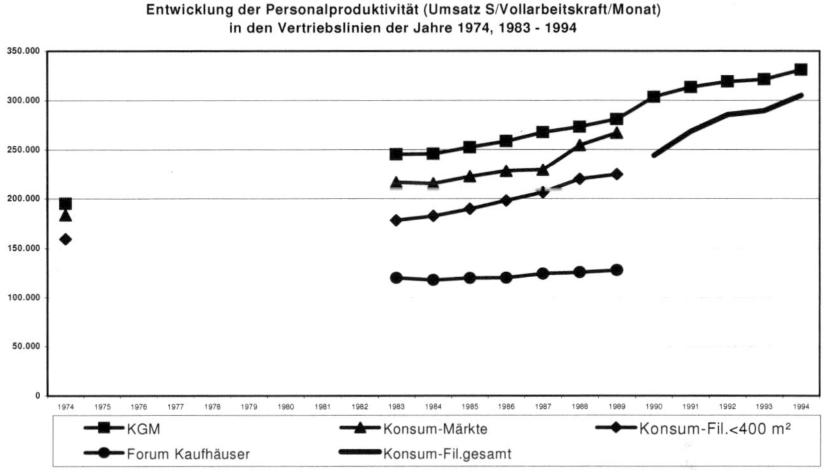

Abb. 5: Entwicklung der Personalproduktivität (Umsatz S/Vollarbeitskraft/Monat) in den Vertriebslinien der Jahre 1974, 1983 – 1994 (Quelle 1974: Österreichisches Institut für Verpackungswesen 1977: 11; Quelle 1983-1989: Vargha 1990)

Obwohl dem Autor die Beschäftigtenzahlen bis 1995 nicht zur Verfügung stehen, kann mit großer Sicherheit angenommen werden, dass sich die positive Entwicklung der Personalproduktivität tendenziell in gleicher Weise, allerdings durch die Fusion mit Familia nicht mehr vergleichbar, fortgesetzt hat.

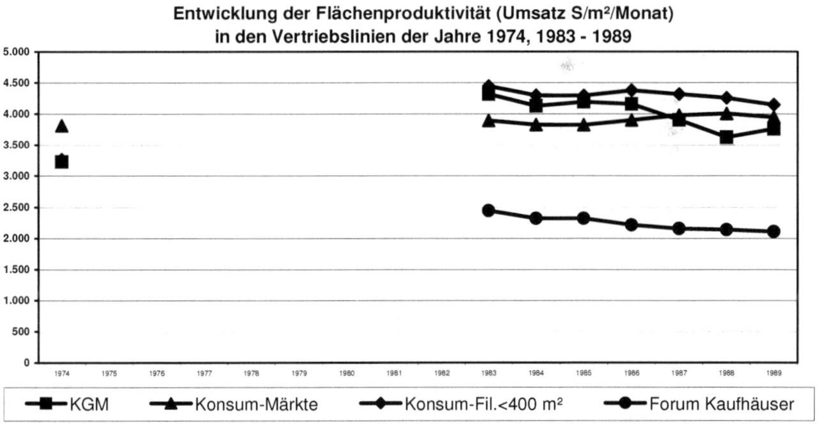

Abb. 6: Entwicklung der Flächenproduktivität (Umsatz S/m²/Monat) in den Vertriebslinien der Jahre 1974, 1983 – 1989 (Quelle 1974: Österreichisches Institut für Verpackungswesen 1977: 11; Quelle 1983-1989: Vargha 1990)

Im Gegensatz zur langsamen Verbesserung der Personalproduktivität konnte der Negativtrend der Flächenproduktivität zu keiner Zeit gestoppt werden. Vor allem gelang es auf Grund der Sortimentsproblematik nicht, die gestiegene Personalproduktivität in eine verbesserte Preisleistung umzusetzen, die wiederum die Voraussetzung für eine Steigerung der Flächenleistung gewesen wäre.

3.4. Interpretation der betriebswirtschaftlichen Kennzahlen

Betrachtet man die Diagramme „Gebarungsergebnisse und operative Ergebnisse" „Österreichische Konsumgenossenschaften von 1955-1977" und „Konsum Österreich 1978-1995" so fällt auf dem ersten Blick auf, dass im Gegensatz zu den Jahren 1955 bis 1977 in der Konsum Österreich-Ära mit Ausnahme des Jahres 1983 keine positiven operativen Ergebnisse erzielt werden konnten. Vielmehr musste durch den Einsatz enormer Finanzmittel überwiegend aus a.o. Erträgen die Rückvergütung finanziert werden, um ein erträgliches Gebarungsergebnis zu erreichen. Der erste Gedanke sucht daher die Ursache dieses signifikanten Ergebniseinbruches in dem nunmehr inkludierten GöC- und Forumkomplex, der ja von 1955-1977 in den akkumulierten Bilanz- und Gebarungsrechnungen nicht enthalten ist. Tatsächlich betrug der operative Verlust des Zentralkonsums (ehemals GöC und Forum) per 1977 immerhin rd. -39 Mio. Schilling (nach -8,5 Mio. Schilling per 1976) (Zentralkonsum Österreich Jahresbericht 1976 und 1977). Auch bei den Konsumgenossenschaften wurde per 1977 nur mehr ein operatives Ergebnis von +3 Mio. Schilling (nach +57 Mio. Schilling per 1976) erwirtschaftet. Aus dieser Ergebnisentwicklung der letzten beiden Jahre vor der Fusion kann daher geschlossen werden, dass der negative Trend der Konsumgruppe (Einzelhandel, Großhandel und Produktion, exkl. Coop, Tagger und Gerngross) aus allen Geschäftsfeldern resultierte und sich in den Folgejahren in der neuen Unternehmenskonstruktion ungebremst fortsetzte. Die Ursache dieser Entwicklung lag nicht in der Fusion selbst begründet, sondern war in der missglückten Marketingpolitik der gesamten österreichischen Konsumgenossenschaftsbewegung zu suchen.

Eine auf den ersten Blick unverständliche Ausnahme bildet lediglich das Geschäftsjahr 1983. Gerade dieses positive operative Ergebnis des Jahres 1983 ist jedoch am einfachsten erklärbar. Da ab 1.1.1984 der Mehrwertsteuersatz für Lebensmittel von 13% / 8% auf 10% vereinheitlicht und für Gebrauchsgüter von 18 auf 20% erhöht worden war, eine Stichtagspreisänderung jedoch organisatorisch unmöglich war, wurden bereits ab dem Herbst des Jahres 1983 vor allem die hohen Gebrauchsgüterbestände in allen Filialen, Verbrauchermärkten und Kaufhäusern kontinuierlich um die bevorstehende Mehrwertsteuererhöhung aufgepreist. Diese gewählte Maßnahme wirkte sich im Jahre 1983 auf die Spanne, den Rohertrag und damit auf das operative Ergebnis entsprechend positiv aus.

Die Ursachen für die negativen operativen Ergebnisse ab dem ersten echten KÖ-Jahr 1979 müssen also in einer Gegenüberstellung der Roherträge und Aufwendungen 1978 (negatives op. Ergebnis –32 Mio. S) und 1979 (negatives op. Ergebnis -308 Mio. S) gesucht werden. Immerhin hatte sich das operative Ergebnis ohne erkennbare Außeneinflüsse innerhalb eines Jahres um 176 Mio. Schilling verschlechtert. Tatsächlich sind bereits zwischen diesen ersten beiden Geschäftsjahren des Konsum Österreich bei einigen wichtigen Positionen signifikante Abweichungen festzustellen, aus denen wieder entsprechende Rückschlüsse gezogen werden können.

Die auffallendste Veränderung auf der Aufwandseite der Gebarungsrechnung ist im Jahre 1979, dem ersten eigenständigen Operationsjahr des Konsum Österreich, gegenüber 1978 bei den Personalkosten eingetreten. Diese erhöhten sich in einem einzigen Jahr absolut um 361 Mio. Schilling oder relativ zum Umsatz von 16,09% auf 16,75% um 0,66 Prozentpunkte. Damit befinden wir uns bereits auf der richtigen Fährte, da es in den nachfolgenden Jahren nicht mehr gelungen ist diesen Negativtrend zu stoppen. Damit war die Personalkostentangente beeinflusst von den Kosten pro Arbeitnehmer und der Personalproduktivität bereits ab dem zweiten Geschäftsjahr des Konsum Österreich zu einem lebensbedrohlichen Faktor für das Unternehmen geworden. So sind die Personalkosten in der Folge bis 1989, dem letzten vergleichbaren Geschäftsjahr vor den großen Ausgliederungen, schließlich bis auf 18,09% v.U. angestiegen. Das bedeutete eine Erhöhung der Personalkostentangente von 1978 bis 1989 um genau 2 Prozentpunkte vom Umsatz. Diese Entwicklung ist zusätzlich kritisch durch die anteilsmäßig ständig wachsenden KGM-Umsatzanteile zu beurteilen, die ja durch deren höhere Personal-Produktivität tendenziell eine Absenkung der relativen Personalkosten hätten ergeben müssen. Erst ab etwa 1990 gelang es dann die relativen Personalkosten durch die eingeleiteten organisatorischen Maßnahmen zu stabilisieren.
Die Frage warum dieser Personalkostensprung eingetreten ist, muss in zwei Antworten gegliedert werden: Die starke explosionsartige Erhöhung von 1979 gegenüber 1978 kann nur mit den kollektivvertraglichen Arrangements im Zuge der Fusionsverhandlungen zwischen dem designierten Vorstand und den Gewerkschaften bzw. den Betriebsräten der einzelnen Genossenschaften erklärt werden. So konnten offensichtlich die unzähligen Betriebsvereinbarungen in den selbständigen Konsumgenossenschaften nur so vereinheitlicht werden, dass jeweils die Bestkondition aus Personalvertretungssicht für die Gesamtheit aller Dienstnehmer zur Anwendung gebracht wurde. Die Position der Gewerkschaft in den Fusionsverhandlungen muss, trotz oder gerade wegen der Verhandlungsführung durch den ÖGB- und KGW-Aufsichtsratspräsidenten Anton Benya, derart übermächtig gewesen sein, dass ohne Zustimmung der drei Gewerkschaften Privatangestellte, Handelsarbeiter und Lebensmittelarbeiter die Fusion zum Konsum Österreich nicht zustande gekommen wäre.
Die weiteren Personalkostensteigerungen ab 1980 sind hingegen auf eklatante Schwächen der Betriebsorganisation und hier speziell auf den niedrigen Selbstbedienungsgrad zurückzuführen. Jedenfalls ist es dem KÖ-Management nicht gelungen, die Personalproduktivität bis 1989 zu erhöhen. Diese Personalkostenschwäche führte zwangsläufig zu einem weiteren gravierenden Problem. Um die ständig steigenden Personalkosten zu kompensieren wurden nämlich zwei untaugliche Gegenstrategien angewandt. Zunächst wurde versucht ohne echte Rationalisierungsmaßnahmen am Personalstand einzusparen, was zu einer laufenden Verschlechterung der Leistungen an der Verkaufsfront führte. Und zweitens wurde auf den Einkauf ständig Druck ausgeübt, den Rohertrag zu steigern. Gleichzeitig wurden aber dem Einkauf durch die expansive Eigenproduktionspolitik die Hände derart gefesselt, dass dieser in schleichende Verkaufspreiserhöhungen ausweichen musste. Tatsächlich wurde der Rohertrag von 1978 bis 1989 von 22,21% v.U. auf 24,43% v.U. auch durch verdeckte Preiserhöhungen hochgepusht, womit der „Konsum Österreich“ allmählich gegenüber den leistungsfähigeren Mitbewerbern am Preissektor nicht mehr wettbewerbsfähig wurde. Beide Maßnahmen erwiesen sich natürlich als kontra-

produktiv und führten zu einer ständigen Verschlechterung der Personal- und Flächenproduktivität. Erst ab 1988, damit wie wir heute wissen viel zu spät, wurde begonnen Maßnahmen zu setzen, das Filialbetriebssystem grundlegend leistungsfähiger zu gestalten und die Preispolitik marktgerechter auszurichten.
Zuletzt ist noch kurz auf die Bilanz und Gebarungsergebnisse während der Migros-Kooperation von 1993 bis 1995 einzugehen. Nach der Ausgliederung der KGM-Vertriebslinie aus dem „Konsum Österreich" per 1993 überstiegen dessen operative Verluste die Milliardengrenze und 1994 die Zweimilliarden. Das Rumpfjahr 1995 brachte schließlich einen Verlust von 4,2 Milliarden Schilling. Auch hier ist die Ursache in einer völlig verunglückten Sortimentspolitik diesmal der Migros-Verantwortlichen zu suchen, die ab 1.1. 1994 die volle Verantwortung für die Sortiments- und Preispolitik übertragen erhalten hatten. Das in Österreich tätige Migros-Team versuchte nämlich mit Brachialgewalt so schnell wie nur möglich alle Fremdsortimente im KÖ durch Migros-Eigenmarken zu ersetzen, ohne freilich marktgerechte Preise bieten zu können. Die Folge war ein verheerender Absturz der Umsätze und Roherträge, der schließlich unmittelbar die Zahlungsunfähigkeit auslöste. Zwischen dem Konsum Österreich und dem Migros Genossenschaftsbund war eine Verlustabdeckung der Kooperationsgesellschaften proportional zur Höhe ihrer Beteiligung vereinbart. Mit der Auflösungsvereinbarung vom 15.5.1995 hat Konsum Österreich die Geschäftsanteile der Migros erworben. Dem Migros Genossenschaftsbund kostete die Kooperation mindestens 3 Mrd. Schilling (Müller 1997: 16).

4. Zusammenfassung der wichtigsten Forschungsergebnisse

Lässt man in einer Schlussbetrachtung die 50-jährige Geschichte der Konsumgenossenschaften von der Wiederaufbauphase ab 1945 bis zum Ausgleich des „Konsum Österreich" im Jahre 1995 Revue passieren, so kommt man nicht umhin, auch die davorliegende Geschichte der Konsumgenossenschaftsbewegung in Österreich miteinzubeziehen. Ohne Kenntnis dieser Wurzeln bleiben ja viele Entscheidungen bzw. „Nicht-Entscheidungen" der Nachkriegszeit unverständlich. Für viele Fragestellungen waren daher keine einfachen Antworten zu finden. Unternehmenspolitische Analysen lassen sich auch nicht immer nur in die betriebswirtschaftlichen Kategorien von falsch oder richtig einordnen. Der Gefahr unzulässiger Vereinfachungen musste daher durch ein umfangreiches Quellenstudium begegnet werden. Die Ergebnisse der Untersuchungen sind daher ein Abbild volkswirtschaftlicher, genossenschaftspolitischer und betriebswirtschaftlicher Wechselwirkungen.
Nach der Wiedererrichtung der österreichischen Konsumgenossenschaften ab 1945 auf der Basis neuer in der NS-Zeit geschaffener leistungsfähigerer Strukturen und der Neugründung des Konsumverbandes, der mit dem ersten Verbandstag im Jahre 1946 vollzogen war, folgte die Phase des Wiederaufbaus, der rasch durchgeführt worden war und der mit der endgültigen Übertragung der Eigentumsrechte aus dem Deutschen Eigentum an die österreichische Konsumgenossenschaftsbewegung am 9.5.1949 auch seinen juristischen Abschluss gefunden hatte.
Bereits ab dem Jahre 1950 begann mit der Errichtung des ersten genossenschaftlichen Selbstbedienungsladens in Linz zweieinhalb Jahrzehnte erfolgreicher Innovationen, wel-

che die österreichischen Konsumgenossenschaften zum Marktführer im österreichischen Lebensmitteleinzelhandel hinaufkatapultierten. In diesem Zusammenhang darf auf die ersten konsumgenossenschaftlichen Supermärkte im Jahre 1964 und Verbrauchermärkte in den Jahren 1969/70 verwiesen werden. Getragen wurde diese Erfolgsgeschichte durch die beiden Führungspersönlichkeiten Andreas Korp und Otto Sagmeister, die man im Sinne Schumpeters durchaus als überragende Unternehmertypen bezeichnen darf. Vor allem Sagmeister gelang es die noch 1950 vorherrschende Planwirtschaftsideologie (o.V. 1950b: 2; Schmidt o.J.: 95) durch eine marktwirtschaftlich ausgerichtete Unternehmenspolitik zu überwinden. Erst 15 Jahre später, am Verbandstag 1965, konnte dann auch Verbandsdirektorstellvertreter Hans Kutschera namens des Verbandes ein Bekenntnis zur Marktwirtschaft ablegen, indem er den amerikanischen Gewerkschaftsführer Samuel Gompers zitierte: Das größte Verbrechen, das ein Unternehmer begehen kann, sei, keine Gewinne zu machen. Ohne Gewinn kein guter Lohn, kein Mehr an Freizeit, kein wachsender Wohlstand. Ohne Gewinn keine modernen Fabriken, kein technischer Fortschritt, keine hochwertigen Produkte, keine sicheren Arbeitsplätze.

Parallel zu dieser Erfolgsserie, die sich vor allem in Umsatzzuwächsen und Marktanteilsgewinnen manifestierte, wurden aber auch die immer stärker hervortretenden Schwachstellen in den Gebarungsrechnungen der Konsumgenossenschaftsbewegung erkennbar. Als Ursache dieser Gebarungsschwäche sei hier stichwortartig die schleppende Restrukturierung des Filialnetzes und die eklatante Missachtung von Personal- und Flächenproduktivität, die wiederum im engen Zusammenhang mit der bis zuletzt ungelösten Sortiments- und Eigenproduktionsproblematik stand, angeführt. Besonders die letztgenannte Eigenproduktionsfrage hatte – wie einleitend ausgeführt wurde – unter einer langen ideologischen Belastung, die bis auf Karl Renner zurückgeführt werden kann, zu leiden.

Bereits im Jahre 1962 wurde von Generaldirektor Andreas Korp zur Behebung der Gebarungsschwächen das erste Reformkonzept vorgestellt, dem 1969 ein weiteres folgte. Beide Konzepte konnten wegen des herrschenden Dualismus zwischen GöC und KGW nur partiell durchgesetzt werden. Eine vom Leiter der zentralen Planungsstelle der Zentralkasse, Dr. Hans Bichler, bereits 1975 verfasste Expertise über das Erfolgskonzept der Firma Albrecht in Deutschland, in der die gesamte Problematik der Flächen- und Personalproduktivität ausführlich analysiert worden war, wurde vom österreichischen Spitzenmanagement der Konsumgenossenschaften nicht rezipiert. Vielmehr versuchte man in den Folgejahren vergeblich durch angestrebte staatliche Regulierungsmaßnahmen und völlig unwirksame Diskriminierungskampagnen gegen „parasitäre“ Diskonter das Konkurrenzproblem aus der Welt zu schaffen.

Schließlich wurden in der zweiten Hälfte der 1970er Jahre die Gebarungsprobleme vieler Konsumgenossenschaften immer drängender, sodass man auf eine alte Methode konsumgenossenschaftlicher Problembewältigung der „Unternehmensfusion“ zurückgriff. Die Fusion zum „Konsum Österreich” 1978 war ja nur der Endpunkt einer langen Kette von Fusionen, die bereits im 19. Jahrhundert begonnen und beim Zusammenschluss der 14 größten Konsumgenossenschaften Österreichs und ihrer zentralen Unternehmungen zum „Konsum Österreich“ einen Höhepunkt erreicht hatte.

Daraus ergibt sich bereits die erste Frage, war dieser Zusammenschluss 1978 eine richtige Entscheidung gewesen oder wurde dadurch der Zusammenbruch erst eingeleitet. Es ist in meinen Untersuchungen wohl der eindeutige Nachweis gelungen, dass die Fusion eine absolute Notwendigkeit war, da die wirtschaftlichen Probleme vieler Konsumgenossenschaften, auch sehr großer, bereits so dramatisch waren, dass sie nur durch massive Interventionen der Zentralstellen überlebensfähig geblieben sind. Ein Weg, der ja nicht endlos beschritten werden konnte, da damit die gesunden Unternehmungen indirekt ebenfalls permanent geschwächt wurden. Des weiteren war die wirtschaftliche Organisationsstruktur des genossenschaftlichen Verbundes nicht ausreichend leistungsfähig, um die Genossenschaften ganz unterschiedlichster Größenordnung zufriedenstellend bedienen zu können. Die Verantwortlichen im Management, in der Eigentümervertretung und in der Personalvertretung unterlagen jedoch dem trügerischen Irrtum, dass durch die Fusion allein die gravierenden Probleme der Vergangenheit wie Einkaufskonzentration, Sortimentstreue, nationaler Werbeauftritt und die gesamte Eigenproduktionsproblematik gelöst wären. Wesentliche Schwachstellen wie vor allem die Personal- und Flächenproduktivität wurden viel zu spät erkannt und dann oft auch mit untauglichen Maßnahmen nur oberflächlich behandelt. Dabei blieben die eigene Diskont-, die „Voll"-Selbstbedienungs-, die Personal-Flexibilierungs- und vor allem auch die Eigenproduktionsfrage immer ungelöst.

Die zweite Fragestellung bezieht sich dann auf die wirtschaftliche Leistungsfähigkeit der gesellschaftsrechtlichen Betriebsform „Genossenschaft" unter marktwirtschaftlichen Rahmenbedingungen. Das Kernproblem ist hier ohne Zweifel die ambivalente Eigentümerfunktion, die einerseits durch den genossenschaftlichen Zusammenschluss der Mitgliederwirtschaften Vorteile beim Einkauf ziehen und gleichzeitig das gemeinsame Unternehmen auch zum wirtschaftlichen Erfolg führen soll. Man spricht in diesem Zusammenhang auch vom Identitätsprinzip der Genossenschaft, d.h. von der Identität eines Mitgliedes als Kapitalgeber und als Kunde. Georg Draheim versuchte erstmals 1952 mit seiner These von der Doppelnatur der Genossenschaft als Personengemeinschaft und als betriebliche Einheit mit ihren jeweiligen Eigeninteressen das Problem einer theoretischen Lösung zuzuführen (Zerche 1998: 122, 218). Nach jahrelanger Diskussion, die auch von den Entwicklungen der Volks- und Betriebswirtschaftslehre beeinflusst waren, entwickelte Eberhard Dülfer in den 1980/90er Jahren eine eigenständige Betriebswirtschaftslehre der Genossenschaft. Dülfer versucht die These von der Doppelnatur der Genossenschaft zu überwinden und postuliert eine „genossenschaftswissenschaftliche" Betrachtungsweise des Gesamtkomplexes Mitgliederwirtschaften und Genossenschaftsbetrieb und bezeichnet diesen als „kooperativen Betriebsverbund" oder „Kooperativ". In seiner Betriebswirtschaftslehre der Genossenschaften (bzw. Kooperative) behandelt er ausschließlich jene Fragen, die zusätzlich durch die spezifische Struktur des Kooperativs entstehen. Die moderne Betriebswirtschaftslehre wird durch ihn nicht in Frage gestellt. Der Kern seiner Lösungsansätze sind die kommunikativen Subsysteme (Betriebsfunktionale, Organisationsrechtliche, Interpersonale) sowie das „Management-Mitglieder-Informationssystem", die einen Interessensausgleich herbeiführen und den Zusammenhalt eines Kooperativs gewährleisten sollen (Dülfer 1990: 438-446). Genau an diesem „Management-Mitglieder-Informationssystem" ist aber der Vorstand des Konsum Österreich gescheitert. Die Vertreter der Eigentümer waren auf allen hierarchischen Stufen bis zum Aufsichtsrat, wie es auch Robert Schediwy für die französische Genossenschaftsbewegung treffend beschrieben hat, überwiegend aus Partei- und Gewerkschaftsfunktionären, Beamten und Hausfrauen zusammengesetzt. Dieser Menschentypus lebte häufig in einer „Utopie der Vergangenheit“ und wälzte ständig viele gut gemeinte unternehmenspolitische Ideen, die in der Regel jedoch höhere Kosten verursachten (Schediwy 1991: 178f). Es war für den Vorstand der Genossenschaft dann immer schwierig zu erklären, dass vor dem Verteilen von Geldmitteln diese zuvor erst einmal erwirtschaftet werden müssen. So mussten für populistische Darstellungen von Sachverhalten immer mehr Energien aufgewendet werden. Die eigentlichen betriebswirtschaftlichen Inhalte wurden damit aber ständig in den Hintergrund verdrängt. Schließlich erarbeitete das Management keine tragfähigen Konzepte mehr, sondern vergeudete seine Energien in öffentlichkeitswirksame, politisch durchsetzbare Darstellungen. Wie in vielen gesellschaftspolitischen Organisationen wurde auch in den Konsumgenossenschaften die vereinfachende Informationsvermittlung an die Funktionäre selbst zur Hauptsache, während harte Sanierungsmaßnahmen häufig verdrängt oder ganz auf der Strecke blieben. Als typische Beispiele für das Versagen der Eigentümervertreter können hier die Strukturbereinigung durch Schließung unrentabler Betriebszweige, das Nachhinken bei der Entfaltung des Lebensmitteldiskonts und personalsparender Verkaufstechniken (Müller 1997: 3), die Investitionen in riskante Großprojekte und vor allem das gesamte Eigenproduktionsthema genannt werden.

Damit kommt man bereits zum dritten Problemkreis: dem Vorstand, Spitzenmanagement einer Konsumgenossenschaft, sowie zum mittleren Management und der Personalvertretung. Die beruflichen Biografien der „alten“ Verantwortungsträger Andreas Korp und Otto Sagmeister sowie die Erfolge und Schwächen ihrer Unternehmenspolitik wurden kurz angetönt. Ohne Zweifel konnte keiner ihrer Nachfolger, wenn auch unter wesentlich schärferen Wettbewerbsbedingungen, an ihr unternehmerisches Format anknüpfen. Letztere Auffassung steht im Widerspruch zum Befund von Oliver Rathkolb, eines intimen Kenners sozialdemokratischer Wirtschaftspolitik, der erst die jüngere sozialdemokratische Managergeneration für befähigt hielt, die Strukturveränderungen der 1990er Jahre wieder in den Griff zu bekommen (Rathkolb 2005: 146). Für das Konsummanagement kann jedenfalls gesagt werden, dass sich die Nachfolger der erfolgreichen „Wiederaufbaumanager“ ab den 1970er Jahren von den marktwirtschaftlichen Überzeugungen ihrer Altvorderen durch den Einfluss einer missverstandenen austro-keynesianischen Wirtschaftspolitik Kreiskys und Benyas immer mehr abwendeten. Damit konnte aber gerade die jüngere Managergeneration der Konsumgenossenschaftsbewegung die Herausforderungen des immer heftiger werdenden Wettbewerbs auf einem deregulierten, freien Markt eben nicht bewältigen.

Zuletzt sollen die Verdienste, Fehlleistungen und Motive von Anton Benya, Präsident des Aufsichtsrates der KGW und des KÖ, Fred Haberl, Verbandsobmann bzw. Vorstandsobmann des KÖ, und Manfred Kadits, Vorstandsdirektor der KGW und danach KÖ-Generaldirektor, um die Gründung des Konsum Österreich aufgezeigt werden. Anton Benya, langjähriger Präsident des Österreichischen Nationalrates, des Österreichischen Gewerkschaftsbundes und eben auch des Aufsichtsrates der Konsumgenossenschaft Wien bzw. des KÖ, wurde neben Bruno Kreisky ob seiner Verdienste um die Sozialpartnerschaft zur unangreifbaren Ikone der österreichischen Sozialdemokratie hochstilisiert. Nur seiner starken und integren Persönlichkeit war es zu danken, dass die Großfusion zum „Konsum

Österreich“ überhaupt zustande gekommen war. In betriebswirtschaftlichen Fragen war Benya jedoch seinen Ratgebern aus Konsum, ÖGB und der Arbeiterkammer ausgeliefert. Letztere bestanden jedoch überwiegend aus Volkswirten, die den betriebswirtschaftlichen Problemen des „Konsum Österreich“ mehr oder weniger hilflos gegenüberstanden. Wichtig ist es daher darzulegen, dass ein Hauptmotiv der Fusion zum Konsum Österreich in der betriebswirtschaftlich hoffnungslosen Lage der Konsumgenossenschaft Obersteiermark, der Heimatgenossenschaft Haberls, zu suchen ist. Diese Zwangslage Haberls verband sich mit dem Ehrgeiz von Kadits die Führungsrolle in der österreichischen Konsumgenossenschaftsbewegung zu übernehmen und wurden so zu den hintergründigen Hauptmotiven der Großfusion. Die besondere Schwäche von Kadits lag dann in der Folge ohne Zweifel in seiner konservativen Sicht des Einzelhandelsgeschehens, die sich in der traditionellen Fortführung der Sortiments- und Vertriebspolitik zeigte. Erst in allerletzter Stunde, nun aber bereits zu spät, versuchte er immerhin noch einen Schwenk zu einem Diskont-Konzept unter der Firmierung Coop-Diskont. Entnervt durch die betriebswirtschaftlichen Misserfolge und die ständige Kritik durch seinen designierten Nachfolger, aber auch allein gelassen von seinen langjährigen Weggefährten, übergab er schließlich im Jahre 1990 die Unternehmensverantwortung an Dr. Hermann Gerharter.
Weitaus schwieriger ist es, die konsumgenossenschaftliche Biografie Dr. Hermann Gerharters zu entwerfen, um seiner Persönlichkeit gerecht zu werden. Der Grund liegt in den viel kürzer zurückliegenden Turbulenzen um die Migros-Kooperation, dem Ausgleich und den nachfolgenden Strafprozessen, die eine letztgültige Einschätzung noch nicht zulassen. Erst nach einem größeren Zeitabstand wird es möglich sein, ein objektiveres Persönlichkeitsbild zu bestimmen. Tatsache ist jedenfalls, dass Gerharter erst 1990 die Gesamtverantwortung für den Konsum Österreich angetreten hat und damit ein schwer belastetes Erbe übernehmen musste. Tatsache ist aber auch, dass er durch seine Eigenproduktionspolitik und Expansionspolitik im Kaufhausbereich zu dem schlechten Zustand des Unternehmens bereits vor 1990 wesentlich beigetragen hatte. Diese Affinität zur Eigenproduktion hat ihm anfänglich offenbar auch für das Migros-Eigenmarkenkonzept so empfänglich und möglicherweise blindgläubig gemacht, freilich ohne die großen betriebswirtschaftlichen Unterschiede in der Marketingpolitik zwischen Konsum und Migros sowie die Unterschiede der volkswirtschaftlichen Rahmenbedingungen zwischen Österreich und der Schweiz zu bedenken. Dazu kam noch die Umlenkung wertvoller Ressourcen in Richtung Kaufhausgruppe mit dem verunglückten „Weltstadtkaufhaus-Abenteuer”. Ähnlich dogmatisch wie in der Eigenproduktions- und in der Kaufhausfrage verhielt sich Gerharter auch in seiner Ökomarketingpolitik, die ja durchaus dem Zeitgeist entsprach, jedoch als Hauptnutzenfaktor viel zu wenig tragfähig war. Gerharters größte Stärke war sein fotografisches Gedächtnis und vor allem seine Eloquenz. Soweit es um allgemeine Ziele ging verstand er es blendend, seine Redegewandtheit für seine Visionen erfolgreich einzusetzen und alle Gremien sowie Verhandlungspartner ganz außergewöhnlich zu beeindrucken. Ausdrücklich wurde vom Staatsanwalt des Prozesses gegen den KÖ-Vorstand und AR-Präsidenten (ab 1990 Ing. Hans Hobl) in seinem Bericht an die Oberstaatsanwaltschaft vom 1.12.1997 festgestellt, dass, mit Ausnahme der Insolvenzverschleppung um wenige Wochen, keine strafwürdigen Managementfehler dem letzten Vorstand anzulasten seien. Vielmehr wurzeln die Ursachen für den Zusammenbruch bereits in der Zeit von 1978 bis 1990

(Müller 1997: 33). Eine Rechtsposition, der sich auch das Gericht bei seiner Urteilsfindung anschloss. Damit waren natürlich trotzdem auch schwere Fehler in der Unternehmenspolitik der Gerharter-Ära nicht ausgeschlossen.

Die Mitverantwortung des mittleren Managements an der Entwicklung und am Untergang der Genossenschaft darf an dieser Stelle ebenfalls nicht unerwähnt bleiben. Keinesfalls soll gerade wegen der persönlichen Stellung des Autors eine Exkulpierung dieses Personenkreises ausgesprochen werden. Die innerbetriebliche Karriereplanung vor allem des Verkaufsapparates führte zu einem überdurchschnittlich hohen Anteil von „Praktikern" in dieser Führungsebene, die aus dem eigenen Unternehmen hervorgegangen waren und oft mit einem ungesunden und übersteigerten Selbstbewusstsein oder gar Überheblichkeit geimpft erschienen. Häufig fehlte diesem Praktikertyp aber das notwendige betriebswirtschaftliche Rüstzeug für seine Aufgaben. Soweit die Situation jedoch erkannt wurde, hüteten sich viele, ihre eigenen Überzeugungen offen auszusprechen, denn „jeder, und sei es auch ein Mitglied des Generalstabes, der berechtigte Kritik an der Führung eines Krieges übt, der im Begriffe ist, verloren zu werden, setzt sich ja selbst den ärgsten Sanktionen aus." (Schediwy 1991: 125). Der Satz, „ich bin doch kein Selbstmörder", wurde daher zum geflügelten Wort in der mittleren Führungsetage. Wo allerdings die Grenze zwischen Wissen, Unwissenheit, Unaufrichtigkeit und notwendiger Offenheit zu ziehen gewesen wäre, muss wohl jeder vor seinem eigenen Gewissen verantworten. Einige haben ja auch tatsächlich persönliche Konsequenzen gezogen und den „Konsum Österreich" vorzeitig verlassen.

Das Problem Personalvertretung konnte in der vorliegenden Arbeit nicht näher beleuchtet werden. Der Staatsanwalt im Strafprozess gegen den letzten Vorstand des Konsum Österreich spricht in diesem Zusammenhang von einer Übermacht der Belegschaftsvertreter (Müller 1997: 3). Trotz aller gewerkschaftlichen Traditionen bleibt die Tatsache jedenfalls weithin unverständlich wie eine genossenschaftlich indoktrinierte Personalvertretung es zulassen konnte, dass der Ast, auf dem sie mit tausenden Arbeitern und Angestellten saß, auch durch ihre Mittäterschaft abgesägt und dieses Unternehmen dem Untergang preisgegeben werden konnte.

Der vierte wichtige Problemkreis der Diversifikationspolitik und der damit im engsten Zusammenhang stehenden Investitionen konnte auf Grund der unzureichenden Quellenlage nur ansatzweise ausgeführt werden. Auffallend ist jedenfalls auf den ersten Blick, dass Großinvestitionen wie beispielsweise in die Einrichtungshaus-Vertriebslinie nach erfolgversprechenden Anfängen nicht konsequent flächendeckend umgesetzt wurden, sondern letztendlich wortwörtlich ausgehungert wurden. Das hieß im konkreten Fall, dass hohe Erträge für die Sanierungsmaßnahmen aus den Holz-Spekulationsgeschäften der Jahre 1973/74 jahrzehntelang abgeschöpft wurden bis die ganze Einrichtungshausgruppe in eine gebarungsmäßige Notlage geriet. Ähnlich war das Verhalten im Autohandel (Opel-Perl), in der Coop-Diskont- und Inform-Parfümerie-Linie. Evident ist weiters, dass sich die Großinvestitionen in die Eigenproduktionsbetriebe für die Trockensortimente und in die Gerngross-Kaufhausgruppe mit dem Weltstadtkaufhaus Herzmansky als Fehlinvestitionen erwiesen. Schlussendlich muss aus heutiger Sicht auch der jahrelang forcierte Bau von KGM-Verbrauchermarkteinheiten mit über 4.000 m² Verkaufsfläche und das überdimensionierte Distributionszentrum Hirschstetten auf das Konto Fehlinvestitionen gebucht werden. Damit wurden ja nicht nur die Investitionstätigkeit in die Hauptvertriebsschienen „Der frische Konsum", (DFK)-Supermärkte und „Konsum-Großmärkte" (KGM) bis 3.000m² Betriebsfläche entscheidend behindert, sondern auch die Gebarung des „Konsum Österreich" sowie die fiktive Gesamtgebarung der Unternehmensgruppe ständig in die roten Zahlen geführt. Was in diesem Zusammenhang aber noch oft übersehen wird, ist der Umstand, dass die meisten angeführten Großprojekte zu Hyperkomplexitäten vor allem in der Sortimentspolitik mit weitreichenden negativen Auswirkungen führten und damit das Kerngeschäft des „Konsum Österreich" noch zusätzlich geschwächt wurde.

Bleibt noch als letzte Erkenntnis die Feststellung zu treffen, dass sämtliche Sanierungskonzepte der „Konsum Österreich"-Ära ab 1986 beginnend mit dem Coop-Diskont-Projekt, über Offensivkonzept-Blaubuch 1987, Konsum 2000, Nymphenburg, McKinsey, Turnheim, Grünwald bis zur Migros-Kooperation scheitern mussten, da keines mit voller Konsequenz und vor allem zügig umgesetzt wurde. Von besonderem Verhängnis war vor allem die lange Dauer der Umstrukturierungsmaßnahmen.

Zuletzt führte der Totalschwenk in der Sortimentsstrategie im Jahre 1993 zur geplanten Migros-Eigenmarkenexklusivität ohne einer entsprechenden Preisleistung, der bereits anfangs 1995 wieder abgebrochen werden musste, zum Untergang. Eine derart tiefgreifende Änderung der Sortimentspolitik hätte selbst unter der Voraussetzung einer wettbewerbsfähigen Preisleistung nur langfristig Aussicht auf Erfolg gehabt. Ein Durchbruch innerhalb eines Jahres konnte bei der bekannten Trägheit von Konsumentenströmen unmöglich erwartet werden.

Das betriebsintern immer wieder selbstkritisch und jahrzehntelang geäußerte Bonmot von den „konsumgenossenschaftlichen Konzeptriesen und Umsetzungszwergen" fand in einem ständigen Zickzackkurs von Sanierungsplänen seine nachträgliche Bestätigung. Was der „Konsum Österreich" anstelle der Konzeptflut aber gebraucht hätte, wäre eine konsequente Umsetzung der ab 1987 erkannten notwendigen Basismaßnahmen zur Verbesserung der Personal- und Flächenproduktivität gewesen. Alle Sanierungskonzepte waren nicht grundsätzlich untauglich, sind aber letztendlich alle an der missglückten Umsetzung der Sortimentspolitik mit ihren negativen Auswirkungen auf die Preisgestaltung des „Konsum Österreich" misslungen. Man zog weder eine konsequente Eigenmarkenpolitik durch, wie sie Migros und Hofer erfolgreich vorexerzierten, und noch viel weniger konnte man sich für eine konsequente Industriemarkenpolitik, wie sie Billa und Spar ebenso wirksam umsetzten, entscheiden. Die Marketingpolitik des „Konsum Österreich" wollte aus historischen und persönlichen Beweggründen beides realisieren und war damit zum Scheitern verurteilt. Die Marketingpolitik eines Unternehmens, obwohl von volkswirtschaftlichen Rahmenbedingungen beeinflusst, wird aber letztendlich vom Management gestaltet und muss somit auch vom Management verantwortet werden.

Quellenverzeichnis

BDO Auxilia Treuhand GmbH Wirtschaftsprüfungs- und Steuerberatungsgesellschaft, Gutachten über den Zeitpunkt des Eintritts der Überschuldung und der Zahlungsunfähigkeit sowie deren Erkennbarkeit bei der Konsum-Gruppe, Wien 30.6.1995, Archiv des FGK

Blaich, R. (1995): Der rote Riese wankt. 1988 - Vision 1995 – Realität, Wien: TOSA

Brazda, J. / Todev, T. / Schediwy, R. (1996): Zur Geschichte der bürgerlichen Konsumgenossenschaften und des Allgemeinen Verbandes, Wien: Österreichischer Genossenschaftsverband

Bruckmüller, E. (2001): Sozialgeschichte Österreichs, 2. Aufl., Wien: Verlag für Geschichte und Politik

Die Konsumgenossenschaft (1954), Wien, 48/17

Domforth, Ch. (2006): Zwischen Penthäusern und Lebenslügen, in: Die Presse, 07.06.2006

Dülfer, E. (1990): Die Genossenschaft als Organisation - ein systemtheoretischer Ansatz, in: Laurinkari, J. (Hrsg.), Genossenschaftswesen. Hand- und Lehrbuch, München: Oldenbourg

Generalsekretariat (KÖ): Vorstandssitzung 27.2.1990, Positionspapier 1990, Februar 1990, Archiv des FGK

Hindels, J. (1973): Der lange Weg. Von der Arbeiterbank zur Bank für Arbeit und Wirtschaft, Wien: BAWAG Eigenverlag

Jahresberichte Konsum Österreich 1978-1995, Archiv des FGK

KÖ Vorstandssitzung, 21.2.1989, Umsatzbericht Drittabnehmer Inland und Exporte, Archiv des FGK

Konsum Österreich. Jahresbericht 1994, Wien: KÖ Eigenverlag

Konsum Österreich (1995) Presseinformation Nr.5, Wien: hrsg. v. Konsumverband

Korp, A. (1955): Referat am 22. Verbandstag, 17./18.10.1953, in: Wien, Jahrbuch des Konsumverbandes, Wien: Konsumverband Eigenverlag

Korp, A. (o.J.): Stein auf Stein. 50 Jahre Grosseinkaufsgesellschaft österreichischer Consumvereine 1905 – 1955, Wien: GöC Eigenverlag

Landesgericht für Strafsachen (1999): Im Namen der Republik (Urteil), 11cE Vr 9748/95 Hv 6115/98, Wien 25.5.1999, Archiv Emil Knotzer

Müller, E.: Bericht an die Oberstaatsanwaltschaft Wien, Wien 1.12.1997, Archiv Hannes Reichmann

Nielsen Jahresberichte (1977-2004), Wien: Eigenverlag

Nilsson, J. (1995): Konsum Österreich: Der Weg in den Untergang, in: Wirtschaftspolitische Blätter 42/3/4

Österreichisches Institut für Verpackungswesen (1977): in: im Blickfeld der KG, 15/2a/–

o.V. (1954): 90 Jahre Konsumgenossenschaft Wien, in: Die Konsumgenossenschaft, 48/25/–

o.V. (1954): Eine Abfuhr, in: Die Konsumgenossenschaft, 48/17/–

o.V. (1948/1949): Verbandsstatistik, Konsumverband Zentralverband der österreichischen Konsumgenossenschaften, Wien: Konsumverband Eigenverlag

o.V. (1950a): Zu neuem Leben erstanden! In: Jahrbuch 1945-1949 (des Konsumverbandes), Wien: Konsumverband Eigenverlag

o.V. (1950b): Werbeeinschaltung. „Genossenschaft ist Planwirtschaft – darum gehört ihr die Zukunft“, in: Die Konsumgenossenschaft, 44/15/–

Rathkolb, O. (2005): Die paradoxe Republik. Österreich 1945 bis 2005, Wien: Zsolnay

Rechnungsabschlüsse der österreichischen Konsumgenossenschaften 1955-1977, Archiv des FGK

Schediwy, R. (1991): Probleme des föderativen Verbundes der Konsumgenossenschaften in Frankreich. Wiener Studien des Forschungsinstitutes für Genossenschaftswesen, Bd. 7, Wien: Eigenverlag des FOG

Schediwy, R. (2004): Die aktuelle Situation der Konsumgenossenschaften in Europa, Manuskript eines Referates vor dem KÖ-Vorstand und Aufsichtsrat, 20.10.1994, Archiv Emil Knotzer

Schmidt, F. (o.J.): Die Privatwirtschaft hat einen mächtigen Antriebsmotor – das Gewinnstreben. Die Genossenschaft schaltet den Gewinn aus. Bei ihr ist das Motiv des wirtschaftlichen Handelns der Dienst an der Gemeinschaft, in: Jahrbuch des KV 1945-49, Wien: Konsumverband Eigenverlag

Stourzh, G. (o.J.): Österreichs Weg zum Staatsvertrag und zur Neutralität, www.demokratiezentrum.org/pdfs/stourzh_2.pdf

Vargha, H. (1990): „Konsum Österreich", Flächen- und Personalproduktivitätsindex. KGM, DFK/ Konsummärkte, DFK/<400 m², Forum, 27.07.1990, Archiv des FGK

Verbandsstatistik 1978-1989, Archiv des FGK

Werner, W. (2006): Dipl.-Ing.Dr. Ludwig Strobl, ein Agrarier führt den Konsum (Konzept), in: Brazda, J. / Rom S. (Hrsg.): 150 Jahre Konsumgenossenschaften in Österreich, Wien: Eigenverlag des FGK

Wiedey, J. (2006): Konsum Österreich, der Untergang der Konsumenten-Selbsthilfe (Konzept), in: Brazda, J. / Rom, S. (Hrsg.): 150 Jahre Konsumgenossenschaften in Österreich, Wien: Eigenverlag des FGK

Zentralkonsum Österreich, Jahresbericht 1976 und 1977, Archiv des FGK

Zerche, J.(1998): Einführung in die Genossenschaftslehre: Genossenschaftstheorie und Genossenschaftsmanagement, München: Oldenbourg

Genossenschaftliche Verbundkompetenz am Fallbeispiel der österreichischen Volksbank Gruppe

Günther Ettenauer

1. Abstract

Der nachfolgende Beitrag handelt von genossenschaftlicher Verbundkompetenz am Fallbeispiel der österreichischen Volksbank Gruppe.
Ein maßgeblicher Leitsatz des Leitbilds der österreichischen Volksbanken formuliert deren Verbundziel, nämlich die Förderung der Selbständigkeit und Eigenbestimmtheit der Volksbanken (Was?) durch Verbundkooperation (Wie?). So wie Akteure generell gewisse Kompetenzen brauchen, um gewisse Ziele zu erreichen, brauchen Akteure des Top-Managements im genossenschaftlichen Verbund der Volksbank Gruppe eine besondere Verbundkompetenz, um das besondere Verbundziel zu erreichen bzw. dessen laufende Zielerreichung zu sichern. Wird diese Verbundkompetenz mittels wissenschaftlicher und daraus abgeleiteter praxisorientierter Verbundkompetenzkonzepte erfasst und damit greifbar gemacht, dann kann eine systematische Förderung oder Entwicklung dieser Verbundkompetenz durch bildungsbeauftragte Verbundeinrichtungen wesentliche Nutzenpotenziale wie z. B. Strategieumsetzung, Erhöhung der Arbeitgeberattraktivität und Erfüllung des genossenschaftlichen Förderauftrags realisieren.
Aber zu Forschungsbeginn war Verbundkompetenz weder erfasst noch greifbar. Mögliche Kompetenzklassen oder -aspekte dieser Verbundkompetenz waren gänzlich unbestimmt. Damit einhergehend existierte auch kein wissenschaftliches Verbundkompetenzkonzept, auf dessen Basis ein praxisorientiertes Verbundkompetenzkonzept hätte abgeleitet, Verbundkompetenzentwicklung hätte betrieben und Nutzenpotenziale hätten realisiert werden können. Als Kurzformel der Problemstellung ergab sich daher: Unbestimmte Verbundkompetenz = kein wissenschaftliches Verbundkompetenzkonzept = kein praxisorientiertes Verbundkompetenzkonzept = keine Verbundkompetenzentwicklung = kein Realisierung von Nutzenpotenzialen.
Vor diesem Hintergrund wurde das Forschungsziel festgelegt, Kompetenzklassen und -aspekte der Verbundkompetenz theoretisch und empirisch zu bestimmen und in einem wissenschaftlichen Verbundkompetenzkonzept abzubilden. Die damit verbundenen Forschungsfragen lauteten: 1) Welche Kompetenzklassen hat Verbundkompetenz? 2) Welche Kompetenzaspekte je Kompetenzklasse hat Verbundkompetenz? Die Kompetenzklassen würden die Struktur, und die Kompetenzaspekte die Inhalte des wissenschaftlichen Verbundkompetenzkonzepts ergeben. Letztlich würden eine solche Bestimmung und Abbildung der Verbundkompetenz den Grundstein für die Realisierung wertvoller Nutzenpotenziale legen.
Im Rahmen der theoretischen Bestimmung der Verbundkompetenz wurden vier verbindliche Kompetenzklassen identifiziert: 1) Fachlich-methodische Kompetenzen: In dieser Klasse geht es um fachliche Qualifikationen, die die Akteure benötigen, um fachliche

Probleme erkennen und differenziert lösen zu können. 2) Sozial-kommunikative Kompetenzen: In dieser Klasse geht es um soziale Kommunikationsvoraussetzungen. Dazu zählen zum Beispiel psychosoziales Team- oder Kommunikationsverhalten. 3) Personale Kompetenzen: In dieser Klasse geht es um Charakter- und Persönlichkeitseigenschaften. Dazu zählen z. B. Flexibilität und Kreativität. 4) Aktivitäts- und umsetzungsbezogene Kompetenzen: In dieser Klasse geht es um Arbeits- und Tätigkeitsdispositionen, das ist die innere Bereitschaft, durch gesamtheitliches Handeln ein bestimmtes Ziel zu erreichen. Was hingegen etwaige Kompetenzaspekte betraf, konnten keine verbindlichen, sondern lediglich eine große Menge an unverbindlichen identifiziert werden.

Die ergänzende empirische Bestimmung und Festigung der dermaßen theoretisch entwickelten Verbundkompetenz erfolgte im Rahmen einer Fallstudienuntersuchung am Beispiel des genossenschaftlichen Verbunds der Volksbank Gruppe. In diesem Rahmen wurden 18 Experteninterviews geführt, und die daraus gewonnenen Daten inhaltlich strukturiert. Als Hauptergebnisse stellten sich eine nicht erfolgende theoretische Sättigung in der Hauptkategorie der nicht integrierten Kompetenzklassen und eine erfolgende theoretische Sättigung in der Hauptkategorie der integrierten Kompetenzklasse ein. Hauptergebnisse und daraus gezogene Schlussfolgerungen wurden anschließend in einem entsprechend wissenschaftlichen Verbundkompetenzkonzept abgebildet.

Als Struktur des wissenschaftlichen Verbundkompetenzkonzepts ergaben sich somit weder fachlich-methodische noch sozial-kommunikativen noch personale Kompetenzklassen, sondern einzig die aktivitäts- und umsetzungsorientierte Kompetenzklasse. Als dieser Kompetenzklasse zugehörige Kompetenzaspekte ergaben sich vier Arbeits- und Tätigkeitsdispositionen, nämlich genossenschaftliche Überzeugung, ökonomische Zweckrationalität, interpersonale Partnerschaftlichkeit und intrapersonaler Interessensausgleich.

Die nachfolgenden Ausführungen detaillieren diese gleichzeitig einführenden als auch zusammenfassenden Worte das Abstract in den Kapiteln 2) Ausgangssituation, 3) methodische Vorgehensweise, 4) theoretische Bestimmung der Verbundkompetenz, 5) ergänzende empirische Bestimmung und Festigung der Verbundkompetenz 6) Abbildung der Verbundkompetenz in wissenschaftlichem Verbundkompetenzkonzept und schließlich 7) Ausblick. In der Zusammenfassung finden die gegenständlichen Ausführungen ihr Ende, so wie es in der Natur der Sache liegt.

2. Ausgangsituation

2.1. Verbundkompetenz

Im gegenständlichen Rahmen wurden zwei Hypothesen aufgestellt. Hypothese I geht davon aus, dass Akteure gewisse Kompetenzen brauchen, um gewisse Ziele zu erreichen. Hypothese II projiziert diese plausible Annahme auf genossenschaftliche Rahmenbedingungen. Es wird angenommen, dass Akteure spezifische Verbundkompetenz benötigen, um ein spezifisches Verbundziel zu erreichen bzw. dessen laufende Erreichung zu sichern.

2.1.1. Hypothese I

Hypothese I: Akteure benötigen gewisse Kompetenzen, um gewisse Ziele zu erreichen.

Welche Bedeutung wurde dem Begriff „Kompetenz" im gegenständlichen Rahmen beigemessen? Aus individualer Perspektive auf den Begriff „Kompetenz (Ez.)" bzw. „Kompetenzen (Mz.)"[1] wird auf den inhaltlichen Unterschied hingewiesen, der sich ergibt, wenn der Begriff der Kompetenz einmal in der Einzahl (Ez.) und einmal in der Mehrzahl (Mz.) verwendet wird: „Alle aufgeführten Bezeichnungen für Kompetenzen werden im Singular und Plural [...] benutzt. Der Singular bezeichnet meist die jeweilige Kompetenzgesamtheit, der Plural weist auf die Existenz von Teilkompetenzen hin." (Erpenbeck/ Rosenstiel 2007: XXIII)

Zur Kompetenz (Ez.): Kompetenz ist

> „stets eine Form von Zuschreibung (Attribution) auf Grund eines Urteils des Beobachters: Wir schreiben dem physisch und geistig selbstorganisiert Handelnden auf Grund bestimmter, beobachtbarer Verhaltensweisen bestimmte Dispositionen als Kompetenzen zu. Danach sind Kompetenzen Dispositionen selbstorganisierten Handelns, sind Selbstorganisationsdispositionen" (Erpenbeck/Rosenstiel 2007: XVIIIf).

An anderer Stelle ist Kompetenz

> „das System der innerpsychischen Voraussetzungen, das sich in der Qualität der sichtbaren Handlungen niederschlägt und diese reguliert. [...]. Inhaltlich ist damit die systemische und prozessuale Verknüpfung von Werten und Einstellungen mit den Motiv-Ziel-Strukturen einer Person gemeint" (Baitsch 1996: 1 in Bohlander 2002: 3).

Alternativ wird Kompetenz wie folgt definiert:

> „Kompetenz bezeichnet die innere Steuerung von Tätigkeiten bzw. Handlungen; entscheidend ist die Qualität des Verlaufs der Steuerung der dazu notwendigen Prozesse; die Qualität wird beeinflusst durch die Verknüpfung der steuerungsrelevanten Elemente" (Jutzi/Delbrouck/ Baitsch 1998: 8).

Ergänzend wird Kompetenz wie folgt bestimmt:

> „Für die Beschreibung dessen, was ein Mensch wirklich kann und weiß, hat sich der Begriff der Kompetenz eingebürgert. Unter Kompetenz werden alle Fähigkeiten, Wissensbestände und Denkmethoden verstanden, die ein Mensch in seinem Leben erwirbt" (Weinberg 1996: 3).

Folgt man wieder anderen Begriffsbestimmungen, so ist Kompetenz die Summe aus „Wissen, Fähigkeiten, Motivation, Interesse, Fertigkeiten, Verhaltensweisen und anderen Merkmalen, die eine Person für eine erfolgreiche Bewältigung ihrer Aufgaben benötigt" (Sonntag/Schmidt-Rathjens 2004: 18).

Zu Kompetenzen (Mz.): Dem entgegen gelten Kompetenzen als „Dispositionsbestimmungen, die sowohl die Verfügbarkeit von Wissen, dessen selektive Bewertung und Einordnung in umfassendere Wertbezüge, die wertgesteuerte Interpolationsfähigkeit und die Folgenabschätzung einschließen" (Kirchhöfer 1998: 16). Aus anderer Sicht sind Kompetenzen als „Fähigkeiten, Methoden, Wissen, Einstellungen und Werte zu verstehen, deren Erwerb, Entwicklung und Verwendung sich auf die gesamte Lebenszeit eines Menschen bezieht" (Dehnbostel 2001: 76). Abschließend seien Kompetenzen auch „underlying charac-

---

[1] Alternativ könnten auch eine organisationale Perspektive (z. B. Kompetenz als „wettbewerbsorientierte Kernkompetenz") oder eine rechtliche Perspektive (z. B. Kompetenz als „Befugnis und Recht") angesetzt werden.

teristic(s) of a person that lead to or cause superior or effective performance“ (Boyatzis 2002: 145).
Der somit ausgesprochen feingliedrige Unterschied zwischen „Kompetenz (Ez.)“ und „Kompetenzen (Mz.)“ wird im gegenständlichen Rahmen nicht differenziert. Der Begriff „Kompetenz“ wird aus individualer Perspektive gesehen und als Selbstorganisationsdisposition verstanden. Welche Bedeutung wurde hier dem Begriff „Ziel“ beigemessen? Zum allgemeinen Zielbegriff gilt es an dieser Stelle lediglich anzuführen, dass es sich dabei um angestrebte, zukünftige Sollzustände handelt. Eine etwaige vertiefende Auseinandersetzung wird zu Gunsten der nachfolgenden Auseinandersetzung mit Begriff „Verbundziel“ hintangestellt.

2.1.2. Hypothese II

Hypothese II: Akteure benötigen spezifische Verbundkompetenz, um das spezifische Verbundziel zu erreichen.

Welche Bedeutung wurde dem Begriff „Verbundkompetenz“ an dieser Stelle beigemessen? So wie Kompetenz im Allgemeinen gilt auch Verbundkompetenz im Speziellen als Selbstorganisationsdisposition. Allerdings können an dieser Stelle keine Aussagen über etwaige Kompetenzklassen und -aspekte der Verbundkompetenz gemacht werden. Diese zu erforschen ist letztlich das Ziel der gegenständlichen Forschungsaktivitäten.
Und schließlich, welche Bedeutung wurde dem Begriff „Verbundziel“ beigemessen? Das Verbundziel erschließt sich aus der Betrachtung bestehender Net-Governance-Strukturen der österreichischen Volksbank Gruppe. Diese ergeben sich aus den drei Ebenen verbundlicher Regelungen: 1. Ebene) Verbundverfassung (Verbandssatzung) 2. Ebene) Verbindliche Verbundregelungen 3. Ebene) Leitlinien, Empfehlungen (Hofinger 2005: 123). Eine maßgebliche Leitlinie bzw. ein wichtiger Leitsatz aus dem Leitbild der Volksbanken lautet wie folgt:

> „Starker Verbund: Mit einem starken Verbund wollen wir die Selbständigkeit und Eigenbestimmtheit unserer Volksbanken fördern. Die Volksbankengruppe repräsentiert die immer wichtiger werdende flexible Organisationsform der überschaubaren, selbständigen Einheiten, die durch ein gemeinsames Auftreten im Verbund die Wirkung einer großen und starken Bank- und Finanzgruppe erreicht. Durch diese Einbettung in den starken nationalen und internationalen Volksbanken-Verbund werden die Vorteile einer kundenorientierten Regionalbank mit den Vorteilen einer dezentralen Allfinanzgruppe optimal kombiniert. Alle Verbundeinrichtungen müssen daher ebenfalls als komplementäre und subsidiäre Organisationen auf die Vision und die Leitsätze ausgerichtet sein. Die Verbundeinrichtungen werden subsidiär und komplementär tätig. Die Leistungen der Verbundunternehmen werden marktkonform, kompetent und kostenoptimal erbracht. Die Volksbanken bedienen sich vorrangig der Verbundleistungen und akzeptieren Verbundentscheidungen, die im Sinne des Förderauftrages und nach den Grundsätzen der Wirtschaftlichkeit, Sparsamkeit und Zweckmäßigkeit erfolgen. Insbesondere bei der Beratung von Existenzgründern nützen die Volksbanken auch das Know-how und die Erfahrung gewerblicher Waren-, Dienstleistungs- und Produktivgenossenschaften sowie Verbundgruppen. Unser Verhalten im Verbund erfolgt auf der Grundlage der Verbundverfassung und den Grundsätzen ordnungsgemäßer Geschäftsführung und beinhaltet als wesentliches Merkmal auch die gegenseitige Treue im Verbund.“ (Österreichischer Genossenschaftsverband 2007, online)

Das sich in engster Anlehnung an diesen Leitsatz erschließende Verbundziel ist die Förderung der Selbständigkeit und Eigenbestimmtheit der Volksbanken (= WAS?) durch Verbundkooperation (= WIE?), das sind z. B. wie o. a. die vorrangige Inanspruchnahme der

Verbundleistungen durch die Volksbanken, das Akzeptieren von im Sinne des Förderauftrages erfolgenden wirtschaftlichen, sparsamen und zweckmäßigen Verbundentscheidungen, das auf der Verbundverfassung und den Grundsätzen ordnungsgemäßer Geschäftsführung basierende Verbundverhalten und die Ausrichtung aller komplementären und subsidiären Verbundeinrichtungen, deren Leistungen marktkonform, kompetent und kostenoptimal erbracht werden, auf die Vision und die Leitsätze (Österreichischer Genossenschaftsverband 2007, online).

2.2. Problemstellung, Forschungsziele und -fragen

Das Problem bestand wie bereits ausgeführt darin, dass Verbundkompetenz hinsichtlich etwaiger Klassen und dazugehöriger Aspekte gänzlich unbestimmt war. Verbundkompetenz hätte vieles sein können: Vielleicht eine fachliche oder eine soziale oder eine personale Kompetenz? Vielleicht eine bunte Mischung! Damit einhergehend existierte auch kein wissenschaftlich fundiertes Verbundkompetenzkonzept. Natürlich könnten in solcher Unbestimmtheit weder ein darauf aufbauendes praxisorientiertes Verbundkompetenzkonzept entwickelt noch eine darauf aufsetzende systematische Verbundkompetenzentwicklung betrieben werden. Wichtige personalwirtschaftliche Beiträge zur Strategieumsetzung, Erhöhung der Arbeitgeberattraktivität oder zur Erfüllung des Förderauftrags würden kurzfristig ausbleiben oder sogar nachhaltig entfallen. Vor diesem Hintergrund präzisierte sich das Forschungsziel, unter Maßgabe von ausgewählten Forschungsansätzen und Forschungsmethoden die Kompetenzklassen und -aspekte der Verbundkompetenz theoretisch zu entwickeln und empirisch zu festigen und die gewonnenen Erkenntnisse in einem wissenschaftlichen Verbundkompetenzkonzept zu verschmelzen. Darauf aufbauend könnte ein praxisorientiertes Verbundkompetenzkonzept entworfen werden. Auf dessen Grundlage wiederum könnte systematische Verbundkompetenzentwicklung betrieben werden usw.

Das Ziel der Erforschung der Kompetenzklassen und -aspekte der Verbundkompetenz deckt auch eine weniger praxis- und nutzenorientierte, sondern rein wissenschaftliche Perspektive ab. Erst durch den Versuch einer Begriffsbestimmung kann die Arbeit an der Verifizierung oder Falsifizierung der o. a. Hypothesen begonnen werden. Erst durch diese Begriffsbestimmung kann den Erfordernissen der quantitativen Forschungslogik wie z. B. der Logik der Prüfung, der Vorbedingung der Prüfung oder den grundsätzlichen Überprüfungsmöglichkeiten von Hypothesen entsprochen werden (Hussy/Möller 2000: 3ff, online). Logisch-stringent ergaben sich also die beiden Forschungsfragen:

- Welche Kompetenzklassen hat Verbundkompetenz?
- Welche Kompetenzaspekte je Kompetenzklasse hat Verbundkompetenz?

3. Methodische Vorgehensweise

Zum Zweck der Entwicklung und Erforschung der Verbundkompetenzklassen und -aspekte wurden der Forschungsansatz der Fallstudienforschung und die Forschungsmethode der qualitativen Inhaltsanalyse miteinander verzahnt. Die Hauptabschnitte des Forschungsprozesses ergeben sich logisch-stringent aus den Prozessphasen der Fallstudienforschung, die Teilabschnitte aus den Prozessphasen der qualitativen Inhaltsanalyse. Mit anderen

Worten differenziert sich der grobe Raster der Fallstudienforschung durch die detaillierten Analyseschritte der qualitativen Inhaltsanalyse zum Forschungsprozess der gegenständlichen Arbeit. Die nachfolgenden Überlegungen können auch als die Entwicklung eines Projektstrukturplans verstanden werden.

Der Prozess der Fallstudienforschung gliedert sich in die Prozessphasen 1) Theoriebildung (siehe Ausgangssituation) 2) Design 3) Datenerhebung 4) Datenanalyse 5) Report (Yin 2003: Vorwort).

Zu Beginn der Fallstudienforschung stehe die Theoriebildung. Eine Theorie sei ein Konzept zur Beschreibung von Zusammenhängen, das per Experiment verifiziert oder falsifiziert werden könne. Weiters bestehe eine Theorie

> „aus insgesamt drei – unverzichtbaren – Kernelementen: 1) ein System aufeinander bezogener Aussagen über einen bestimmten Ausschnitt der Realität. 2) Angaben über die Voraussetzungen und Randbedingungen, unter denen diese Aussagen gelten sollen. 3) die Möglichkeit, Hypothesen über künftige Ereignisse und Veränderungen zu bilden (Prognose-Funktion)“ (Wikipedia 2006, online).

Es ist wichtig hervorzuheben, dass im Zusammenhang mit der Theoriebildung im Rahmen einer Fallstudie nicht die Bildung einer „großen“ sozial- oder wirtschaftswissenschaftliche Theorie gemeint ist, sondern vielmehr die Entwicklung einer logisch systematischen Beschreibung bestimmter Zusammenhänge innerhalb eines bestimmten Wirklichkeitsausschnittes, der untersucht werden soll: „This theory should by no means be considered with the formality of grand theory in social science, nor are you being asked to be a masterful theoretician. Rather, the simple goal is to have a sufficient blueprint for your study, [...].” (Yin 2003: 29) Insofern relativierte sich für die Belange der gegenständlichen Forschungsaktivitäten die Unverzichtbarkeit der o. a. Kernelemente drastisch. Im gegenständlichen Rahmen erfolgte die Theoriebildung im Rahmen der Darstellung der Ausgangssituation, d. h. durch das Entwickeln von Hypothesen, durch das Aufzeigen einer Problemstellung, durch das Bestimmen eines Forschungsziels und letztlich durch das Stellen logisch-stringenter Forschungsfragen.

Nach erfolgter Theoriebildung respektive durchgeführter Darstellung der Ausgangssituation wurden durch die enthaltenen Ideen alle fünf Komponenten des notwendigen Fallstudiendesigns mehr und mehr abgedeckt:

> „You can see that as these [...] ingredients are elaborated, the stated ideas will increasingly cover the questions, propositions, units of analysis, logic connecting data to propositions, and criteria for interpreting the findings – that is, the five components of the needed research designs.” (Yin 2003: 29)

Dies waren die Forschungsfrage, die Propositionen (Behauptungen/Prämissen), der zu untersuchende Fall, die damit verbundenen Untersuchungseinheiten und die Grundsteinlegung für die Datenauswertung: „For case studies, five components of a research design are especially important: 1) a study´s questions 2) its propositions, if any 3) its unit(s) of analysis 4) the logic linking the data to the propositions 5) the criteria for interpreting the findings.” (Yin 2003: 21)

Zum Zwecke der Datenerhebung wurden Experteninterviews geführt, wobei gilt:

> „Bei Experteninterviews sprechen wir mit Menschen, die über unseren Forschungsgegenstand besondere und umfassende Erfahrung haben. [...]. Es ist niemals von vornherein feststellbar, wer für unsere Untersuchungsziele als Experte gelten kann. Deshalb sind in der Regel wenig strukturierte Befragungen Voraussetzung zur Identifizierung von Experten.“ (Atteslander 2003: 155)

Experteninterviews bedienen sich zur Klärung von Zusammenhängen eines offenen Konzepts, das explorative Ziele verfolge (Atteslander 2003: 153). Es existieren verschiedene Bestimmungsmerkmale offener Konzepte. Dazu gehören neben anderen die genaue Abgrenzung des Problems vor der eigentlichen Erhebungsphase, die dem Experten Anlauf- oder Erinnerungsphasen zugestehende Abfolge der Fragen während des Gesprächs, die Überprüfung der Relevanz der Antwortkategorien während des Gesprächs oder die Hemmschwellen der Kommunikation während des Gesprächs (Atteslander 2003: 153ff auf Gorden 1977 verweisend).

Die Datenanalyse erfolgte mittels qualitativer Inhaltsanalyse. Hierbei wurde in einem ersten Schritt die Technik der strukturierenden Inhaltsanalyse ausgewählt. Diese gilt als zentrale Analysetechnik, die allgemein zum Ziel habe, „eine bestimmte Struktur aus dem Material herauszufiltern. Diese Struktur wird in Form eines Kategoriensystems an das Material herangetragen. Alle Textbestandteile, die durch die Kategorien angesprochen werden, werden dann aus dem Material systematisch extrahiert" (Mayring 2003: 83). In einem zweiten Schritt wurde zur Technik der inhaltlichen Strukturierung differenziert.

Am Ende der Fallstudienforschung stand die schriftliche Aufarbeitung der Forschungsaktivitäten und -erkenntnisse mittels Fallstudienreport. Yin betont, wie wichtig es sei, diesen gemäß der besonderen Bedürfnisse der jeweiligen Zielgruppe aufzubereiten. Praktiker hätten klarerweise andere Interessenslagen als Wissenschaftler. So wäre es durchaus denkbar, dass ein Report für Praktiker auf z. B. eine stichhaltige Nutzenargumentation abziele, wohingegen einer für Wissenschaftler sich möglicherweise verstärkt mit Fragen zu Theorie und Methode beschäftige (Yin 2003: 141ff).

4. Phase 1: Theoretische Bestimmung der Verbundkompetenz

4.1. Verbundkompetenzklassen

Die theoretische Entwicklung der Verbundkompetenzklassen erfolgte auf Grundlage der Kompetenztheorie von Erpenbeck & Rosenstiel. Dies ist mit der theoretischen Trennschärfe der nicht-integrierten Kompetenzklassen bei gleichzeitiger Praxisnähe der integrierten Kompetenzklasse zu begründen. Hiervon waren klare Vorteile in Rahmen der empirischen Erhebungen zu erwarten.

Diese Kompetenztheorie unterscheidet nicht-integrierte und integrierte Kompetenzklassen. Als nicht-integrierte Kompetenzen gelten fachlich-methodische, sozial-kommunikative und personale Kompetenzen.

Fachlich-methodische Kompetenzen werden definiert als

> „die Disposition einer Person, bei der Lösung von sachlich-gegenständlichen Problemen geistig und physisch selbstorganisiert zu handeln, d. h., mit fachlichen und instrumentellen Kenntnissen, Fertigkeiten und Fähigkeiten kreativ Probleme zu lösen, Wissen sinnorientiert einzuordnen und zu bewerten; das schließt Dispositionen ein, Tätigkeiten, Aufgaben und Lösungen methodisch selbstorganisiert zu gestalten, sowie die Methoden selbst kreativ weiterzuentwickeln" (Erpenbeck/Rosenstiel 2003: XVI).

Sozial-kommunikative Kompetenzen gelten als

> „die Dispositionen, kommunikativ und kooperativ selbstorganisiert zu handeln, d. h., sich mit anderen kreativ auseinander- und zusammenzusetzen, sich gruppen- und beziehungsorientiert zu verhalten, und neue Pläne, Aufgaben und Ziele zu entwickeln" (Erpenbeck/Rosenstiel 2003: XVI).

Personale Kompetenten werden definiert als

> „die Disposition einer Person, reflexiv selbstorganisiert zu handeln, d. h., sich selbst einzuschätzen, produktive Einstellungen, Werthaltungen, Motive und Selbstbilder zu entwickeln, eigene Begabungen, Motivationen, Leistungsvorsätze zu entfalten und sich im Rahmen der Arbeit und außerhalb kreativ zu entwickeln und zu lernen“ (Erpenbeck/Rosenstiel 2003: XVI).

Davon wird die integrierte Kompetenzklasse unterschieden: Aktivitäts- und umsetzungsbezogene Kompetenzen werden bestimmt als

> „die Disposition einer Person, aktiv und gesamtheitlich selbstorganisiert zu handeln und dieses Handeln auf die Umsetzung von Absichten, Vorhaben und Plänen zu richten – entweder für sich selbst oder auch für andere und mit anderen, im Team, im Unternehmen, in der Organisation. Diese Dispositionen erfassen damit das Vermögen, die eigenen Emotionen, Motivationen, Fähigkeiten und Erfahrungen und alle andere Kompetenzen – personale, fachlich-methodische und sozial-kommunikative – in die eigenen Willensantriebe zu integrieren und Handlungen erfolgreich zu realisieren“ (Erpenbeck/Rosenstiel 2003: XVI).

In diesem Zusammenhang wird die kritische Diskussion eröffnet, ob ebendiese Integration sinnvoll sei und ob aktivitäts- und umsetzungsorientierte Kompetenzen überhaupt eine eigene Gruppe bilden sollten. Dazu wird ausgeführt:

> „Es finden sich jedoch oft Personen – beispielsweise in der Gruppe der Unternehmer und des oberen Managements – deren fachlich-methodischen, sozial-kommunikativen und personalen Kompetenzen eher mäßig sind, deren Qualität jedoch vor allem darin besteht, gesetzte Ziele, komme was wolle, zu erreichen, die als >Durchreisser< gefürchtet und bewundert sind. Aktivitäts- und Umsetzungsstärke hat unseres Erachtens einen eigenen, deutlich abgrenzbaren und messbaren Kompetenzcharakter.“ (Erpenbeck/Rosenstiel 2003: XVIf)

Diese Kompetenzklassen umfassen entsprechende Kompetenzgruppen, nämlich 1) die Klasse fachlich-methodischer Kompetenzen die Gruppe der fachbetonten Qualifikationen, 2) die Klasse der sozial-kommunikativen Kompetenzen die Gruppe der sozialen Kommunikationsvoraussetzungen, 3) die Klasse der personalen Kompetenzen die Gruppe der Persönlichkeitseigenschaften und schließlich 4) die Klasse der aktivitäts- und umsetzungsorientierten Kompetenzen die Gruppe der Arbeits- und Tätigkeitsdispositionen (Erpenbeck/Rosenstiel 2003: XVIII).

Konform zu dieser theoretischen Schablone ergaben sich die aus theoretischer Sicht verbindlichen Verbundkompetenzklassen:

- nicht-integrierte Verbundkompetenzklassen:
  - fachlich-methodische Verbundkompetenzklasse und davon umfasste fachliche Qualifikationen
  - sozial-kommunikative Verbundkompetenzklasse und davon umfasste soziale Kommunikationsvoraussetzungen
  - personale Verbundkompetenzklasse und davon umfasste Persönlichkeitseigenschaften
- integrierte Verbundkompetenzklasse
  aktivitäts- und umsetzungsorientierte Verbundkompetenzklasse und davon umfasste Arbeits- und Tätigkeitsdispositionen

4.2. Potenzielle Verbundkompetenzaspekte

Besonders vielschichtige Anregungen hinsichtlich etwaiger Kompetenzaspekte lieferten Beiträge zum Thema „Kooperationskompetenz". Es ließen sich eine Vielzahl von fachlich-methodischen, sozial-kommunikativen, persönlichen und aktivitäts- oder umsetzungsorientierten Kompetenzfacetten, -aspekten und -kriterien extrahieren, die in ihrer Unbestimmtheit nicht beliebiger hätten sein können. In alphabetischer Reihenfolge seien als Beispiele nur Ausgeglichenheit, Begeisterungsfähigkeit, Beobachtungsfähigkeit, Bevölkerungsnähe, Beziehungsfähigkeit, Charakterstärke, Demut, Einfühlungsvermögen, emotionale Stabilität, Erfahrungswissen, fachtechnische Fähigkeiten, Gerechtigkeitsempfinden, juristische Fähigkeiten, kaufmännische Fähigkeiten, Kommunikationsfähigkeit, Komplexitätsbewältigung, Kompromissfähigkeit, Konfliktfähigkeit, Konfliktlösungsfähigkeit, Kontaktfreudigkeit, Kooperationsfähigkeit, Leadership, Nachhaltigkeitsorientierung, Netzwerkorientierung, Netzwerkwissen, Offenheit, Sachlichkeit, Selbstorganisationsfähigkeit, Selbstreflexion, Shared-understanding-Fähigkeit, Toleranz, Uneigennützigkeit, Vertrauen, Zielorientierung oder Zufriedenheit genannt. Im Gegensatz zur theoretischen Bestimmung der Verbundkompetenzklassen konnte im Rahmen der theoretischen Bestimmung der Verbundkompetenzaspekte aber keine „Schablone" gefunden werden, aus der sich für Verbundkompetenz oder Verbundkompetenzkonzept verbindliche Aspekte hätten ableiten lassen. So ergab sich als Zwischenresultat der theoretischen Bestimmung der Verbundkompetenz eine beschränkte Anzahl an Kompetenzklassen, nämlich vier, und eine unüberschaubare Anzahl an potenziellen Kompetenzaspekten, wobei die wichtige Frage der Zuordnung der Kompetenzaspekte zu den Kompetenzklassen auch gänzlich unbeantwortet blieb. Vor diesem Hintergrund empfahl sich die empirische Festigung der theoretisch entwickelten Verbundkompetenz als wichtige Notwendigkeit.

5. Phase 2: Ergänzende empirische Bestimmung der Verbundkompetenz

Die empirische Erforschung und Ergänzung der theoretisch entwickelten Verbundkompetenz erfolgte am Beispiel der österreichischen Volksbank Gruppe.

5.1. Design und Datenerhebung

Als zu untersuchender Fall der gegenständlichen Forschungsaktivitäten galt die österreichische Volksbank Gruppe, innerhalb der primäre Volksbanken, die Volksbank AG, der Österreichische Genossenschaftsverband (Schulze-Delitzsch) und viele verschiedene Verbundunternehmen miteinander kooperieren. Analog zu dieser Struktur wurden 1) die Gruppe der selbstständigen Volksbanken 2) die Volksbank AG und 3) der Österreichische Genossenschaftsverband (Schulze-Delitzsch) als multiple Untersuchungseinheiten festgelegt. Grundsätzlich hätten innerhalb dieser Untersuchungseinheiten zwei potenzielle Kategorien von Datenquellen festgelegt werden können, das wären a) Datenquellen seitens der Organisation[2] und b) Datenquellen seitens der Individuen[3] gewesen (Yin 2003: 75f). Aus der Zielsetzung der gegenständlichen Forschungsaktivitäten und den daraus abgeleiteten

[2] Als Datenquellen seitens der Organisation gelten relevante Dokumente der o. a. 3 Ebenen verbundlicher Regelungen.

[3] Als Datenquellen seitens der Individuen gelten Experteninterviews mit ausgewählten Interviewpartnern.

Forschungsfragen ergab sich die vordringliche Nutzung der Kategorie der Datenquellen seitens der Individuen. Die Forschungsfragen zielten nämlich auf die tatsächlichen Ausprägungen der Verbundkompetenz, und diese konnten nur aus empirisch-fundierten Beobachtungen ausgewählter Experten abgeleitet werden, denen aufgrund ihrer Position und Funktion Verbundkompetenz zuzuschreiben war, und die es im Rahmen von Expertengesprächen zu erheben galt. Eine Dokumentenanalyse hingegen hätte lediglich normative Daten zum Vorschein gebracht, die möglicherweise viel weiter von der Realität genossenschaftlichen Handelns entfernt gewesen wären, als die im Rahmen der Interviews mitgeteilten Beobachtungen und Beurteilungen.
Als Bezugsrahmen zur Auswahl der Experten wurden die Gremien eines Verbundunternehmens, nämlich der Volksbank Akademie, festgelegt, da dessen Vorstände, Beiräte und Mitarbeiter alle o. a. Untersuchungseinheiten repräsentierten:

Anzahl der Gesprächspartner „Volksbank Akademie“	repräsentativ für ...
6	Volksbank
3	VBAG
5	ÖGV
4	Verbundunternehmen

Tab.1: Gesprächspartner pro Untersuchungseinheit

Der Expertenstatus der Gesprächspartner legitimierte sich wie folgt: 1) Den in der Volksbank Akademie agierenden Vorständen, Beiräten und Mitarbeitern waren Praxis und/oder Forschung zum Thema „Kompetenz“ thematisch zuzurechnen. 2) Die Gesprächspartner besaßen im Rahmen ihrer jeweiligen Position Einsicht oder Einfluss auf verbundrelevante Handlungen bzw. Entscheidungen.

5.2. Datenanalyse

Die inhaltliche Strukturierung erfolgte ebenfalls vor dem theoretischen Hintergrund der o. a. Kompetenztheorie. Die transkribierten Experteninterviews wurden iterativ nach Fundstellen zu den nachfolgenden Kategorien durchgearbeitet:

1. Hauptkategorie I: nicht-integrierte Kompetenzklassen
   a. fachlich-methodische Kompetenzen: Es wurde nach Fundstellen zu fachlichen Qualifikationen, die die Akteure benötigen, um fachliche Probleme zu erkennen und differenziert lösen zu können, gesucht.
   b. sozial-kommunikative Kompetenzen: Es wurde nach sozialen Kommunikationsvoraussetzungen gesucht. Dazu zählen z. B. psychosoziales Team- oder Kommunikationsverhalten.
   c. personale Kompetenzen: Es wurde nach Charakter- und Persönlichkeitseigenschaften gesucht. Dazu zählen z. B. Flexibilität und Kreativität.
2. Hauptkategorie II: Integrierte Kompetenzklasse
   d. aktivitäts- und umsetzungsbezogene Kompetenzen: Es wurde nach Arbeits- und Tätigkeitsdispositionen gesucht, das ist die innere Bereitschaft, durch gesamtheitliches Handeln ein bestimmtes Ziel zu erreichen.

Die Datenanalyse führte zu den nachfolgenden Hauptergebnissen:

- Im Schwerpunktthema nicht integrierter Kompetenzklassen – dazu zählen die o. a. Kompetenzklassen a)-c) – stellte sich keine theoretische Sättigung ein. Vielmehr waren die angeführten normativen Überlegungen der Experten ausgeprägt heterogen.
- Dagegen stellte sich beim Schwerpunktthema der integrierten Kompetenzklasse, also der Klasse der aktivitäts- und umsetzungsorientierten Kompetenzen, eine theoretische Sättigung innerhalb der Unterkategorien 1) genossenschaftliche Überzeugung, 2) ökonomische Effekte, 3) partnerschaftliche Orientierung und 4) Spannungsfelder ein. Die entsprechenden Ausführungen der Experten ergänzten einander laufend und ab einem gewissen Zeitpunkt hatten die Daten „nicht Neues mehr für die theoretische Kategorie ergeben" (Strübing 2004: 33).

6. Phase 3: Abbildung der Verbundkompetenz in wissenschaftlichem Verbundkompetenzkonzept

Aus den Hauptergebnissen der Datenanalyse zu den Verbundkompetenzklassen und -aspekten wurden die nachfolgenden Schlussfolgerungen hinsichtlich 1) der Struktur und 2) der Inhalte des Verbundkompetenzkonzepts gezogen.

6.1. Struktur: Aktivitäts- und umsetzungsorientierte Kompetenzklasse

Als einzige Verbundkompetenzklasse ergab sich logisch-stringent die aktivitäts- und umsetzungsorientierte Kompetenzklasse. Diese Schlussfolgerung musste auf Basis der Datenlage gezogen werden, dass sich nur bei dieser integrierten Kompetenzklasse eine theoretische Sättigung einstellte, wohingegen dies bei den nicht-integrierten Klassen der fachlich-methodischen, der sozial-kommunikativen und der personalen Kompetenzen nicht der Fall war.

6.2. Inhalt: Arbeits- und Tätigkeitsdispositionen

Analog zur obigen Verbundkompetenzklasse waren die einzelnen Verbundkompetenzaspekte weder als 1) fachliche Qualifikation noch 2) als soziale Kommunikationsvoraussetzung noch 3) als Persönlichkeitseigenschaft, sondern automatisch als integrierte Arbeits- und Tätigkeitsdisposition zu werten, d. h. als die „Disposition einer Person, aktiv und gesamtheitlich selbstorganisiert zu handeln und dieses Handeln auf die Umsetzung von Absichten, Vorhaben und Plänen zu richten" (Erpenbeck/Rosenstiel 2003: XVI). In konkretem Bezug auf das formulierte Verbundziel stellen die nachfolgend angeführten Verbundkompetenzaspekte die Disposition der Akteure dar, aktiv und gesamtheitlich im Verbund zu kooperieren und diese Verbundkooperation auf die Förderung der Selbstständigkeit und Eigenbestimmtheit der Volksbanken zu richten.

Die Verbundkompetenzaspekte leiteten sich logisch stringent aus den jeweils gesättigten Unterkategorien der Hauptkategorie I ab:

Unterkategorie	entsprechender Verbundkompetenzaspekt
genossenschaftliche Überzeugung	genossenschaftliche Überzeugung
ökonomische Effekte	ökonomische Zweckrationalität
partnerschaftliche Orientierung	interpersonale Partnerschaftlichkeit
Spannungsfelder	intrapersonaler Interessensausgleich

Tab.2: Überleitung der Unterkategorien in Verbundkompetenzaspekte

6.2.1. Genossenschaftliche Überzeugung

Der erste Teilaspekt der Verbundkompetenz liegt in der genossenschaftlichen Überzeugung der Akteure. Für Experten R sind genossenschaftliche Überzeugungen im Gesamtzusammenhang des selbstorganisierten Handelns in der Verbundumwelt von fundamentaler Bedeutung. Er betont den Einfluss ebendieser Überzeugungen so stark, dass er allem Anderen sogar den Nutzen aberkennt, seien diese nicht vorhanden: Er veranschaulicht dies am Beispiel eines besonderen Akteurs:

> „Aber speziell, wenn wir vom Beispiel des <Name> ... [...] ... sprechen ... ist es schon Eines: Er ist auch von der Idee überzeugt! ... von der Idee der Genossenschaft und ihrer Funktionsweise und ihrer Bedeutung. Und wenn diese Grundidee nicht dabei ist, würde alles Andere nichts nützen. Weil dann bewegen wir uns auf rein wirtschaftlich orientierten Abwegen der jeweiligen Vor- und Nachteile. Was ja von den einzelnen Volksbanken ... speziell von den größeren ... ganz realistisch gesehen ... im Vordergrund steht. Umso notwendiger ist es, dass jemand von der Idee so zutiefst überzeugt ist ... und in der Lage ist, das auch zu vermitteln ... [...] ... allein der Fördergedanke: Was damit verbunden ist ... er ist in der Lage, das zu vertreten ... aus Überzeugung!" (Experte R im Interview vom 14.06.2007)

Hinsichtlich der genossenschaftlichen Überzeugung zeigt Experte O das homogene Wertefundament in der ansonst vielfältig heterogenen Volksbank Gruppe auf. Er meint:

> „Aber das ist eine gewisse gleiche Sicht von Wertigkeiten im Verbund, die ich eindeutig sehe. Ich kenne relativ gut den <Bankensektor> ... und den <Bankensektor> ... habe dort viele Freunde, Bekannte, Vorstände und Geschäftsleiter ... und ich weiß, dass es nur im Volksbankensektor einen ... derartigen! ... wirklichen! ... Werte-Schulterschluss gibt! Da sind einfach die Grundüberzeugungen, die anfangen bei diesen Schulze-Delitzsch-Werten wie Eigenständigkeit, Freiheit, Eigenverantwortlichkeit." (Experte O im Interview vom 11.04.2007)

Nach Experten F würden die einzelnen Primärbanken im Verbund kooperieren,

> „weil er für sie eine Alternative ist … und zwar aufgrund der Größenordnungen, die wir im Sektor haben, wahrscheinlich die einzige Alternative, um nicht aufzugehen in einem Großunternehmen. Wollen die Primärbanken ihre Selbstständigkeit erhalten, dann wird das meines Erachtens im Wege eines funktionierendes Verbundes möglich sein … schon aufgrund äußerer wirtschaftlicher Faktoren … und daraus resultiert der notwendige Glaube … [...] … nur das ist wirklich fast weniger ein Glaube als eine Überzeugung, eine notwendige Überzeugung … die man haben muss, weil … sonst macht der Verbund nicht wirklich einen Sinn, für jemanden, der diese Überzeugung nicht hat." (Experte F im Interview vom 26.02.2007)

6.2.2. Ökonomische Zweckrationalität

Der zweite Teilaspekt der Verbundkompetenz liegt in der ökonomischen Zweckrationalität der Akteure. Der ökonomische Zweck der Verbundkooperation liegt in der Erzielung von Skalen- und Verbundeffekten. Dieser Sachverhalt wird von den Akteuren rational, d. h. vernunftgemäß und sachlich anerkannt. So stellt klar Experte G klar heraus, welche Bedeutung den ökonomischen Effekten seiner Ansicht nach zukommt:

„Die kleinen Volksbanken, die kleinen Primärgenossenschaften ... da kann keine ohne ÖVAG leben, weil wir einfach zu klein sind ... das ist das so genannte ... wir haben es heute schon einmal indirekt angesprochen ... Subsidiaritätsprinzip, das wir hier im Verbund haben ... also: Das, was wir selber machen können, machen wir selber. Aber alles, was uns zu groß ist, zum Beispiel das Auslandsgeschäft, lagern wir aus ... und sind froh, dass es die ÖVAG macht ... oder das Wertpapiergeschäft. Das alles betrachtet als <Volksbank>." (Experte G im Interview vom 21.03.2007)

6.2.3. Interpersonale Partnerschaftlichkeit

Der dritte Teilaspekt der Verbundkompetenz liegt in der interpersonalen Partnerschaftlichkeit der Akteure. Im Rahmen einer Verbundkooperation, bei der die Beachtung des „menschlichen Faktors" und des Miteinanders auf gleicher Augenhöhe den Unterschied zur hierarchischen Organisationsform ausmacht, sind das partnerschaftliche Miteinander, des wechselseitige Unterstützen, das Informelle und das Gesellige von großer Bedeutung. In diesem Zusammenhang vertieft Experte P die folgende Perspektive:

„(lächelnd) Ja, einfach ... dass man gerne mit Menschen zu tun hat ... dass man einen partnerschaftlichen Zugang hat ... egal, ob das jetzt Kollegen ... egal, ob das Geschäftspartner sind ... oder auch Funktionäre sind ... dass man ... dass man dieses Fundament des Verwurzelt-Seins auch entsprechend berücksichtigt ... und nicht nur einer Gewinnmaximierung frönt ... sondern einfach auch andere Werte im Vordergrund stehen, ja? ... [...] ... also, der menschliche Faktor, das Miteinander, ist in hohem Maße ausgeprägt ... und das unterscheidet uns meines Erachtens ... schon von einer zentralistischen Organisationsform ... [...] ... das macht schon einen großen Unterschied." (Experte P im Interview vom 11.04.2007)

6.2.4. Intrapersonaler Interessensausgleich

Der vierte Teilaspekt der Verbundkompetenz liegt im intrapersonalen Interessensausgleich der Akteure. Sie balancieren die mit den Spannungsfeldern 1) Ertrag vs. Nutzen 2) Unabhängigkeit vs. Abhängigkeit 3) Hierarchie vs. Kooperation verbundenen Zielkonflikte, indem sie mit sich selbst den Kompromiss eingehen, nur dann ertrags-, unabhängigkeits- und/oder hierarchieorientiert zu handeln, wenn es der regionalen, eigenen Volksbank nutzt, aber der überregionalen, gemeinsamen Volksbank Gruppe nicht schadet. Dermaßen bewerten sie etwaige Effekte ihres Handelns nicht nur am Maßstab der eigenen Volksbank, sondern auch am Maßstab der gesamten Volksbank Gruppe. Dazu meint Experte O:

„Es muss einem authentisch abgenommen werden, dass man sehr wohl ein erfolgreicher Geschäftsleiter ist ... aber auch, wenn es um Sektorbereiche geht, auch Uneigennützigkeit zeigen kann. Und das der schwierigste Grenzgang. Wo verzichte ich auf Vorteile der Bank ... wo ich ja in der Geschäftsführerverantwortung bin ... zu Gunsten einer Verbundidee." (Experte O im Interview vom 11.04.2007)

Dieses Meta-Prinzip des intrapersonalen Interessensausgleichs differenziert sich gemäß der o. a. Spannungsfelder in 1) eine Ertrag-Nutzen-Balance 2) eine Unabhängigkeit-Abhängigkeits-Balance und 3) eine Hierarchie-Kooperations-Balance. Zur Ertrag-Nutzen-Balance führt Experte R aus:

„Die Auswahl der Führungskräfte nach ihrem Charakter ist ganz wesentlich. [...]. Bei fünfundsechzig (Volksbanken, der Verf.) gibt es zwangsweise welche ... die dabei sind ... die ausschließlich den Verbund dazu nutzen ... um Vorteile herauszuholen ... wo ich (social hazard) habe ... die nicht loyal sind. Und die Loyalität, dem eigenen Unternehmen und dem Verbund gegenüber ... diese Harmonie ist das Wichtigste. Natürlich liegt dem die Erkenntnis zugrunde ... dass der Verbund notwendig ist, um bei der Größe, die man hat, die Eigenständigkeit zu bewahren ... die Vielfalt einsetzen zu können ... und gleichzeitig die Stärken einer zentralen Organisationsform darzustellen." (Experte R im Interview vom 14.06.2007)

Vor diesem Hintergrund zeichnet Experte O ein grundsätzlich positives Bild bisheriger Geschehnisse rund um diesen Themenkreis:

> „Die Eigenverantwortlichkeit in einzelnen Banken ... in Verbindung mit diesem ... [...] ... selbstlosen Erkennen, dass es für die Gruppe besser ist ... auf einen Eigenvorteil zu verzichten ... ist letztendlich im Volksbankensektor immer siegreich gewesen. Bis jetzt." (Experte O im Interview vom 11.04.2007)

Zur Unabhängigkeit-Abhängigkeits-Balance meint Experte P:

> „Die regionale Selbstständigkeit ... oder die rechtliche Selbstständigkeit ist ein ganz, ganz wesentliches Faktum, ja? ... meines Erachtens auch ein sehr wichtiges Faktum! Was ich oft antreffe, ist, dass man die ... notwendigen, sinnvollen, übergeordneten, gemeinsamen Aspekte ... oft aus den Augen verliert ... und letztlich ... ich sage es ein bisserl pointiert: Regionalen Egoismus walten lässt! ... meines Erachtens: Der Erfolg des Verbundes hängt davon ab, dass man sich zu diesen Wurzeln ... beim Rechtlichen beginnend bis hin zu den sonstigen Aspekten ... in hohem Maße bekennt, aber nicht zu egoistisch ist ... einfach manches im Verbund gemeinsam zu machen ... Stichwort: Backoffice ... ja? ... auch Stichwort: Ausbildung ... weil nur wenn man diese Kombination optimal verbinden kann ... nämlich: Am Markt in der jeweiligen Region autonom zu agieren ... und alles, was in anderen Bereichen konzentrierbar ist, auch zu konzentrieren ... dann wir man auf lange Sicht kein Problem kriegen." Zusammenfassend betont er: „Also, das sind die Dinge, auf die es meines Erachtens im Verbund in hohem Maße ankommt ... dass man trotz der so wichtigen Eigenständigkeit ... und der angesprochenen Verwurzelung ... einfach das Gesamtbild sieht ... ja? ... voneinander lernt ... voneinander profitiert ... und einfach nicht Egoismen walten lässt, die letztlich ... enorme Zusatzenergien ... nach sich ziehen ... und in einem so kompetitiven Umfeld, in dem wir uns befinden, einfach nicht haltbar sind ... allemal." (Experte P im Interview vom 11.04.2007)

Dass es für manche Akteure eine besonders schwierige Herausforderung sein kann, die Balance zwischen Unabhängigkeit und Abhängigkeit zu finden, thematisiert Experte F:

> „(den Gedanken entwickelnd) Der Verzicht … ist kein einseitiger … es bringt natürlich auch Vorteile, im Verbund zu leben … im Rahmen des Verbundes ... unter dem Schutz des Verbundes zu leben, hat durchaus auch Vorteile für die Vertreter dieser Primärbanken … und dafür nehmen Sie die Nachteile in Kauf … und für manche ist es sicher ein größerer Nachteil, subjektiv gesehen, Souveränität an den Verbund abzugeben, als für andere, die eben eine andere Sichtweise haben und da kein Problem darin sehen. Für manche ist das eine riesige Bürde, nach meiner Einschätzung." (Experte F im Interview vom 26.02.2007)

Zur Hierarchie-Kooperations-Balance merkt Experte O an:

> „Die große Herausforderung im Verbund ... sich zu artikulieren ... und zu arbeiten ... ist: Der unterschiedliche Stellenwert! ... in der Bank, in der Geschäftsleitung hat man ... unter Anführungszeichen ... den Vorteil, Vorgesetzter zu sein. Im Verbund funktioniert das nicht. Im Verbund funktioniert das selbst bei den diversen Gremialvertretern nicht. Nur weil einer <Gremialvertreter> ist ... oder <Gremialvertreter>, heißt das noch lang nicht, dass man ... vorexerzieren kann ... oder vorgeben kann, wohin der Verbund sich entwickelt. Sondern, da zählen: Networking ... (verstärkend) massives Networking! ... da zählen, ich sage einmal: Diese Opinion-Leader-Funktionen ... die teilweise absolut nicht die sind, die in den Gremien sitzen." (Experte O im Interview vom 11.04.2007)

Im Wirkungsbereich dieses Hierarchie-Kooperations-Spannungsfelds skizziert Experte L die „bipolare Ausrichtung eines Individuums":

> „(energisch) Und das muss eben jedes Individuum mitnehmen (in die Gruppe einbringen, der Verf.) ... auf der einen Seite, (das es sagt): Solange ich alleine ... zum Beispiel da in <Ort> ... meine Bank führe, da muss ich ... da muss ich sozusagen ... Extremposition beziehen. Ich alleine! Weil da gibt es sonst keinen! ... ja? ... aber in dem Moment, wo dann die Gruppe zusammentrifft, gibt es eine spezielle ... für mich überdurchschnittlich hohe Form des Zusammenhalts, der Adhäsion. Und das ist ... sozusagen für mich ... eine gewisse Form der bipolaren Ausrichtung eines Individuums." (Experte L im Interview vom 05.04.2007)

7. Ausblick

7.1. Praxisorientiertes Verbundkompetenzkonzept

Ein theoretisch entwickeltes und empirisch gefestigtes, also wissenschaftliches Verbundkompetenzkonzept kann nicht zum Ausgangspunkt von praxisorientierter Verbundkompetenzentwicklung in Form systematischer Aus- und Weiterbildungsaktivitäten werden. Es ist es notwendig, dass die wissenschaftlichen Forschungserkenntnisse zur Wesensgestalt der Verbundkompetenz von der genossenschaftlichen Praxis mittels eines zu entwickelnden praxisorientierten Verbundkompetenzkonzepts für die weitere Verwendung greifbar gemacht werden. Von ausschlaggebender Bedeutung wird sein, dass die erforschten Verbundkompetenzklassen und Verbundkompetenzaspekte die wesentlichen Eckpfeiler des zu entwickelnden Konzepts bleiben, damit die weiter u. a. Nutzenpotenziale der Verbundkompetenzentwicklung, nämlich „Strategieumsetzung", „Arbeitgeberattraktivität" und „Förderauftrag", tatsächlich verwirklicht werden können. Die operative Ausarbeitung eines praxisorientierten Verbundkompetenzkonzepts liegt in der Verantwortung der genossenschaftlichen Praxis, wobei sich im Zusammenhang mit einem solchen Verbundthema eine diesbezügliche Verbundkooperation wie von selbst empfiehlt.

7.2. Verbundkompetenzentwicklung

Auf Basis eines praxisorientierten Verbundkompetenzkonzepts kann Verbundkompetenzentwicklung in systematischer Form forciert werden. Als Beispiele für entsprechende Zielsetzungen können angeführt werden: 1) Systematische Adaption bestehender Bildungsaktivitäten hinsichtlich Trainingsinhalten und Trainingsmethoden 2) Zielgerechte Neuentwicklung von verbundkompetenzorientierten Bildungsaktivitäten auf Basis von Training, Coaching oder Mentoring.

Eine dermaßen konzipierte Verbundkompetenzentwicklung eröffnet beachtliche Zukunftsperspektiven für Genossenschaften. Verbundkompetenzentwicklung kann aus verschiedenen Richtungen kommende Nutzenpotenziale entfalten bzw. wertvolle Beiträge leisten. Nachfolgend werden personalwirtschaftliche Beiträge 1) zur Strategieumsetzung und damit verbunden zur Erhöhung der Arbeitgeberattraktivität und 2) zur Erfüllung des genossenschaftlichen Förderauftrags differenziert.

7.3. Nutzen der Verbundkompetenzentwicklung

7.3.1. Strategieumsetzung und Erhöhung der Arbeitgeberattraktivität

Im Allgemeinen sind Genossenschaften attraktive Arbeitgeber, weil sie in ihrer Eigenschaft als besondere Kooperationsform auf die viel beschworenen Herausforderungen der Globalisierung bestens vorbereitet sind. Ihrerseits tragen sie sogar viel eher zur Stärkung und Sicherung der Wettbewerbswirtschaft bei, als dass sie ihr zum Opfer fielen, wie Experte E festhält:

> „Ich habe ... [...] ... den Friedrich August von Hayek gehört ... Wirschafts-Nobelpreisträger ... und der Hayek hat mich eigentlich zu den Genossenschaften gebracht, weil er gesagt hat: Die Komplementärgenossenschaften sind ein ganz wesentliches Instrument zur Förderung, Stärkung und Sicherung der Wettbewerbswirtschaft. Es muss einfach diese vielen kleinen, mittelständischen Unterneh-

> mer geben … die müssen sich aber vereinen, damit sie die wirtschaftlichen Potenziale, die Großunternehmen haben, in etwa ausgleichen können." (Experte E im Interview vom 26. 02.2007)

Eine solche allgemeine genossenschaftliche Arbeitgeberattraktivität lässt sich unter Verwendung aktueller Forschungsergebnisse aber auch ins Detail vertiefen. So wurden im Rahmen einer Studie zentrale Faktoren identifiziert, die den attraktiven Arbeitgeber vom normalen Arbeitgeber unterscheiden. Der Wirkmechanismus ist denkbar einfach. Zentrale Faktoren bzw. wichtige Bestimmungsgrößen fördern das Engagement der Mitarbeiter, die sich wiederum aufbauend gegenüber Kunden, Kollegen und Freunden über ihren Arbeitgeber äußern (SAY), die beim Arbeitgeber bleiben wollen (STAY) und die sich dermaßen engagiert in großer, vor allem überdurchschnittlicher Anstrengung bemühen, zum Erfolg des Unternehmens beizutragen (STRIVE) (Haslinger/Stieger 2007: 3f, online). Die Studie erkannte fünf Faktoren-Cluster der Arbeitgeber-Attraktivität: 1) Einzigartige Unternehmenskultur 2) Talent Management 3) Engagiertes Top-Management (Inspired Leadership) 4) Leistungsorientierung & Übertragung von Verantwortung 5) Aufeinander abgestimmte HR-Programme und exzellente Umsetzung (Haslinger/Stieger 2007: 1f, online).

Die Volksbank Gruppe kann in allen angeführten Clustern ein anziehendes Angebot für bestehende oder neu zu gewinnende Mitarbeiter machen. In der Volksbank Gruppe werden diese nicht-spezifischen Cluster durch das genossenschaftliche Wertesystem spezifiziert. Die allgemeinen Faktoren der Arbeitgeber-Attraktivität erhalten eine besondere genossenschaftliche Ausprägung. Dieser Sachverhalt soll am Beispiel des fünften Faktoren-Clusters schlüssig belegt werden.

Demgemäß besteht ein zentrales Ergebnis der Studie in der stimmigen Gesamtkonzeption eines organisationsweiten HR-Programms und dessen professioneller Umsetzung:

> „Attraktive Arbeitgeber unterstützen mit Ihren Personalprogrammen genau das, was für das Unternehmen strategisch wichtig ist. Die Programme sind sowohl aufeinander abgestimmt als auch an Unternehmensstrategie und -vision ausgerichtet. Management und Mitarbeiter befürworten die Ergebnisse der Personalarbeit und erkennen sie als wirksames Mittel zur Erreichung der strategischen Unternehmensziele an. Die Top- Arbeitgeber stellen zudem erfolgreich sicher, dass ihre Mitarbeiter die Ziele des Unternehmens verstehen und artikulieren können." (Haslinger/Stieger 2007: 1, online)

Für die Umsetzung des genossenschaftlichen HR-Programms stehen die Volksbank Akademie und der Österreichische Genossenschaftsverband (Schulze-Delitzsch) als Garanten. Die Volksbank Akademie ist ein Verbundunternehmen der Volksbank Gruppe und gilt als selbständiges Bildungsunternehmen, dessen Leistungsangebot bankfachliche, persönlichkeitsbildende und beratungsbezogene Bildungsaktivitäten integriert (Volksbank Akademie 2007, online). Auf einem soliden genossenschaftsspezifischen Fundament sind diese Bildungsaktivitäten im Bildungshaus der Volksbank Gruppe systematisiert, das gleichzeitig die Rahmenbedingungen und das Anspruchniveau einer exzellenten Umsetzung bestimmt (Volksbank Akademie 2007, online).

Der Österreichische Genossenschaftsverband (Schulze-Delitzsch) zählt zu seinen Aufgaben die Beratung seiner Mitglieder in der Unternehmensführung und damit auch in Fragen des HR-Managements. Der ÖGV ist überdies Kollektivvertragspartner und regelt die Arbeitsbedingungen innerhalb der Volksbanken. Darüber hinaus ist er über Begutachtungsrechte in die Bestellung von Geschäftsleitern von Volksbanken eingebunden und achtet dabei auch auf die gegebene Kompetenz der Mitarbeiterführung. Gemeinsam bieten die Volksbank Akademie und der ÖGV den Volksbanken Dienstleistungen in den Bereichen HR-Management und PE einschließlich der Unterstützung in der Umsetzung an, die nicht zuletzt auch weitestgehende Abgestimmtheit der Instrumente gewährleisten soll. Eine etwaige in Form einer Adaption oder Neuentwicklung genossenschaftlicher Bildungsaktivitäten erfolgende Verbundkompetenzentwicklung durch diese beiden Partner leistet insofern einen wichtigen personalwirtschaftlichen Beitrag zur Umsetzung des Verbundleitsatzes bzw. zur Erreichung des damit einhergehenden Verbundziels, als sie Akteure mit schwach oder gar nicht ausgeprägter Verbundkompetenz überhaupt erst in die Lage versetzt, im gegenständlichen Sinn strategieorientiert zu handeln. Somit ist Verbundkompetenzentwicklung 1) als strategische Ausrichtung der Bildungsarbeit der Volksbanken auf deren Leitbild und daraus resultierend 2) als wichtiger Beitrag zur Erhöhung der Arbeitgeberattraktivität zu werten. Ein Nutzenpotenzial geht fließend in das zweite über. Der Gesamtnutzen lässt sich in der einfachen Kurzformel verdichten: Verbundkompetenzentwicklung = Strategieumsetzung = Erhöhung der Arbeitgeberattraktivität.

7.3.2. Erfüllung des Förderauftrags

Abschließend bleibt festzuhalten, dass keine andere moderne Wirtschaftsform in ihrer Entstehung so eng von Bildungsimpulsen begeleitet worden sei bzw. sich selbst im weitesten Sinne sogar als Bildungsimpuls verstanden habe, wie das Genossenschaftswesen (Brazda 1990: 138). So seien die Sache der Genossenschaft und jene freier Menschenbildung eins (Brazda/Todev 1997: 29). Diese Bildungsimpulse oder vielmehr der genossenschaftliche Bildungsauftrag seien allerdings nicht zu eng auf die Mitglieder zu begrenzen, denn es gilt:

> „Alle Menschen, die mit der Genossenschaft durch ihr Handeln verbunden sind, werden davon berührt, also nicht nur die Mitglieder im engeren Sinne. Wenn auch das Primärziel der Genossenschaft die Förderung der Mitglieder ist, so lässt sich dies doch nicht ohne entsprechende Entwicklung der Genossenschaft selbst, d. h. also auch ihrer Mitarbeiter, verwirklichen. Wo Mitglieder und Mitarbeiter nicht mehr personell identisch sind, ergibt sich also ein sekundärer Förderungsauftrag, der sich auf die Mitarbeiter richtet." (Fürstenberg 1995: 67)

Etwaige Verbundkompetenzentwicklung ist also auch als Erfüllung des sekundären, auf die Führungskräfte und Mitarbeiter gerichteten Förderauftrags zu verstehen. Solchermaßen „verbundkompetente" Führungskräfte und Mitarbeiter nutzen die Möglichkeiten des überregionalen Verbunds, stärken damit ihre regionale Wettbewerbsposition und erhöhen dadurch ihr Potenzial zur Erfüllung des primären Förderauftrags.

8. Zusammenfassung

Zusammenfassend seien nochmals die wichtigsten theoretischen Überlegungen und empirischen Erkenntnisse der gegenständlichen Arbeit zusammengefasst. Akteure im Top-Management des genossenschaftlichen Verbunds der Volksbank Gruppe benötigen eine spezifische Verbundkompetenz, um das im Leitbild verankerte Verbundziel zu erreichen bzw. dessen laufende Erreichung nachhaltig zu sichern. Verbundkompetenz konnte als die Arbeits- und Tätigkeitsdisposition des Akteurs identifiziert werden, aktiv und gesamtheitlich im Verbund zu kooperieren und diese Verbundkooperation auf die Stärkung und Förderung der Selbstständigkeit der Volksbanken zu richten. Als Teilaspekte konnten die genossenschaftliche Überzeugung, die ökonomische Zweckrationalität, die interpersonale Partnerschaftlichkeit und der intrapersonale Interessensausgleich der Akteure erkannt werden. Dieses gleichermaßen theoretisch fundierte wie empirisch gefestigte Verständnis von Verbundkompetenz könnte von der genossenschaftlichen Praxis als Basis für die Entwicklung eines praxisorientierten Verbundkompetenzkonzepts herangezogen werden. Dieses könnte seinerseits wiederum als Grundlage für die Adaption oder Neuentwicklung von Aus- und Weiterbildungsaktivitäten der Verbundkompetenzentwicklung dienen. Als Effekte der Verbundkompetenzentwicklung können die Erhöhung der Arbeitgeberattraktivität und ein bedeutungsvoller Beitrag zur Erfüllung des Förderauftrags angeführt werden. Allein der letzte Punkt reicht sicherlich aus, um der genossenschaftlichen Praxis wichtige Umsetzungsschritte attraktiv erscheinen zu lassen.

Literaturverzeichnis

Atteslander, P. (2003): Methoden der empirischen Sozialforschung, 10. Aufl., Berlin/New York

Bohlander, H. (2002): Lernkultur Kompetenzentwicklung. Aspekte einer aktuellen Diskussion, in: Grap, R. / Bohlander, H. (Hrsg.): Lernkultur Kompetenzentwicklung. Neue Ansätze zum Lernen im Beruf, Aachen, 1-13

Brazda, J. / Todev, T. (1997): Die Sache der Genossenschaft und jene freier Menschenbildung ist eins, in: Die Gewerbliche Genossenschaft, Heft 2

Brazda, J. (1990): Genossenschaftliches Bildungswesen, in: Laurinkari, J. (Hrsg.): Genossenschaftswesen. Hand- und Lehrbuch, München/Wien, 138-148

Dehnbostel, P. (2001): Perspektiven für das Lernen in der Arbeit, in: Arbeitsgemeinschaft Betriebliche Weiterbildungsforschung e. V., Projekt Qualifikations-Entwicklungs-Management (Hrsg.): Kompetenzentwicklung 2001. Tätigsein-Lernen-Innovation, Münster/New York/München/Berlin, 53-93

Erpenbeck, J. / Rosenstiel, L. von (2007): Einführung, in: Erpenbeck, J. / Rosenstiel, L. von (Hrsg.): Handbuch Kompetenzmessung. Erkennen, verstehen und bewerten von Kompetenzen in der betrieblichen, pädagogischen und psychologischen Praxis, 2. Aufl., Stuttgart, XVII-XLVI

Fürstenberg, F. (1995): Zur Soziologie des Genossenschaftswesens, Schriften zum Genossenschaftswesen und zur Öffentlichen Wirtschaft, Band 35, Berlin

Grap, R. / Bohlander, H. (2002): Lernkultur Kompetenzentwicklung. Neue Ansätze zum Lernen im Beruf, Aachen

Hofinger, H. (2005): Cooperative Governance im Volksbanken-Finanzverbund: Überlegungen zu einer Kodifizierung der bestehenden Net-Governance im österreichischen Volksbankenverbund, in: Theurl, T. / Meyer, E. (Hrsg.): Wettbewerbsfähigkeit des genossenschaftlichen Netzwerks, Aachen, 97-130

Hohmann, R. (2002): Können kompetenzfördernde Vergütungskomponenten tatsächlich die Kompetenz entwickeln? in: Becker, M. / Schwertner, A. (Hrsg.): Personalentwicklung als Kompetenzentwicklung, München/Mering, 143-161

Jutzi, K. / Delbrouck, I. / Baitsch, C. (1998): Dreimal Kompetenz: Individuum, Gruppe, Organisation. Ein mehrdimensionales Konzept, in: QUEM-Bulletin, –/2-3/7-10

Kirchhöfer, D. (1998): Kompetenz und Zuständigkeit, in: QUEM-Bulletin, –/2-3/16-18

Mayring, P. (2003): Qualitative Inhaltsanalyse. Grundlagen und Techniken, 8. Aufl., Weinheim/Basel

Sonntag, K. / Schmidt-Rathjens, C. (2004): Kompetenzmodelle – Erfolgsfaktoren im HR-Management? Ein strategie- und evidenzbasierter Ansatz der Kompetenzmodellierung, in: Personalführung, –/10/18-26

Strübing, J. (2004): Grounded Theory. Zur sozialtheoretischen und epistemologischen Fundierung des Verfahrens der empirisch begründeten Theoriebildung, Wiesbaden

Weinberg, J. (1996): Kompetenzlernen, in: QUEM-Bulletin, –/1/3

Yin, R. (2003): Case Study Research. Design and methods, 3. Aufl., Thousand Oaks/London/New Delhi

Verzeichnis der Internetquellen

Haslinger, J. / Stieger, C. (2007): Attraktive Arbeitgeber 2006, Die Hewitt-Studie in Kooperation mit der GfP, Ergebnisbericht Österreich, Homepage der Merck Gesellschaft mbH Österreich, www.merck.at/news/arbeitgeber2006.pdf (abgefragt: 08.23.2007)

Hussy / Möller (2000): Wissenschaftliche Hypothesen, Homepage der Universität Köln, http://www.uni-koeln.de/phil-fak/fs-psych/serv_pro/skripte/meth/wiss.pdf (abgefragt: 17.01.2007)

Österreichischer Genossenschaftsverband (Schulze-Delitzsch) (2007): http://www.oegv.info/m101/volksbank/m101_1oegv/de/produkt/verbund/leitbild.jsp?locincl=/m101_1oegv&menu1=2&menu2=6&menu1name=Volksbank&menu1link=/de/uebersichtsseite/volksbank.jsp&menu2name=Leitbild&menu2link=/de/produkt/verbund/leitbild.jsp&bc=navi&loclink=/m101/volksbank/m101_1oegv (abgefragt: 05.07.2007)

Wikipedia (2006): http://de.wikipedia.org/wiki/Theorie (abgefragt: 12.05.2006)

Volksbank Akademie (2007): http://www.volksbankakademie.at/htdocs/index.html (abgefragt: 08.23.2007)

Biogasenergieerzeugung für Wohnungsgenossenschaften als Innovationsprozess – Möglichkeiten und Grenzen

Axel Freier

Tim Voigt

1. Einleitung

Innovationsprozesse von Wirtschaftseinheiten vollziehen sich durch deren Umgang mit neuen Handlungsmöglichkeiten. Für Wohnungsgenossenschaften entsteht im Zeitablauf eine Vielfalt von neuen Umweltzuständen, die wiederum auch eine neue Vielfalt von Handlungsmöglichkeiten bedeutet. Die Preisentwicklung auf Energiebeschaffungsmärkten setzt neue wirtschaftliche Grenzen für Wohnungsgenossenschaften, während der technische Fortschritt neue Möglichkeiten und eine Handlungsvielfalt eröffnet. Im Folgenden sollen die Grenzen von Energiebeschaffungsmärkten von Wohnungsgenossenschaften aufgezeigt, sowie die die notwendigen Lern- und Innovationsprozesse neuer Handlungsmöglichkeiten verdeutlicht werden.

1.1. Formen von Vielfalt

Das Wesen der Genossenschaft nach § 1 (1) GenG ist es, den Erwerb oder die Wirtschaft ihrer Mitglieder oder deren soziale oder kulturelle Belange durch gemeinschaftlichen Geschäftsbetrieb zu fördern. Der konkretisierte Inhalt des „Förderzwecks" selbst ergibt sich aus der gewählten „Genossenschaftsart" und dem Unternehmensgegenstand (gemäß dem Statut der Genossenschaft) (Beuthien 2004: RN 6).[1] Entsprechend vielfältige Formen genossenschaftlichen Wirtschaftens existieren, deren gemeinsame „Eigenart" aber die Gegenüberstellung von Zweck- und Gegengeschäften ist (Beuthien 2004: RN 9). Unterschiedliche Begründungen genossenschaftlichen Wirtschaftens führen auch zu unterschiedlichen Definitionen des Erfolges, an dem gemessen wird, wie z.B. ein individuelles Ziel erreicht wird. Dülfers Strukturtypologie von Genossenschaften (Organwirtschaftliches Kooperativ, Marktbeziehungskooperativ und Integriertes Kooperativ, siehe Dülfer (1984: 363)) verdeutlicht zudem, dass Genossenschaften den „Erfolg" ihres Wirtschaftens im Kontext ihrer Branchenzugehörigkeit oder ihrer Entwicklungsstände beurteilen werden. Genossenschaftlicher Erfolg ist außerdem von dem anderer Unternehmen abzugrenzen. Zudem werden unterschiedliche Ansätze der Erfolgsmessung von theoretischer Seite vorgeschlagen, so dass sich die Frage stellt, wie mit dieser Vielfalt umzugehen ist.[2]

---

[1] Die „gewählte Genossenschaftsart" in diesem Kontext meint z.B. Absatz- oder Bezugsgenossenschaften.

[2] Zu den genossenschaftlichen Erfolgskriterien vgl. z.B. Kramer (2006). In diesem Zusammenhang kann ferner die theoretische Diskussion über den Einsatz von Förderplan und Förderbericht (Boettcher 1979) genannt werden.

Diese Formen von Vielfalt – der theoretischen Erfolgsbemessung, der in die Praxis umgesetzten Unternehmensarten und der Genossenschaften – sind wiederum das Resultat von einer zunehmenden Vielfalt von Umweltzuständen gegenüber den Wirtschaftseinheiten.[3] Von daher ist es von Interesse, wie dieser Vielfalt begegnet wird: von praktischer Seite – so bei der Entwicklung von Strukturtypen von Genossenschaften z.B. als Reaktion auf Marktentwicklungen – und von theoretischer Seite, so bei der Konzeptionierung von Methoden zur Erfolgsbemessung als eine „wissenschaftliche Reaktion" einer sich wandelnden Genossenschaftsstruktur in einer sich wandelnden Wirtschaftsstruktur. Der Vorteil eines solchen Denkansatzes besteht darin, praktische Umsetzung und theoretisches Paradigma als Einheit aufzufassen und damit einem ganzheitlichen evolutorischen Ansatz zu folgen. Dieses Problemfeld soll hier nicht weiter vertieft werden (Freier 2007). Für die folgende Betrachtung ist jedoch eine daraus resultierende Unterscheidung von Bedeutung: Im Umgang mit zunehmender Vielfalt ihrer Umweltzustände reagieren Wirtschaftseinheiten mit dem, *was* sie tun und *wie* sie es tun.[4] Dazu können „Organisation" und „Struktur" unterschieden werden.[5] „Struktur" bestimmt die individuelle Charakteristik von Systemen: Systeme des gleichen Sinns (z.B. der Routine, des Vertriebs, der Verwaltung, aber auch des Rechts- oder Wirtschaftssystems) können z.B. streng hierarchisch, matrixförmig, spontan selbstabstimmend, etc. *strukturiert* sein (z.B. „Mitglieder" und „Genossenschaft" im Marktbeziehungskooperativ). Die „Organisation" eines Systems hingegen beschreibt die systemspezifischen Beziehungen seiner Elemente, Mitglieder einer Genossenschaft sind z.B. als Waren-Einkaufs-Genossenschaft im Wirtschaftssystem organisiert.[6] Übertragen auf genossenschaftlich strukturierte Wirtschaftseinheiten stellen sich – dem ganzheitlichen Paradigma folgend – die Fragen

- wie ist der Status quo der Handlungsmöglichkeiten einer Organisation entstanden bzw. welches Tätigkeitsfeld wurde von einer Wirtschaftseinheit gewählt und
- wie ist der Status quo ihrer Struktur entstanden?

---

[3] Unter Wirtschaftseinheiten sollen allgemein Einheiten arbeitsteiliger Prozesse zum Zwecke der Differenzierung – und Bearbeitung – und anschließender Integration von (wirtschaftlichen) Problemen verstanden werden.

[4] Unter *Was* kann das Aufgreifen einer neuen Handlungsmöglichkeit verstanden werden. Geschieht dies nicht, werden die Unternehmen ggf. aus dem Markt „herauskonkurriert", in gewissem Sinne ein „technisches Crowding-Out". Das *Wie* hingegen bezieht sich auf die Art und Weise, wie eine Handlungsmöglichkeit aufgegriffen wird. Dies verdeutlicht sich z.B. in der Entwicklung vom „organwirtschaftlichen Kooperativ" zur „Integrierten Genossenschaft". Ein Pendant findet sich in der praktischen Entwicklung von der mitgliedergeführten zu einer „Managergenossenschaft" in der Genossenschaftstheorie (z.B. Kramer 2007, online).

[5] Diese begriffliche Unterscheidung folgt dabei einem soziologischen Verständnis der neuen Systemtheorie. Dort wird der Zusammenhang von Organisation und System anschaulich – und humorvoll – beschrieben: „in … a toilet the organization of the system of water-level regulation consists in the relations between an apparatus capable of detecting the water level and another apparatus capable of stopping the inflow of water. The toilet unit embodies a mixed system of plastic and metal comprising a float and a bypass valve. *This specific structure, however, could be modified by replacing the plastic with wood, without changing the fact that there would still be a toilet organization…*" (Maturana/Varela 1987: 47, Hvh. Verf.)

[6] Genossenschaften lassen sich als „autopoietische Systeme" auffassen, vgl. zur Begrifflichkeit der Autopoiesis Luhmann (1997, 2000) und die Ausführungen Röpkes (2002) und sowie Freier (2007) und Freier/Röpke (2007, online) zur Übertragung der neuen Systemtheorie auf ökonomische Sachverhalte.

Diese Bedingungen, also Vorentwicklung und aktueller Status der beiden Komponenten Organisation und Struktur von Wirtschaftseinheiten, determinieren deren Fähigkeiten, mit *neuer Vielfalt* umzugehen. Hervorragend ausgebildete und motivierte Mitglieder können die Insolvenz der Genossenschaft nicht verhindern, wenn sie im „falschen“ (sterbenden) Markt tätig ist.[7] Ebenso wenig kann eine sich ergebende, günstige neue Handlungsmöglichkeit nicht zur Rettung einer in der Krise befindlichen Genossenschaft führen, wenn die Mitglieder oder Organe darüber uneinig sind. Damit wird auch deutlich, dass die Bereitschaft und die Fähigkeit zum Wandel mit dem Organisations- bzw. Struktur-„Alter“ verknüpft sein können, was sich danach bemisst, inwiefern eine eingekehrte Routine es etwas Neuem erschwert oder unmöglich macht, diesem Platz zu machen.
Neben dem Antizipieren der Organisations- und Strukturprobleme von Wirtschaftseinheiten verlangt ein ganzheitlicher Blick auf einen Untersuchungsgegenstand auch, weitere theoretische Lösungsansätze zu untersuchen.

1.2. Analysegegenstand

Wohnungsgenossenschaften stellen ein festes Element der deutschen Wohnungswirtschaft dar. In der Zukunft hat sich dieses System einer Vielzahl von Veränderungen zu stellen. Damit entstehen zum Teil existenzielle Risiken, die sich aus einer Veränderung in der Systemumwelt ergeben und die heutzutage mehr als das Resultat von Migrationsbewegungen und Anpassungsprozessen der lokalen Wirtschaft darstellen. Durch die Globalisierung sind lokale und regionale Märkte mit internationalen Prozessen verbunden. So führt die Entwicklung auf den Rohstoffmärkten zu einer Kostensteigerung der Heizenergie, die zukünftig auf die Mieter von Wohnungsgenossenschaften umgelegt werden muss.

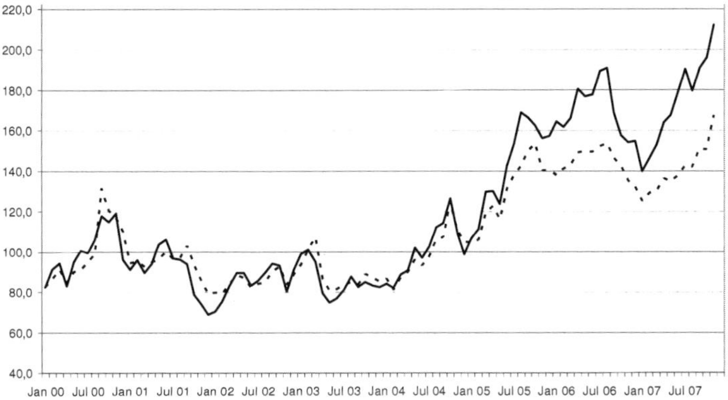

Abb. 1: Einfuhrpreisindex Erdöl (durchgezogene Linie), Verbraucherpreisindex leichtes Heizöl (gepunktet), 2000-2007, Basis: 2000 = 100; (Statistisches Bundesamt 2007, online).[8]

[7] Zu den Charakteristiken eines „kooperativen Entrepreneurs“ siehe Röpke (1992: 82).

[8] Das in Deutschland verwendete Rohöl wird fast ausschließlich importiert, die inländische Förderung deckt nur ca. 3% des Bedarfs. Die wichtigsten Herkunftsgebiete waren im Jahr 2004 die GUS-Staaten (ca. 39%), Europa (ca. 35%), Afrika (ca. 15%) und der Nahe Osten (ca. 8%). Kritisch anzumerken ist das Fixing des Rohöls am internationalen Markt in US-Dollar, wenn man dessen Kursverfall gegenüber dem Euro bedenkt.

Diese Preisentwicklung führt in der Wohnungs- und Bauwirtschaft zu einer Veränderung von Nachfrageinteressen, die sich zunehmend an ökologischen Fragen ausrichten. Konzepte von Niedrigenergie- bzw. Passivhäusern erfahren eine erhebliche Nachfrage.[9] Ökologische Interessen strukturieren also auch die Nachfrage im wohnungswirtschaftlichen Markt neu. Diese Strukturveränderung pflanzt sich dabei in andere Marktsegmente fort, so dass auch der Markt für Anlagen zur Nutzung erneuerbarer Energien (z.B. solar- oder geothermische Nutzung, sowie Windkraft) erfasst wird. Dabei sind primäre und sekundäre Nachfragestrukturen zu unterscheiden. Im Solarenergiebereich ist an eine Vielzahl von Kleinunternehmern zu denken, deren Interesse an einer Partizipation am Energiemarkt eng mit ihrem persönlichen wohnungswirtschaftlichen – und damit zum Energiemarkt sekundären – Interesse verknüpft ist. Ferner ist an eine gewerbliche Großkraftwerksnutzung zu denken, so dass hier ein primäres Profitinteresse für die Ingangsetzung ausreichen kann. Wohnungs- und Energiewirtschaft sind insofern auf Erzeuger- *und* Abnehmerseite in einem gewissen Sinne „strukturell gekoppelt" – was sich als ein Multiplikatoreffekt für diese Marktsegmente bei steigender Kostenstruktur erweist.[10]
Auch der Gesetzgeber reagiert: gemäß der Neufassung der Verordnung über energiesparenden Wärmeschutz und energiesparende Anlagentechnik bei Gebäuden (Energieeinsparverordnung – EnEV) wird ein neuer Energieausweis verpflichtend eingeführt.[11] Auf diese Weise werden Wohnungsgenossenschaften mit dem Umstand konfrontiert, dass ihr Wohnungsbestand ggf. nicht mehr den Anforderungen der Energie-Einsparverordnung genügt bzw. die Nebenkosten durch eine ungenügend isolierte Bausubstanz für Mieter untragbar werden. Die Konsequenz kann ein erheblicher Sanierungsbedarf sein, der wiederum auf Mieter umgelegt wird und der die Wohnungsgenossenschaften an ihre finanziellen Grenzen führen kann.
Wohnungsgenossenschaften sehen sich mit einer Veränderung ihrer Umwelt konfrontiert, auf die sie reagieren müssen. Ein Kern ihres Wirtschaftens ist die Zurverfügungstellung von Wohnraum und dessen „betriebsnotwendige" Versorgung dessen mit Energie – nicht notwendigerweise in „Eigenregie" durch eigene Erzeugung.[12] Handlungsmöglichkeiten

---

9 Der Anteil von Passivhäusern wird von Branchenvertretern für das Jahr 2010 auf ein Fünftel aller Neubauten bei Einfamilienhäusern geschätzt, Ende 2003 lag ihre Gesamtzahl bei 4000 im Bundesgebiet (Bühring et. al. 2004: 2f).

10 Der Erfolg solarer Energieerzeugung wird mit der Verteuerung der Alternativen nachhaltig, die Stromgewinnung aus Sonnenenergie mittels Siliziumzellen ist – technisch gesehen – kein neues Verfahren und kann auch nicht als radikale Innovation im Markt angesehen werden. Eher lässt sich von einer langfristigen Diffusion sprechen.

11 Vgl. http://www.enev-online.de/enev/index.htm, abgefragt: 20.02.2008. Die Anlagen zu § 3 Abs. 1 EnEV 2007 geben ein „vereinfachtes Berechnungsverfahren" für Wohngebäude an unter Einbeziehung der „Höchstwerte des auf die Gebäudenutzfläche bezogenen Jahres-Primärenergiebedarfs und des spezifischen, auf die wärmeübertragende Umfassungsfläche bezogenen Transmissionswärmeverlusts in Abhängigkeit vom Verhältnis A/Ve." Der Energieausweis soll künftig den Mietern den Energiebedarf transparent machen. Zudem werden Obergrenzen für den Primärenergiebedarf von Wohnräumen zusätzlich gesetzt. In der Praxis wird die Obergrenze bei Wohnraum umso niedriger, je größer das gesamte Gebäudevolumen ist.

12 Ihr Förderauftrag kann durch erwirtschaftete Überschüsse, preiswerte Nutzungsentgelte oder durch besondere Dienstleistungen erfüllt werden (Expertenkommission 2004: 54. Zu strukturellen Innovationen von Wohnungsgenossenschaften s.u.

ergeben sich daraus, auf bewährte strukturelle Umverteilungsprozesse zu setzen (durch Erhöhung der Nebenkosten) oder nach Alternativen für Energieversorgung zu suchen. Bei einer förderwirtschaftlichen Interpretation ergibt sich hier das Dilemma, Energieerzeugung – gerade aufgrund einer aufwendigen und kapitalintensiven Ingangsetzung – nicht als Agieren auf einem Beschaffungsmarkt für die Genossenschaft anzusehen, sondern die wohnungswirtschaftliche Organisation einer Genossenschaft auf eine Partizipation als Anbieter im Energiemarkt auszudehnen, und damit dem eigentlichen förderwirtschaftlichen Zweck zuwiderzulaufen.
Von einem weiteren Blickwinkel – betriebs- und energiewirtschaftlich – betrachtet, könnten Wohnungsgenossenschaften ihren „Größenvorteil" ausnutzen: so ist denkbar, dass aufgrund des Wärmebedarfs großer Gebäudevolumina die Möglichkeit besteht, Wärme in „Eigenregie" zu erzeugen. Die Energiepreisentwicklung führt zu einer zunehmenden Wirtschaftlichkeit einer Selbstversorgung mit Wärme durch die Verheizung und Verstromung von Biogas. Die technische Entwicklung auf diesem Sektor ermöglicht den wirtschaftlichen Betrieb von immer kleineren und an die jeweiligen Gegebenheiten angepassten Anlagen.
Im Folgenden wird auf Innovationsprozesse der organisatorischen und strukturellen Handlungsmöglichkeiten in Genossenschaften rekurriert. Auf der Grundlage verschiedener Quellen[13] soll der technische Entwicklungsstand aus dem Jahr 2007 mit in die Überlegungen einbezogen werden und damit verdeutlicht werden, mit welchen Umständen sich wohnungswirtschaftlich tätige Akteure / Wohnungsgenossenschaften konfrontiert sehen, die den Betrieb einer Biogasanlage auf der Grundlage des Energie-Einspeisungsgesetzes (EEG) als neue Handlungsmöglichkeit aufgreifen wollen. Dies betrifft gesellschaftsrechtliche und steuerliche Fragen. Ferner soll auf die agrar-ökonomischen Aspekte der notwendigen Inputs eingegangen werden, um so eine erweiterte Variabilität bei dem Einsatz von nachwachsenden Rohstoffen (NaWaRo) zu erörtern.

2. Evolutorische Betrachtung

Für die Aufschlüsselung der Problemkerne, die sich aus den oben angeführten Fragestellungen ergeben, soll zunächst kurz auf einen „evolutorischen Modus" abgestellt werden, mit dem die Funktionssystematik von Wohnungsgenossenschaften in den sie umgebenden Märkten auf der Basis einer ganzheitlichen Sicht (s.o.) betrachtet wird. Dieser „Modus der Betrachtung" (Freier 2007: 21) dient dabei als Denk- und Analysebrille, um der Frage nachzugehen, ob Wohnungsgenossenschaften sich in einem „sterbenden" Markt – auf einem „Entwicklungspfad" (Puffert 2002, online) in einer Sackgasse (Involution) – befinden, oder inwieweit sie in der Lage sind, neuen Herausforderungen innovativ zu begegnen.[14]
Für ein evolutorisches Konzept ist zunächst entscheidend, dass sich die Grundlagen zu unternehmerischem Handeln im Zeitablauf ändern. Daraus folgt, dass für die Gründung von Wohnungsgenossenschaften andere Handlungskompetenzen notwendig waren. Kompetenz (in Anlehnung an Kaiser/Pätzold 1999: 400) soll als menschliche Fähigkeit aufge-

[13] z.B. Ramesohl et. al. 2006; Theißing 2006, online; Thrän 2005, online; Lemmer/Oechsner 2001, online; Oechsner/Lemmer/Neuberg 2003; Reinhold 2003

[14] Eine Beispieluntersuchung zum Thema Involution und Entwicklungsversagen findet sich bei Wang/Herrmann-Pillath (1992).

fasst werden, sich situationsgerecht zu verhalten. Dabei verbinden sich individuelle Sach- und Fachkompetenz (und damit die Fähigkeiten zu sacheinsichtigem und problemlösendem Handeln) mit einem Potential von Fachwissen und -können, so dass sachstrukturelles und strategisches Wissen so aufeinander bezogen werden können, dass Problemlösungen anforderungsgerecht gelingen. Entsprechend der Systematik des sog. „Filtermodells“ (Röpke 1987: 232) werden Handlungsprozesse durch die Grenzen von „Wollen“ (Motivation; Röpke 1982: 61ff), „Können“ (Fähigkeiten, Kompetenzen; Röpke 1977: 83) und „Dürfen“ (Handlungsrechte; Röpke 1983: 121) limitiert.

2.1. Genossenschaften im Zeitablauf

Ein Blick auf die Anfänge des Genossenschaftswesens verdeutlicht, dass wohnungsgenossenschaftliche Konzepte eine Reaktion auf eine sich industrialisierende Welt waren (Schädel 2007: 170).[15] Ausgelöst durch die Industrielle Revolution und die einsetzende Migrationsbewegung entsteht die Soziale Frage, deren Lösung verschiedene Vordenker hervorbringt und die sich in Wort und Schrift mit verschiedenen Lösungsansätzen beschäftigen (Göler 2007: 53; Engelhardt 1985, 1994). Neben den Pionieren Friedrich Wilhelm Raiffeisen und Herrmann Schulze-Delitzsch, die sich auch an der praktischen Umsetzung beteiligten, ist für den Bereich der Wohnungsgenossenschaften Victor Aimé Huber zu nennen (Kluge 2007: 25, Kanther/Petzina 2000).[16] Zu einer relevanten praktischen Umsetzung wohnungsgenossenschaftlicher Ideen kommt es erst ab dem Jahr 1862; diese führt aber durch die kurz darauf einsetzende Wirtschaftskrise (Gründerkrise ab 1873/74) zu einem Rückgang der Zahl der Wohnungsgenossenschaften (Schädel 2007: 171).
In dieser Zeit steht einer zunehmenden Wohnungsnot und einer Verarmung der Bevölkerung in den Städten ein Staat gegenüber, der erst in einem späteren Stadium des Industrialisierungsprozesses eine staatliche Sozialgesetzgebung einführt. Zum Ende des 19. Jahrhunderts steigt die Zahl der Wohnungsgenossenschaften und ihrer Mitglieder stark an, was durch die Änderung der gesetzlichen Regelung der Haftungsbeschränkung zu erklären ist (Schädel 2007: 171). Entwicklungslogisch betrachtet wurden diese gesetzlichen Regelungen notwendig, da die auf dem Konzept der Selbsthilfe basierenden Genossenschaften vor dem Problem einer geringen Kapitalausstattung bei hohem Investitionsbedarf standen. Insgesamt entsteht so ein Handlungsraum als Schnittmenge von ökonomischen, sozialen und rechtlichen Dimensionen, in die Wohnungsgenossenschaften – strukturell gekoppelt[17] – eingebettet sind.

---

[15] Genossenschaftliche Konzepte lassen sich noch weiter in der Geschichte zurückverfolgen, einen Überblick geben Kluge (2007) sowie Engelhardt (1985).

[16] Huber wurde 1836 Professor in Marburg.

[17] Unter struktureller Kopplung versteht sich – vereinfacht dargestellt – der Interaktionsprozess von Systemen, die „operational geschlossen“ sind. Dabei entscheiden diese gemäß ihren Filtern selbst, was von dem sie erreichenden Wissen zu einer für sie wichtigen Information wird und ob / wie sie darauf reagieren (Röpke 2002).

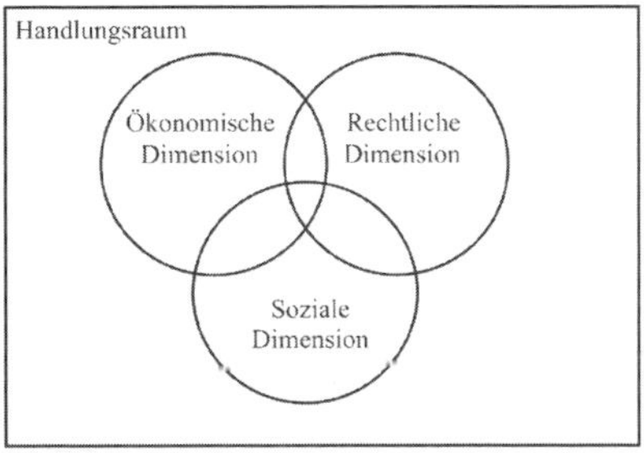

Abb. 2: Determinanten des Handlungsraums für Wohnungsgenossenschaften

Ganzheitlich betrachtet bedeutet das Aufgreifen einer Handlungsmöglichkeit innerhalb des wohnungswirtschaftlichen Marktes, dass sich Individuen nachhaltig in wirtschaftlichen und sozialen Beziehungen organisieren, um unterschiedliche Kompetenzen sach- und fachgerecht zu bündeln, um diesen Beziehungen dann eine Kooperationsstruktur zu geben und ein Problem (zu Beginn: Wohnungsnot, bzw. Qualität des Wohnraums; heute: z.B. gemeinschaftliche Energieversorgung) zu lösen. Die Schwierigkeiten zu Beginn der genossenschaftlichen Kooperation wären ggf. auch in der der Rechtsform einer Kapitalgesellschaft zu lösen gewesen, die die gleiche Handlungsmöglichkeit aufgreift. Die wohnungswirtschaftliche Betätigung und Organisation von kooperierenden Individuen zu diesem Zweck scheiterte also zunächst an einer strukturellen Frage (der Haftung der Genossen bzw. der Genossenschaft), bis diese vom Gesetzgeber gelöst wurde. Aus diesen Überlegungen verdeutlicht sich auch der Bedarf an arbeitsteiligen, individuellen Problemlösungskompetenzen, um sich mit allen Dimensionen von wirtschaftlicher (genossenschaftlicher) Tätigkeit auseinanderzusetzen, um der Organisation die Lebensfähigkeit zu ermöglichen. In der Schnittmenge dieser Einfluss nehmenden Dimensionen müssen die Gründer von Genossenschaften zu einem Ausgleich der Interessen und Regelungen finden – organisatorisch und strukturell.

2.2. Das Aufgreifen von Handlungsmöglichkeiten

Der gesamte Handlungsraum möglicher Aktivitäten wird demnach von verschiedenen Regeldimensionen begrenzt, die schließlich eine Schnittmenge mit tatsächlich opportunen Handlungsmöglichkeiten für Individuen bilden.[18] Wenn Individuen in diesem Raum aktiv werden – z.B. mit der Gründung einer Wohnungsgenossenschaft, müssen sie dabei hinlänglich motiviert und kompetent sein, sowie das Recht zum Aufgreifen einer solchen Handlungsmöglichkeit haben.[19] Dies setzt zudem voraus, dass potentiell handelnde Individuen dieser Handlungsmöglichkeiten auch gewahr werden (Wahrnehmungsbereich) – so übernahm Victor Aimé Huber Kenntnisse aus den praktischen Erfahrungen der englischen und französischen Genossenschaftsbewegung (Kluge 2007: 26).

[18] Über diese Schnittmenge bzw. die Legitimität der Handlungsmöglichkeiten darin besteht ein Grundkonsens von interagierenden Individuen. Zu ihrer Entstehung durch rekursive Prozesse vgl. Freier (2007).

[19] Zu einer Property-Rights-logischen Untersuchung von strukturellen Innovationshemmnissen durch die Managerführung von Genossenschaften (Kramer 2007, online).

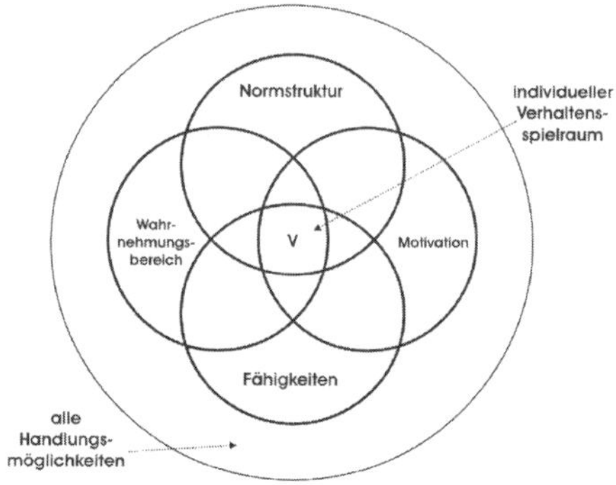

Abb. 3: Individueller Verhaltensspielraum (V) und kognitive Handlungsfaktoren (adaptiert nach Sälter 1989: 94)

Für das Aufgreifen und Durchsetzen von Handlungsmöglichkeiten bedarf es nicht eines unternehmerischen „Universalgenies“, das alle notwendigen Eigenschaften (von Architekten, Anwälten, Finanziers, Einkäufern, Rechnungslegern, Verwaltern, etc.) in sich vereint (Schumpeter 1997: 128). Vielmehr bedarf es der Kompetenz bzw. der Fähigkeit, Entscheidungs- und Umsetzungsprozesse arbeitsteilig zu zerlegen bzw. koordinieren und die Einzelergebnisse in einem (rekursiven) Integrationsprozess zusammenzuführen (Röpke 2002: 93). Ein evolutorischer Prozess vollzieht sich insofern, als Individuen auf besondere Umstände der sie umgebenden Umwelt reagieren, mit dieser in Interaktion treten und sie verändern (Agens). Im weiteren Ablauf wird diese Veränderung von der Umwelt wahrgenommen (oder auch nicht) und von dieser verarbeitet, ggf. auch in den Bereichen, in die das ursprünglich agierende Individuum keinen Einblick hat oder auf die es keinen Einfluss nehmen kann. Durch eine daraus resultierende Umweltveränderung (Reagens) entsteht damit ein rekursiver Prozess, wenn das ursprünglich handelnde Individuum wiederum auf diese neue Umweltsituation reagiert (Freier 2007: 34).[20] So ist bei Entwicklungsprozessen auch davon auszugehen, dass im Extremfall als Haupteinflussfaktor menschlichen Handelns das Klima seine Rolle spielt.[21]

[20] Ein anschauliches Beispiel liefert der Philosoph Bertrand Russel (2001: 9): „Philosophen sind sowohl Ergebnisse als auch Ursachen: Ergebnisse ihrer sozialen Umstände, der Politik und der Institutionen ihrer Zeit; Ursachen (wenn sie Glück haben) der Überzeugungen, die der Politik und den Institutionen späterer Zeitalter die Form geben.“

[21] Dies beginnt bereits in Form einer Subsistenzwirtschaft, so beispielsweise bei Kultursystemen, die auf Nassreisanbau oder Getreide aufbauen – David Landes (1999: 40) spricht von einem spezifischen „Energiesystem“ – und endet im anderen Extremfall im Reagieren auf den Klimawandel. Vgl. auch die Publikation von Hesse zu den Zusammenhängen von Klima und Industrialisierungsprozessen. So kommt Hesse (1982: 82f) zu dem Schluss, dass „...in einer entwickelten Agrarwirtschaft bei einer durch unveränderbare saisonale Temperaturschwankungen verursachte *Zwangspause* in der Produktion pflanzlicher Nahrung eine allgemeine Verbreitung von Kenntnissen und Fähigkeiten zur Produktion gewerblicher Güter entsteht und wie selbst bei sehr niedrigem Niveau der Nahrungsmittelversorgung der für die Industrialisierung bedeutsamen mittleren und unteren ländlichen Schichten der *Spielraum* entsteht (und zugleich der Anreiz, ihn zu nutzen), den diese zur Produktion von Produktionsmitteln und Nichtnahrungsmittel-Konsumgütern nutzen können.“

2.3. Innovatorische Prozesse

Für die Betrachtung der Entwicklung von Wohnungsgenossenschaften in ihren Märkten ist dieser oben skizzierte Prozess von zweifacher Bedeutung. Zunächst stellt eine genossenschaftliche Kooperation eine Handlungsmöglichkeit auf dem Wohnungsmarkt dar, bei der Ressourcen gebündelt für den Bau bzw. zum „Betrieb" von Wohnraum zur Verfügung gestellt werden. Mit dieser „wohnungswirtschaftlichen Organisation" treten Genossenschaften in Konkurrenz zu anderen Marktteilnehmern, sowohl auf dem Angebotsmarkt um Ressourcen (Baustoffe, Energie), als auch auf dem Nachfragemarkt nach Wohnraum. Auf der anderen Seite ist die genossenschaftliche Kooperation eine neue Form (und damit Struktur) des Aufgreifens dieser Handlungsmöglichkeit. Somit lassen sich Wohnungsgenossenschaften innerhalb einer „marktlichen Organisation" und mit einer „kooperativen" bzw. „genossenschaftlichen Struktur" auffassen. In ihrem Entstehungsprozess lassen sie sich als organisationale und strukturelle Veränderung von ihrer Umwelt interpretieren. Dabei handelt es sich um eine Innovation, da nicht reine Faktor- oder Inputmengen, sondern die Art ihres Einsatzes qualitativ variiert wird (Schumpeter 1912, 2006; Röpke 1977). Diese Veränderungen im wirtschaftlichen Prozess sowie die Reaktion des ökonomischen Systems auf diese Veränderungen hat Schumpeter als wirtschaftliche Entwicklung bezeichnet (Schumpeter 1939: 87; 1961: 94). Wohnungsgenossenschaften legen damit selbst ihren eigenen Grundstein ihrer späteren Entwicklungsmöglichkeiten, da das zur Verfügung stellen von Wohnraum einer eigenen inneren Logik folgt: „das heißt, sie [die Produktionsformen] verändern sich gemäß ihnen innewohnenden Notwendigkeiten, so dass sie ihre Nachfolger schon durch ihr eigenes Funktionieren erzeugen" (Schumpeter 1987: 28).

2.4. Zwischenfazit

Vor diesem Hintergrund lässt sich zusammenfassen, dass jedes System seine eigene Neuerungslogik vollzieht und ferner jedes System in seiner Weise auf andere Systeme reagiert, die ersteres tun. Bei einer Veränderung ihrer Handlungsmöglichkeiten unterliegen Wohnungsgenossenschaften demzufolge den Gegebenheiten eines für sie „neuen Marktes", den sie sich erschließen müssen. Für diesen Prozess bedarf es einer Koordination bei der „arbeitsteiligen Zerlegung" dieser Herausforderung: ausgehend von den vorangestellten Überlegungen bedarf es motivierter und kompetenter Individuen, denen es zudem erlaubt ist, diese Möglichkeit aufgreifen zu dürfen. Mit diesem „Marktorganisationsaspekt" verbindet sich unmittelbar der „genossenschaftlich strukturelle Aspekt": Der Vorstand einer Genossenschaft muss in Übereinstimmung mit den ihn auferlegten Regeln als Vertreter der Mitglieder seiner Genossenschaft die Entscheidung zur Erschließung eines neuen Aufgabenbereichs im gemeinsamen Diskurs z.B. bei einer General- oder Vertreterversammlung herbeiführen, ggf. auch gegen widerstreitende Interessen Einzelner – oder gar der Mehrheit.

3. Organisationale Perspektive

Im nun folgenden Abschnitt soll der aufgeworfene evolutionsökonomische Bezugsrahmen aufgegriffen und in eine organisationstheoretische Betrachtungsweise überführt werden. Ziel der ersten Perspektive ist es die Erkenntnisse aus der vielseitigen Promotorenliteratur (im Überblick: Hauschildt/Gemünden 1998) aus dem Blickwinkel der genossenschaftlichen Kooperation im Allgemeinen sowie den Besonderheiten des vorliegenden Innovationsprozesses im Einzelnen zu betrachten und mit dem Filtermodell von Röpke in Verbindung zu bringen.

3.1. Die Wirkung von Innovationen in der Binnenperspektive

Innovationen sind in der Praxis ein schillerndes Schlagwort und werden zumeist mit übertriebenen Erwartungen verknüpft. Von neuartigen Produkten erwartet man deutliche Umsatzsteigerungen während neue Prozessabläufe ein höheres Qualitätsniveau erreichen, die Fehler- bzw. Ausschussquote in der Produktion minimieren und ganz allgemein Kosteneinsparpotentiale generieren sollen. Letztendlich erwartet man von Innovationen, dass sie sich positiv auf die Profitabilität der Organisation auswirken. Aus unternehmensstrategischer Sicht wird ständiges innovatives Handeln als notwendige Bedingung für das langfristige Überleben von Organisationen gesehen. So können neue Produkte dem in der Degenerationsphase befindlichen aktuellen Produktlebenszyklus zu einem neuen Aufschwung verhelfen und neue Problemlösungskonzepte ermöglichen den Zugang zu bisher weit entfernten Märkten (bzw. den Ausstieg aus den alten stagnierenden Märkten). Die innovative Betätigung kann entweder dazu beitragen, sich mit neuen Geschäftsfeldern breiter im Markt aufzustellen, vorhandene Risiken zu streuen und den Diversifikationsgrad der Organisation zu erhöhen oder aber es wird ein grundsätzlicher Kurswechsel vorgenommen, um die Organisation wieder aus einer möglichen Sackgasse (Involution) herauszumanövrieren.

Bei aller Innovationseuphorie wird allerdings häufig (sowohl in der Praxis als auch in der Theorie) vernachlässigt, dass es neben diesen erwarteten Wirkungen auch eine destruktive Kraft gibt, die von Neuerungsprozessen ausgeht bzw. von ihnen begleitet wird (Schumpeter's „schöpferische Zerstörung“). In der Binnenperspektive führen Neuerungen zu organisatorischen Umstellungsprozessen, die je nach zugrundeliegendem Innovationscharakter (Komplexität, Radikalität) mehr oder weniger stark die Ressourcen-, Kompetenz- und Machtverteilung im Organisationsgefüge des innovierenden Unternehmens verändert. Aus diesem Prozess gehen Gewinner und Verlierer hervor.

Im vorliegenden Fall haben wir es mit keiner eindeutigen Produkt-, Prozess- oder organisatorischen Innovation zu tun, sondern mit einer Zwischenform. Das Kernprodukt (Zurverfügungstellung von Wohnraum) bleibt das alte, allerdings verändert sich das Problemlösungskonzept, indem die Möglichkeit der Eigenenergieversorgung durch die Verheizung und Verstromung von Biogas ausgenutzt werden soll. Wir haben es somit im Sinne von Schumpeter mit der Durchsetzungsproblematik neuer Kombinationsmöglichkeiten zu tun. Inwieweit verändern sich hierdurch die organisatorischen Prozesse in der Binnenperspektive? Durch den Innovationsgegenstand kommt eine völlig neue Ressourcendimension hinzu, die im bisherigen Geschäftskonzept nicht vorgesehen war. Zwangsläufig stellt sich die Frage, wie man, wenn man nicht von der Existenz eines omnipotenten Unternehmers im Innovationsprozess ausgeht, die nun notwendigen Kompetenzen in die Organisation hineinbekommt. Häufig müssen zusätzliche Akteure mit entsprechenden Kompetenzen in die internen Leistungserstellungsprozesse eingebunden werden. Diese wiederum fordern als zusätzliche Stakeholder ihre Beteiligung an den innerbetrieblichen Willensbildungs- und Durchsetzungsmechanismen der Organisation. Somit vollzieht sich eine Umverteilung der Entscheidungsbefugnisse bzw. eine Verschiebung der Machtverhältnisse als Konsequenz der innovationsbedingten Umstellungsprozesse.

3.2. Akteure im Innovationsprozess

Verschiebt man den Fokus auf die einzelnen Akteure im Innovationsprozess sowie deren individuelle Interessenlage als Organisationsteilnehmer, erhält man neben der Wirkung von Innovationen auf die Organisation und den Erwartungen auf diese im Allgemeinen eine zusätzliche Dimension; nämlich die Wirkung und die erwartete Wirkung des Innovationsgegenstandes auf das Individuum. Der Einzelne wird sich fragen, was genau sich für ihn verändert und auf welcher Seite er nach der Neuverteilung von Ressourcen, Kompetenzen und Macht stehen wird. Im Vorgesetzten-Mitarbeiter-Verhältnis kommt es hierbei nicht selten zu Auswirkungen auf den Führungsstil und einer Veränderung der Motivations- und Anreizstruktur. In den seltensten Fällen wächst die Organisation kontinuierlich und zeitgleich mit den sich ergebenden Veränderungen und den damit verbundenen neuen Anforderungen mit.

In der behavioristischen Firmentheorie erklären March und Simon (1958) das Verhalten einzelner Organisationsmitglieder mit dem individuellen Kalkül zwischen zu leistenden Beiträgen und den zu erwartenden Beitragen, wobei erstere letztere übersteigen sollten. Im Innovationskontext verändert sich das zu erwartende Anreiz-Beitrags-Verhältnis im Zuge der anstehenden Umstellungsprozesse, was im Ergebnis zu einer größeren Verhaltensunsicherheit der Organisationsmitglieder führt (Witte 1998:13).

Verschärft werden solche Unsicherheiten typischerweise durch vorliegende Informationsasymmetrien. Einige Organisationsmitglieder werden, insbesondere wenn sie höher in der Unternehmenshierarchie angesiedelt sind, vollständig über bevorstehende Umstellungsprozesse sowie deren Wirkung auf einzelne Organisationsmitglieder informiert, andere teilweise, wieder andere haben ihre individuellen Informationsquellen, die sie anzapfen können und ein großer Teil hat keine Informationen aus erster Hand, sondern muss sich mit dem begnügen, was in der unternehmensinternen Gerüchteküche brodelt. Durch (1.) die Existenz von Informationsasymmetrien, (2.) das Vorliegen eines zu verteilenden Überschusses (Verteilung der Innovationsrente) und (3.) Interessengegensätze (Individualziele vs. Organisationsziele) entstehen die besten Voraussetzungen für klassische Prinzipal-Agenten-Probleme im Sinne von Jensen und Meckling (1976).

3.3. Barrieren und Restriktionen

Stellt man die Ausführungen aus 3.1. und 3.2. gegenüber, entsteht in der Binnenperspektive der Organisation ein konfliktträchtiges Spannungsfeld aus unterschiedlichen Informationen, Interessen, Zielen und Erwartungen als Konsequenz der innovativen Aktivität. Es kommt folglich zu mehr oder weniger ausgeprägtem organisatorischen Widerstand gegen Innovationen bzw. es kristallisieren sich konkrete Organisationsmitglieder als Opponenten der Innovation heraus. Allgemein hin werden solche Widerstände meist negativ gesehen. Sie entstehen aus Wahrnehmungs- Wissens-, und/oder Motivationskonflikten und führen durch die anstehenden Umverteilungen von Ressourcen und Entscheidungskompetenz sowie der vorherrschenden divergierenden Machtansprüche der Organisationsmitglieder zu Verteilungskonflikten bezüglich der Rollen und Resorts (Hauschildt 1999). Neben einem rein destruktiven Widerstand, der zumeist das Ziel hat, das Innovationsprojekt zu verhindern oder zumindest zu verzögern, ist auch eine konstruktive Form des Widerstandes denkbar. Hier liegt die angestrebte Wirkung der Opposition nicht im Projektabbruch, sondern in der Modifikation des Innovationsvorhabens. Der Intrapreneur wird durch den innerbetrieblichen Widerstand gezwungen seine Argumentationsweise zu verbessern und Teilaspekte des Innovationsprogramms zu überdenken. Utopische Projektideen werden auf diese Weise vorselektiert, bevor es zum kostspieligen Markttest kommt. Die Wirkung des konstruktiven Widerstandes kann das Verhindern, die Verzögerung oder das teilweise oder grundlegende Verformen des Innovationsprojekts sein (Klöter 1997, Hauschildt 2004). Destruktiver wie konstruktiver Widerstand kann sich in einem genossenschaftlich organisierten Unternehmen auf unterschiedlichen Ebenen bzw. Orten befinden:[22]

- Innerbetrieblicher Widerstand entsteht innerhalb der hierarchischen Struktur der Genossenschaft, beispielsweise zwischen Mitgliedern des Vorstands bzw. der Geschäftsführung und einzelnen, im Innovationsprozess involvierten Mitarbeitern.
- Marktspezifischer Widerstand I bzw. innerbetrieblicher Widerstand II: je nach Blickwinkel haben wir es entweder aus Sicht der Genossenschaft mit einem marktspezifischen Widerstand (Identitätsprinzip) oder aus Sicht der Mitglieder mit einem für sie innerbetrieblichen Widerstand zu tun.
- Marktspezifischer Widerstand findet allgemein auf der Kundenebene statt. Hier muss wiederum die Kundenebene der Genossenschaft selbst und die der Mitglieder, sofern es sich bei diesen nicht um Privatpersonen handelt, unterschieden werden.
- Widerstand durch Prüfungs- und Beratungsinstitutionen, insofern wie sie in die Implementationsphase (Beratung) oder in die Evaluationsphase (Prüfung) involviert sind.
- Widerstand externer Anspruchsgruppen.

Bei näherer Betrachtung stellt sich meist heraus, dass hinter vordergründigen Argumenten der Opponenten wie z.B. technischen, absatzwirtschaftlichen, finanzwirtschaftlichen und ökologischen Begründungen zumeist tiefere Ursachen des Widerstandes stecken (Hauschildt 1999, Hauschildt 2004). Diese tieferen Ursachen lassen sich auf Barrieren zurückführen, die wir in Analogie zum Filtermodell von Röpke sehen können:

- Die Barrieren des Nicht-Könnens oder des Nicht-Wissens lassen sich auf fehlende (z.B. technische) Kompetenz bzw. auf fehlende (Wissens-)Ressourcen zurückführen.
- Die Barriere des Nicht-Wollens kann auch dann auftreten, wenn alle Fähigkeiten zur kognitiven Bewältigung der Innovation vorhanden sind und resultiert im Wesentlichen aus einer fehlenden Motivation, während
- der Barriere des Nicht-Dürfens fehlende Handlungs- bzw. Verfügungsrechte zu Grunde liegen.

---

[22] Diese Systematisierung orientiert sich an den Arten des Widerstandes nach Hauschildt (2004: 162). Hauschildt unterscheidet hier vier Schichten (1) innerbetrieblichen Widerstand, (2) zwischenbetrieblichen Widerstand, (3) Widerstand von Behörden und Prüfungsinstitutionen und (4) Widerstand von Protestgruppen.

Im Kooperationszusammenhang haben Gemünden/Walter (1995) diese Barrieren näher untersucht und folgendermaßen spezifiziert:

- Eine Barriere des „Nicht-Voneinander-Wissens" liegt dann vor, wenn ein möglicher Innovationspartner im besten Fall zwar vermutet, aber nicht eindeutig identifiziert werden kann. Im Kontext genossenschaftlicher Kooperation ist die Gefahr, dass solche Barrieren in einer breiten und heterogenen Mitgliederstruktur vorliegen, relativ groß.
- Haben sich die potentiellen Innovationspartner endlich gefunden, besteht immer noch die Möglichkeit, dass eine Barriere des „Nicht-Miteinander-Zusammenarbeiten-Könnens" existiert, da man nicht die gleiche Sprache spricht. Im vorliegenden Fall ist dies z.B. der Fall, wenn Innovationsakteure mit wohnungswirtschaftlichem Erfahrungshintergrund und solche aus dem agrarökonomischen Betätigungsfeld zusammenkommen.
- Auf der persönlichen Ebene kann es, selbst wenn die ersten beiden Barrieren nicht vorhanden sind; zu solchen des „Nicht-Miteinander-Zusammenarbeiten-Wollens" kommen.
- Letztendlich können kooperative Innovationsprojekte durch die Barriere des „Nicht-Miteinander-Zusammenarbeiten-Dürfens" beeinträchtigt oder gar verhindert werden.

3.4. Der Promotorenansatz

Die Promotoren einer Innovation sind solche Personen, die einen Innovationsprozess aktiv und intensiv fördern, indem sie solche Barrieren überwinden und sich über personelle Widerstände hinwegsetzen. Verschiedene empirische Studien konnten belegen, dass der arbeitsteilige Einsatz von Promotoren die Effizienz von Innovationsprozessen erhöhen kann. In der Promotorenliteratur werden insbesondere die folgenden Ansätze diskutiert:

- Das Ausgangsmodell ist das Fachpromotor-Machtpromotor-Gespann (Witte 1973) als Ansatz zur Innovationsdurchsetzung und gleichzeitiger internen Konfliktbewältigung. Der Fachpromotor setzt mit seinen fachspezifischen Kenntnissen an den Barrieren des Nicht-Wissens und Nicht-Könnens an, während der Machtpromotor die Barrieren des Nicht-Wollens und Nicht-Dürfens zu überwinden vermag. Wo ersterer durch Sachargumente überzeugt, verfügt letzterer über das notwenige hierarchische Potential um Entscheidungen zu beeinflussen und Ressourcen freizugeben.
- Hauschildt und Chakrabarti (1988) erweitern die Gespannstruktur um den Prozesspromotor (Troika). Dieser verfügt über die notwendige Organisationskenntnis, um abschätzen zu können, wer in wieweit von den Umstellungsprozessen betroffen ist. Er stellt außerdem die Verbindung zwischen Macht- und Fachpromotor her (Hauschildt 2004).
- Im Zusammenhang interorganisationaler Innovationsprozesse erweitern Gemünden und Walter (1995) das Konzept um den Beziehungspromotor. Dieser setzt insbesondere an den oben besprochenen vier Arten von Barrieren im Kooperationszusammenhang an. Beziehungspromotoren sind in der Lage andere Promotoren über die Organisationsgrenzen hinweg zu erreichen und zusammenzubringen (z.B. den Fachpromotor

aus Organisation A mit dem Machtpromotor aus Organisation B). Ferner unterstützt er den Dialog bei Konfliktparteien und trägt zur Förderung sozialer Bindungen bei.

- Zuletzt hat der Promotorenansatz durch Folkerts und Hauschildt (2002) einen dynamischen Fokus erhalten. Hier wird vor allem dem Aspekt Rechnung getragen, dass Promotoren im Zeitablauf einen Rollenwechsel vornehmen können.

Insbesondere die Erweitung des Beziehungspromotors durch Gemünden und Walter sowie die Dynamisierung des Konzepts durch Folkerts und Hauschildt scheinen mit den besonderen Anforderungen von Innovationsprozessen in genossenschaftlichen Kooperationen vergleichbar zu sein.

4. Technisch-ökonomische Perspektive

Innovationsprozesse haben organisatorische und strukturelle Dimensionen. Diese sind eng miteinander verknüpft: Fachkompetenz („Wie") muss in der Struktur eines Unternehmens so eingeplant werden, dass sie situations- und sachgerecht in Umsetzungs- bzw. Ausführungskompetenz im konkreten Fall („Was") umgewandelt werden kann. Insofern entscheidet die Fähigkeit von Unternehmen, die Fachkompetenzen für den Erwerb relevanter Informationen einzusetzen bzw. dies zu planen, zu koordinieren und zu kontrollieren. Ausgehend von den eingangs gestellten Überlegungen sollen im Folgenden die technischen und betriebswirtschaftlichen Gegebenheiten hinsichtlich Organisation und Struktur als Handlungsmöglichkeit für Wohnungsgenossenschaften kurz dargestellt werden.

4.1. Neue alternative Energieversorgung als Organisationsfeld

Das Organisationsfeld beschreibt die Tätigkeiten von Wohnungsgenossenschaften, denen sie im Rahmen ihrer Satzung nachgehen – was darf die Wohnungsgenossenschaft tun? Wohnungsgenossenschaften sind ein personenbezogener, von kollektiver Selbsthilfe getragener Förderwirtschaftsverein (Expertenkommission 2004: 53). Ihr Förderauftrag ist insofern zu konkretisieren, als dass dieser sich an einer kurz- und langfristigen Perspektive orientiert:

- kurzfristig: Bereitstellung von Wohnraum und preisgünstige Nutzungsgebühr
- langfristig: Existenzsicherung der Mitglieder

Damit haben sich Wohnungsgenossenschaften den wandelnden Bedürfnissen ihrer Mitglieder anzupassen, was die neue Handlungsmöglichkeit der Energieeigenversorgung grundsätzlich mit einschließt.[23] Überhaupt geht der Mitgliederförderauftrag der Genossenschaft von den Mitgliedern aus, von dort aus entstehen Ursprung und Ziel des Förderauftrags und auch diese entscheiden, ob und inwieweit sie sich gefördert fühlen (Jäger 1997: 7).

4.1.1. Technische Möglichkeiten und Grenzen

In einer Biogasanlage wird Methangas erzeugt. Dies ist ein Rohbiogas, für das sich mehrere Verwendungsmöglichkeiten ergeben:

---

[23] Die Mustersatzung für Wohnungsgenossenschaften des GdW (2001: 2) umfasst in § 2 Abs. 1 „...alle im Bereich der Wohnungs- und Immobilienwirtschaft, des Städtebaus und der Infrastruktur anfallenden Aufgaben ... Hierzu gehören Gemeinschaftsanlagen und Folgeeinrichtungen..."

- In einem Blockheizkraftwerk (BHKW) in unmittelbarer Nähe zur Gaserzeugungsanlage wird das Gas verfeuert und in Strom umgewandelt.
- Das erzeugte Gas wird aufbereitet und erhält damit die Qualität von höherwertigem Gas. Dieses kann dann in gewöhnlichen Gasheizungsanlagen verfeuert werden. Auch eine Durch- oder Weiterleitung dieses Gases ist möglich.
- Es wird eine Kombination aus den beiden Möglichkeiten genutzt, um die entstehende Abwärme bei der Verstromung als Heizwärme für Wohn-, Bürogebäude o.ä. nutzen zu können (Kraft-Wärme-Kopplung).

Grundlage des Prozesses in den Anlagen ist die Verwertung von sog. Biomasse. Technisch am geeignetsten erscheint derzeit Mais. Dieser muss angebaut, also unter agrarischen Gesichtspunkten wirtschaftlich erzeugt werden.[24] Eine technische Grenze ergibt sich daraus, dass er damit in Konkurrenz (Flächenkonkurrenz) zu anderen Anbauarten steht und nicht in allen Teilen Deutschlands / Europas wirtschaftlich angebaut werden kann. So wird er zur Schlüsselgröße für einen effizienten Betrieb (Ramesohl et. al. 2006: 11f, online).[25] Neben klimatischen Bedingungen sind die Transportkosten der substraterzeugenden Betriebe ein limitierender Faktor. Für Wohnungsgenossenschaften ohne die Anbindung an den ländlichen Raum bzw. die geographische Nähe zu Erzeugung und Verbrauch der Substrate für die Anlage wird ein solcher Betrieb unwirtschaftlich.[26]

4.1.2. Kostenrahmen

Um Biogas in den oben erwähnten Dimensionen[27] zu verstromen, ist nach eigenen Recherchen ein Blockheizkraftwerk von etwa 700 kW Leistung nötig. In der Praxis werden Kostenangaben von 2.000 bis 6.000 Euro pro zu errichtender kW Leistung des Blockheizkraftwerkes kalkuliert.[28] Damit umschließt der Fixkostenrahmen einen Bereich zwischen 1,4 Mio. und 4,2 Mio. Euro für die Anschaffung der hier angedachten Anlage. Der überwiegende Teil muss dabei für Anlagen und Infrastruktur aufgewendet werden (Maciejczyk 2005: 8, online), die zudem einen erheblichen Flächenbedarf haben. Ggf. werden durch Be-

---

[24] Aus den Ergebnissen von Ramesohl et. al. (2006: 21) kann geschlossen werden, dass der wirtschaftliche Betrieb einer Biogasanlage ab einer Erzeugungskapazität von ca. 250 m³ Biogas pro Tag möglich ist (dazu sind 36t Maissubstrat und 4t Gülle pro Tag notwendig). Dabei werden eine Verstromung und eine Vergütung nach dem Erneuerbare Energien Gesetz (EEG) und ein Förderbeginn in 2006 angenommen. Geht man von 40t Substrat aus, sind ca. 300 Hektar Anbaufläche für den Mais pro Jahr notwendig (eigene Berechnung). In 2007 betrug die durchschnittliche Anbaufläche eines landwirtschaftlichen Betriebs in Hessen ca. 30ha (eigene Recherche). Unter Effizienzgesichtspunkten müssten mindestens zehn landwirtschaftliche Betriebe in der Umgebung für die Substraterzeugung gewonnen werden, in der Praxis ist jedoch mit dem doppelten zu rechnen.

[25] Mais ist dabei nicht die einzige verwertbare Möglichkeit, vgl. z.B. Lemmer/Oechsner (2001, online).

[26] Gülle sollte aufgrund der geringen Energiedichte nicht oder nur 5-10 km transportiert werden, eine wirtschaftlich vertretbare Entfernung für den Transport von nachwachsenden Rohstoffen liegt bei 15-20 km (Ramesohl et. al. 2006: 16f).

[27] Die Erzeugung von Rohbiogas verlangt eine weitere Aufbereitung, bei der Effizienzverluste hinzunehmen sind. Ramesohl et. al (2006: 21) gehen davon aus, dass unter den Bedingungen 36 t Substrat und 4 t Gülle pro Tag mehr als 250 m³ in diesem Zeitraum erzeugt werden können, kalkulieren aber u.a. Eigenwärmebedarf mit ein.

[28] Maciejczyk (2005: 8) geht von diesen Zahlen aus, ein namhafter Hersteller gibt Größenordnungen von 3.000 bis 4.000 Euro an.

bauungspläne und Immissionsschutzgesetze weitere Grenzen gesetzt. Unter den Bedingungen des Gesetzes über Erneuerbare Energien und einer möglichen öffentlichen Förderung kann die Grenze der Wirtschaftlichkeit leichter erreicht werden, dies ist außerdem abhängig von der Kapitalstruktur des Projekts und den variablen Kosten des Einsatzsubstrats.[29]

4.2. Neue alternative Energieversorgung als Strukturfelder

Innerhalb der individuellen genossenschaftlichen Struktur, im Willen der Mitglieder und im Zustimmungsprozess der Organe liegt die Legitimität des Aufgreifens einer neuen Handlungsmöglichkeit (s. o.). Dennoch sind von Seiten der genossenschaftlichen Struktur weitere Grenzen angelegt.

4.2.1. Finanzierungsmöglichkeiten

Die Finanzierung von wirtschaftlichen Aktivitäten bedarf einer Einzelfallbetrachtung, die die Bonität des Handelnden und die Beurteilung der Handlungsmöglichkeit umfasst. Wohnungsgenossenschaften sind in ihren Fremdkapitalbeschaffungsmöglichkeiten mittlerweile auch den Vorschriften von Basel II unterworfen, da Banken bei ihrer Kreditvergabepraxis besonderen Eigenkapitalanforderungen unterliegen. Dies beeinflusst die Konditionen der Kapitalvergabepraxis, wobei Wohnungsgenossenschaften kaum als Hochrisikosegment gelten können. Grundsätzlich stehen Wohnungsgenossenschaften die folgenden Finanzierungsmöglichkeiten zur Verfügung (Expertenkommission 2004: 486-514).

- Eigenkapital
  - Erhöhung der Geschäftsanteile
  - Gestaltung von Ausschüttungen, Rücklagen und Rückstellungen
  - Aufnahme investierender Mitglieder
- hybride Kapitalformen
  - Genussrechte
  - typische / atypische stille Beteiligung
- Fremdkapital
  - klassische Fremdfinanzierung (Grundpfandrechtlich gesicherte Kredite)
  - Unternehmensanleihen, Schuldscheindarlehen
  - Mitgliederdarlehen
  - Wohnungsgenossenschaftliche Spareinrichtungen
  - kurzfristige Fremdfinanzierung
- andere finanzierungsrelevante Instrumente
- Finanzierungskooperationen

[29] Sollen Substrate mit anderem Methangehalt verwendet werden, muss die Anlage in der Regel größer dimensioniert werden. Ramesohl et. al. (2006: 73) gehen von 30 Euro pro Tonne Maissilage aus. Da die Anlage jedoch lange Laufzeiten hat und von einer zunehmenden Flächenkonkurrenz auszugehen ist, müssen Alternativen eingeplant werden – seien es Ersatzsubstrate oder langfristige Vertragsbindungen von Zulieferern.

4.2.2. Kooperations-/Integrationsform

Grundsätzlich besteht die Möglichkeit, dass die Mitglieder oder die Genossenschaft selbst am neuen Geschäftsbetrieb partizipieren. Entsteht aus der Verstromung oder der Wärmproduktion ein Überhang, so kann dieser ggf. im Rahmen weiterer Kooperationen von Partnern in Anspruch genommen werden, z.B. bei Public-Private-Partnerships oder Einspeisungen in das öffentliche Netz. Ebenfalls können auf der Zuliefererseite genossenschaftliche Kooperationsformen gebildet werden. Diese Fragen der Rechtsformgestaltung sind im individuellen Fall zu prüfen. Ein Kriterium könnte z.B. § 5 Abs. 1 Nr. 10 KStG liefern: Danach ist die Körperschaftsteuerbefreiung von Wohnungsgenossenschaften ausgeschlossen, wenn die Einnahmen aus den Gemeinschaftsanlagen oder Folgeeinrichtungen mehr als 10 Prozent der Gesamten Einnahmen übersteigen.

5. Fazit: Organisatorische und strukturelle Innovationsprozesse und die Rolle der Promotoren

Innovationsprozesse sind immer auch Lernprozesse. Durch technischen Fortschritt werden Unternehmen und Unternehmer fortwährend mit einer Neuerungsvielfalt konfrontiert, die sie mit ihren Kompetenzen erfassen und bearbeiten müssen. Dabei müssen sie neue Vielfalt auf der Angebots- und Nachfrageseite antizipieren und abschätzen, inwiefern diese eine Gefährdung oder Entwicklungsmöglichkeit ihrer wirtschaftlichen Tätigkeiten in sich tragen. So schaffen neue Möglichkeiten auch neue Grenzen. Wohnungsgenossenschaften haben sich – wie alle wirtschaftlich tätigen Unternehmen – innerhalb ihres Handlungsraumes potentiellen Mitbewerbern zu stellen. Auf der Angebotsseite ihres Leistungsspektrums haben sie sich an den Bedürfnissen einer sich wandelnden Kundenstruktur auszurichten.[30] Ihre Nachfrageposition am Energiemarkt war bisher von den Einflussmöglichkeiten eines Kunden / Großkunden geprägt. Durch technischen Fortschritt rücken aber zusehends Möglichkeiten in den für Wohnungsgenossenschaften realisierbaren Handlungsraum, der diese durch eine Energieerzeugung in Eigenregie von den Preisentwicklungen des Energiesektors unabhängiger machen könnte. Dazu sind jedoch strukturelle und organisatorische Innovationsprozesse zu bewältigen, deren Determinanten sich insbesondere aus der Entwicklungsgeschichte von Wohnungsgenossenschaften ergeben. Ein ganzheitlicher und nachhaltiger Theorieansatz kann als systematische Klammer um langfristige volkswirtschaftliche Aspekte und strategisch betriebswirtschaftliche Ansätze dienen, um diese sach- und problemlösungsorientiert aufeinander zu beziehen. In der organisationalen Perspektive hat sich gezeigt wie Innovationen auf die Verteilung von Ressourcen, Kompetenzen und Macht in bestehenden Organisationsgefügen wirken. Auf der Ebene einzelner Akteure mit individuellen Interessenlagen und Erwartungen kommt es zu konfliktträchtigen Informationsasymmetrien und Verhaltensunsicherheiten. Im Kontext genossenschaftlicher Kooperationen wurde aufgezeigt mit welchen Erscheinungsformen des Widertandes zu rechnen ist und wie diesen grundsätzlich begegnet werden kann.

---

30 Vgl. zu den Möglichkeiten Dierkes/Ridinger (2007).

Literaturverzeichnis

Beuthien, V. (2004): Beck'sche Kurzkommentare, Band 11, Genossenschaftsgesetz mit Umwandlungs- und Kartellrecht sowie Statut der Europäischen Genossenschaft, München: Beck

Boettcher, E. (1979): Die Problematik der Operationalisierung des Förderungsauftrages in Genossenschaften. Förderplan und Förderbericht, in: Zeitschrift für das gesamte Genossenschaftswesen, 29/3196-216

Bühring, A. / Leuchtner, J. / Krug, P. / Schüle, R. (2004): Marktpotenzial für Passivhäuser und 3-Liter-Häuser, http://www.solarmarketing.de/passivhausstudie.pdf (abgefragt: 26.02. 2008), ebenfalls erschienen in: Fraunhofer Institut Raum und Bau (Hrsg.): EB EnergieEffizientes Bauen, 5/2/3-7

Dierkes, S. / Ridinger, R. (2007): Genossenschaften zwischen Altersvorsorge und Zuwanderung – Besondere Herausforderungen für die Wohnungsgenossenschaften, Marburger Beiträge zum Genossenschaftswesen, Nr. 48, Marburg: Institut für Genossenschaftswesen an der Philipps-Universität Marburg

Engelhardt, W. W. (1985): Allgemeine Ideengeschichte des Genossenschaftswesens: Einführung in die Genossenschafts- und Kooperationslehre auf geschichtlicher Basis, Darmstadt: Wissenschaftliche Buchgesellschaft

Engelhardt, W. W. (1994): History of Co-operative Ideas, in: Dülfer, E. (Hrsg.): International Handbook of Cooperative Organizations, Göttingen: Vandenhoek und Ruprecht, 423-429

Expertenkommission (2004): Bericht der Expertenkommission Wohnungsgenossenschaften, in: Bundesministerium für Verkehr, Bau- und Wohnungswesen (Hrsg.): Wohnungsgenossenschaften. Potenziale und Perspektiven, Berlin: Duncker & Humblot

Folkerts, L. / Hauschildt, J. (2002): Personelle Dynamik in Innovationsprozessen – Neue Fragen und Befunde zum Promotorenmodell, in: Die Betriebswirtschaft, 62/1/7-23

Freier, A. (2007): Multi-Kondratieff-Zyklen in der chinesischen Wirtschaftsgeschichte. Eine holistische Theorie über die innovatorisch-iterative Evolution, die Entwicklungsfähigkeit und die Autopoiese volkswirtschaftlicher Systeme, Marburg, Univ., Diss., 2007, Marburg: Marburger Förderzentrum für Existenzgründer aus der Universität

Freier, A. / Röpke, J. (2007): Erzeugt die Umweltökonomie/industrie einen Kondratieff-Zyklus? Oder ist sie seine Folge?, http://www.wiwi.uni-marburg.de/Lehrstuehle/EinrInst/Mafex/Publikationen/Dokumente/mafex_fa_rj_mweltkondratieff.pdf (abgefragt: 20.02.2008)

GdW (2001): Mustersatzung für Wohnungsgenossenschaften, Herausgegeben vom GdW Bundesverband deutscher Wohnungsunternehmen

Gemünden, H.G. / Walter, A. (1995): Der Beziehungspromotor – Schlüsselperson für interorganisationale Innovationsprozesse, in: Zeitschrift für Betriebswirtschaft, 65/9/971-986

Göler von Ravensburg, N. (2007): Ideen und Traditionen im neuzeitlichen Westeuropa, in: Brockmeier, T. / Fehl, U. (Hrsg.): Volkswirtschaftliche Theorie der Kooperation in Genossenschaften, (Marburger Schriften zum Genossenschaftswesen, Band 100), Göttingen: Vandenhoek und Ruprecht, 39-84

Hauschildt, J. / Gemünden, G. (1998): Promotoren – Champions der Innovation, Wiesbaden: Gabler

Hauschildt, J. (1999): Widerstand gegen Innovationen – destruktiv oder konstruktiv?, in: Zeitschrift für Betriebswirtschaft, Ergänzungsheft 69/2/1-21

Hauschildt, J. (2004): Innovationsmanagement, 3. Aufl., München: Vahlen

Hauschildt, J. / Chakrabarti, A.K. (1988): Arbeitsteilung im Innovationsmanagement, in: Zeitschrift Führung und Organisation, 57/6/378-388

Hesse, G. (1982): Die Entstehung industrialisierter Volkswirtschaften. Ein Beitrag zur theoretischen und empirischen Analyse der langfristigen wirtschaftlichen Entwicklung, Tübingen: Mohr

Jensen, M.C. / Meckling, W. (1976): Theory of the firm: Managerial behavior, agency costs, and ownership structure, in: Journal of Financial Economics, 3/4/305-360

Kanther, M. A. / Petzina, D. (2000): Victor Aimé Huber (1800 – 1869): Sozialreformer und Wegbereiter der sozialen Wohnungswirtschaft, Berlin: Duncker und Humblot

Klöter, R. (1997): Opponenten im organisationalen Beschaffungsprozeß, Wiesbaden: Dt. Univ.-Verl.

Kluge, A. (2007): Genossenschaften in der Geschichte, in: Brockmeier, T. / Fehl, U. (Hrsg.): Volkswirtschaftliche Theorie der Kooperation in Genossenschaften, Marburger Schriften zum Genossenschaftswesen, Band 100, Göttingen: Vandenhoek und Ruprecht, 3-38

Kramer, J. W. (2006): Was kennzeichnet eine „erfolgreiche" Genossenschaft?, in: Münkner, H.-H. / Ringle, G. (Hrsg.): Zukunftsperspektiven für Genossenschaften. Bausteine für typengerechte Weiterentwicklung, Bern: Haupt, 125-152

Kramer, J. W. (2007): Erfolgsaspekte genossenschaftlichen Wirtschaftens aus betriebswirtschaftlicher Perspektive, WDP – Wismarer Diskussionspapiere/Wismar Discussion Papers 14/2007, Hochschule Wismar, Fakultät für Wirtschaftswissenschaften, Wismar 2007, http://www.wi.hs-wismar.de/~wdp/2007/0714_Kramer.pdf (abgefragt: 20.02.2008)

Landes, D. (1999): Wohlstand und Armut der Nationen: warum die einen reich und die anderen arm sind, Berlin: Siedler

Lemmer, A. / Oechsner, H. (2001): Bestimmung des Gasertrages verschiedener Feldfrüchte. Projektbericht an Administration des Services Techniques de l' Agriculture, Großherzogtum Luxemburg, 2001, www.kws-energie.de/media/downloads/13/aktuelle_ergebnisse.pdf (abgefragt: 06.07.2007)

Luhmann, N. (1997): Die Gesellschaft der Gesellschaft, 2 Bände, Frankfurt am Main: Suhrkamp

Luhmann, N. (2000): Organisation und Entscheidung, Opladen: Westdeutscher Verlag

Maciejczyk, M. (2005): Was entscheidet über ihren Erfolg? Wirtschaftlichkeit von Biogasanlagen, C.A.R.M.E.N Fachgespräche 2005, Fachverband Biogas e.V., http://www.carmen-ev.de/dt/portrait/sonstiges/biomasse05gespraeche/bogasanlagen/ Maciejczyk.pdf (abgefragt: 22.01.2008)

March, J. / Simon, H. (1958): Organizations, New York: John Wiley

Oechsner, H. / Lemmer, A. / Neuberg, C. (2003): Feldfrüchte als Gärsubstrat in Biogasanlagen, in: Landtechnik, –/3/146-147

Puffert, D. (2002): Pfadabhängigkeit in der Wirtschaftsgeschichte, in: Herrmann-Pillath, C. / Lehmann-Waffenschmidt, M. (Hrsg.): Handbuch zur evolutorischen Ökonomik, http:// www.vwl.uni-muenchen.de/ls_komlos/pathd.pdf (abgefragt: 22.11.2004)

Ramesohl, S. et. al. (2006): Analyse und Bewertung der Nutzungsmöglichkeiten von Biomasse. Untersuchung im Auftrag von BGW und DVGW, Band 1: Gesamtergebnisse und Schlussfolgerungen, Wuppertal Institut, http://www.wupperinst.org/de/projekte/proj/index.html?&projekt_id=11&bid=164 (abgefragt: 06.07.2007)

Reinhold, G. (2003): Technik und Ökonomie der Verbrennung und/oder Vergärung von Gras, Vortrag auf dem Deutschen Grünlandtag 2003 „Grünlandaufwüchse ohne Wiederkäuer verwerten?" 30-31. Mai 2003 in Paaren/Glien, hrsg. von Thüringer Landesanstalt für Landwirtschaft

Röpke, J. (1977): Die Strategie der Innovation: eine systemtheoretische Untersuchung der Interaktion von Individuum, Organisation und Markt im Neuerungsprozeß, Tübingen: Mohr Siebeck

Röpke, J. (1982): Die unterentwickelte Freiheit: wirtschaftliche Entwicklung und unternehmerisches Handeln in Indonesien, Göttingen: Vandenhoeck und Ruprecht

Röpke, J. (1983): Handlungsrechte und wirtschaftliche Entwicklung, in: Schüller, A. / Meyer, W. (Hrsg.): Property Rights und Ökonomische Theorie, München: Vahlen, 111-144

Röpke, J. (1987): Möglichkeiten und Grenzen der Steuerung wirtschaftlicher Entwicklung in komplexen Systemen; in: Borchert, M. / Fehl, U. / Oberender, P. (Hrsg.): Markt und Wettbewerb (Festschrift für Ernst Heuß zum 65. Geburtstag), Bern: Haupt, 227-243

Röpke, J. (1992): Cooperative Entrepreneurship. Entrepreneurial Dynamics and their Promotion in Self-help Organizations, Marburg Consult für Selbsthilfeorganisationen eG, A-7, Marburg

Röpke, J. (2002): Der lernende Unternehmer: zur Evolution und Konstruktion unternehmerischer Kompetenz, Marburg: Marburger Förderzentrum für Existenzgründer aus der Universität

Russel, B. (2001): Philosophie des Abendlandes: ihr Zusammenhang mit der politischen und der sozialen Entwicklung, 10. Aufl., München: Europa Verlag

Sälter, P. M. (1989): Externe Effekte: „Marktversagen" oder Systemmerkmal?, Heidelberg: Physica

Schädel, C. (2007): Entwicklung der Genossenschaften in den einzelnen Bereichen, in: Brockmeier, T. / Fehl, U. (Hrsg.): Volkswirtschaftliche Theorie der Kooperation in Genossenschaften, Marburger Schriften zum Genossenschaftswesen, Band 100, Göttingen: Vandenhoek und Ruprecht, 149-176

Schumpeter, J. A. (1939): Business Cycles: A Theoretical Historical and Statistical Analysis of the Capitalist Process, 2 Volumes, London: McGraw-Hill

Schumpeter, J. A. (1961): Konjunkturzyklen. Eine theoretische, historische und statistische Analyse des kapitalistischen Prozesses, 2 Bände, Göttingen: Vandenhoek und Ruprecht

Schumpeter, J. A. (1987): Kapitalismus, Sozialismus und Demokratie, 6. Aufl., Tübingen: Franke

Statistisches Bundesamt (2007): Daten zur Preisentwicklung, Lange Reihen von Januar 2000 bis 2007, erschienen am 21.12.2007, Artikelnummer: 5619001071115, https://www-ec.destatis.de/csp/shop/sfg/bpm.html.cms.cBroker.cls?cmspath=struktur,vollanzeige.csp&ID=1021447 (abgefragt: 19.01.2008)

Theißing, M. (2006): Biogas Einspeisung und Systemintegration in bestehende Gasnetze, FH Joanneum Gesellschaft mbH, Ein Projektbericht im Rahmen der Programmlinie „Energiesysteme der Zukunft", Impulsprogramm „Nachhaltig Wirtschaften" im Auftrag des Bundesministeriums für Verkehr, Innovation und Technologie, http://energytech.at/(en)/bio gas/results/id3673.html (abgefragt: 22.01.2008)

Thrän, D. et. al. (2005): Nachhaltige Biomassenutzungsstrategien im europäischen Kontext. Analyse im Spannungsfeld nationaler Vorgaben und der Konkurrenz zwischen festen, flüssigen und gasförmigen Bioenergieträgern, Institut für Energietechnik und Umwelt gemeinnützige GmbH (Hrsg.), http://www.bmu.de/erneuerbare_energien/downloads/doc/36715.php (abgefragt: 22.01.2008)

Wang, Y. / Herrmann-Pillath, C. (1992): Materielle Zivilisation, intellektuelle Eliten und gesellschaftliche Involution in China: eine Fallstudie und ihre figurationssoziologische Interpretation, Berlin: Bundesinstitut für Ostwissenschaftliche und Internationale Studien

Witte, E. (1973): Organisation für Innovationsentscheidungen – Das Promotorenmodell, Göttingen: Schwartz

Witte, E. (1998): Das Promotoren-Modell, in: Hauschildt, J. / Gemünden, G. (Hrsg.): Promotoren – Champions der Innovation, Wiesbaden: Gabler, 9-44

Der Realoptionsansatz bei betrieblichen Weiterbildungsinvestitionen in Kreditgenossenschaften

Michael Fikar

1. Einleitung

Die Bankenbranche insgesamt und damit auch die Kreditgenossenschaften sind maßgeblich von einem anhaltenden Strukturwandel geprägt. „Technologisierung", „Deregulierung", „Europäisierung" und „steigende Wettbewerbsintensität" sind nur wenige Begriffe, die stellvertretend für die stetigen Veränderungen der Geschäftstätigkeit der Banken stehen (BvB 2002: 27-32; WGV 2007: 3-10). Charakteristisch für den Wandel im Bankenumfeld ist, dass er mit zunehmender Häufigkeit, Intensität und Frequenz auftritt. Indikatoren für diesen intrasektoralen Wandel sind insbesondere Neuerungen der Informations- und Kommunikationstechnologien, Veränderungen der Anbieterstrukturen sowie der Verhaltensweisen privater und gewerblicher Nachfrager (Büschgen 1999: 18f).
Die Banken benötigen die Fähigkeit sich auf den kontinuierlichen Wandel einzustellen und sich an veränderte Strukturen anzupassen. Flexibilität wird als Mittel verstanden, um mit unsicheren und irreversiblen Situationen umzugehen. Bei der Durchführung von Investitionsprojekten kann das Unternehmen mit Flexibilitätspotential auf unerwartete positive und negative Ereignisse reagieren. Die potentielle Anpassungsfähigkeit sorgt für einen nicht zu unterschätzenden Wertbeitrag in den Unternehmen (Hommel/Pritsch 1999: 1). Eine personalwirtschaftliche Antwort um auf die zunehmende Komplexität und wechselnden Anforderungen zu reagieren, ist die betriebliche Qualifizierung der Mitarbeiter (Berther 2004: 1). Die Qualifikationen und Kompetenzen der Mitarbeiter bestimmen maßgeblich die strategische und strukturelle Flexibilität der Banken und damit den Erfolg im Wettbewerb (Berther 2004: 186). Betriebliche Weiterbildungsinvestitionen wirken auf die Qualifikation der Mitarbeiter und tragen zur Flexibilität der Unternehmen bei. Ebenso handelt es sich um hierbei um ein Investitionsprojekt, das flexibel gestaltet werden kann.

Das Papier verfolgt die Zielsetzung, den Realoptionsansatz im Kontext betrieblicher Weiterbildungsinvestitionen zu beschreiben. Es ist folgendermaßen strukturiert: Zu Beginn erfolgt eine Einordnung des Begriffs „betriebliche Weiterbildungsinvestition". Darauf aufbauend werden Flexibilität und Risiko in der betrieblichen Weiterbildung thematisiert. Dies bildet den Anknüpfungspunkt für den Realoptionsansatz. Zielsetzung der dann folgenden Ausführungen ist, Realoptionen bei betrieblichen Weiterbildungsinvestitionen zu beschreiben, zu identifizieren und anhand eines Fallbeispiels zu diskutieren.

2. Die betriebliche Weiterbildungsinvestition

2.1. Definition: Betriebliche Weiterbildungsinvestition

Die betriebliche Weiterbildung wird in unterschiedlichen wissenschaftlichen Disziplinen diskutiert und aus vielfältigen Perspektiven des individuellen Forschungsinteresses beschrieben. Darunter sind Sichtweisen der Psychologie, Soziologie und Wirtschaftswissenschaften vertreten. Im Kontext der Wirtschaftswissenschaften sind u.a. verhaltenstheoretische sowie investitionstheoretische-bildungsökonomische Ansätze vertreten (Sadowski 2002: 56f; Scholz 2000: 111). Die Weiterbildung als Kernelement der Personalentwicklung legt ihren Schwerpunkt auf die Qualifizierung der Mitarbeiter (Berthel/Becker 2007: 346). Den Terminus Weiterbildung klar einzugrenzen, wird durch einen uneinheitlichen Gebrauch des Begriffes erschwert. Weitere Begriffe im Kontext der Weiterbildung sind: „Fortbildung", „Anpassungsfortbildung", „Aufstiegsfortbildung" (Berthel/Becker 2007: 346; Scholz 2000: 505, 541). Weiterbildung wird im Rahmen der folgenden Ausführungen als eine „Vermittlung von Kenntnissen und Fähigkeiten einschließlich Verhaltensweisen verstanden, mit der die Qualifikation eines Mitarbeiters erhalten oder durch Erweiterung und/oder Vertiefung verbessert werden kann." (Berthel/Becker 2007: 346). Weiterbildung wird damit schon in einen unternehmerischen Kontext eingebetet, da die Qualifikation von Mitarbeitern Gegenstand der Betrachtung ist.
Der Begriff betriebliche Weiterbildungsinvestition basiert auf der ökonomischen und speziell auf einer investitionstheoretischen Perspektive. Im Kontext dieser Betrachtung ist der zentrale Begriff die Investition und der Anwendungsbereich ist die betriebliche Weiterbildung. Die Investition in die betriebliche Weiterbildung kennzeichnet sich durch einen vom Unternehmen initiierten Prozess. Hierbei kann die betriebliche Weiterbildung durch das Unternehmen selbst oder auch in dessen Auftrag durchgeführt werden.
Die Fragestellung: „Wer investiert in welches Investitionsgut mit welchem Ziel?" führt zu folgender Charakterisierung des Begriffs betriebliche Weiterbildungsinvestition (Anderseck 1988: 11f; Alewell 1997: 45ff):

- Die betriebliche Weiterbildungsinvestition ist eine vom Unternehmen initiierte berufliche Investition in die Qualifikation eines Mitarbeiters. Die Investitionsentscheidung trifft das Unternehmen und ist daher betrieblich veranlasst, die betriebliche Weiterbildungsinvestition erfolgt im Rahmen eines Beschäftigungsverhältnisses.
- Das Unternehmen verwendet für die betriebliche Weiterbildungsinvestition finanzielle Mittel mit dem Ziel, eine Veränderung des produktionsrelevanten Qualifikationsprofils eines Mitarbeiters dergestalt hervorzurufen, dass es zu einer Steigerung der Produktivität des Mitarbeiters im Unternehmen kommt.

Die betriebliche Weiterbildungsinvestition ist daher im Kontext des Personalmanagements wie folgt einzuordnen. Die betriebliche Weiterbildungsinvestition ist ein Instrument zur Deckung des Personalbedarfs, welcher sich aus dem Abgleich des benötigten Personalbedarfs und des vorhandenen Personalbestandes in einem Unternehmen ergibt. Die Beschaffung erforderlicher Qualifikationen der Mitarbeiter erfolgt durch die betriebliche Weiterbildungsinvestition (Berthel/Becker: 2007: 169, 346).

2.2. Bildung als Investitionsgut

Das Merkmal der Verwendung finanzieller Mittel bei betrieblichen Weiterbildungsinvestitionen sowie der Investitionsbegriff weisen darauf hin, dass Bildung als ein Gut behandelt wird, das nachgefragt und angeboten werden kann. Mit der ökonomisch-investitionstheoretischen Blickrichtung wird verdeutlicht, dass Bildung einen Nutzen stiftet und Überlegungen zur Allokation von Ressourcen daran anknüpfen (Anderseck 1988: 11). Der nutzenstiftende Charakter basiert auf der Überlegung, dass Bildung die Handlungskompetenzen (z.B. Fähigkeiten, Fertigkeiten, Wissen) eines Mitarbeiters im Vergleich zur Ausgangssituation steigert (Drumm 2005: 400, 406). Es erfolgt eine Zunahme der Qualifikation, d.h. betriebliche Weiterbildungsinvestitionen reduzieren Diskrepanzen zwischen den Fähigkeiten und Fertigkeiten der Mitarbeiter und den Anforderungen an eine Stelle bzw. Aufgabe (Scholz 2000: 505). Die betriebliche Weiterbildungsinvestition wäre dann obsolet, wenn zu jedem beliebigen Zeitpunkt die gewünschten Qualifikationen abrufbar wären (Drumm 2005: 231).

Die Nachfrage von Unternehmen nach dem Gut Bildung lässt die Beschreibung der Bildung als Investitionsgut zu. Unternehmen üben dann die Nachfrage nach dem Investitionsgut Bildung aus, wenn ein Bedarf an Qualifikationen vorliegt. Bildung wird beschafft und stellt ein Inputgut im betrieblichen Leistungsprozess dar. Die Beschaffung des Bildungsgutes erfolgt nicht kostenlos, d.h. eine kostenneutrale Bildung ist kein Bildungsgut im Sinne einer betrieblichen Weiterbildungsinvestition (Anderseck 1988: 12, 19).

Die Nachfrage der Unternehmen orientiert sich an produktivitätsrelevanten Qualifikationen der Mitarbeiter. Dies deutet darauf hin, dass die nutzenstiftende Wirkung der betrieblichen Weiterbildungsinvestition letztlich vom Mitarbeiter selbst abhängig ist (Anderseck 2003: 27). Dieser Sachverhalt prägt insbesondere den Unterschied zu einer Sach- bzw. Finanzinvestition. Das nutzenstiftende Sach- bzw. Finanzvermögen wird bilanziert und stellt aus unternehmerischer Perspektive Eigentum dar (Schmidt/Terberger 1996: 11, 23f). Der Mitarbeiter ist jedoch mit der produktivitätsrelevanten Qualifikation, welche durch die Verwendung betrieblicher Ressourcen erworben wurde, unmittelbar verwoben. Der Mitarbeiter ist im Besitz seiner produktivitätsrelevanten Qualifikation, im Unterschied zu den produktivitätsrelevanten Eigenschaften des Produktionsfaktors Kapital, die als Eigentum des Unternehmens zu betrachten sind (Rodehuth 1999: 15). Die betriebliche Weiterbildungsinvestition ist die Nachfrage eines Unternehmens nach einem ökonomischen und produktivitätswirksamen Gut. Die Weiterbildungsinvestition wirkt auf das Qualifikationspotential des Mitarbeiters. Darunter versteht man das potentiell realisierbare Arbeitsvermögen eines jeden Mitarbeiters. Auch die Entfaltung des potentiellen Arbeitsvermögens und damit die nutzenstiftende Wirkung ist mit dem Mitarbeiter unmittelbar verbunden (Berthel/Becker 2007: 306).

Die oben dargestellten Unterschiede zwischen Sach- bzw. Finanzinvestition und der Investition in einen Mitarbeiter bedürfen einer präziseren Beschreibung des Investitionsguts. Hierzu erfolgt eine Differenzierung in ein subjektives und objektives Bildungsgut. Das objektive Bildungsgut (z.B. Seminare, Coaching, Training-on-the-Job) ist direkt wahrnehmbar und nach objektiven Kriterien beschreibbar. Es handelt sich hierbei um das unmittelbar nachfragbare Investitionsgut des Unternehmens, das Mittel zum Zweck der

Nutzenstiftung ist, und gleichzeitig um das Inputgut des individuellen Lernprozesses des Mitarbeiters. Der Output dieses Lernprozesses ist das subjektive Bildungsgut. Es sind die erworbenen Fähigkeiten und Fertigkeiten, die Qualifikation des Mitarbeiters. Das subjektive Bildungsgut unterliegt nicht der direkten Einflussnahme eines Unternehmens, vielmehr besteht die Erwartung einer Internalisierung des objektiven Bildungsguts durch den Mitarbeiter und dessen Fähigkeit, die objektiven Merkmale des Bildungsguts im Produktionsprozess für das Unternehmen nutzenbringend anzuwenden (Anderseck 1988: 11-13; Alewell 1997: 45). Die folgende Abbildung stellt diesen Transformationsprozess des Bildungsguts dar:

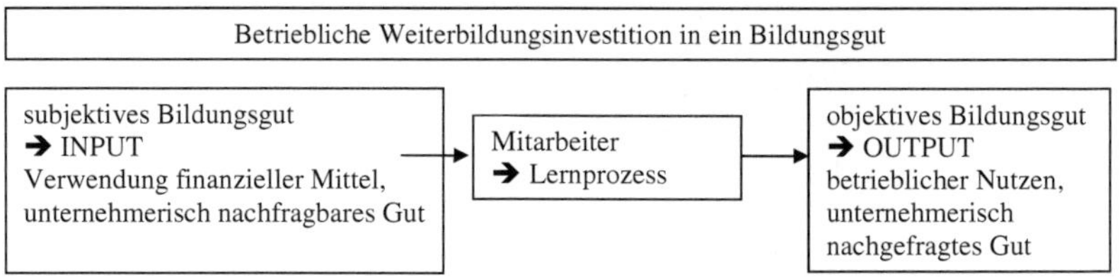

Abb. 1: Transformationsprozess des Bildungsguts

2.3. Produktivitätseffekt als Nutzen betrieblicher Weiterbildungsinvestitionen

Die betriebliche Weiterbildungsinvestition verfolgt das Ziel die Produktivität des Mitarbeiters zu steigern (Produktivitätseffekt), welche einen Zuwachs des monetären Ertrags im Unternehmen zur Folge haben soll (Einkommenseffekt) (Anderseck 1988: 14). Eine höhere Produktivität wird angestrebt, um ein günstigeres Verhältnis zwischen ökonomischem Aufwand und Ertrag zu erzielen, und befindet sich damit im Einklang mit dem ökonomischen Prinzip (Ulrich/Fluri 1995: 164). Das Wesen der betrieblichen Weiterbildungsinvestition ist die Modifikation der Qualifikation des Mitarbeiters zur Produktivitätssteigerung.

Die Investition in ein objektives Bildungsgut zielt auf einen Anstieg der Produktivität und des Unternehmensgewinns. Der Produktivitätseffekt basiert auf zweierlei Annahmen: Erstens werden dem objektiven Bildungsgut und der daraus resultierenden Qualifikation eines Mitarbeiters produktivitätsfördernde Eigenschaften zugeordnet (Anderseck 1988: 17f; Sadowski 2002: 53). Die zweite Annahme des Produktivitätseffekts fordert die unmittelbare Anwendbarkeit der Qualifikation des Mitarbeiters im Produktionsprozess. Der Bildungsinput kann seine produktivitätssteigernde Wirkung nur dann optimal erzielen, wenn das Qualifikationsprofil mit dem Anforderungsprofil des Arbeitsplatzes übereinstimmt (Anderseck 2003: 49ff, Drumm 2005: 241). Der Nutzen der betrieblichen Weiterbildungsinvestition besteht demnach darin, das Qualifikationsprofils eines bestimmten Mitarbeiters in Übereinstimmung mit dem Anforderungsprofil eines bestimmten Arbeitsplatzes zu bringen (Berthel /Becker 2007: 325). Die betriebliche Weiterbildungsinvestition richtet die Qualifikation des Mitarbeiters auf die betrieblichen Anforderungen aus, d.h. es liegt eine Dominanz betrieblicher Zielsetzungen vor (Staehle 1999: 874). Ein Wirkungsziel der betrieblichen Weiterbildungsinvestition ist die Erzeugung personeller Leistungsvoraussetzungen zur Erfüllung bestimmter, definierter Anforderungen eines Arbeitsplatzes.

Der Produktivitätseffekt kann im Kontext der Produktionsfaktoren Arbeit und Kapital beschrieben werden. Die Leistungserstellung erfolgt aus der Kombination dieser beiden Produktionsfaktoren. Der Produktionsfaktor Kapital (z.B. EDV-System) definiert die Anforderung eines Arbeitsplatzes. Die betrieblichen Anforderungen orientieren sich an den Merkmalen des Arbeitsplatzes und werden als gegebene Tatsache behandelt. Die notwendigen Qualifikationen für einen bestimmten Arbeitsplatzes führen zu einem bestimmten zugeordneten Qualifikationsprofil des Arbeitsplatzes. Zusammengefasst bedeutet dies, dass die betriebliche Weiterbildungsmaßnahme nur dann ihren Nutzen optimal entfalten kann, wenn die Gestaltung der Arbeitsplätze und der Einsatz der Qualifikationen im Produktionsprozess übereinstimmen sowie der Wille des Mitarbeiters zur vollen Umsetzung seiner Qualifikation vorhanden ist (Anderseck 2003: 49ff).
Die Abb. 2 stellt den Produktivitätseffekt dar. Zum Zeitpunkt t_0 hat der Mitarbeiter mit einem definierten Qualifikationsprofil, d.h. mit seinen bestehenden Fertigkeiten und Fähigkeiten, eine bestimmte Produktivität im Unternehmen. Die Durchführung einer betrieblichen Weiterbildungsinvestition verfolgt das Ziel, die Produktivität entsprechend eines höheren „Produktivitäts"-Anforderungsprofils eines Arbeitsplatzes zu steigern und in Übereinstimmung mit dem Qualifikationsprofils in t_1 zu bringen.

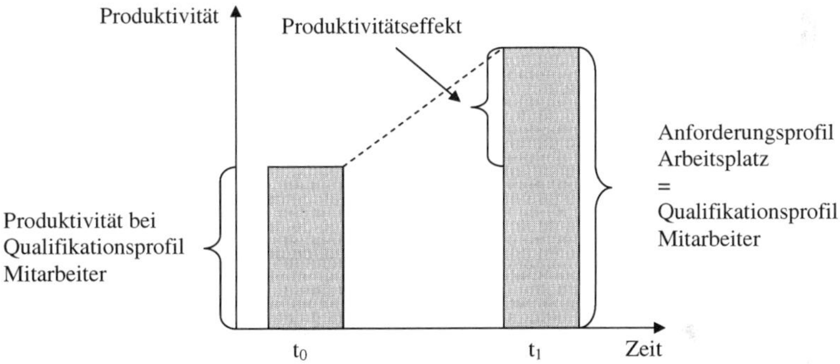

Abb. 2: Produktivitätseffekt durch betriebliche Weiterbildungsinvestitionen

Die dynamische und sich verändernde aufgabenspezifische Umwelt (z.B. Technologie, Marktumfeld, Organisation, Werte) beeinflusst die Leistungserstellung des Unternehmens (Scholz 2000: 7). Insbesondere hängt die Produktivität dadurch von der Anpassungsfähigkeit der Qualifikation der Mitarbeiter ab. Die betriebliche Weiterbildungsinvestition erfordert eine Produktivität unter wechselnden Bedingungen (Ulrich/Fluri 1995: 164).
Die Ausrichtung der betrieblichen Anforderungen der Mitarbeiterqualifikation an die Merkmale eines bestimmten Arbeitsplatzes wird insbesondere in Zeiten technischen Fortschritts einem steten Wandel unterliegen (Drumm 2005: 245, 248f). Das Unternehmen sieht sich immer einer Veränderung des Anforderungsprofils der Arbeitsstelle ausgesetzt (Drumm: 2005: 248f).
Die Qualifikationsentwicklung eines Mitarbeiters kann bedingt durch die dynamische Entwicklung (z.B. technischer Fortschritt) folgendermaßen differenziert werden: Unterqualifizierung und Überqualifizierung (Staehle 1999: 877). Abb. 3 stellt diesen Sachver-

halt der Über- bzw. Unterqualifikation dar. Bis zum Zeitpunkt t_0 entsprechen sich das Anforderungsprofil des Arbeitsplatzes (AQ) und das Qualifikationsprofil des Mitarbeiters (XQ). Zum Zeitpunkt t_0 erhöhen sich die Anforderungen an den Arbeitsplatz bedingt durch technischen Fortschritt. Das Qualifikationsprofil bleibt unverändert. Die Folge ist die Unterqualifikation des Mitarbeiters. Demgegenüber verdeutlicht die Abbildung das Entstehen einer Überqualifikation. Technischer Fortschritt induziert nun ein sinkendes Anforderungsprofil des Arbeitsplatzes und führt bei konstantem Qualifikationsprofil des Mitarbeiters zu einer Überqualifikation.

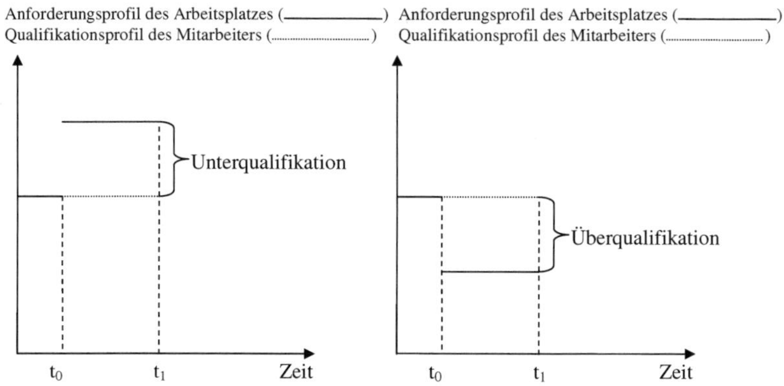

Abb. 3: Über- und Unterqualifikation

3. Handlungsspielräume bei betrieblichen Weiterbildungsinvestitionen

3.1. Flexibilität und Risiko bei betrieblichen Weiterbildungsinvestitionen

Unter Flexibilität versteht man allgemein eine Eigenschaft des Unternehmens, welche es ihm ermöglicht, auf Veränderungen aktiv zu (re-)agieren. Die Flexibilität eines Unternehmens beschreibt allgemein eine Anpassungsfähigkeit bzw. Veränderungsbereitschaft und ist daher von zentraler Bedeutung in einem sich wandelnden Umfeld (Horstmann 2005: 11f; Scholz 2000: 69). Die Flexibilität des Unternehmens geht einher mit unterschiedlichen Handlungsmöglichkeiten, die bei der Wahl von Alternativen im Fokus stehen. Maßgebend für das Unternehmen ist, die für die Zielerreichung (z.B. Anforderungsprofil der Arbeitsstelle) bestmögliche Alternative zu wählen. Ebenso verfügt das Unternehmen über die Flexibilität bei Erhalt neuer Erkenntnisse und Veränderungen der Rahmenbedingungen, neue Handlungsalternativen zu wählen (Poerschke 2006: 19, 21). Flexibilisierung erhöht die Aktionsvielfalt eines Unternehmens und führt zu einer optimierten Ressourcenauslastung und fördert schnellere Anpassungen im dynamische Unternehmensumfeld (Scholz 2000: 69).

Die Beschreibung der Flexibilität bei betrieblichen Weiterbildungsinvestitionen erlaubt zwei Ansatzpunkte. Einerseits verfügt das Unternehmen bei der Gestaltung des Investitionsprojektes über flexible Handlungsalternativen. Das Unternehmen kann die Qualifikationsentwicklung des Mitarbeiters flexibel gestalten. Es besteht beispielsweise die Möglichkeit die betrieblichen Weiterbildungsinvestitionen Schritt für Schritt unter Bedingung von Zielerreichungen der Bildungsmaßnahme durchzuführen. So ist vorstellbar, dass bestimmte Produktivitätsfortschritte beim Mitarbeiter beobachtbar bzw. nachgewiesen werden müssen. Ist dies nicht der Fall, kann die betriebliche Weiterbildungsinvestition erweitert oder auch abgebrochen werden.

Die Weiterbildungsinvestitionen kennzeichnen sich daher durch die Möglichkeit des Unternehmens, auf Informationen zu reagieren, welche zum Investitionszeitpunkt noch nicht vorlagen. Flexibilität ermöglicht es dem Unternehmen daher, Entwicklungen von Arbeitsplatzanforderungen und Mitarbeiterqualifikationen zu begegnen, und ist eine wertbeeinflussende Fähigkeit von Unternehmen, sich an veränderte Situationen anzupassen.

Das Unternehmen kann bei positiven zukünftigen Entwicklungen Aktivitäten durchführen, die den Wert der Investition erhöhen, bzw. bei negativen zukünftigen Entwicklungen dergestalt gegensteuern, dass Verluste begrenzt werden (Persch 2003: 177).

Die zweite Perspektive wird als funktionale Flexibilität der betrieblichen Weiterbildungsinvestition beschrieben. Dabei steht nicht die flexible Gestaltung des Investitionsprozesses im Vordergrund, sondern die Wirkung der betrieblichen Weiterbildungsinvestition auf die Anpassungsfähigkeit des Unternehmens. Diese Flexibilität ist in den Kontext der arbeitsorganisatorischen Regelungen eingebetet und kennzeichnet sich im Ergebnis durch eine Überqualifikation der Mitarbeiter (Staehle 1999: 837). Die Überqualifikation ist eine potentiell abrufbare Qualifikation des Mitarbeiters, die momentan nicht benötigt wird (Scholz 2000: 69). Betriebliche Weiterbildungsinvestitionen können zu Überqualifikationen führen und steigern damit die Flexibilität der Unternehmen, auf sich verändernde Anforderungsprofile der Arbeitsstelle im dynamischen Umfeld zu reagieren.

Gleichzeitig stehen der positiven Wirkung auch negative Aspekte gegenüber. Ein Aspekt vor dem Hintergrund eines effizienten Ressourceneinsatzes ist, dass die Überqualifikation einem Aufbau von Redundanzen durch betriebliche Weiterbildungsinvestitionen entspricht. Redundanz kennzeichnet sich durch nicht genutzte oder nicht vollständig abgerufene Qualifikationen der Mitarbeiter. Darunter fallen gemeinhin Mitarbeiter, deren gesamte Fähigkeiten und Fertigkeiten nicht in vollem Maße im Leistungserstellungsprozess berücksichtigt sind. D.h. die Gestaltung der Aufbau- und Ablauforganisation in den Unternehmen führt dazu, dass die Qualifikationen der Mitarbeiter nur teilweise in den Leistungserstellungsprozess eingebunden sind. Redundante Qualifikationen steigern zwar die Flexibilität des Unternehmens (Horstmann 2005: 68), jedoch müssen hierfür unternehmerische Ressourcen verwendet werden, die keine unmittelbare Produktivitätswirkung entfalten können.

Im Folgenden wird der Fokus auf die erste Perspektive gelegt, d.h. auf die flexible Gestaltung der betrieblichen Weiterbildungsinvestition. Eine Betrachtung der Risiken bei betrieblichen Weiterbildungsinvestitionen ist unmittelbar mit der Flexibilität des Investitionsprozesses verknüpft. Dies ergibt sich schon daraus, dass bei sicheren, risikofreien Investitionsentscheidungen, flexible und alternative Handlungsmöglichkeiten während der Investitionsdauer keine Rolle spielen.

Bei betrieblichen Weiterbildungsinvestitionen stellt sich die Frage, ob eine solche Investition durchgeführt oder unterlassen werden soll (Sadowski 2002: 53). Die Entscheidung dieses Investitionsproblems erfolgt bei unvollkommener Information und unsicherer Zu-

kunft, jedoch ist es möglich, zukünftigen Zuständen eine Wahrscheinlichkeit zuzuordnen. In diesem Fall spricht man von Risiko (Wöhe 1996: 159).
Die Entscheidung, eine betriebliche Weiterbildungsinvestition durchzuführen, ist mit einem Risiko verbunden. Beispiele für mögliche Risiken und Einflussfaktoren im Kontext der betrieblichen Weiterbildungsinvestition werden in der folgenden Tabelle 1 systematisiert. Die Auflistung orientiert sich an Risiken und Einflussfaktoren des Anforderungsprofils des Arbeitsplatzes und der Qualifikation des Mitarbeiters.

Risiko	Einflussfaktoren
bezogen auf das Anforderungsprofil des Arbeitsplatzes	• Verknüpfung strategischer Unternehmensziele und Personalentwicklung • technischer Fortschritt • steigende Wettbewerbsintensität
bezogen auf die Mitarbeiterqualifikation	• Lernprozess • Handlungsfähigkeiten und -fertigkeiten • Entwicklungspotentiale und Motivation • Kündigung

Tab. 1: Risiken betrieblicher Weiterbildungsinvestitionen
(in Anlehnung an Scholz 2000: 274ff, 331ff)

Die beiden oben genannten Risiken bestimmen das Risikoumfeld der betrieblichen Weiterbildungsinvestition. Flexibilität bei der Gestaltung der betrieblichen Weiterbildungsinvestition führt notwendigerweise zur Auswahl eines alternativen Handlungsspielraumes. Das Unternehmen verfügt über folgende Handlungsspielräume in der Risikosituation bei betrieblichen Weiterbildungsinvestitionen (Copeland et al. 2007: 393):

- Abwarten. Die betriebliche Weiterbildungsinvestition wird noch nicht durchgeführt. Die Bildungsmaßnahme wird auf einen späteren Zeitpunkt verschoben.
- Erweiterung der betrieblichen Weiterbildungsinvestition. Die Bildungsmaßnahme wird durchgeführt und bedingt durch weitere Informationen (z. B. Änderung der Unternehmensziele) besteht die Möglichkeit, betriebliche Weiterbildungsmaßnahmen auszuweiten.
- Reduzierung der betrieblichen Weiterbildungsinvestition. Die Bildungsmaßnahme wird durchgeführt, jedoch ermöglicht z. B. technischer Fortschritt eine Reduzierung der Bildungsmaßnahme.
- Abbruch der betrieblichen Weiterbildungsinvestition. Die Bildungsmaßnahme wird vorerst durchgeführt. Der Mitarbeiter kündigt jedoch, der Abbruch der Maßnahme ist die Folge.
- Verlängerung am Ende der betrieblichen Weiterbildungsinvestition. Die Bildungsmaßnahme wird durchgeführt. Es stellt sich ein gutes Entwicklungspotential des Mitarbeiters heraus, die Bildungsmaßnahmen werden verlängert.

Zielsetzung ist, die optimale Handlungsalternative zu wählen und damit die Risikosituation des Unternehmens zu verbessern. Der flexible Handlungsspielraum gestaltet die Risikoposition des Unternehmens. Die Handlungsmöglichkeiten und die Auswahl der Alternativen gilt es zu bewerten, um die bestmögliche Reduzierung der Risiken zu erreichen (Poerschke 2007: 21f). Um die beste Handlungsalternative auszuwählen, ist eine genauere Betrachtung der Risiken Anforderungsprofil und Qualifikationsprofil notwendig. Wie können sich diese Profile und damit die Risikosituationen im Zeitablauf ändern und welche Auswirkungen hat dies auf die Entscheidungsalternativen bei einer betrieblichen Weiterbildungsinvestition?

3.2. Veränderung von Anforderungsprofil und Qualifikationsprofil

Generell ist denkbar, dass das Anforderungsprofil des Arbeitsplatzes bzw. das Qualifikationsprofil des Mitarbeiters ansteigt, konstant bleibt oder sich verringert. Diese Veränderungen der Profile können zeitgleich, in identischer oder unterschiedlicher Stärke erfolgen. Ebenso ist denkbar, dass sich die Profile nicht zeitgleich, sondern in zeitlicher Folge verändern. Bedingt durch die Vielzahl möglicher Fälle, welche eine Fülle von Risiken in sich bergen, wird lediglich eine Variante ausführlich beschrieben.
Folgende Ausgangssituation: Bedingt durch eine Veränderung der Unternehmensziele steigt das Anforderungsprofil der Arbeitsstelle (AQ) und damit die Anforderungen an den Mitarbeiter (XQ). Die Qualifikation des Mitarbeiters ändert sich erst zu einem späteren Zeitpunkt. Die Veränderung des Qualifikationsprofils erfolgt explizit nicht durch betriebliche Weiterbildungsinvestitionen, sondern durch einen davon unabhängigen, eigenständigen Lernprozess des Mitarbeiters. Dieser Lernprozess wird im Folgenden als Selbstlerneffekt bezeichnet.

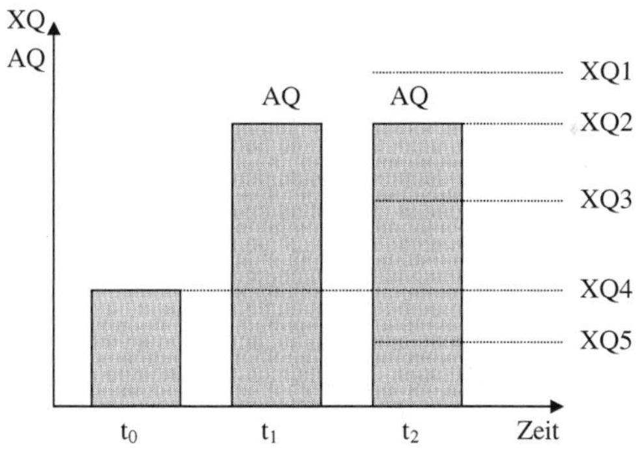

Abb. 4: Fallbeispiel bei nicht gleichzeitiger Entwicklung AQ und XQ
(in Anlehnung an Bamberger 2007: 37)

Abb. 4 soll diesen Sachverhalt verdeutlichen. Die Höhe der Säule stellt den Grad der Produktivität des Anforderungsprofils der Arbeitsstelle dar, das Qualifikationsprofil wird durch die gestrichelte Linie beschrieben. Im Zeitraum t_0 bis t_1 entspricht das Qualifikationsprofil des Mitarbeiters dem Anforderungsprofil. Das Anforderungsprofil AQ steigt zum Zeitpunkt t_1 an. Das Qualifikationsprofil des Mitarbeiters bleibt vorerst unverändert.

Erst zum Zeitpunkt t_2 tritt eine Veränderung von XQ ein, diese Veränderung wird nicht durch eine betriebliche Weiterbildungsinvestition verursacht. Es sind hier 5 Fälle eingezeichnet: Anhand der Fälle XQ1 und XQ2 wird deutlich, dass die Durchführung einer betrieblichen Weiterbildungsinvestition nicht notwendig wäre. Annahme ist hier, dass das neue Anforderungsprofil erst zum Zeitpunkt t_2 erreicht werden muss. Im Zeitraum t_1-t_2 entsteht bei Nichterreichen der Ziel-Anforderung des Arbeitsplatzes kein Schaden. Die Handlungsalternative „Abwarten“ trägt den Wert vermiedener Aufwendungen unternehmerischer Ressourcen für die betriebliche Weiterbildungsinvestition bei. Aufwendungen wurden durch den Selbstlerneffekt komplett vermieden. Die Fälle XQ3, XQ4, XQ5 verdeutlichen, dass es sinnvoll ist, die betriebliche Weiterbildungsinvestition durchzuführen. Diese Betrachtung und ebenso die Aussage, dass eine betriebliche Weiterbildungsinvestition sinnvoll ist, basieren auf einer Betrachtung ex ante. Wie sollte sich ein Unternehmen bei Kenntnis des in der obigen Abbildung dargestellten Sachverhalts von vornherein verhalten? Das Unternehmen muss in diesem Fall hinsichtlich des Lernprozesses des Mitarbeiters eine Einschätzung treffen. Nachstehende Verläufe des Selbstlerneffektes sind denkbar:

- Steigende und zunehmende Zuwächse des Selbstlerneffektes. Das Qualifikationsprofil des Mitarbeiters steigt überproportional an. Die Folge ist, dass der Mitarbeiter das Anforderungsprofil mit der Zeit erreichen wird.
- Steigende und gleichbleibende Zuwächse des Selbstlerneffektes. Das Qualifikationsprofil des Mitarbeiters steigt proportional an. Die Folge ist, dass der Mitarbeiter das Anforderungsprofil mit der Zeit erreichen wird.
- Steigende und abnehmende Zuwächse des Selbstlerneffektes. Der Mitarbeiter weist zwar ein steigendes Qualifikationsprofil auf, die Zuwächse sinken jedoch. Daraus lässt sich ableiten, dass der Mitarbeiter das Anforderungsprofil des Arbeitsplatzes erreichen kann, jedoch ist es auch möglich, dass der Selbstlerneffekt nicht ausreicht und der Fall eintritt, dass eine betriebliche Weiterbildungsinvestition notwendig wird.
- Kein Selbstlerneffekt des Mitarbeiters, d.h. das Qualifikationsprofil bleibt konstant. Eine betriebliche Weiterbildungsinvestition sollte durchgeführt werden.
- Abnehmender (negativer) Selbstlerneffekt. Ein abnehmender Selbstlerneffekt führt zu einer Abnahme des Qualifikationsprofils des Mitarbeiters. Eine betriebliche Weiterbildungsinvestition sollte durchgeführt werden.

Das Beispiel der Selbstlerneffekte verdeutlicht die aus dem Anforderungsprofil und Qualifikationsprofil resultierenden Risiken. Der Wandel des Anforderungsprofils führt letztlich zu einem Mangel an passenden produktivitätsrelevanten Qualifikationen. Ebenso besteht seitens des Mitarbeiters das Risiko, dass der Anpassungsprozess an das Anforderungsprofil nicht erfolgt. Es besteht das Risiko, dass die Qualifizierungslücke nicht, nur zum Teil oder auch nicht rechtzeitig geschlossen werden kann (Kobi 2002: 17).

3.3. Das Produktivitätsrisiko bei der betrieblichen Weiterbildungsinvestition

Die differierende Entwicklung von Anforderungsprofil der Arbeitsstelle und Qualifikationsprofil des Mitarbeiters wird im Folgenden unter dem Begriff Produktivitätsrisiko subsumiert. Es handelt sich hierbei um das Risiko, dass das gewünschte Anforderungsprofil nicht mit der produktivitätsrelevanten Qualifikation des Mitarbeiters in Übereinstimmung gebracht werden kann. Das neue Anforderungsprofil erfordert eine höhere Produktivität des Mitarbeiters. Das Risiko besteht demnach in der potentiellen Nichterreichung des Produktivitätsziels.

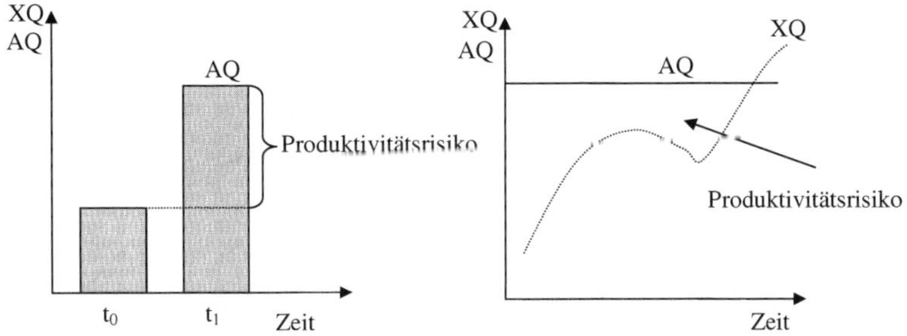

Abb. 5: Produktivitätsrisiko

Die Abbildung 5 macht das Produktivitätsrisiko deutlich. Der linke Teil der Grafik verdeutlicht, dass sich zum Zeitpunkt t_0 beide Profile entsprechen. Der Anstieg des Anforderungsprofils eines bestimmten Arbeitsplatzes löst unmittelbar ein Produktivitätsrisiko aus, da das neue Produktivitätsziel nicht mehr mit dem Qualifikationsprofil übereinstimmt. Der rechte Teil stellt eine im Zeitablauf stetige Veränderung des Qualifikationsprofils des Mitarbeiters dar. Insbesondere der Bereich AQ>XQ stellt das Produktivitätsrisiko dar. Sofern XQ>AQ ist, handelt es sich um eine redundante Überqualifikation und stellt für das Unternehmen zusätzliche Flexibilität dar.
Durch die Handlungsspielräume bei der Gestaltung der betrieblichen Weiterbildungsinvestition und dem Aspekt des Selbstlerneffektes wird gezeigt, dass die Handlungsspielräume einen Wertbeitrag leisten. Die flexible Gestaltung (z.B. abwarten, erweitern) beeinflusst die Risikosituation des Unternehmens. Unter Berücksichtigung der Annahme, dass die Durchführung einer betrieblichen Weiterbildungsinvestition das erforderliche Qualifikationsprofil erzeugt, ist die Ausübung der betrieblichen Weiterbildungsinvestition mit dem Verlauf des Qualifikationsprofils des Mitarbeiters und dem Produktivitätsrisiko zu vergleichen. D.h. sowohl die sofortige Entscheidung, eine Investition durchzuführen, als auch das Abwarten können ökonomisch sinnvoll sein.
Die realisierbare Produktivität und damit auch der realisierbare Nutzen der betrieblichen Weiterbildungsinvestition sind an den Mitarbeiter gebunden. D.h. für die realisierbare Produktivität gilt XQ dann, wenn XQ<AQ. Andererseits gilt als maximale Produktivität AQ, da redundante Qualifikationen sich dadurch kennzeichnen, dass sie nicht in der Organisation des Leistungsprozesses integriert sind.

3.4. Flexibilität in der genossenschaftlichen Personalentwicklung (GenoPE)

Die Beschaffung erforderlicher Mitarbeiterqualifikationen durch betriebliche Weiterbildungsinvestitionen erfolgt in den Kreditgenossenschaften meist überbetrieblich. Insbesondere kleinere Kreditgenossenschaften können auf das von den genossenschaftlichen Bildungseinrichtungen (z.B. Akademie deutscher Genossenschaften (ADG), Regionalakade-

mien) bereitgestellte Bildungsangebot zurückgreifen. Ein überbetriebliches Angebot ist insofern notwendig, da die Kreditgenossenschaften nicht immer in der Lage sind, alleine den notwendigen Qualifizierungsbedarf zu beheben (Berther 2004: 79f).
Die überbetriebliche Qualifikation erfolgt durch das bundesweite Konzept „Genossenschaftliche Personalentwicklung (GenoPE)“. GenoPE charakterisiert sich insbesondere durch einen modularen Aufbau der Bildungskonzeption. Die Weiterbildungsmaßnahmen vermitteln in der Summe Handlungskompetenz, welche sich aus den Kompetenzfeldern Fachkompetenz, Methodenkompetenz, Sozial- und Persönlichkeitskompetenz zusammensetzt. Die Handlungskompetenz wird in sogenannten Kernmodulen und Spezialmodulen den Mitarbeitern von Volksbanken und Raiffeisenbanken vermittelt. Kernmodule sind Bestandteil von systematischen Entwicklungswegen. Die Inhalte der Kernmodule sind prüfungsrelevant (in GenoPE: KompetenzNachweise). Die Spezialmodule charakterisieren sich durch vertiefende Inhalte in spezifischen Themengebieten. Diese Inhalte sind nicht Bestandteil von Prüfungen. Die Kern- und Spezialmodule sind einzeln und voneinander unabhängig buchbar. Im Rahmen von Aufstiegsfortbildungen sind Kompetenznachweise Voraussetzung, um an weiterführenden Prüfungen teilnehmen zu können. Die Kern- und Spezialmodule werden vom BankColleg ergänzt. Es handelt sich um ein 5-semestriges Studium mit vertiefenden betriebswirtschaftlichen und banktheoretischen Inhalten (Geno-Akademie Stuttgart 2007: 3f, 18).
Wesentlich für das Konzept GenoPE ist die Modularisierung im Sinne eines flexiblen Baukastensystems. Im Fokus steht die Orientierung am Bildungsbedarf der Kreditgenossenschaften. GenoPE verzichtet daher auf eine enge hierarchische Aufstiegfortbildung, sondern ermöglicht den Kreditgenossenschaften flexibel aus den Modulen ihren Bildungsbedarf zu decken. Das Bildungsangebot setzt an den Funktionen Privat- und FirmenkundenBank, Betriebsbereich sowie Management an (Berther 2004: 80f). Innerhalb dieser Funktionsbereiche sind bis zu drei Entwicklungsstufen integriert, die eine jeweils spezifische und individuelle Weiterbildung nach dem Kompetenzstand der Mitarbeiter durch Auswahl von Kern- und Spezialmodulen erlaubt (Geno-Akademie Stuttgart 2007: 7ff).
Kreditgenossenschaften sind in der Lage, einzelne Qualifizierungsmaßnahmen im Rahmen von GenoPE flexibel auszuwählen und auf ihren Bildungsbedarf hin auszurichten. Kreditgenossenschaften verfügen durch die Konzeption von GenoPE über Handlungsspielräume bei betrieblichen Weiterbildungsinvestitionen, insbesondere ist es möglich die Qualifizierungsmaßnahmen des Mitarbeiters modular zu erweitern, zu reduzieren und zu verlängern.

4. Realoptionen in der betrieblichen Weiterbildung

4.1. Die Kapitalwertmethode unter Beachtung der Flexibilität

Die Ermittlung von Werten erlaubt ein entscheidungsorientiertes Vorgehen für oder gegen eine Weiterbildungsinvestition. Als Entscheidungshilfe in der Investitionstheorie wird häufig die Kapitalwertmethode herangezogen. Der Kapitalwert ist die Differenz der Summe abgezinster Einzahlungen und abgezinster Auszahlungen auf einen Bezugszeitpunkt (Schmidt/Terberger 1997: 40, 128).

Das individuelle Entscheidungskalkül des Unternehmens basiert daher auf der Differenz des Barwerts des gesamten Weiterbildungsnutzens (z.B. Steigerung der Anzahl verkaufter Produkte) und des Barwerts der Gesamtkosten der Weiterbildungsinvestition (z. B. Seminargebühren, ausgefallene Arbeitszeiten und fortlaufend gezahlter Lohn) (Persch 2003: 69f). Sofern der Kapitalwert der Weiterbildungsinvestition größer als Null und höher als alternative Investitionsmöglichkeiten ist, lohnt sich die Investition in den Mitarbeiter (Backes-Gellner et al. 2001: 6; Sadowski 2002: 53).
Der Nachteil der Kapitalwertmethode liegt in der a priori fixierten Vorgehensweise. Die Kapitalwertbetrachtung schließt zukünftige Handlungsmöglichkeiten nicht ins Kalkül mit ein. Die Entscheidung für die Durchführung einer Investition erfolgt zum heutigen Zeitpunkt unter Voraussetzung eines positiven Kapitalwerts und wird unterlassen bei einem negativen Kapitalwert (Schmidt/Terberger 1996: 135). Dem Unternehmen wird während der betrachteten Planungsperiode der Investition keine Flexibilität unterstellt. Die wertbeeinflussende Handlungsflexibilität des Unternehmens bei betrieblichen Weiterbildungsinvestitionen wird nicht beachtet (Hommel 2003: 22).
Ein Beispiel soll die Handlungsflexibilität nochmals thematisieren: Eine Kreditgenossenschaft beabsichtigt, in den nächsten 5 Jahren einen Bankkaufmann zu einem Firmenkundenbetreuer zu qualifizieren. Die Qualifizierung des Mitarbeiters kann von der Kreditgenossenschaft in diesem Zeitraum unterbrochen oder auch abgebrochen werden. Ebenso kann die quantitative Intensität der Qualifizierungsmaßnahme gesteigert oder reduziert werden. Darüber hinaus hat der Mitarbeiter die Möglichkeit, seine Entwicklung zu unterbrechen (z. B. Kündigung). Die Berücksichtigung der Flexibilität bei betrieblichen Weiterbildungsinvestitionen ist daher zur Optimierung der Investitionsentscheidung erforderlich. Die Kapitalwertmethode scheint in diesem Kontext weniger zielführend. Ein Instrument, um mit Flexibilität bei Investitionsentscheidungen umzugehen, ist der Realoptionsansatz (Hommel 2001: 119f). Allgemein verfolgt der Realoptionsansatz das Ziel einer Verfeinerung der Entscheidungsfindung bei Investitionen, insbesondere unter Berücksichtigung von Unsicherheit und Flexibilität (Pritsch/Weber 2001: 24).

4.2. Systematisierung von Realoptionen in der betrieblichen Weiterbildung

Der Begriff Realoptionen wurde erstmals von Myers 1977 verwendet. Darunter versteht man heute allgemein ein Instrument zur Bewertung von Handlungsspielräumen und Flexibilität im Rahmen von Investitionsentscheidungen in einem Unternehmen (Pritsch/Weber 2003: 144). Im Zentrum der Betrachtung stehen Handlungsspielräume von Unternehmen bei Investitionsentscheidungen, über deren Ausübung nicht sofort, sondern alternativ auch in Zukunft entschieden werden kann. Es liegt eine zeitliche Flexibilität der Investitionsentscheidung vor. Die Möglichkeit, eine Entscheidung zu verschieben, kann bei irreversiblen Investitionsentscheidungen einen Wertbeitrag aufweisen, wenn im Zeitablauf weitere Informationen dazu beitragen, die Unsicherheit der Ausgangssituation zu verringern. Konsequenterweise ist der gesamte Wertbeitrag nur dann positiv, wenn der Wert aus dem Abwarten der Investitionsentscheidung größer ist als ein möglicherweise entstehender Schaden. Der Realoptionsansatz bewertet die Handlungsspielräume der Investitionsentscheidung. Dies ermöglicht die Formulierung einer optimalen Handlungsstrategie (Beckmann 2006: 80-82).

In der Terminologie der Finanzoptionen versteht man unter einer Realoption das Recht, aber nicht die Pflicht, innerhalb eines vereinbarten Zeitraums (der Laufzeit der Option) zu vorab festgelegten Kosten (dem Basis- oder Ausübungspreis) in bestimmter Weise tätig zu werden (Copeland/Antikarov 2002: 21).
Die Systematisierung der Realoptionen erfolgt in der Literatur meist nach Art der Handlungsspielräume. Bedingt durch die Vielfalt der Handlungsspielräume ergeben sich ebenso eine Vielzahl von Realoptionen. Die folgende Auflistung orientiert sich an Copeland (Copeland et al. 2007: 406f; Copeland/Antikarov 2002: 29):

- Die *Warteoption* (Option to defer) ermöglicht, eine Investition zu verschieben und erst bei Bedarf auszuüben. Das Unternehmen kann flexibel auf das Eintreten bestimmter positiver Umweltsituationen reagieren. Der Aufschub einer Weiterbildungsinvestition kann Misserfolge vermeiden, da zu einem späteren Zeitpunkt mehr Informationen zur Verfügung stehen. Die Aufschuboption ist mit einer amerikanischen Call-Option vergleichbar.
- Die *Abbruchoption/Ausstiegsoption* (Option to abandon) bietet einem Unternehmen die Möglichkeit, bei ungünstigen Entwicklungen (z.B. Kündigung des Mitarbeiters) eine Investition gegen den Erhalt eines Geldbetrages abzubrechen. Die Flexibilität, von einem sich ungünstig entwickelnden Investitionsprojekt zurückzutreten, liefert einen Wertbeitrag. Die Abbruchoption ist mit einer Put-Option vergleichbar.
- Die *Reduzierungs-* oder *Einschränkungsoption* (Option to contract) ermöglicht dem Unternehmen seine Investition einzuschränken. Das Unternehmen verfügt über die Flexibilität, bei negativen Entwicklungen Investitionen in Kapazitäten einzuschränken. Der Wertbeitrag liegt in der Vermeidung weiterer Investitionsauszahlungen.
- Die *Erweiterungsoption* (Option to expand) ermöglicht es Unternehmen, sich auf neue Informationen einzustellen und eine Erweiterung des ursprünglich geplanten Investitionsvorhabens durchzuführen. Die Erweiterung eines Investitionsprojektes erfolgt bei einer unerwartet positiven Entwicklung und kann eine Reaktion auf Engpässe im Produktionsprozess sein.
- Die *Verlängerungsoption* (Option to extend) gestattet dem Unternehmen die Laufzeit eines Investitionsvorhabens durch Zahlung eines Betrages zu verlängern.

Die Berücksichtigung von Realoptionen bei Investitionen hilft dem Unternehmen zu entscheiden, ob die Investitionsprojekte erweitert, eingestellt oder verzögert werden sollen (Smit/Trigeorgis 2004: 93). Die Realoptionstheorie ermöglicht die Flexibilitäten bei Investitionsvorhaben zu bewerten und ergänzt somit die Kapitalwertmethode. In einem Umfeld voll Unsicherheit und schnellen Veränderungen können Realoptionen sowohl als ein Instrument zur Bewertung von Handlungsflexibilitäten als auch als ein Managementansatz mit präventiver Berücksichtigung von markt-, unternehmens- und mitarbeiterbezogenen Unsicherheiten eingeordnet werden (Pritsch/Weber 2003: 144). Ebenso soll darauf hingewiesen werden, dass mit dem Realoptionsansatz nicht das Investitionsprojekt als Vermögensgegenstand bewertet wird, sondern vielmehr eine Bewertung der Tätigkeit des Investierens im Fokus steht. Der Realoptionsansatz bewertet daher die Handlungsalternativen wie bspw. die Erweiterung oder den Abbruch einer betrieblichen Weiterbildungsinvestition, jedoch nicht den Wert der Mitarbeiter (Kruschwitz 2007: 3).

4.3. Analogien zwischen Finanzoptionen und Realoptionen

Handlungsspielräume bei betrieblichen Weiterbildungsinvestitionen stellen Optionsrechte für das Unternehmen dar. Dieser Sachverhalt erlaubt eine analoge Vorgehensweise bei der Konzeption der Bewertung von Realoptionen und Finanzoptionen. Dies wird insbesondere durch ähnliche Zahlungsströme einer Investition und einer Finanzoption begründet (Hommel/Pritsch: 1999: 3). Eine Voraussetzung zur Analogiebildung sind folgende Eigenschaften bei Realoptionen: (a) Unsicherheit, (b) Flexibilität und (c) Irreversibilität (Hommel 2001: 119). Ein Unternehmen verfügt bei einer betrieblichen Weiterbildungsinvestition über Realoptionen, wenn es in der Lage ist, das Investitionsobjekt sofort durchzuführen und mit der einmaligen sicheren Investitionsauszahlung die gesamte Summe im Entscheidungszeitpunkt endgültig disponiert. Die Investition verursacht darüber hinaus unsichere Nettozahlungsströme. Die Unsicherheit der Zahlungsströme resultiert aus der Unsicherheit hinsichtlich der Produktivität der Mitarbeiter. Ebenso ist es dem Unternehmen möglich, Handlungsalternativen (z.B. verschieben der Investition) bei der betrieblichen Weiterbildungsinvestition zu wählen. Insbesondere gehen dem Unternehmen Informationen über das Investitionsumfeld zu. Ungünstige Informationen ermöglichen ein Unterlassen des Investitionsprojektes (Beckmann 2006: 90).
Die Analogie zwischen Finanzoption und Realoption wird in Tabelle 2 systematisiert. Als Anschauungsobjekt für die Finanzoption dient die Kaufoption auf eine Aktie sowie eine Warteoption. Das Unternehmen ist in der Lage, sofort die Investition in den Mitarbeiter durchzuführen oder auch mit einer Warteoption die betriebliche Weiterbildungsinvestition zu verzögern. Dies kann insbesondere dadurch begründet sein, dass das Unternehmen die Entwicklung der Qualifikation eines Mitarbeiters weiter beobachten möchte. Das Unternehmen will neue und weitere Informationen über die Entwicklung des Mitarbeiters erhalten (z.B. Selbstlerneffekte). Die Verzögerung des Markteintritts kann jedoch zu geringeren Absatzmengen führen. Die betriebliche Weiterbildungsinvestition stellt in diesem Kontext das Basisobjekt Aktie dar. Der gegenwärtige Preis der Aktie entspricht dem Bruttobarwert des Investitionsprojektes ohne Aufschub. Der Basispreis zur Ausübung der Finanzoption entspricht der Anfangsauszahlung der betrieblichen Weiterbildungsinvestition. Die Laufzeit der Finanzoption entspricht hierbei der Dauer, wie lange die Warteoption ausgeübt werden kann. Die Unsicherheit bei der Realoption entspricht den Schwankungen des Kapitalwertes bei der betrieblichen Weiterbildungsinvestition (Beckmann 2006: 91ff).

Zur Bewertung bieten sich die gängigen Modelle von Black/Scholes und Cox/Ross/Rubinstein an (Hommel/Pritsch 1999: 9). Die Anwendbarkeit dieser Bewertungsmodelle erfordern jedoch eine präzise Untersuchung, insbesondere ob die Bewertungsparameter bedingt durch Annahmen der zugrunde gelegten Modelle überhaupt übertragen werden können (z.B. Duplikationsprinzip, Arbitragefreiheit).

Terminologie	Finanzoption	Realoption
Art des Optionsrechts	Recht, die zugrundeliegende Aktie gegen Zahlung der Optionsprämie zu erwerben	Recht, das aus der Investition resultierende Bündel von Cash Flows gegen Zahlung der Investitionssumme zu erwerben
Wert des Basisobjektes	gegenwärtiger Preis der Aktie	Bruttobarwert der erwarteten Einzahlungsüberschüsse aus dem Investitionsprojekt
Ausübungspreis	Basispreis	Investitionskosten
Laufzeit	Laufzeit der Option	Zeitspanne bis Investitionsmöglichkeit verfällt
Volatilität	Unsicherheit des Aktienkurses	Unsicherheit in Bezug auf den Kapitalwert des Investitionsprojektes
risikoloser Zinssatz	risikoloser Zinssatz	risikoloser Zinssatz
Dividende	Dividendenzahlungen	Wertverlust im Zeitablauf

Tab. 2: Interpretation von Optionsparameter (Hommel/Pritsch 1999: 4)

5. Management von Realoptionen

5.1. Managementprozess bei Realoptionen

Der Managementprozess bei Realoptionen kann im Kontext der instrumentellen Nutzung dieses Ansatzes beschrieben werden. Die Anwendung des Realoptionsansatzes besteht aus der Identifikation, Bewertung und Steuerung der Realoptionen. Damit soll die Entscheidungsfindung bei der Gestaltung der betrieblichen Weiterbildungsinvestition insbesondere vor der Bedeutung von Optionalitäten strukturiert und objektiviert werden (Pritsch/Weber 2001: 22f).

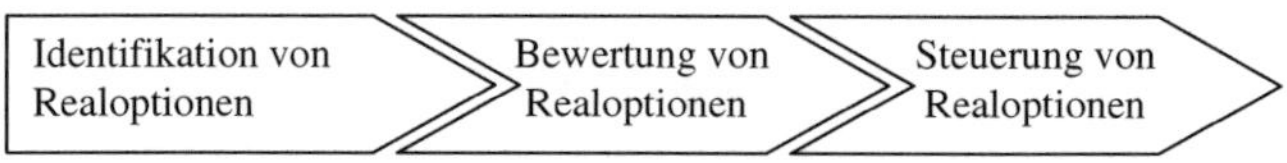

Abb. 6: Prozessmodell zur Operationalisierung von Realoptionen (in Anlehnung an Pritsch/Weber 2001: 27)

Die Prozessschritte Identifikation, Bewertung und Steuerung von Realoptionen bilden die Kernelemente der Vorgehensweise. Voraussetzung für die Nutzung von Realoptionen ist deren Identifikation, d.h. potentielle Realoptionen werden erfasst und priorisiert. Ziel der Priorisierung ist, die wesentlichen Realoptionen zu kategorisieren. Die Bewertung der Realoptionen erfolgt anhand eines geeigneten Bewertungsmodells. Nach Auswahl des Bewertungsmodells werden die Wertfaktoren der Realoptionen bestimmt und bewertet. Die Steuerung der Realoptionen verfolgt das Ziel, die Handlungsspielräume wertmaximierend zu gestalten. Der Nutzen eines systematischen Prozesses liegt in der Strukturierung eines Entscheidungsproblems und in der Verbesserung der Transparenz bei betrieblichen Weiterbildungsinvestitionen (Spilgies 2006: 181ff; Hungenberg et al 2005: 17ff).

5.2. Identifikation von Realoptionen in der betrieblichen Weiterbildung

Die Verbesserung der Risikosituation durch Flexibilität bei betrieblichen Weiterbildungsinvestitionen setzt die Identifikation und Priorisierung der inhärenten Realoptionen voraus.

Hierzu ist es notwendig, einen systematischen Prozess im Unternehmen zu implementieren und eine Kultur der Optionalitäten zu schaffen, d. h. ein präziseres Verständnis der Unsicherheiten und Flexibilitäten zu erzeugen (Pritsch/Weber 2001: 26). Die Identifikation der Realoptionen kann mit den Prozessphasen eines Investitionsprojektes unterstützt werden.

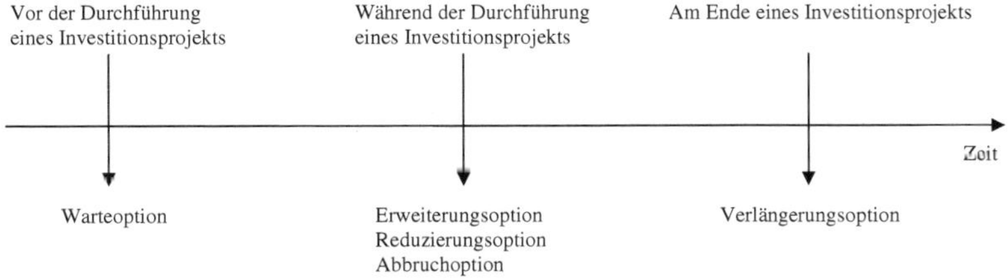

Abb. 7: Prozessphasen und Realoptionen bei einem Investitionsprojekt (in Anlehnung an Beckmann 2006: 85)

Abbildung 7 zeigt, dass ein Investitionsprojekt aus einem ganzen Bündel von Realoptionen besteht. Schon zu Beginn hat das Unternehmen die Möglichkeit das Investitionsprojekt zu verzögern. Auch während des Projektes besteht die Möglichkeit, die Investitionen zu erwietern, zu reduzieren oder ganz abzubrechen. Am Ende des Projektes besteht der Handlungsspielraum des Unternehmens darin, die Investition zu verlängern (Beckmann 2006: 85).

5.3. Bewertung am Beispiel einer Warteoption in der betrieblichen Weiterbildung

Die Bewertung einer betrieblichen Weiterbildungsinvestition mündet immer in der Frage der Nutzenbestimmung. Der Nutzen einer Maßnahme lässt sich nicht eindeutig und monokausal mit dem Erreichen von Unternehmenszielen verknüpfen. Daher soll sich die Bewertung an gut zurechenbaren Handlungen orientieren (Drumm 2005: 425, 748). Der Nutzen einer betrieblichen Weiterbildungsinvestition wird daher anhand von Indikatoren erfasst, wie beispielsweise der Produktivität eines Mitarbeiters (Scholz 2000: 542).

Der Realoptionsansatz eliminiert die Probleme einer quantitativen Bewertung natürlich nicht. Wie bei der Kapitalwertmethode ist man auch hier auf Schätzungen der Ertrags- und Aufwandskomponenten angewiesen. Die Bewertung von Realoptionen benötigt daher ebenso Schätzungen über den Zahlungsstrom einer betrieblichen Weiterbildungsinvestition wie die Kapitalwertmethode (Stickel 2001: 231). Das folgende Beispiel soll die Verbesserung der Entscheidungsgrundlage mit Hilfe des Realoptionsansatzes im Vergleich zur Kapitalwertmethode anhand der Warteoption aufzeigen.

Die Warteoption charakterisiert sich durch die Möglichkeit, die Entscheidung für eine betriebliche Weiterbildungsinvestition in einen Mitarbeiter zeitlich verschieben zu können. Dem Unternehmen stehen folgende Handlungsalternativen zur Verfügung: die Weiterbildungsinvestition sofort durchzuführen, sie zu einem späteren Zeitpunkt durchzuführen oder sie ganz zu unterlassen (Beckmann 2006: 86f). Die Entscheidung zur sofortigen Durchführung der betrieblichen Weiterbildungsinvestition erfolgt in einer ersten Betrachtung, sofern der Kapitalwert der Investition ohne Berücksichtigung der Flexibilität höher ist als der Kapitalwert der Investition unter Berücksichtigung der Flexibilität. Es zeigt sich jedoch ein systematisch höherer Kapitalwert unter Berücksichtigung der Flexibilität. Die

Differenz zwischen Kapitalwert mit Flexibilität und dem Kapitalwert ohne Flexibilität ist der Wert der Warteoption (Copeland et al. 2007: 394). Neue Informationen während des Wartens verbessern die Entscheidungsgrundlage bei den Unternehmen. Daraus ist zu schließen, dass bei einer längeren Verzögerung einer Investition der Wert der Warteoption insbesondere bei großen Unsicherheiten ständig zunimmt. Dieser Sachverhalt zeigt, dass der Wert einer Warteoption noch keine rational ökonomische Aussage darüber ermöglicht, ob die Investition sofort durchgeführt oder verzögert werden soll. Dem Wertbeitrag des Wartens sind die Opportunitätskosten des Verzögerns entgegenzuhalten (Beckmann 2006: 87). Die Kosten des Verzögerns einer betrieblichen Weiterbildungsinvestition liegen in entgangenen Zahlungsströmen begründet. Daraus abgeleitet ergeben sich folgende Fallunterscheidungen bei Investitionsprojekten:

- 1. Fall: Sofortige Durchführung der Investition (positiver Kapitalwert vorausgesetzt), wenn der Wertbeitrag der Warteoption geringer als die Kosten des Verzögerns ist. Dieser Fall ist vorstellbar, wenn die betriebliche Weiterbildungsinvestition notwendige verkäuferische Kompetenzen (z. B. Produktschulung) vermitteln soll und diese Kompetenzen derzeit am Markt zu Wettbewerbsvorteilen führen. Eine abwartende Haltung bei der betrieblichen Weiterbildung kann zu Marktanteilsverlusten führen. Die Verzögerung der Investition kann trotz eines Wertbeitrags der abwartenden Flexibilität eine schädigende Wirkung haben.
- 2. Fall: Durchführung der Investition zu einem späteren Zeitpunkt (positiver Kapitalwert vorausgesetzt), wenn der Wertbeitrag der Warteoption größer als die Kosten des Verzögerns ist. Dieser Fall ist vorstellbar bei einem Mitarbeiter, dessen verkäuferische Kompetenzen noch nicht richtig eingeschätzt werden können. Hier kann es vorteilhaft sein, die Investition zu verzögern, um weitere Informationen über die Kompetenzentwicklung des Mitarbeiters zu erhalten. Positive Selbstlerneffekte erhöhen die Qualifikation des Mitarbeiters hin zum gewünschten Anforderungsprofil, die Aufwendungen einer betrieblichen Weiterbildungsinvestition wurden vermieden.

Fallbeispiel:
Eine VR-Bank kann sich entscheiden, für 1 Mitarbeiter im Privatkundengeschäft einen Tag Produktschulung für 1.600 € durchzuführen. Die VR-Bank kann die Investition sofort durchführen oder bis zum Zeitpunkt t_1 aufschieben. Ist die betriebliche Weiterbildungsinvestition vorgenommen, ist sie irreversibel.
Das Ziel der Maßnahme ist, den Verkauf eines Produktes zu forcieren. Für jedes verkaufte Produkt erzielt die VR-Bank einen Ertrag in Höhe von 100 €. Einzahlungen erfolgen annahmegemäß dauerhaft. Der Mitarbeiter ist vor der Bildungsmaßnahme nicht in der Lage, das Produkt zu verkaufen, d.h. er verfügt zu diesem Zeitpunkt über eine partielle Produktivität von 0. Die Durchführung der Produktschulung führt dazu, dass der Mitarbeiter mit einer Wahrscheinlichkeit von 50% entweder 3 der Produkte (=300 €) oder 1 Produkt (=100 €) dauerhaft verkaufen kann. Der Kapitalkostensatz ist 10%. Daraus ergeben sich folgenden Kapitalwerte ohne Verzögerung und mit Verzögerung (Beispiel a).

- Kapitalwert ohne Verzögerung = -1600 + [0,5 * (100 * 3 + 100 * 1)/0,1] = +400 €. Der Kapitalwert der betrieblichen Weiterbildungsinvestition ist positiv, d.h. die Investition sollte durchgeführt werden.

- Kapitalwert mit Verzögerung = 0,5 max. [(-1600+300/0,1)/1,1; 0] + 0,5 max. [(-1600+100/0,1)/1,1; 0] = 0,5 * [1400/1,1] + 0,5 * [0] = 700/1,1 = 636,36 € Der Kapitalwert unter Berücksichtigung des alternativen Handlungsspielraums „Warten" ergibt ebenfalls einen positiven Kapitalwert.

Der Kapitalwert mit Verzögerung ergibt sich aus der Zunahme des Informationsstandes des Unternehmens. Das Warten ermöglicht der VR-Bank einzuschätzen, ob der Mitarbeiter tatsächlich in der Lage ist 3 Produkte oder nur 1 Produkt dauerhaft zu verkaufen. Daraus folgt, die Investition nur dann durchzuführen, wenn der Mitarbeiter in der Lage ist, 3 Produkte zu verkaufen, und die Investition zu unterlassen, sofern nur 1 Produkt vom Mitarbeiter verkauft werden kann. Die Verzögerung verhindert einen Schaden, der durch einen Verkauf von nur 1 Bankprodukt bei gegebenem Investitionsvolumen von 1600 € entsteht, und beeinflusst positiv die Risikosituation des Unternehmens.
Die Differenz des Kapitalwerts mit Verzögerung und ohne Verzögerung ergibt den Wert des Rechtes zu Warten: Warteoption = 636,36 € - 400 € = 236,36 €. Nach dieser ersten Betrachtung lohnt es sich, die Warteoption auszuüben, d.h. die Investition wird aufgeschoben.
Dem Wert des Wartens sind die Kosten des Verzögerns gegenüber zu stellen. Während des Zögerns bedienen andere Banken den Markt, sodass sich die Zahlungsströme der VR-Bank verändern, wenn das Produkt nicht sofort am Markt angeboten wird. Ergänzend zum obigen Beispiel ist die Bank daher nur noch in der Lage, entweder 2 oder 1 Produkt dauerhaft am Markt abzusetzen (Beispiel b).
Kapitalwert mit Verzögerung und Marktverschlechterung =

0,5 max. [(-1600+200/0,1)/1,1 ; 0] + 0,5 max. [(-1600+100/0,1)/1,1; 0]

= 0,5 * [400/1,1] + 0,5 * [0] = 200/1,1 = 181,81 €

Der Kapitalwert mit Verzögerung ist geringer als der Kapitalwert ohne Verzögerung. Der Wert der Warteoption ist demnach negativ: 181,81 € - 400 € = -218,18 €. Die Verzögerung der Investition ist nicht lohnend trotz des positiven Einflusses auf die Risikosituation des Unternehmens. Die betriebliche Weiterbildungsinvestition sollte sofort durchgeführt werden. Eine Bewertung von Realoptionen muss daher immer mit einer Gegenüberstellung der Kosten der Verzögerung erfolgen. Geschieht dies nicht, sind die getroffenen Investitionsentscheidungen nicht optimal.

5.4. Steuerung von Realoptionen bei betrieblichen Weiterbildungsinvestitionen

Das Ziel der Steuerung der Realoptionen ist, eine wertmaximierende Ausübung der Handlungsalternativen bei betrieblichen Weiterbildungsinvestitionen zu gestalten. Die Gestaltung der Handlungsalternativen sollte sich möglichst an wertsteigernden Maßnahmen orientierten (Hungenberg et al. 2005: 36). Die Wertsteigerung einer Realoption ist hier nicht alleinig ausschlaggebendes Kriterium. Es ist ebenfalls, wie am Beispiel der Warteoption gezeigt wurde, notwendigerweise das Kostenkriterium (z. B. Kosten der Verzögerung) im Entscheidungsprozess zu berücksichtigen. Die Vorteilhaftigkeit der betrieblichen Weiterbildungsinvestition zeigt sich dann insbesondere durch ein günstigeres Risikoprofil (Beckmann 2006: 87. Poerschke: 29f). Der primäre Maßstab der Steuerung von Realoptionen liegt in den Kosten-Nutzen-Relationen.

Für die Steuerung der Realoptionen ist ebenfalls die Wahl des Ausübungszeitpunktes relevant. Die Abbildung 8 zeigt Vorschläge zur Ausübung einer Option.

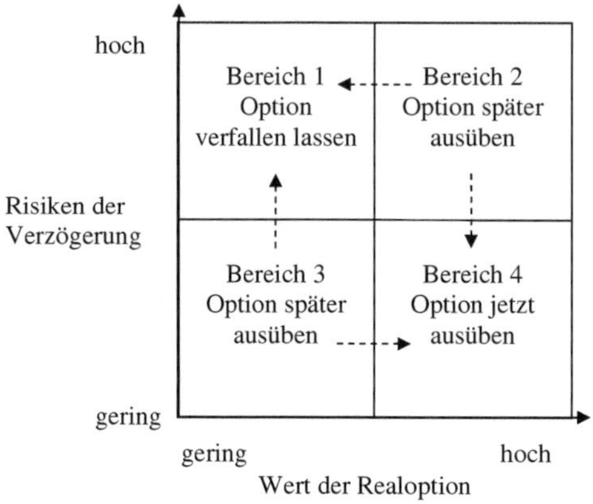

Abb. 8: Ausübung von Realoptionen
(in Anlehnung an Hungenberg et al. 2005: 42)

Auf Basis dieser Abbildung können Überlegungen zur Gestaltung der betrieblichen Weiterbildungsinvestition abgeleitet werden. Der Bereich 1 beschreibt ein hohes Risiko der Verzögerung. Gleichzeitig ist der Wert der Realoption relativ gering. Hier empfiehlt es sich, die Realoption verfallen zu lassen (vgl. Beispiel 5.3(a)). Die Ausübung der Realoption hätte wertvernichtende Konsequenzen. Demgegenüber steht der Bereich 4. Dieser charakterisiert sich bei Ausübung der Realoption durch eine Werterhöhung (vgl. Beispiel 5.3(b)). Die Bereiche 2 und 3 sind uneindeutiger. Im Bereich 2 verfügt die Option zwar über einen relativ hohen Wert, aber gleichzeitig ist auch ein relativ hohes Risiko gegeben. Es ist ratsam, weitere Informationen hinsichtlich der Wertentwicklung bzw. des Risikos abzuwarten, bevor eine Entscheidung für oder gegen die Ausübung der Option gefällt wird. Dasselbe gilt für den Bereich 3, wobei hier die Werte der Realoption wie auch die Risiken gering eingeschätzt werden. Auch hier sollten weitere Informationen abgewartet werden (Hungenberg et al. 2005: 42).

Die Steuerung erfolgt hier anhand isolierter Realoptionen, d.h. Interdependenzen mit anderen Realoptionen bei betrieblichen Weiterbildungsinvestitionen sind nicht im Entscheidungsprozess berücksichtigt. Ebenso sind Interaktionen zwischen einzelnen betrieblichen Weiterbildungsinvestitionen und weiteren Geschäftsbereichen im Unternehmen nicht berücksichtigt. So kann es vorkommen, dass die Ausübung einer Realoption wiederum negative Wirkungen auf andere Unternehmensbereiche hat. Dieser Sachverhalt stellt hohe Anforderungen an das Unternehmen bei der Steuerung von Realoptionen, da ein isoliertes Realoptionsmanagement auf der Einzelinvestitionsebene „betriebliche Weiterbildung" im Gesamtkontext des Unternehmens betrachtet werden muss (Peske 2002: 172ff):

6. Zusammenfassung

Realoptionen ermöglichen die Bewertung von Handlungsspielräumen der Unternehmen. Der Nutzen einer Bewertung liegt in der Einschätzung von Risikosituationen, denen ein Unternehmen ausgesetzt ist. Die hier diskutierte Risikosituation beschränkte sich auf die Betrachtung des Produktivitätsrisikos, welches in Kontext der Risiken „Anforderungsprofil einer Arbeitsstelle" und des „Qualifikationsprofils eines Mitarbeiters" thematisiert wurde. Die Anpassung der Produktivität mit dem Ziel der Übereinstimmung beider Profile erfolgt durch betriebliche Weiterbildungsinvestitionen. Das Entscheidungsumfeld dieser Investition ist wiederum geprägt von Handlungsspielräumen. Für das Unternehmen bestehen mindestens die Alternativen, das Investitionsprojekt zu verschieben, zu erweitern, zu reduzieren, abzubrechen oder zu verlängern. Diese alternativen Handlungsmöglichkeiten stehen dem Unternehmen während des gesamten Investitionsprojektes „betriebliche Weiterbildung" zur Verfügung. Das Unternehmen hat die Möglichkeit, flexibel auf Änderungen der Rahmenbedingungen zu reagieren und dadurch die Risikosituation des Unternehmens positiv zu beeinflussen. Die Bewertung der Realoption spiegelt die Bewertung eines Handlungsspielraumes wider und kann den Kosten gegenübergestellt werden. D.h. der Realoptionsansatz ermöglicht eine Bewertung der Handlungsspielräume im Kontext betrieblicher Weiterbildungsinvestitionen und wägt dies mit dem Kosten (z. B. verpasster Markteintritt) ab. Die Ableitung von Handlungsempfehlungen auf Basis der Bewertung von Handlungsalternativen führt zu einem aussagekräftigeren Entscheidungsumfeld im Rahmen der betrieblichen Weiterbildung.

Literaturverzeichnis

Alewell, D. (1997): Die Finanzierung betrieblicher Weiterbildungsinvestitionen, Wiesbaden: Gabler

Anderseck, K. (1988): Bildung in ökonomischer Perspektive, Diskussionsbeitrag Nr. 137, Fernuniversität Hagen

Anderseck, K. (2003): Theoretische Erklärungs- und Begründungshorizonte der Personalentwicklung, in: Theoretische Aspekte der Personalentwicklung (Kurseinheit 2), Fernuniversität Hagen

Backes-Gellner, U. et al. (2001): Personalökonomik, Stuttgart: Schäffer-Poeschl

Bamberger, E. (2007): Individuelle Weiterbildung von Arbeitnehmern, Dissertation: Technische Universität Ilmenau

Beckmann, C. (2006): Der Realoptionsansatz in der Investitionsrechnung und der Unternehmensbewertung, München: Herbert Utz

Berthel, J. / Becker, F. (2007): Personalmanagement: Grundzüge für Konzeptionen betrieblicher Personalarbeit, 8. Aufl., Stuttgart: Schäffer-Poeschel

Berther, S. (2004): Personalmanagement in Kreditgenossenschaften: Möglichkeiten zur Sicherung erforderlicher Mitarbeiterqualifikationen, Nürnberg: Forschungsinstitut für Genossenschaftswesen

Büschgen, H. (1999): Grundlagen des Bankmanagements, 2. Aufl., Frankfurt: Knapp

BvB: Bundesverband deutscher Banken (2002): Bankenbericht 2002, Fakten-Meinungen-Perspektiven

Copeland, T. / Antikarov V. (2002): Realoptionen – Das Handbuch für Finanzpraktiker, Weinheim: Wiley

Copeland, T et al. (2007): Finanzierungstheorie und Unternehmenspolitik, 4. Aufl., Person Studium

Drumm, H. (2005): Personalwirtschaft, 5. Aufl., Berlin, Heidelberg u.a.: Springer

Hommel, U. / Lehmann, H. (2001): Die Bewertung von Investitionsprojekten mit dem Realoptionsansatz – Ein Methodenüberblick, in: Hommel, U. et al. (Hrsg.): Realoptionen in der Unternehmenspraxis, Berlin u. a.: Springer: 113-129

Hommel, U. et al. (2003): Marktorientierte Investitionsrechnung bei Unsicherheit, Flexibilität und Irreversibilität, in: Ulrich Hommel et al. (Hrsg.) Reale Optionen: Konzepte, Praxis und Perspektiven strategischer Unternehmensfinanzierung, Berlin u.a.: Springer, 15-32

Horstmann, J. (2005): Operationalisierung der Unternehmensflexibilität, http://geb.unigiessen.de/geb/volltexte/2006/3013/pdf/HorstmannJoerg-2006-03-28.pdf

Hungenberg, H. (2005): Einsatzfelder und Operationalisierung der Realoptionstheorie – Implikationen für die wertorientierte Unternehmensführung, Arbeitspapier 05-01, Institut für Unternehmensplanung

Kobi, J. M. (2002): Personalrisikomanagement, 2. Aufl., Wiesbaden: Gabler

Kruschwitz, L. (2007): Investitionsrechnung, 11. Aufl., München/Wien: Oldenbourg

Myers, S. (1977): Determinants of corporate Borrowing. in Journal of Financial Economics, 5/2/147-176

Neubauer, G. (1996): Strategische Personalentwicklung in Genossenschaften, Stuttgart-Hohenheim: Forschungsstelle für Genossenschaftswesen

Peske, T. (2002): Eignung des Realoptionsansatzes für die Unternehmensführung, Köln: Eul

Persch, P.-R. (2003): Bewertung von Humankapital, München: Hampp

Poerschke, C. (2006): Zum Umgang mit Handlungsmöglichkeiten des Managements bei der Bewertung von Projekten, Dissertation Philipps-Universität Marburg

Pritsch, G. / Weber, J. (2001): Die Bedeutung des Realoptionsansatzes aus Controllingsicht, Hommel, U. et al. (Hrsg.): Realoptionen in der Unternehmenspraxis, Berlin u.a.: Springer, 13-43

Pritsch, G. / Weber, J. (2003): Die Bedeutung des Realoptionsansatzes aus Controllingsicht, in: Hommel, U. et al. (Hrsg.): Reale Optionen – Konzepte, Praxis und Perspektiven strategischer Unternehmensfinanzierung, Berlin u.a.: Springer, 143 – 172

Rodehuth, M. (1999): Weiterbildung und Personalstrategien – Eine ökonomisch fundierte Analyse der Bestimmungsfaktoren und Wirkungszusammenhänge, München: Hampp

Sadowski, D. (2002): Personalökonomik und Arbeitspolitik, Stuttgart: Schäffer-Poeschl

Schmidt,R. / Terberger, E. (1996): Grundzüge der Investitions- und Finanzierungstheorie, 3. Aufl., Wiesbaden: Gabler

Scholz, C. (2000): Personalmanagement: informationsorientierte und verhaltenstheoretische Grundlagen, 5. Aufl., München: Vahlen

Smit, H. / Trigeorgis, L. (2004): Strategic Investment – Real Options and Games, Princeton: Princeton University Press

Staehle, W. (1999): Management, 8. Aufl., München: Vahlen

Stickel, E. (2001): Einsatz der Optionspreistheorie zur Bewertung von Softwareentwicklungsprojekten, in: Hommel, U. et al. (Hrsg.): Realoptionen in der Unternehmenspraxis, Berlin u. a.: Springer, 231-249

Ulrich, P. / Fluri, E. (1995): Management, 7. Aufl., Bern/Stuttgart/Wien: Haupt

Wöhe, G. (1996): Einführung in die allgemeine Betriebswirtschaftslehre, 19. Aufl., München: Vahlen

WGV – Württembergischer Genossenschaftsverband (2007): Wettbewerbsreport der Abteilung Marketing und Vertrieb, Stuttgart

WORK IN PROGRESS

Grundsätzliche Aspekte der Diskussion um genossenschaftliche Neugründungen

Jasper Peters

1. Einleitung

Ein in Genossenschaftswissenschaft wie -praxis seit einigen Jahren intensiv diskutiertes Problem ist die sich ständig verschlechternde Position der Genossenschaften im Wettbewerb der Unternehmensrechtsformen. Daraus resultiert die Frage, wie man die Genossenschaft als Rechtsform für Existenzgründer attraktiver machen kann und wie die Neugründungsquote von Genossenschaften erhöht werden kann (Fehl 2002: 187). Das Potential für genossenschaftliche Neugründungen scheint zwar allgemein hoch zu sein, die Genossen schaft als Rechtsform wurde jedoch bisher kaum berücksichtigt. So wurden unter dem Dach des Deutschen Genossenschafts- und Raiffeisenverbandes von 2004 bis 2006 nur ca. 150 neue Genossenschaften gegründet (DGRV 2007: 5). Daher erscheint es mir oportun, an dieser Stelle einige grundsätzlich Aspekte der Diskussion um genossenschaftliche Neugründungen darzulegen. Die hier behandelten Aspekte stellen, bildlich gesprochen, den Engpass dar, der verhindert, dass die Chancen und Potentiale der Rechts- und Wirtschaftsform Genossenschaft in Deutschland besser verwirklicht werden können.

Die Kardinalfrage lautet: Warum werden so wenige Genossenschaften gegründet? Um dies zu durchleuchten, werden zunächst wesentliche Einflussfaktoren der Rechtsformwahlentscheidung von Unternehmensgründern im Mittelstand dargestellt. Daraufhin werden Ansatzpunkte zu einer Erhöhung der Neugründungsquote von Genossenschaften aufgezeigt, woraufhin die Ergebnisse thesenförmig zusammengefasst werden.

2. Einflussfaktoren der Rechtsformwahlentscheidung

Trotz einer Fülle theoretischer und konzeptioneller Veröffentlichungen liegen bis heute kaum empirische Untersuchungen zur Rechtsformwahlentscheidung vor. Die wenigen mir bekannten empirischen Untersuchungen stammen von Zieren, Buschmann und Göler von Ravensburg/Pinkwart/Schmidt sowie von Schröer/Kayser (Zieren 1989; Buschmann 2003; Göler von Ravensburg/Pinkwart/Schmidt 2003; Schröer/Kayser 2006).

Zieren hat im Jahr 1986 Mitgliedsunternehmen der Handwerkskammer Düsseldorf danach befragt, welche Faktoren die Wahl der Rechtsform bestimmen. Er fragte zudem nach den Gründen, die in der Vergangenheit zu einem Wechsel der Rechtsform führten und einen zukünftigen Wechsel beeinflussten. 60,7 Prozent der befragten Unternehmen gaben an, dass externe Berater einen entscheidenden Einfluss auf die Rechtsformwahl hatten (Zieren 1989: 168).

Buschmann hat in ihrer in den Jahren 2002 und 2003 bundesweit durchgeführten schriftlichen Befragung ebenfalls untersucht, ob die Unternehmen, die in der Vergangenheit einen Rechtsformwechsel vollzogen haben, zur Entscheidungsfindung externe Berater konsultierten, und wenn ja, wie groß deren Einfluss auf die tatsächlich erfolgte Wahl war.

Etwa 90 Prozent der befragten Unternehmen gaben an, einen externen Berater konsultiert zu haben. Etwa 50 Prozent der Befragten gaben an, dass diese einen starken bzw. sehr starken Einfluss auf die Wahl der Rechtsform hatten. Die Hälfte der Befragten, die einen externen Berater aufgesucht hatten, konsultierte einen Steuerberater zur Entscheidungsfindung. Mit 13 Prozent der Nennungen lagen Notare an zweiter Stelle, gefolgt von Rechtsanwälten (8 Prozent). Kammern und Unternehmensberater spielten mit 6 bzw. 5 Prozent nur eine untergeordnete Rolle. Diese Zahlen machen deutlich, dass externe Berater einen großen Einfluss auf die Entscheidungsfindung bei der Rechtsformwahl haben, wobei die meisten Unternehmen sich von stark juristisch geprägten Professionen beraten ließen (Buschmann 2003: 25).

Auf die enorme Bedeutung externer Berater bei der Rechtsformwahlentscheidung macht auch eine neuere Studie des Marburger Instituts für Genossenschaftswesen und des Siegener Lehrstuhls für kleinere und mittlere Unternehmen aufmerksam. Externe Berater hatten einen ausschlaggebenden Einfluss auf die Rechtsformwahlentscheidung der befragten Unternehmen. Nahezu drei von vier Unternehmenskooperationen (71,4 Prozent) hatten Steuerberater, Wirtschaftsprüfer und Rechtsanwälte im Zusammenhang mit der Rechtsformwahl konsultiert. Den Industrie- und Handelskammern und den Handwerkskammern kamen bei der Rechtsformwahlberatung nur Nebenrollen zu. Obwohl die Kammern in 58,3 Prozent der Fälle als Impulsgeber für das Zustandekommen von Mittelstandskooperationen genannt wurden, kam ihnen als Rechtsformberater lediglich ein Anteil von 9,5 Prozent zu (Göler von Ravensburg/Pinkwart/Schmidt 2003: 35).

Die Marburger und Siegener Studie zeigte auch, dass nur etwa ein Siebtel der befragten Steuerberater und Wirtschaftsprüfer auf die Rechtsform der eingetragenen Genossenschaft hinwiesen, wenn sie auf Rechtsformalternativen angesprochen wurden. Hier bestätigte sich, die auch andernorts häufig geäußerte Vermutung, dass diese Gruppe aufgrund der für ihre eigenen geschäftlichen Aktivitäten nachteiligen Bedingung des Prüfungsmonopols der Genossenschaftsverbände nur ein sehr geringes Interesse an einer Verbreitung der Genossenschaft hat, obwohl sie diese Rechtsform ansonsten für kooperative Unternehmensformen durchaus für geeignet hält (Göler von Ravensburg/Pinkwart/Schmidt 2003: 38). Vermutlich werden Steuerberater und Wirtschaftsprüfer die eingetragene Genossenschaft auch zukünftig nur dann in ihre Rechtsformwahlberatung einbeziehen, wenn das Prüfungsmonopol der Genossenschaftsverbände fällt. Rechtsanwälte und Notare berücksichtigten die Genossenschaft als Alternative in der Regel überhaupt nicht (Göler von Ravensburg/ Pinkwart/Schmidt 2003: 36f).

Wie oben bereits angedeutet, waren die impulsgebenden Personen oder Institutionen für Kooperationen nicht die gleichen wie die ausschlaggebenden Berater für die Rechtformwahlentscheidung. Ein Großteil der Kooperationen wurden von den Partnern selber initiiert, während externe Berater erst bei der Rechtsformwahlentscheidung zu Rate gezogen wurden. Genossenschaftsverbände spielten als Rechtsformwahlberater nur bei denjenigen Unternehmen eine prominente Rolle, die auch später als eingetragene Genossenschaften firmieren (72,1 Prozent) (Göler von Ravensburg/Pinkwart/Schmidt 2003: 35).

Die Studie des Marburger Genossenschaftsinstituts und des Siegener Lehrstuhls macht auch deutlich, dass vielen Genossenschaftsgründungen eine unterschiedlich lange informelle Zusammenarbeit voranging, die zumeist von Fachverbänden angeregt oder sogar eingerichtet wurde. Dies wiederum bedeutet, dass Fachverbände wie Industrie- und Handelskammern und Handwerkskammern ideale Partner für die Kommunikations- und Informationspolitik der Genossenschaftsverbände sind, auch wenn sie – wie bereits mehrfach erwähnt – bisher kaum direkten Einfluss auf die Rechtsformwahl mittelständischer Unternehmen und Kooperationen genommen haben (Göler von Ravensburg/Pinkwart/Schmidt 2003: 82).

Die mangelnde Berücksichtigung der Genossenschaft im Rahmen der Rechtsformwahlberatung mag zudem darauf zurückzuführen sein, dass sie von den Rechtsformberatern des Mittelstandes als unzeitgemäß bzw. unmodern angesehen wird. Knapp zwei Drittel der befragten Berater gaben in der Marburger und Siegener Studie an, dass sie die Genossenschaft als Rechtsformalternative für unmodern halten. Selbst die in der eG-Rechtsform kooperierenden Unternehmen hielten die Genossenschaft nur zu 60 Prozent für modern (Göler von Ravensburg/Pinkwart/Schmidt 2003: 39). Hinzu kam, dass die überwiegende Mehrheit der befragten Berater davon ausging, dass die Genossenschaft als Rechtsform in erster Linie in der Landwirtschaft und einigen gewerblichen Sektoren Verwendung findet. Unterschätzt wurde dagegen die tatsächliche Verbreitung der Genossenschaften im Handel- und Dienstleistungsbereich. Offensichtlich ist nicht bekannt, dass mittlerweile drei von vier genossenschaftlichen Neugründungen in diesen Wirtschaftszweigen vollzogen werden (Göler von Ravensburg/Pinkwart/Schmidt 2003: 40).

Schließlich mag die mangelnde Berücksichtigung der Genossenschaft im Rahmen der Rechtsformwahlberatung damit zusammenhängen, dass die Berater des Mittelstandes nur über unzureichende Kenntnisse über die Rechtsform der eingetragenen Genossenschaft verfügen. Zwar brachte die Marburger und Siegener Studie in dieser Hinsicht zu Tage, dass die meisten Berater über recht gute genossenschaftliche Grundkenntnisse verfügen, aufgrund der geringen praktischen Erfahrung der Berater mit der Genossenschaft fühlten sie sich dennoch vergleichsweise unsicher in der Beratung zu dieser Rechtsform (Göler von Ravensburg/Pinkwart/Schmidt 2003: 42).

3. Ansatzpunkte zu einer Erhöhung der Neugründungsquote von Genossenschaften

In den einführenden Bemerkungen wurde bereits festgestellt, dass die Zukunft der Genossenschaft im Wettbewerb der Unternehmensrechtsformen von einer Erhöhung der genossenschaftlichen Neugründungsquote abhängt. Daher werden nunmehr einige Ansatzpunkte zu einer Erhöhung der genossenschaftlichen Neugründungsquote vorgestellt und diskutiert.

Am 18. August 2006 ist das „Gesetz zur Einführung der Europäischen Genossenschaft (SCE) und zur Änderung des Genossenschaftsgesetzes“ in Kraft getreten. Während die SCE in der genossenschaftlichen Praxis vermutlich keine große Verbreitung finden wird (Geschwandtner 2006: 256), wird mit den Änderungen des Genossenschaftsgesetzes vielfach die Hoffnung verknüpft, die genossenschaftliche Neugründungsquote spürbar erhöhen zu können (Schulze 2006: 253). Tatsächlich haben zahlreiche gesetzliche Änderungen die ausdrückliche Intention, die Gründung von Genossenschaften zu erleichtern und die eingetragene Genossenschaft für Existenzgründer wesentlich attraktiver zu machen (Rösner 2007: 139). Beispielhaft seien hier genannt: geringere Mindestmitgliederzahl, Erweiterung des Förderzwecks, Zulassung von investierenden Mitgliedern und Sacheinlagen, Übertragbarkeit einzelner Geschäftsanteile und Regelung des Mindestkapitals (Flieger 2006, online; Greve/Lämmert 2001: 13). Dass jedoch allein die rechtlichen Veränderungen zu einer spürbaren Erhöhung der genossenschaftlichen Neugründungsquote führen werden, muss in Zweifel gezogen werden (Pistorius 2006: 164). Sicherlich sind die Änderungen des Genossenschaftsgesetzes auf dem Papier dazu geeignet, genossenschaftliche Neugründungen zu erleichtern. So lange diese aber den für Unternehmensneugründungen maßgeblichen zahlreichen Beratern nicht hinreichend bekannt sind, werden sie die Rechtsform der Genossenschaft bei der Beratung von Existenzgründern nicht angemessen berücksichtigen (Geschwandtner/Helios 2006a: 23).

Auch die empirischen Befunde der bereits häufiger zitierten Marburger und Siegener Studie lassen darauf schließen, dass die Novellierung des Genossenschaftsgesetzes nicht automatisch zu einer Popularisierung der genossenschaftlichen Rechtsform im Mittelstand führen wird. Die Autoren plädieren dafür, nach zusätzlichen Wegen zu suchen, die Genossenschaft in der Wahrnehmung des Mittelstandes als moderne Rechtsform ins Bewusstsein zu rücken. Einen wesentlichen Ansatzpunkt sehen sie in einer Steigerung des Bekanntheitsgrades der eingetragenen Genossenschaft, so beispielsweise durch das Angebot eines Beratungsmoduls für externe Berater (Göler von Ravensburg/Pinkwart/Schmidt 2003: 86).

Die Neugründungschwäche der Genossenschaften ist sowohl ein Kenntnis- als auch ein Imageproblem. Zunächst ist zu konstatieren, dass die Rechtsform der eingetragenen Genossenschaft aus der rechts-, wirtschafts- und sozialwissenschaftlichen Ausbildung fast vollkommen verschwunden ist (Münkner 1996: 86; Blome-Drees 2003: 99). Kenntnisreiche Gründungsberater und Fürsprecher in Wirtschaft und Verwaltung sind daher kaum vorhanden. Demzufolge wird die eingetragene Genossenschaft von Beratern außerhalb der Genossenschaftsverbände schon aus Unkenntnis nicht empfohlen (Geschwandtner/Helios 2006b: 19). Künftige Erfolge der Genossenschaft im Gründungswettbewerb der Unternehmensrechtsformen werden daher davon abhängen, dass die Vorteile der Genossenschaft als Rechtsform für Existenzgründer breiter und intensiver als bisher kommuniziert werden. Dabei kann der Bekanntheitsgrad der Genossenschaft vor allem durch die regionalen Genossenschaftsverbände gesteigert werden. Ich plädiere daher dafür, die Verbindungen zwischen den regionalen Genossenschaftsverbänden und den Handwerkskammern, den Industrie- und Handelskammern sowie den Verbänden der Selbständigen und Freiberufler zu intensivieren. Nur durch eine vergleichende Betrachtung sämtlicher Vor- und Nachteile aller für eine Neugründung in Frage kommenden Rechtsformen können die relevanten Berater die Genossenschaft als Alternative überhaupt in Betracht ziehen. Genau hier liegt nämlich das Problem. Die regionalen Genossenschaftsverbände werden in der Regel erst dann konsultiert, wenn potentielle Gründer an die Rechtsform der Genossenschaft von externen Beratern schon herangeführt worden sind. Wenn dies schon aus Unkenntnis der externen Berater unterlassen wird, dann bleibt das Potential genossenschaftlicher Neugründungen eingeschränkt (Leinemann 2000: 26).

In einem Ende Oktober 2006 in der Handwerkskammer Düsseldorf geführten Gespräch wurde von meinen Gesprächspartnern der Gedanke geäußert, dass es sinnvoll sei, die Berater der Handwerkskammern in Schulungen oder Seminaren mit der genossenschaftlichen Rechtsform vertraut zu machen (Beyer/Schubert 2006, persönliches Gespräch). Ein probates Mittel kann dabei sein, den Beratern der Kammern und den Freiberuflern besonders erfolgreiche Beispiele genossenschaftlicher Kooperationen darzustellen. Durch die Präsentation von sogenannten „best practices“ kann das Image der Genossenschaft erheblich verbessert werden (Büttner 1997: 30; Eisen 2006: 26). Die eingetragene Genossenschaft wird häufig als überkommen und unmodern angesehen und vor allem mit der Landwirtschaft in Verbindung gebracht (Schulze 2002: 13). Die Genossenschaftsverbände sollten darüber aufklären, dass neue Genossenschaften in den letzten Jahren vor allem im Dienstleistungssektor gegründet wurden. Genossenschaften müssen im öffentlichen Bewusstsein ein modernes Image als zukunftsfähige und bürgernahe Rechtsform bekommen, bei der das einzelne Mitglied Kunde seines eigenen Unternehmens ist und entsprechend bevorzugt behandelt wird (Harbrecht 2000: 48; Ringle 2004: 200). Letztendlich muss es darum gehen, unter den relevanten Rechtsformwahlberatern möglichst viele Multiplikatoren zu gewinnen, die mit den Besonderheiten der Genossenschaft als Rechtsform vertraut sind und diese als echte Alternative in die Beratungen mit ihren Mandanten einfließen lassen. Dass es mit entsprechendem Aufwand gelingen kann, die Neugründungsquote einer Rechtsform signifikant zu erhöhen, zeigt das Beispiel der englischen Limited.

Exkurs: Gründungsboom der Private Limited Company

Nach der „Überseering“-Entscheidung des EuGH im September 2002 und der Folgeentscheidung im Fall „Inspire Art“ im November 2003 wurde die Möglichkeit eröffnet, den Verwaltungssitz einer europäischen Kapitalgesellschaft ohne Verlust der Rechtsfähigkeit nach Deutschland zu verlegen. Davon haben Unternehmer in Deutschland vermehrt Gebrauch gemacht. Besondere Aufmerksamkeit wird hierbei der englischen Private Limited Company („Limited“) entgegengebracht. Eine aktuelle Studie zur Verbreitung der Limited geht davon aus, dass seit der EuGH Entscheidung bis Dezember 2005 bereits mehr als 30.000 Gesellschaften mit Verwaltungssitz in Deutschland gegründet wurden. Damit ist der Limited mit Sitz in Deutschland in der Rechtspraxis innerhalb kürzester Zeit eine erhebliche Bedeutung zugekommen (Westhoff 2006: 528).

Im Hinblick auf das Ziel einer Erhöhung der ungleich niedrigeren genossenschaftlichen Neugründungsquote stellt sich hier die Frage, wie es zu einem solchen Gründungsboom kommen konnte. Unabhängig von den Vor- und Nachteilen der Limited im Vergleich mit anderen Rechtsformen liegt ihre offensichtliche Popularität darin begründet, dass diese Rechtsform von einer ganzen Reihe von Gründungsagenturen bei Gründungsinteressierten und Gründungsberatern in Seminaren und Broschüren mit einem hohen Aufwand beworben wurde und wird (Scheytt 2004, online). Vor allem im Internet gibt es zahlreiche Anbieter, die die Gründung einer Limited gegen Entgelt vermitteln und übernehmen. Die Preise reichen von 180 bis 700 Euro. Die Gründungsdauer beträgt ca. ein bis zwei Wochen. Allein die „Go Ahead Limited“ – nach eigenen Angaben Marktführerin unter den Gründungsagenturen – nimmt für sich in Anspruch, 35.000 Limiteds ins Leben gerufen zu haben (go ahead 2008, online).

Das Beispiel der Limited weist aber auch auf ein weiteres Gründungshemmnis hin: Bei Neugründungen stellt sich immer die Frage, in welcher Zeit und zu welchen Kosten ein Unternehmen gegründet werden kann. Hierbei schneidet die eingetragene Genossenschaft

– nicht nur im Vergleich zur Limited – auch nach der Novelle des Genossenschaftsgesetzes nicht gut ab. Die aufwändige Gründungsprüfung und Begutachtung durch die regionalen Prüfungsverbände kostet im Vergleich mit anderen Rechtsformen viel Zeit und Geld (Holzner 2001: 100; Peemöller/Weller 2001: 112; Schlumm 2006: 10; Pistorius 2006: 141). Selbst wenn dies zugegebenermaßen insolvenzsichernd wirkt und für die finanzielle Solidität und Stabilität der genossenschaftlichen Rechtsform spricht, ist der Preis im Hinblick auf das Ziel einer Erhöhung der genossenschaftlichen Neugründungsquote hoch: Was nützt es, wenn aufgrund der aufwändigen genossenschaftlichen Gründungsprüfung zwar ausschließlich solvente, dafür aber nur sehr wenige Genossenschaften gegründet werden (Geschwandtner 2006: 258)?

Gleichwohl zeigen die Ergebnisse der Marburger und Siegener Studie, dass der hohe Gründungsaufwand nicht der ausschlaggebende Faktor für die niedrige genossenschaftliche Neugründungsquote ist. Vielmehr liegt in erster Linie ein Kenntnis- und Imageproblem vor (Göler von Ravensburg/Pinkwart/Schmidt 2003: 83). Dieses Kenntnis- und Imageproblem gilt es durch eine entsprechende Aufklärung und Werbung offensiv anzugehen. Wenn also eine spürbare Erhöhung der genossenschaftlichen Neugründungsquote wirklich gewollt ist, dann müssen vorhandene finanzielle Mittel aus der gesamten Genossenschaftsorganisation heraus verstärkt in den Bereich der Gründungsinteressierten und ihrer relevanten Berater gelenkt werden (Geschwandtner 2006: 258). Beispielhaft sind hier die Aktivitäten des Zentralverbandes der deutschen Konsumgenossenschaften e.V. zu sehen, wirtschaftlich tätigen Vereinen – etwa aus dem Bereich des Sports – die genossenschaftliche Rechtsform nahe zu bringen (Jansen 2000: 69).

Über diesen Adressatenkreis hinaus hat offenbar die gesamte Bevölkerung nur eine vage Vorstellung von der Genossenschaftsidee und der ihr innewohnenden Problemlösungskompetenz für viele Lebensbereiche. Daher sollte die Genossenschafts-organisation auch auf dieser Ebene in verschiedenen Medien - Internet, Printmedien, Fernseh- und Radiowerbung, etc. - verstärkt über die Genossenschaftsidee aufklären. Dabei wird es nicht ausreichen, die Bevölkerung nur mit genossenschaftlichem Gedankengut bekannt zu machen. Im Zentrum sollte vielmehr eine Verdeutlichung der genossenschaftlichen Problemlösungskompetenz stehen, die mit erfolgreichen Beispielen aus der Praxis belegt werden kann (Stappel 2000: 48).

Grundsätzlich wird das Aufkommen anderer europäischer Rechtsformen den Verdrängungswettbewerb für die eingetragene Genossenschaft auf dem deutschen „Markt“ für Rechtsformen weiter verschärfen. Umso wichtiger ist es daher, spezifische Vorteile der eingetragenen Genossenschaft gegenüber dem Mittelstand offensiv zu kommunizieren. Dabei befinden sich die bereits angesprochenen regionalen Genossenschaftsverbände in einer ambivalenten Lage. Auf der einen Seite dürfen sie, um ihr eigenes Überleben sicherzustellen, eines der wichtigsten Neugründungshemmnisse, die gesetzlich verankerte Pflichtmitgliedschaft eingetragener Genossenschaften in den Genossenschaftsverbänden, nicht antasten. Auf der anderen Seite sollten sie aber – um die eingetragene Genossenschaft bei den relevanten Rechtsformwahlberatern des Mittelstandes bekannter und wirtschaftlich interessanter zu machen – ihr Wissen in die Öffentlichkeit tragen und mit Steuerberatern, Wirtschaftsprüfern und Rechtsanwälten in einen umfassenden Beratungswettbewerb zugunsten der Gründung eingetragener Genossenschaften eintreten. Ein reines Verwalten des abschmelzenden Mitgliederbestandes scheint jedenfalls keine zielführende Strategie zu sein, um das eigene Überleben langfristig zu sichern (Geschwandtner/Helios 2006b: 19). Zu dem oft ungenügenden Bekanntheitsgrad der eingetragenen Genossenschaft kommt bei den relevanten Rechtsformwahlberatern von Existenzgründern allerdings, wie bereits angedeutet, noch ein wirtschaftlicher Interessenkonflikt hinzu. Wenn sich Existenzgründer für die Rechtsform der eingetragenen Genossenschaft anstelle einer anderen prüfungspflichtigen Rechtsform entscheiden, verlieren Steuerberater, Wirtschaftsprüfer und Rechtsanwälte deren Unternehmen als eigene Mandanten, da diese ja die Pflichtprüfung durch den genossenschaftlichen Prüfungsverband vornehmen lassen müssen, der zudem noch steuerliche und rechtliche Beratungen im Rahmen seiner Kann-Aufgaben anbietet. Daher liegt es, selbst wenn informierte Steuerberater und Wirtschaftsprüfer die Genossenschaft für bestimmte Zwecke als geeignete Rechtsform ansehen, nicht in ihrem wirtschaftlichen Interesse, die Genossenschaft als Rechtsform zu empfehlen (Harbrecht 2001: 15; Stappel 2000: 47). Um diesen Interessenkonflikt aufzulösen, müssten die regionalen Genossenschaftsverbände Steuerberatern, Wirtschaftsprüfern und Rechtsanwälten als den relevanten Rechtsformwahlberatern einen wirtschaftlichen Anreiz bieten, die eingetragene Genossenschaft als Rechtsform in ihre Beratungstätigkeit für Existenzgründer aufzunehmen. Solange diese Gruppe nach einer Gründungsentscheidung eine Rundumbetreuung ihrer Mandanten durch die genossenschaftlichen Prüfungsverbände befürchten muss, dürfte die genossenschaftliche Neugründungswirklichkeit unverändert bestehen bleiben (Geschwandtner/Helios 2006a: 155). Die relevanten Berater müssen daher davon überzeugt werden, dass sie ihre Mandanten nicht automatisch an die Genossenschaftsverbände verlieren, wenn sie diesen die Genossenschaft als Rechtsformalternative empfehlen. So könnten beispielsweise die Buchführung und Rechtsberatung nach Absprache weiterhin bei den Erstberatern bleiben (Göler von Ravensburg/Pinkwart/Schmidt 2003: 86).

4. Thesenförmige Zusammenfassung

- Die Neugründungsschwäche der Genossenschaften ist in erster Linie ein Kenntnis- und ein Imageproblem. Dies gilt für:
  - potentielle Gründer,
  - relevante Berater und
  - die Öffentlichkeit.
- Steuerberater, Wirtschaftprüfer und Rechtsanwälte sind zentrale Ansprechpartner des Mittelstandes bei der Rechtsformwahl. Diese Gruppe berücksichtigt die Genossenschaft bei ihrer Beratung nicht, weil sie:
  - nicht ausreichend über die Eigenschaften der eingetragenen Genossenschaft informiert ist,
  - die Genossenschaft für unmodern hält und
  - aufgrund des Prüfungsmonopols der Genossenschaftsverbände kein wirtschaftliches Interesse an der Verbreitung der genossenschaftlichen Rechtsform hat.
- Die Novelle des Genossenschaftsgesetzes wird für sich allein genommen zu keiner spürbaren Erhöhung der genossenschaftlichen Neugründungsquote führen. Zwar beinhaltet die Novelle zahlreiche gesetzliche Änderungen, die Neugründungen erleich-

tern, doch solange diese den relevanten Gründungsberatern nicht bekannt sind, wird die eingetragene Genossenschaft bei der Beratung nicht berücksichtigt werden.

- Der Bekanntheitsgrad und das Image der Genossenschaft können in erster Linie durch die Genossenschaftsverbände gesteigert bzw. verbessert werden. Ansatzpunkte bestehen vor allem:
  - in einer Intensivierung der Beziehungen zu Handwerkskammern, Industrie- und Handelskammern sowie Verbänden der Freiberufler und Selbständigen,
  - in einer breit angelegten Aufklärungskampagne bei Gründungsinteressierten und Gründungsberatern mittels Seminaren und Broschüren,
  - in der Darstellung erfolgreicher Beispiele genossenschaftlicher Neugründungen.
- Wenn eine spürbare Erhöhung der genossenschaftlichen Neugründungsquote von den Genossenschaftsverbänden wirklich gewollt ist, dann müssen erhebliche finanzielle Mittel in die Öffentlichkeitsarbeit und Werbung von Gründungsinteressierten und ihren relevanten Beratern gelenkt werden.
- Darüber hinaus müssen Steuerberater, Wirtschaftsprüfer und Rechtsanwälte davon überzeugt werden, dass sie ihre Mandanten nicht automatisch an die Genossenschaftsverbände verlieren, wenn sie diesen die Genossenschaft als Rechtsformalternative empfehlen.

Literaturverzeichnis

Beyer / Schubert (2006): Interview in der Handwerkskammer Düsseldorf am 31.10.2006 mit den Herren Dipl.-Ing. Beyer, Leiter der betriebswirtschaftlichen Beratung und Dipl.-Volkswirt Schubert, Leiter der statistischen Abteilung

Blome-Drees, J. (2003): Genossenschaftslehre und Genossenschaftspraxis. Plädoyer für eine systemtheoretische Betrachtung, Regensburg

Buschmann, B. (2003): Rechtsformwahl im Mittelstand, Veröffentlichungen des Instituts für Mittelstandsforschung der Universität Mannheim, Grüne Reihe, Nr. 57, Mannheim

Büttner, U. (1997): High-Tech-Genossenschaft schafft Arbeitsplätze, in: Genossenschaftsblatt, –/1/30-31

Deutscher Genossenschafts- und Raiffeisenverband e.V. (Hrsg.) (2007): Zahlen und Fakten der genossenschaftlichen Banken, Waren- und Dienstleistungsgenossenschaften, Berlin

Eisen, A. (2006): Genossenschaften sind wie Generalunternehmer im Handwerk, in: Handwerk, –/7/25-26

Fehl, U. (2002): Die Genossenschaft – eine weiterhin aktuelle Rechtsform für Kooperationen!, in: Zeitschrift für das gesamte Genossenschaftswesen, 52/–/187-188

Flieger, B. (2006): Genossenschaftliche Rechtsform wird attraktiv für Neugründungen, in: Gründungs-Aktuell, Nr. 14, http://www.gruendung-aktuell.de/cms/index.php?page=rhrtghz &co (abgefragt: 10.10.2008)

Geschwandtner, M. (2006): Novelliertes Genossenschaftsgesetz in Kraft – Kommt der erhoffte Gründungsboom?, in: Zeitschrift für das gesamte Genossenschaftswesen, 56/–/255-260

Geschwandtner, M. / Helios, M. (2006a): Genossenschaftsrecht. Das neue Genossenschaftsgesetz und die Einführung der Europäischen Genossenschaft, Freiburg

Geschwandtner, M. / Helios, M. (2006b): Vom Genossen zum Mitglied. Neue Regeln für die Rechtsform kollektiver Zusammenschlüsse, in: Frankfurter Allgemeine Zeitung vom 23.08.2006, 19

go ahead (2008): http://www.go-limited.de/ (abgefragt: 10.10.2008)

Göler von Ravensburg, N. / Pinkwart, A. / Schmidt, R. (2003): Kriterien für die Gründung mittelständischer Kooperationen in genossenschaftlicher Rechtsform, Göttingen

Greve, R. / Lämmert, N. (2001): Quo vadis Genossenschaftsgesetz? – Ein Überblick über aktuelle Diskussionsvorschläge, in: Theurl, T. / Greve, R. (Hrsg.): Genossenschaftsrecht in Europa. Diskussionsbeiträge zur Reform des Genossenschaftsgesetzes in Deutschland, Aachen, 8-29

Harbrecht, W. (2000): Zukunftsaufgaben der Genossenschaften im wirtschaftlichen Strukturwandel, in: Thiemann, B. (Hrsg.): Die Genossenschaften an der Jahrtausendwende. Sicherung des Genossenschaftsgedankens zwischen Moderne und Tradition, Frankfurt am Main, 18-56

Harbrecht, W. (2001): Die Genossenschaft als Rechtsform für junge Unternehmen, Wien

Holzner, J. (2001): Probleme einer kleinen Dienstleistungsgenossenschaft in der Gründungs- und Aufbauphase – dargestellt am Beispiel der SOFTWARE RING eG, in: Zeitschrift für das gesamte Genossenschaftswesen, 51/–/98-106

Jansen, E. (2000): Die Gründung von Genossenschaften aus der Sicht eines Prüfungsverbandes, in: Zeitschrift für das gesamte Genossenschaftswesen, 50/–/56-70

Leinemann, M. (2000): Überlegungen zur Rechtsformwahl eines Dienstleistungs-unternehmens am Beispiel eines Instituts für Facility Management eG (GmbH)? – ein Praxisbericht, in: Zeitschrift für das gesamte Genossenschaftswesen, 50/–/25-37

Münkner, H.-H. (1996): Situation und Perspektive genossenschaftlicher Forschung und Lehre an deutschen Hochschulen, in: Zeitschrift für das gesamte Genossenschaftswesen, 46/–/86-94

Peemöller, V. / Weller, H. (2001): Möglichkeiten zur Überwindung der Kostenbarrieren bei der Neugründung von Genossenschaften, in: Zeitschrift für das gesamte Genossenschaftswesen, 51/–/107-119

Pistorius, J. (2006): Kooperation und Rechtsformwahl – Die eingetragene Genossenschaft als Verlierer im Wettbewerb der haftungsbeschränkten Rechtsformen?, in: Schöning, S. / Richter, J. / Wetzel, H. / Nissen, D. (Hrsg.): Existenzgründung – Beiträge zur Gründungsforschung, Frankfurt am Main u.a., 137-165

Ringle, G. (2004): Ist die Kooperationsform „Genossenschaft" noch wettbewerbsfähig?, in: Zeitschrift für das gesamte Genossenschaftswesen, 54/–/193-204

Rösner, H.J. (2007): Genossenschaftspotenziale im Zeitalter der Globalisierung, in: Rösner, H.J. / Schulz-Nieswandt, F. (Hrsg.): Zur Relevanz des genossenschaftlichen Selbsthilfegedankens – 80 Jahre Seminar für Genossenschaftswesen der Universität zu Köln, Neue Kölner Genossenschaftswissenschaft, Band 4, 129-150

Scheytt, S. (2004): Boom der Beschränkten, in: brand eins Magazin, Heft 6, http://www.brandeins.de/home/inhalt_print.asp?id=1457&MagID (abgefragt: 10.10.2008)

Schlumm, H. (2006): Die Möglichkeiten der Genossenschaft werden verkannt, in: Initiativbanking, 2/10

Schröer, S. / Kayser, G. (2006): Beratungsbedarf und Beratungspraxis bei Unternehmensnachfolgen, in: Institut für Mittelstandsforschung Bonn (Hrsg.): Jahrbuch für Mittelstandsforschung 1/2006, Bonn, 15-31

Schulze, R. (2002): Reformüberlegungen zum deutschen Genossenschaftsrecht aus wissenschaftlicher Sicht, in: Theurl, T. / Greve, R. (Hrsg.): Reform des Genossenschaftsrechts: Anforderungen und Perspektiven, Aachen, 9-36

Schulze, R. (2006): Neues Recht – neue Chancen für die Genossenschaften, in: Zeitschrift für das gesamte Genossenschaftswesen, 56/–/253-254

Stappel, M. (2000): Zur Aktualität der Genossenschaftsidee, in: Zeitschrift für das gesamte Genossenschaftswesen, 50/–/38-48

Westhoff, A. (2006): Die Verbreitung der limited mit Sitz in Deutschland, in: GmbHR, –/10/525-528

Zieren, W. (1989): Unternehmungsrechtsformwahl: Analyse einer empirischen Bestandsaufnahme des mittelständischen Handwerks, Bergisch-Gladbach

Die Interaktion von Genossenschaften und ihren Mitgliedern im Wettbewerb: Eine evolutionsökonomische Analyse

Daniel Brunner

Tim Voigt

1. Einleitung

Wie interagieren Genossenschaften und ihre Mitglieder je nach Kooperationsgegenstand und Umweltdynamik? Dieser Frage soll durch die Ausarbeitung eines evolutionsökonomischen Analyserahmens nachgegangen werden, anhand dessen sich das Agieren von Genossenschaften im Wettbewerb sowie die zwischen den Mitgliedern und der Genossenschaft statt findenden Interaktionen beschreiben und analysieren lassen. Wettbewerbsprozesse zeichnen sich durch die Kreierung von Neuerungen sowie durch die Verbreitung dieser Neuerung aus. Diese zwei Bewegungen im Marktprozess verbinden sich mit der Person des Unternehmers. Unternehmer agieren durch vorstoßende (Innovationen) und nachstoßende (Imitationen) Akte (Fehl 2005). In genossenschaftlichen Kooperationen liegen diese Dinge etwas komplizierter: Die Unternehmerfunktion teilt sich auf die Mitglieder und die Genossenschaft auf; genossenschaftliches Unternehmertum ist gleichsam geteiltes Unternehmertum (Fehl et al. 2007; Brunner 2006).

Dieses Papier baut auf evolutionsökonomischen Überlegungen zur Dynamik von Industrien und insbesondere deren Abbildung mit Rückgriff auf die Simulationsstudien von Nelson und Winter auf. Ziel des vorliegenden Papiers ist die Erweiterung des Nelson/Winter-Standardmodells um die Abbildung von kooperativen Diffusionsprozessen. Zu diesem Zweck werden eigene Vorarbeiten zur Wissenskommunikation in Netzwerken (Voigt/ Brunner 2007) sowie zur Wissenskommunikation bei Innovationsprozessen (Brunner/ Voigt 2008) herangezogen. Diese basieren unter anderem auf einer Fallstudie aus dem Jahr 2006. Zwei Spezifika genossenschaftlicher Kooperation werden in das Nelson-Winter-Modell integriert: Zum einen die Berücksichtigung eines Beschaffungsmarktes – dies soll insbesondere die genossenschaftliche Leistung einer Bezugsgenossenschaft wie der in der Fallstudie beobachteten BÄKO abbilden –, zum anderen die Berücksichtigung der Interaktion von Kooperationsmitgliedern und dem Kooperationsvehikel; also die Kreierung von Neuerungen (creation of novelty) in der Genossenschaft und die Verbreitung dieser Neuerungen unter den Mitgliedern (dissemination). Die Effekte werden stufenweise betrachtet und anschließend in ihrer Gesamtwirkung in einem Nelson-Winter-Modell analysiert. Die Idee und Annahme aus Sicht der traditionellen Genossenschaftsforschung ist, dass die Bezugsgenossenschaft die Überlebenswahrscheinlichkeit eines Akteurs verbessert. Die aus unserer Fallstudie gewonnene Erkenntnis in Bezug auf das Neuerungsverhalten legt nahe, dass bei intensiver Nutzung der Wissenskommunikation und durch die entsprechende Kanalwahl die Innovationskraft der Kooperationsmitglieder im Vergleich zum Gesamtmarkt stärker ausgeprägt sein kann.

2. Das Standardmodell von Nelson und Winter

Einen starken Einfluss auf die Modellentwicklung von Nelson und Winter (NW) übten die Beiträge zur Innovationstheorie von Schumpeter, insbesondere die Betonung des technologischen Wandels für das Wirtschaftswachstum, aus. Obwohl die grundsätzliche Aussagekraft anerkannt wurde, stand einer entsprechenden wissenschaftlichen Verbreitung und Weiterentwicklung die mangelnde Formalisierbarkeit, insbesondere gegenüber der neoklassischen Wachstumstheorie, der Schumpeterschen Überlegungen im Weg. Ein wesentliches Ziel der Simulationsstudien ist es daher, den Beitrag Schumpeters durch einen höheren Formalisierungsgrad stärker in Wachstumstheorie aber auch in der Theorie der Firma zu verankern.[1] Die Anwendung des NW-Modells wird insofern auch häufig als Simulation des Schumpeterschen Wettbewerbs bezeichnet.

2.1. Theoretischer Hintergrund

Drei entscheidende Theoriebeiträge beeinflussen im Wesentlichen den Modellaufbau:

- Die Rolle von Innovationen im Wettbewerbsprozess (Schumpeter 1934)
- die Betrachtung industrieller Entwicklungsprozesse in Analogie zu biologischen Prozessabläufen; hierbei entspricht der Profitmechanismus dem biologischen Selektionsmechanismus, während die unternehmerischen Aktionsparameter Innovation bzw. Imitation analog zu den biologischen Mechanismen Mutation bzw. Vererbung gesehen werden (Alchian 1950) und
- die Berücksichtigung beschränkt rationalen Verhaltens[2] bzw. Handeln nach dem Anspruchsniveaus der Individuen im Gegensatz zum Maximierungsverhalten (March/Simon 1958, Cyert/March 1963).

2.2. Grundlegende Annahmen

Auch wenn das Simulationsmodell zur Abbildung dynamischer Wettbewerbsprozesse dient, wird eine ganze Reihe von der Neoklassik nahen Annahmen getroffen (Gerybadze 1982: 124f). Abgesehen von dem letzten Punkt der folgenden Aufzählung bewegen sich die Modifikationen im Rahmen der gleichen Modellannahmen.

- Alle M Firmen produzieren das homogene Gut Q.
- Das Modell erfasst nur Prozessinnovationen. Diese wirken sich auf die Kapitalproduktivität aus. Produktinnovationen werden ausgeblendet.
- Alle Firmen produzieren mit konstanten Skalenerträgen; Qi = Ai Ki.
- Der Gesamtoutput der Industrie ist fixiert durch die Summe der Qi.
- Als Nachfragefunktion wird eine monoton fallende Funktion mit konstanter Elastizität angenommen.
- Es liegen konstante Faktorpreise vor, d. h. keine Berücksichtigung der Faktormärkte.

---

[1] Zu den Verbindungen zwischen Schumpeter und den NW-Simulationsmodellen vgl. Gerybadze (1982: 89ff).

[2] Gedanken aus der behaviouristen Firmentheorie spiegelt sich teilweise in den Investitionsregeln (siehe 2.3) durch den Mark-up-Faktor wider.

2.3. Modellstruktur und Ablauf der Simulationsschritte[3]

Ziel des Modells ist Abbildung der zeitlichen Sequenz von Industriezuständen unter Berücksichtigung individuellen Firmenverhaltens. Eine Industrie besteht aus M Firmen, die jeweils einen Firmenzustand Z_i aufweisen. Z_i der Firma j ist charakterisiert durch den Kapitalstock K_i und die Kapitalproduktivität A_i. Durch eine Matrix, die alle M Firmenzustände enthält, lässt sich der Industriezustand Z zum Zeitpunkt t beschreiben.

Die zeitlichen Änderungen der Firmenzustände umfassen Variationen von K_i (Kapitalstock) und A_i (Kapitalproduktivität). Diese können als periodenbezogene Zustandsparameter angesehen werden, da sie sich je nach Verhalten der Firmen im Sequenzablauf von Periode zu Periode ändern. Das Firmenverhalten wird nicht wie in neoklassischen Modellen durch ein Maximierungshandeln geprägt, sondern durch beschränkt rationales Verhalten (March/Simon 1958; Cyert/March 1963). In jeder Periode laufen die in folgender Abbildung dargestellten Simulationsschritte ab.

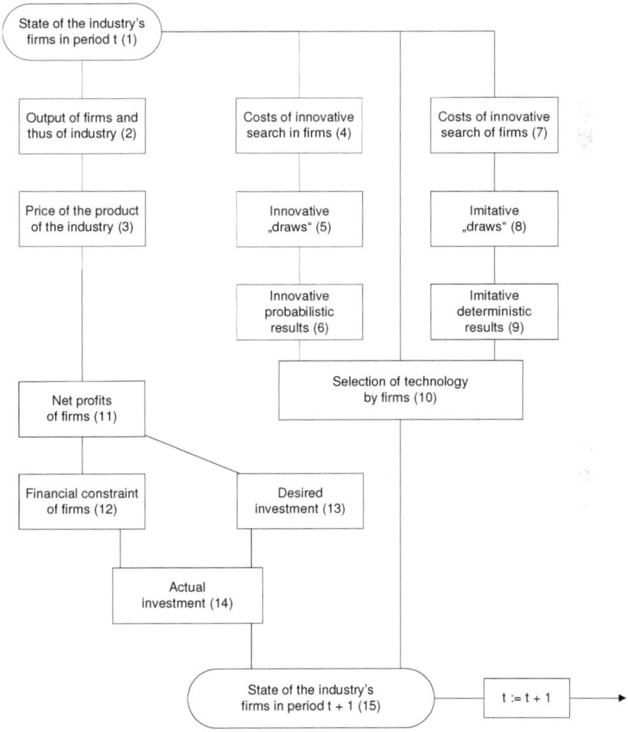

Abb. 1: Flussdiagramm zum Nelson-Winter-Standardmodell nach Andersen[4]

---

[3] Da die Darstellung der Simulationsschritte in den Originaltexten von NW äußerst unvollständig und unübersichtlich ist, basieren die folgenden Ausführungen auf den sehr viel transparenteren Arbeiten von Alexander Gerybadze (1982) und Esben Sloth Andersen (DRUID), insbesondere Andersen (1996).

[4] Für eine detaillierte Darstellung des Modells sowie einiger Ergänzungsansätze siehe Andersen (1996).

Die Simulation beginnt in der Festlegung der Startwerte im Industriezustand (1) in t_0. Alle M Unternehmen beginnen mit identischen Werten für ihren Kapitalstock (K) proportional zur Unternehmensgröße und ihrer Kapitalproduktivität (A). Diese verändern sich im Laufe der Simulationsperioden. NW beginnen ihre Simulationsreihen meist mit M=16. Die A_i reflektiert den aktuellen Wissenstand der einzelnen Firmen als periodenabhängige Ergebnisse ihrer Innovations- und Imitationsaktivitäten.

Innovationsaktivitäten (4)–(6): Alle M Firmen haben die Chance durch ein Forschungslos in der Innovationslotterie ihr A_i zu verbessern, wobei die Kosten hierfür durch einen Forschungskoeffizienten (r^{in}) bestimmt werden. Die Höhe der jeweiligen Forschungsausgaben richtet sich dann nach der Höhe des Kapitalstocks ($r^{in}K_i$, wobei $0 < r^{in} < 1$). Die Wahrscheinlichkeit für ein erfolgreiches Forschungslos hängt neben der latenten Produktivität[5] von der Höhe der Forschungsausgaben, also $r^{in}K_i$ ab. Die Lotterie selbst findet in Form einer Poisson-Verteilung statt. Ein erfolgreiches Forschungslos ermöglicht den Zugang zu einer weiteren Lotterie, die darüber entscheidet, welches A durch das Forschungslos erreicht wird, diese ist normalverteilt. Die neue Kapialproduktivität ist erst in der Folgeperiode t+1 verfügbar.

Imitationsaktivitäten (7)–(9): Neben den Forschungsaktivitäten besteht für jedes Unternehmen die Möglichkeit zur Imitation. Analog zu den Innovationsaktivitäten bestimmen sich die Imitationsausgaben durch den Imitationskoeffizienten (r^{im}) und die Höhe des Kapitalstocks (K_i). Die Wahrscheinlichkeit für ein erfolgreiches Imitationslos hängt von der Leichtigkeit der Imitation in einer bestimmten Branche[6] und von der Höhe der Imitationsausgaben, also $r^{im}K_i$ ab. Im Standardmodell wird bei einer erfolgreichen Imitation immer die höchste in der Industrie angewendete Kapitalproduktivität übernommen, die erst in der Folgeperiode t+1 verfügbar ist.

Investitionsregeln (11)–(14): Jedes Unternehmen entscheidet ausgehend vom Gewinn in der aktuellen Periode über die Veränderung seines Kapitalstocks. Die gewünschten Investitionen berücksichtigen die physischen Abschreibungen, die Produktionskosten sowie einen Mark-up-Faktor, der den Marktanteil beinhaltet. Begrenzt werden die gewünschten Investitionen durch eine primitive Finanzierungsregel derart, dass eine Bank Investitionen nur in Abhängigkeit von vorliegenden Gewinnen mit einem Kredit finanziert.[7]

3. Modellerweiterung zur Abbildung kooperativer Diffusionsprozesse

Unsere Modellerweiterung geht von der Existenz eines Kooperationsgefüges (KG) mit einem Kooperationsvehikel (KV) mit N Kooperationsteilnehmern (KT) aus. Alle KT sind zugleich Bestandteile einer Industrie (I) (mit M Firmen wie im NW-Standardmodell), innerhalb der sie mit M-N weiteren Firmen im Wettbewerb stehen. Der Wettbewerb inner-

---

5 Diese beschreibt die Leichtigkeit einer Innovation und entspricht dem Erwartungswert der log-normalverteilten Forschungsergebnisse.

6 Dieser Wert ist exogen vorgegeben und muss an die jeweils betrachtete Industrie angepasst werden.

7 An dieser Stelle werden die Gedanken aus der behaviouristischen Firmentheorie besonders deutlich, da der Mark-up-Faktor mit dem Marktanteil der Firmen steigt. Hierdurch fällt die Wachstumsrate großer Firmen kleiner aus als die der kleineren Firmen und die Tendenz zur Konzentration wird etwas abgeschwächt (Gerybadze 1982; 127f).

halb des KG wird ausgeblendet. Das KV ist nicht Bestandteil von I. Alle N KT sind genau wie die übrigen Industrieteilnehmer definiert durch K_i und A_i.

Das Kooperationsvehikel (KV) bündelt die Nachfrage auf dem Beschaffungsmarkt (M_1) und ermöglicht so den Kooperationsteilnehmern (KT) einen günstigeren Einkauf des Vorproduktes V. Darüber hinaus kann das Kooperationsgefüge (KG) für die interne Wissenskommunikation genutzt werden. Im genossenschaftlichen Kontext entspricht diese Erweiterung dem Falle der Bezugsgenossenschaft. Unsere Erweiterung des NW-Standardmodells betrifft also insbesondere drei Aspekte:[8]

- Berücksichtigung eines Beschaffungsmarktes (Bezug des Vorproduktes V) → (3.1.)
- Berücksichtigung der drei Kanäle der Wissensverarbeitung → (3.2.1.)
- Berücksichtigung der vier Formen der Wissenskommunikation → (3.2.2.)

3.1. Einbau eines Beschaffungsmarktes

Die Berücksichtigung eines Beschaffungsmarktes wird wie folgt bewerkstelligt: Alle Unternehmen benötigen für die Produktion des Endproduktes ein Vorprodukt. Um Substitutionseffekte und Elastizitätseffekte auszuschließen, wird eine limitationale Produktionsfunktion der folgenden Art angenommen: $Q_i = \min(A_i K_i, sV)$.

Dabei stellt V das Vorprodukt dar und der Parameter s steuert, in welchem Verhältnis es für die Produktion nötig ist. In der ersten Periode liegt ein passender Vorrat vor, so dass die Restriktion durch die Produktionsfunktion nicht zum Tragen kommt. Nach den Innovations- und Imitationsbemühungen und dem Ausbau des Kapitalstocks ist dem Industrieteilnehmer bekannt, welche Menge er in der Folgeperiode auf dem Markt anbieten möchte. Hieraus lässt sich unmittelbar die notwendige Menge des Vorproduktes ersehen. Es wird nun angenommen, dass alle Unternehmen hinsichtlich des Vorprodukts völlig preisunelastisch nachfragen. Die Nachfragefunktion stellt mithin also eine Parallele zur Ordinate dar. Mit dieser Annahme werden etwaige marktlichen Effekte, die aus einer preiselastischen Nachfragefunktion resultieren könnten, ausgeblendet. Die Umsetzung dieser Annahme erfolgt in der Weise, dass das Unternehmen in der laufenden Periode einen Kaufvertrag für das Vorprodukt abschließt. Bezahlt werden muss dieses erst bei Lieferung, also in der Folgeperiode, wenn das Vorprodukt auch wirklich in die Produktionsfunktion einfließt. Hierbei wird folgende Preisbildung angenommen: Der Anbieter auf dem Beschaffungsmarkt bietet das Produkt mit einer durch den Nullpunkt gehenden Angebotsfunktion der Art $P_V = vV$ an.

Es gilt für die Nachfrager nach dem Vorprodukt folgende Bonus-Regelung: Der Anbieter des Beschaffungsgutes verteilt seine komplette Produzentenrente auf die Nachfrager in der Weise, dass in Anlehnung an den Herfindahl-Hirschman-Index ein Bonus gemäß dem quadrierten Anteil an der gesamten Vorproduktsnachfrage gezahlt wird. Des Weiteren fließt der Preis für das Vorprodukt in die Formel über die gewünschten Investitionen ein.

8 Eine übersichtliche Darstellung der Modellerweiterung befindet sich als Flussdiagramm im Anhang.

3.2. Integration eines Kooperationsgefüges

Das Kooperationsgefüge steht mit der betrachteten Industrie nur über den Beschaffungsmarkt in Verbindung und steht in keinem direkten Wettbewerbsverhältnis mit den anderen Industrieteilnehmern. Neben den Vorteilen auf dem Beschaffungsmarkt durch die Kooperation werden in diesem Abschnitt die Integration der internen Wissenskommunikation im Kooperationsgefüge und deren Auswirkungen auf die stattfindenden Innovations-/Imitationsprozesse in die Modellerweiterung erläutert.

3.2.1. Kanäle der Wissensverarbeitung

Die für die Modellerweiterung betrachtete Kooperationsform weist die formale Struktur $M_1 \leftrightarrow KV \Leftrightarrow KT_1,\ldots,KT_N \leftrightarrow M_2$ auf, wobei M_1 den Beschaffungsmarkt und M_2 den Absatzmarkt der Industrie I bezeichnet. Der 3-Kanal-Ansatz beantwortet die Frage, wie Unternehmen innerhalb des Kooperationsgefüges an ihr Wissen über die von ihnen abgewandete Marktseite (mit der sie nicht über ↔ verbunden sind) erhalten. Prinzipiell sind hier drei Möglichkeiten denkbar:[9]

- Die gegenüberliegende Marktseite kann direkt (Kanal 1), beispielsweise in Form von Marktforschung beobachtet werden, ohne den hier angesiedelten Kooperationspartner zu konsultieren. Die Nutzung von Kanal 1 ist grundsätzlich in beide Richtungen denkbar. Im Normalfall kann das KV ohne Kommunikation mit KT Informationen über M_2 einholen.
- Bei der Nutzung von Kanal 2 gewinnen die Akteure die benötigten Informationen über eine Beobachtung der Austauschbeziehung. Aus den beobachteten Trends werden dann Hypothesen gewonnen, wie der Markt auf der jeweils anderen Seite wohl beurteilt wird. Dieses Wissen kann nun ohne besondere nach außen gerichtete Aktivitäten gewonnen werden, da nur die Austauschprozesse anhand des internen Informationssystems (Rechnungswesen und andere Informationssysteme) beobachtet werden können.
- Der dritte Kanal schließlich besteht darin, dass die Akteure ihre Informationen direkt vom jeweiligen Gegenüber beziehen und sich im Rahmen von institutionalisierten Gesprächen (Gremien wie Beiräten etc.) oder auch informalen Gesprächen berichten lassen, wie der Markt beobachtet, beurteilt wird und welche Erwartungen über die zukünftige Entwicklung gebildet wurden. Ausgangspunkt für Aktivitäten im dritten Kanal können natürlich auch anlassbezogen beobachtete Veränderungen der Austauschbeziehung, in unserer Terminologie also des zweiten Kanals sein.

Der Einsatz von Kanal 2 entspricht unserer Auffassung weitgehend dem Einsatz der operativen Routinen in der Terminologie von Nelson und Winter. Im Modell werden Imitationsprozesse innerhalb der Kooperation eher durch den Einsatz von Kanal 3 vorangetrieben, während es bei individuellen Forschungs- bzw. Innovationsbemühungen eher um Kanal 1 geht. Neben den Vorteilen auf dem Beschaffungsmarkt durch die Kooperation werden in diesem Abschnitt die Integration der internen Wissenskommunikation im Kooperationsge-

[9] Vgl. zu den Kanälen der Wissensverarbeitung Voigt/Brunner (2007).

füge und deren Auswirkungen auf die stattfindenden Innovations- und Imitationsprozesse in die Modellerweiterung erläutert.

3.2.2. Formen der Wissenskommunikation

Aus evolutionsökonomischer Sicht vollziehen sich Innovationsprozesse auf Industrieebene, unter Berücksichtigung einer institutionellen Selektionsumgebung, über vorstoßendes und nachstoßendes Wettbewerbsverhalten der Industrieteilnehmer. Die Diffusion neuen Wissens erfolgt durch das Zusammenspiel kreativer Impulse (Innovationen) einzelner und das nachahmende Verhalten (Imitationen) verschiedener Marktakteure. Unterstellt man hierbei die Existenz einer Kooperation wie in 3.2.1. angenommen, entstehen kombinatorisch vier mögliche Formen der Wissenskommunikation, je nachdem, ob der entscheidende Antrieb zur Innovation/Imitation von den KT oder dem KV kommt (siehe hierzu Brunner/ Voigt 2008):

Wissensimpulse durch	Wissensdiffusion	
	veranlasst durch KV	gefordert von KT
KV	**Promotor (1)**	**Innovationsadressat (3)**
KT	**Innovationsquelle (2)**	**Feedback-Prozesse (4)**

Abb. 2: Vier Formen der Wissenskommunikation[10]

Diese Überlegungen lassen sich auf die Innovations-/Imitationsaktivitäten im Nelson/ Winter-Modell übertragen, wobei das KV und die KT jeweils unterschiedliche Rollen spielen können:

Aktivität	Kooperationseinheit	
	KV	KT
Forschung	**„Promotorlos" (a)**	**„Forschungslos" (d)**
Imitation	**„Imitationsaufruflos" (b)**	**„Imitationslos" (c)**

Abb. 3: Forschungs- und Imitationsaktivitäten im Kooperationskontext

Durch den Einsatz in Forschungs- und Imitationsbemühungen durch KV und KT hat jedes KT die grundsätzliche Chance auf die Ziehung eines erfolgreichen Loses. Im Gegensatz zum NW-Standardmodell gibt es allerdings vier unterschiedliche Loskategorien, die sich aus den 4 Formen der Wissenskommunikation ableiten lassen.

3.2.3. Modellierungsanpassungen in den Simulationsschritten

3.2.3.1. Anpassung der Aktionsparameter von KV

(1) Es lassen sich drei periodenbezogene Aktionsparameter von KV unterscheiden, die sich letztendlich auf die Technologie (in Form höherer Kapitalproduktivitäten; also Parameter (6) in folgender Abb. 4) der KT auswirken: die Höhe der Forschungsausgaben, die Höhe der Imitationsausgaben und die Wahl des primären Kommunikationskanals.

---

[10] In einer 2006 durchgeführten Fallstudie konnte gezeigt werden, dass diese Formen in der Realität auftreten (Brunner/Voigt 2008).

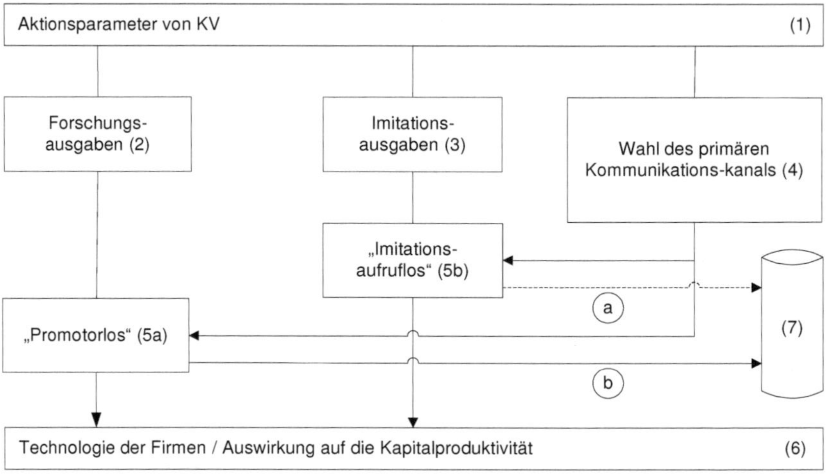

Abb. 4: Aktionsparameter von KV

(2)/(3) Das KV tätigt Ausgaben zur Kreierung neuen Wissens bzw. Nachahmung vorhanden Wissens gemäß den Forschung- und Imitationskoeffizienten (C^{fo} und C^{im}). Die Höhe der jeweiligen Forschungs- und Imitationsausgaben richten sich nach der Zahl der Kooperationsteilnehmer, wobei $0 < r^{fo}, r^{im} < 1$.

(4) Grundsätzlich gibt es bei der Bestimmung des primären Kommunikationskanals durch KV zwei Wahlmöglichkeiten: Kanal 1 oder Kanal 3, Kanal 2 scheidet aus, da er nur bei rein operativen Routinen zum Einsatz kommt (siehe die Ausführungen zu 2.3.1.). An dieser Stelle stellt sich die Frage, in welcher Form die primäre Kanalwahl bei dem KV zum Einsatz kommt. Im Falle eines Promotorenloses kommt zunächst Kanal 1 zum Einsatz, da das KV eigene Forschungsbemühungen auf M_2 unternimmt und die Mitgliederebene gewissermaßen überspringt. Allerdings werden die Kapitalproduktivität aller erfolgreicher Promotorenlose (sowie auch die der erfolgreichen Forschungslose der KT) im Kooperationsspeicher (7) abgelegt und stehen damit allen KT in den zukünftigen Perioden zur Verfügung. Im Zuge des nun stattfindenden internen Diffusionsprozesses kommt es im sehr viel stärkerem Ausmaße zur Nutzung von Kanal 3. Typischerweise kommt es also im Falle des Promotorloses zu einer zeitlich versetzten Anwendung von zunächst Kanal 1 und dann Kanal 3, während das Imitationsaufruflos auf die primäre Nutzung von Kanal 3 hinweist.

(5a) Wie im NW-Standardmodell finden zwei unterschiedliche Lotterien statt: Erfolgreiche Promotorlose können in der Forschungslotterie gezogen werden, während für erfolgreiche Imitationsaufruflose (5b) die Imitationslotterie vorgesehen ist. Die Lotterie selbst findet in Form einer Poisson-Verteilung statt. Ein erfolgreiches Forschungslos ermöglicht den Zugang zu einer weiteren Lotterie, die darüber entscheidet, welche Kapitalproduktivität (A) durch das Promotorlos erreicht wird, diese ist normalverteilt. Gewinnt das KV bei der Lotterie ein solches Los, steht grundsätzlich eine Technologie mit einer durch die Forschungslotterie festgelegten Kapitalproduktivität zur Verfügung. Es verbessert sich aber hierdurch nicht die Kapitalproduktivität von KV, sondern dieses Los wird in den Kooperationsspeicher (7) eingestellt und steht in späteren Perioden potentiell allen KT zur Verfügung. Promotorlose können sich also frühestens in der Periode t+1 positiv auf die Kapitalproduktivität der KT auswirken.

(5b) Das KV kann selbst keine Imitationen durchführen, es kann jedoch Anstrengungen durchführen, die darauf abzielen, das Innovations-/ Imitationspotential im Kooperationsgefüge zu analysieren. Zieht das KV ein erfolgreiches Imitationsaufruflos, so erkennt es den/die KT mit der höchsten Kapitalproduktivität und stellt die Imitationsvoraussetzungen für alle KT für eine bestimmte Anzahl von Perioden in den Kooperationsspeicher (bis die Früchte der Kommunikationsbemühungen wieder verblassen). Bei einer erfolgreichen Imitation ist die neue A erst in der Folgeperiode t+1 verfügbar.

(7) Der Kooperationsspeicher ist das organisationale Gedächtnis der Kooperationsaktivitäten im Innovations- Imitationskontext. Das KV hinterlegt hier erfolgreiche Promotorlose (a) für eine bestimmte Anzahl von Perioden. Diese stehen zu Imitationszwecken den KT zur Verfügung. Beim Imitationsaufruflos prüft das KV den Speicher nach noch nicht diffundierten Forschungslosen der KT (b).

3.2.3.2. Anpassung der Aktionsparameter von KT

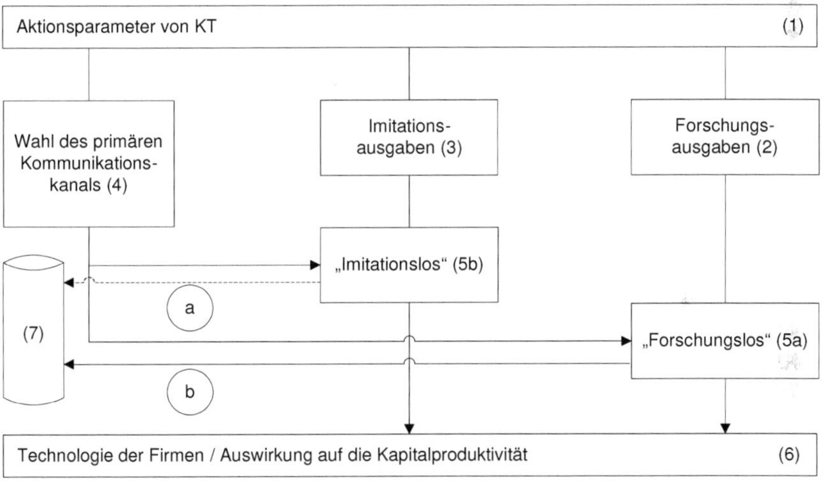

Abb. 5: Aktionsparameter von KT

(1) Die Anpassungen erfolgen analog zu den Ausführungen zu 3.2.3.1. Auch hier stehen den KT drei periodenbezogene Aktionsparameter zur Verfügung, die sich aber auf ihre eigene Kapitalproduktivität auswirken. Die Firmentechnologie in Form höherer Kapitalproduktivitäten (6) der KT wird beeinträchtigt durch die Höhe der Forschungsausgaben, die Höhe der Imitationsausgaben und die Wahl des primären Kommunikationskanals.

(2)/(3) Alle N KT haben Ausgaben für Forschung bzw. Nachahmung in Abhängigkeit der Forschung- und Imitationskoeffizienten (r^{fo} und r^{im}). Die Höhe der jeweiligen Forschungs- und Imitationsausgaben richtet sich dann nach der Höhe des Kapitalstocks ($r^{fo}K_i$ und $r^{im} K_i$).

(4) Analog zur Bestimmung des primären Kommunikationskanals durch KV erfolgt nun die Bestimmung des primären Kommunikationskanals durch KT. Auch hier stellt sich die Frage, wovon die Entscheidung der KT über den Primärkanal abhängt. Nun wird die Entscheidung bestimmt durch die Einschätzung des Potentials des KV durch KT im Verhältnis zum eigenen Potential. Diese Einschätzung betrifft insbesondere die Promotoraktivitäten von KV und die Forschungsaktivitäten der anderen KT, die ja prinzipiell für die Imitation in Frage kommen. Die Alternative sind Forschungen auf eigene Faust. Ein guter Indikator zur Abbildung dieser Einschätzung ist der Kooperationsspeicher, da hier die Kapitalproduktivität der erfolgreichen Promotoraktivitäten vom KV und die erfolgreichen Forschungsaktivitäten der anderen KT abgelegt sind. Als Vergleichsmaßstab wird die eigene aktuelle Kapitalproduktivität herangezogen. Liegt die Kapitalproduktivität der im Kooperationsspeicher abgelegten Kapitalproduktivität deutlich über der eigenen, so wird KT das Potential von KV hoch einschätzen und sich auf Kanal 3 als Primärkanal festlegen. Damit verbessern sich die Erfolgsaussichten bei der Imitationslotterie. Liegt die eigene A über, oder nur knapp unter den im Kooperationsspeicher abgelegten A, so wird KT das Potential von KV im Verhältnis als relativ gering einschätzen und Kanal 1 als Primärkanal festlegen.
(5a) Jedes KT kann ganz normal, wie im NW-Standardmodell ein erfolgreiches Forschungslos ziehen. Dies könnte bei einem erfolgreichen Imitationsaufruflos des KV im Kooperationsspeicher (7) abgelegt und in zukünftigen Perioden auch den anderen KT zur Verfügung stehen. Die Erfolgswahrscheinlichkeit hängt wiederum, neben üblichen Kriterien von der Wahl des primären Kommunikationskanals ab, wie in (4) beschrieben. Erfolgreich gezogene Forschungslose wirken sich in der Folgeperiode positiv auf die A aus.
(5b) Das Imitationslos der KT wirkt in der Erweiterung in zwei verschiedene Richtungen: Imitationsbemühungen innerhalb des KG und solche, die sich auf die gesamte Industrie beziehen. Erstere können nur stattfinden, wenn eine Innovation im Speicher vorliegt. Sie werden dann gewissermaßen als Reaktion auf den Aufruf gezogen. Bei einer erfolgreichen Imitation erhält das entsprechende KT die höchste im Speicher vorhandene A. Zum zweiten können alle KT als reguläre Industrieteilnehmer an der allgemeinen Imitationslotterie teilnehmen.
(7) Aus Sicht der KT dient der Kooperationsspeicher als Pool für mögliche Imitationsbemühungen (a) und steht damit in Konkurrenz zur möglichen Imitation der Konkurrenten innerhalb der Industrie. Darüber hinaus hinterlegen die KT nach erfolgtem Imitationsaufruflos ihre Forschungslose (b) für eine bestimmte Anzahl von Perioden. Diese stehen dann allen anderen KT zu Imitationszwecken zur Verfügung.

4. Ergebnisse

Im Folgenden werden die Ergebnisse der ersten Simulationsrechnungen dargestellt. Interessant sind Indikatoren auf zwei Ebenen: Zum einen der gesamten Industrie; hier interessieren der Produktpreis, die produzierte Menge, aber auch die Konzentration der Anbieter (gemessen durch den Herfindahl-Hirschman-Index). Hierzu werden die individuellen Angebotsmengen, die Kapitalproduktivität, der Kapitalstock und der resultierende Gewinn analysiert. Sobald das Kooperationsvehikel auftritt, interessieren darüber hinaus der Marktanteil der Kooperationsmitglieder sowie die Gewinne der Kooperationsmitglieder im Vergleich zu den Gewinnen aller Marktteilnehmer. Zu beachten ist, dass die hier vorgestellten Daten Ergebnisse von (Pseudo-)Zufallsprozessen sind. Einzelne Simulationsläufe können demnach durch den zugrunde liegenden Zufallsgenerator unterschiedlich ausfallen. Es kommt daher viel mehr darauf an, die Struktur der Ergebnisse statistisch zu erfassen. Hierzu haben wir auf wiederholte Simulationen zurückgegriffen, diese finden sich in zusammengefasster Form am Ende des Ergebnisteils.

4.1. Ergebnisse im Standardmodell

Die Abbildungen zeigen das von Andersen rekonstruierte Standardmodell von Nelson/ Winter. Diese nehmen wir für unsere weiteren Überlegungen als Referenzmodell.

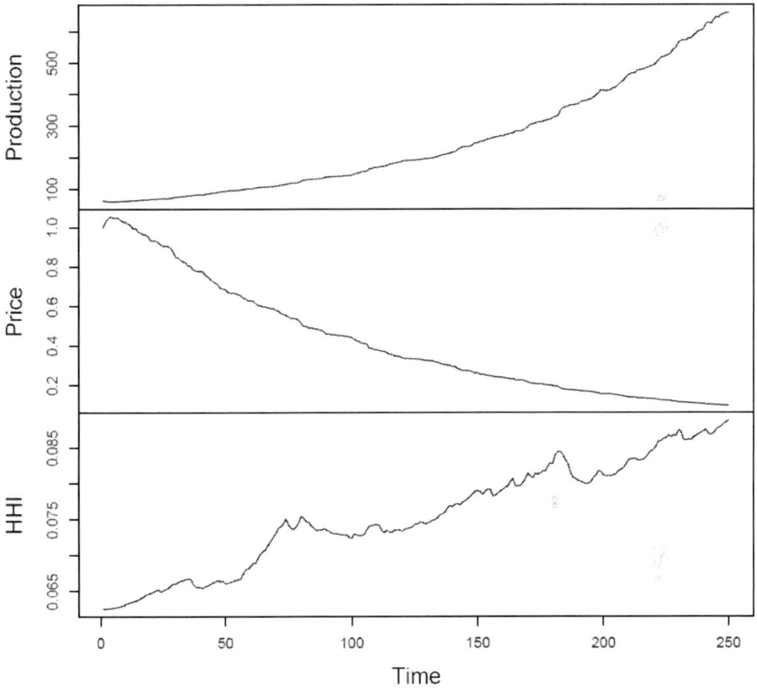

Abb. 6: Ergebnisse Referenzmodell I

Die Kapitalproduktivitäten steigen im Zeitablauf an, in der Folge weitet sich das Marktangebot aus und der resultierende Preis sinkt. Da im Zeitablauf immer einmal wieder Anbieter aus dem Markt ausscheiden (genauer: sehr, sehr kleine Angebotsmengen haben), steigt die Konzentration im Markt leicht an.

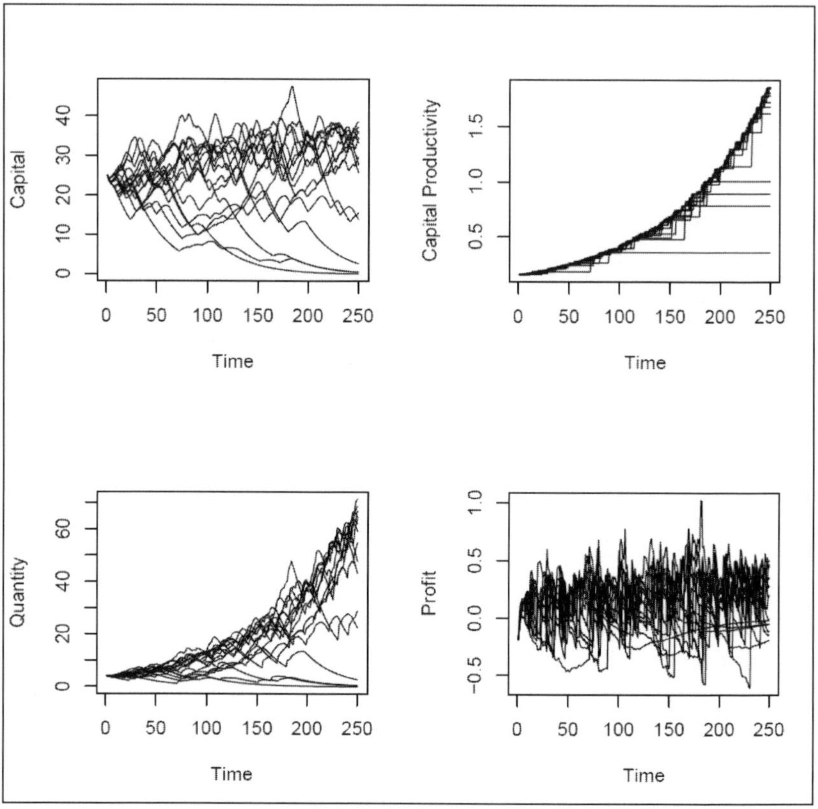

Abb.7 Ergebnisse Referenzmodell II

4.2. Ergebnisse mit Beschaffungsmarkt

Mit der Hinzunahme eines Beschaffungsmarktes (insbesondere mit der Abbildung der Nachfragemacht über den Bonus) steigt die Konzentration stärker an. Zu beachten ist, dass der Anfangswert für den Kapitalstock wie in Modell 4.1 angenommen wird. Dieser ist, da der Gewinn noch durch das Vorprodukt weiter geschmälert wird, zu groß. Insofern kommt es in den ersten Perioden zu einer Anpassung des Kapitalstocks nach unten.

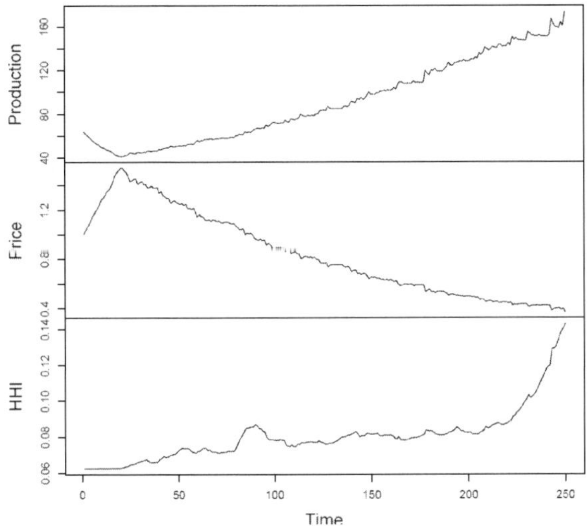

Abb. 8:
Ergebnisse mit
Beschaffungsmarkt I

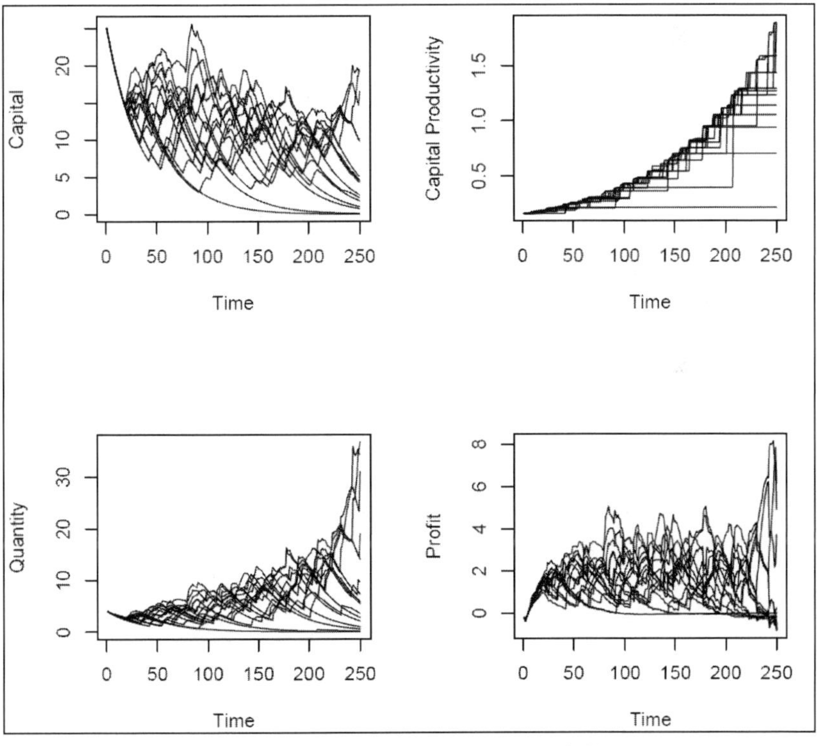

Abb. 9: Ergebnisse mit Beschaffungsmarkt II

4.3. Ergebnisse mit Kooperation und Bündelung auf dem Beschaffungsmarkt

Nimmt man an, dass vier KT Mitglied in einer Beschaffungskooperative sind, die wie oben ausgeführt ihre Nachfrage bündelt und den Bonus an die Mitglieder verteilt, so können die KT über eine Vielzahl von Simulationen ihren Marktanteil über die 25% heben, ebenso steigen die Gewinne der KT gegenüber allen Marktteilnehmern an. In den Grafiken 11 und 13 sind die KT jeweils fett gezeichnet, wohingegen alle anderen Marktteilnehmer nur blass dargestellt werden.

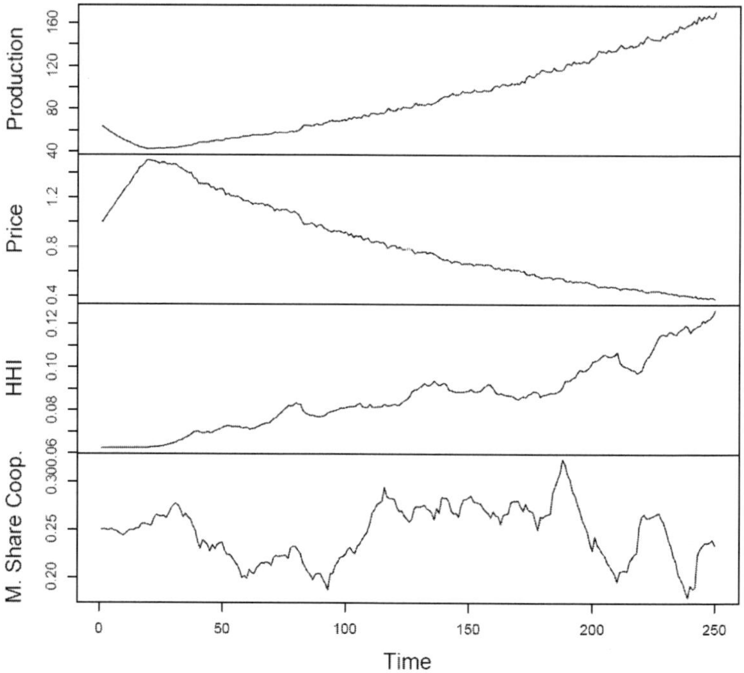

Abb. 10: Ergebnisse mit Beschaffungsmarkt und Kooperation I

Zu beachten ist in diesem dritten Fall, dass die Konzentration, gemessen am HHI, gegenüber dem Fall aus Modell 4.2 kaum messbar ansteigt. Die Bündelung der Nachfrage führt bereits im Schnitt zu einer Verbesserung der Situation der kooperierenden Unternehmen.

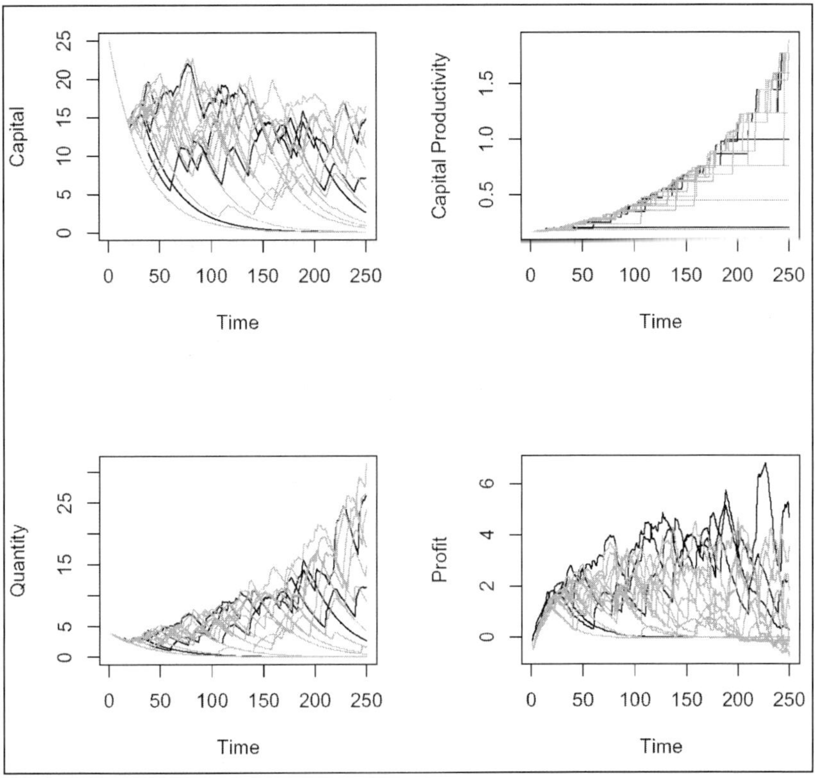

Abb. 11: Ergebnisse mit Beschaffungsmarkt und Kooperation II

4.4. Ergebnis Kooperation mit Bündelung und kooperativen Diffusionsprozessen

Agiert wie oben beschrieben das KV als Unterstützer von Innovations- und Imitationsbemühungen, so steigen Gewinn und Marktanteil weiter an. Die Konzentration wird hierdurch jedoch nur wenig berührt.

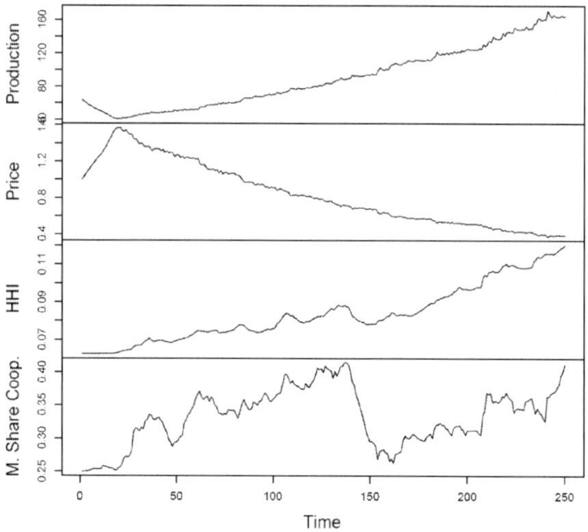

Abb.12:
Ergebnisse mit Beschaffungsmarkt, Kooperation und Diffusion I

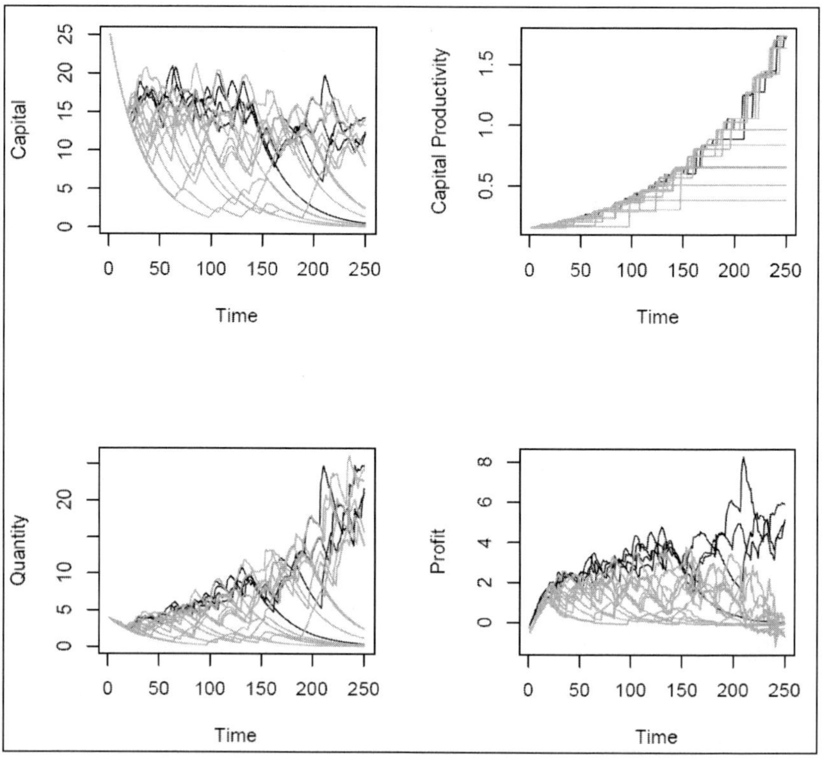

Abb. 13: Ergebnisse mit Beschaffungsmarkt, Kooperation und Diffusion II

Es zeigt sich insbesondere, dass die KT im Vergleich zu den anderen Industrieteilnehmern sehr viel schneller imitieren (sie bleiben sehr nah dem exponentiellen Verlauf der Kapitalproduktivitäten). Das Kooperationsvehikel wirkt als Diffusionsbeschleuniger.

4.5. Zusammenfassung

Im Ergebnisteil wurde die schrittweise Modellerweiterung mit Hilfe der Unterscheidung von vier Fällen dokumentiert. Fall 1 entspricht dem NW-Standardmodell in der Interpretation von Andersen. Fall 2 erweitert das Standardmodell um den Beschaffungsmarkt und in Fall 3 bündelt eine Beschaffungskooperative die Nachfrage der vier Mitgliedsunternehmen. In Fall 4 gehen wir schließlich davon aus, dass die Genossenschaft darüber hinaus die Innovations- und Imitationsbemühungen der Mitgliederunternehmen unterstützt.

	Fall 1	**Fall 2**	**Fall 3**	**Fall 4**
ØHHI	0,09127	0,12713	0,12960	0,13004
s(HHI)	0,00683	0,01511	0,01601	0,01511
Ø Marktanteil	-	-	0,30595	0,49948
s(Marktanteil)	-	-	0,14052	0,14734
Ø Gewinne	-	-	0,36064	0,47205
s(Gewinne)	-	-	0,08934	0,06943

Tab. 1: Zusammenfassung der Ergebnisse

In der Tabelle wurden die vier Fälle jeweils 1.000 mal mit jeweils 250 Simulationsschritten simuliert. Angegeben wird der durchschnittliche Herfindahl-Hirschman-Index der letzten Periode, der durchschnittliche Marktanteil der Kooperationsmitglieder in der letzten Periode sowie der Anteil der Gewinne der Kooperationsmitglieder über alle Perioden an allen Gewinnen. Jeweils zusätzlich angegeben ist die Standardabweichung der jeweiligen Größe.

Es zeigt sich, dass die Genossenschaftsmitglieder ihre Marktposition durch die Mitgliedschaft in der Genossenschaft deutlich verbessern können. Insbesondere die Diffusion von Neuerungen birgt ein großes Potential für Genossenschaften und ihre Mitglieder.

Anhang

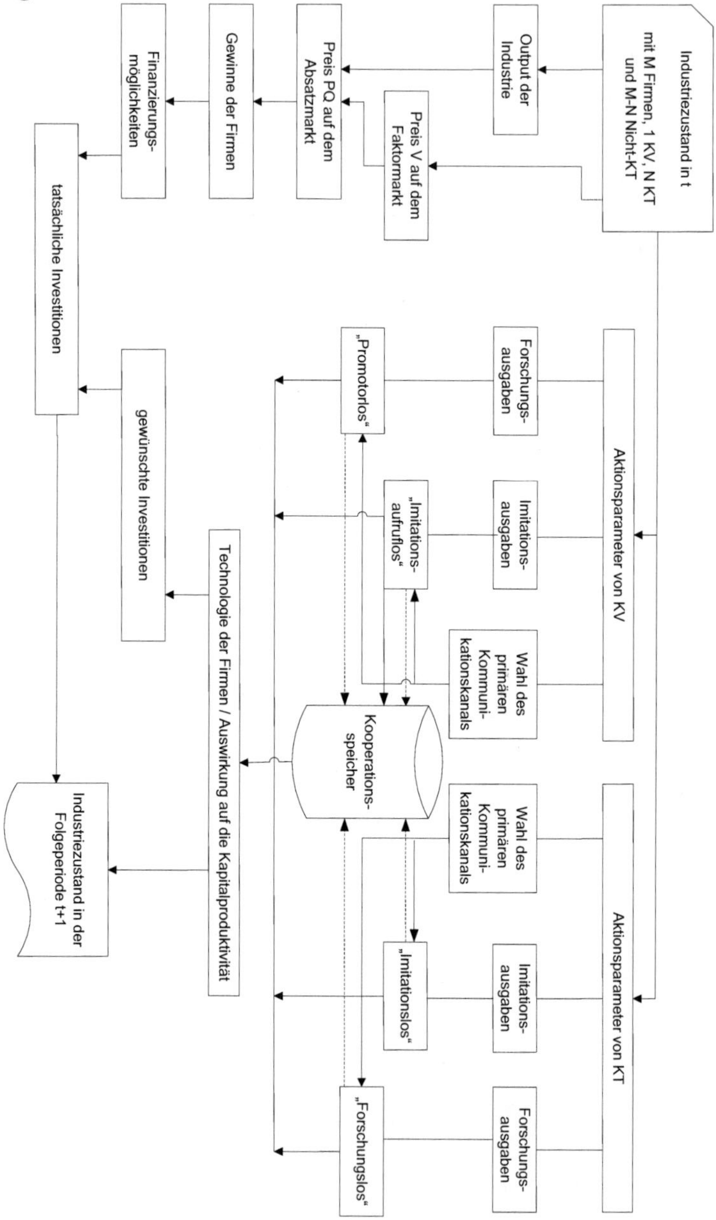

Abb. 14: Flussdiagramm zur Modellerweiterung

Literaturverzeichnis

Alchian, A. (1950): Uncertainty, Evolution and Economic Theory, in: Journal of Political Economy, 58/3/211-222

Andersen, E. (1996): The Nelson and Winter Models Revisited: Prototypes for Computer-Based Reconstruction of Schumpeterian Competition, DRUID Working Paper No. 96-2

Brunner, D. (2006): Genossenschaftliches Unternehmertum als geteiltes Unternehmertum, in: Münkner, H.-H. / Ringle, G. (Hrsg.): Zukunftsperspektiven für Genossenschaften: Bausteine für typengerechte Weiterentwicklung, Bern: Haupt, 279-296

Brunner, D. / Voigt, T. (2008): Innovation Processes in Cooperative Organizations, in: Hendrikse, G. / Windsperger, J. / Cliquet, G. / Tuunanen, M. (Hrsg.): Strategy and Governance of Networks: Franchising, Cooperatives and Strategic Alliances, Heidelberg: Physica, 47-62

Cyert, R. / March, J. (1963): A Behavioural Theory of the Firm, New Jersey: Prentice-Hall

Fehl, U. (2005): Warum evolutorische Ökonomik? Ein Vergleich mit der Neoklassik: Prozeßorientierung versus Gleichgewichtsorientierung, in: ORDO, 56/–/77-93

Fehl, U. / Brockmeier, T. / Brunner, D. (2007): Genossenschaften und Unternehmertum, in: Brockmeier, T. / Fehl, U. (Hrsg.): Volkswirtschaftliche Theorie der Kooperation in Genossenschaften, Göttingen: Vandenhoeck & Ruprecht, 401-425

Gerybadze, A. (1982): Innovation, Wettbewerb und Evolution. Eine mikro- und mesoökonomische Untersuchung des Anpassungsprozesses von Herstellern und Anwendern neuer Produzentengüter, Tübingen: Mohr/Siebeck

March, J. / Simon, H. (1958): Organizations, New York: John Wiley

Nelson, R. / Winter, S. (1982): An Evolutionary Theory of Economic Change, Cambridge, Mass./ London: Belknap Press

Schumpeter, J. (1934): Theorie der wirtschaftlichen Entwicklung, 3. Aufl., Berlin/München: Duncker & Humblot

Voigt, T. / Brunner, D. (2007): Management of Market Knowledge in Networks, Konferenzbeitrag zur Institute for Small Business & Entrepreneurship Conference, 2007, Glasgow

Erfolgsbeurteilung genossenschaftlicher Unternehmen – Theoretische Anforderungen an ein genossenschaftliches Erfolgsmaß

Daniel Fischer

1. Einleitung

Das Thema Erfolgsbeurteilung genossenschaftlicher Unternehmen ist ebenso alt wie aktuell. Die Genossenschaften sehen sich heute den Herausforderungen eines gewandelten wirtschaftlichen, sozialen und technologischen Umfelds gegenüber, besonders im Vergleich zu ihrer Entstehungszeit vor 150 Jahren. Megatrends wie Konzentrationsprozesse, steigender Rationalisierungsdruck, Globalisierung der Märkte oder zunehmender Verdrängungswettbewerb kennzeichnen die immer komplexere und dynamischere Unternehmensumwelt (Ringle 2001: 1). Auch die historischen Entstehungsursachen von Genossenschaften (Schaffung eines Marktzugangs, Behebung eines Mangels, Schließen einer Versorgungslücke) sind zum Teil entfallen (Honold-Reichert 2002: 19). Zahlreiche genossenschaftliche Unternehmen wirtschaften heute nicht mehr in Marktnischen sondern sind voll dem Wettbewerb ausgesetzt. Sie haben sich zu sogenannten „Marktgenossenschaften" (Dülfer 1992: 425) entwickelt. Diese konnten sich in der Vergangenheit zu großen Teilen erfolgreich an die neuen Gegebenheiten und Marktanforderungen anpassen. Doch ging diese Anpassung oft einher mit der Rekrutierung professioneller Manager von außerhalb der Genossenschaftsbewegung, der Reduzierung des Einflusses der Mitglieder oder der Übernahme von Managementtechniken der kommerziellen Wettbewerber (Münkner 2002:7). Obwohl diese Entwicklungen in vielen Bereichen sinnvoll und notwendig waren, bergen sie doch eine große Gefahr: Besonders die großen, etablierten Marktgenossenschaften (z.B. die Volksbanken und Raiffeisenbanken) neigen heute dazu, kommerzielle Ziele zu verfolgen, um im Wettbewerb bestehen zu können. Sie sind oft nicht mehr als genossenschaftliche Unternehmen wahrnehmbar.

„Die heutigen Großgenossenschaften haben eine Typentransformation durchgemacht und sie handeln als marktwirtschaftlich orientierte Konzerne, und diese orientieren sich zwangsläufig am traditionellen profitorientierten, betriebswirtschaftlichen Wissen" (Purtschert 2002: 30). Vor allem das „globale Erfolgsmodell Aktiengesellschaft" (Münkner 2002: 10) dient in diesem Zusammenhang häufig als Inspirationsquelle. Dabei wird in Kauf genommen, dass die Unterschiede zwischen genossenschaftlichen und erwerbswirtschaftlichen Unternehmen (auch was die unterschiedlichen Managementstile angeht) nivelliert werden (Münkner 2002: 10). „Es hat den Anschein, als bewege man sich in den Grundfesten der Geschäftsphilosophie zu stark auf die Wettbewerber zu, anstatt von ihnen weg" (Steiner 1995: 36). Ein genossenschaftliches Unternehmen, das jedoch (wie die erwerbswirtschaftliche Konkurrenz) als wertneutrale Organisation arbeitet, verliert seine Identität und damit nach dem ressourcenorientierten Ansatz auch einen wertvollen

Vermögensbestandteil (Münkner 2002: 14). In der genossenschaftswissenschaftlichen Literatur spricht man angesichts dieser Entwicklung schon länger von einer „Identitätskrise“ (Grosskopf 1990: 376) bzw. „Sinnkrise“ (Beuthien 2003: 39).
Dabei sind die eingangs geschilderten Megatrends nicht nur Bedrohung sondern ebenso Chance. Denn es darf bezweifelt werden, ob die beschriebene Anpassungsstrategie an die erwerbswirtschaftliche Konkurrenz ein Mittel zur Sicherung der langfristigen Wettbewerbsfähigkeit von genossenschaftlichen Unternehmen darstellt. Vielmehr empfiehlt sich, gerade für Genossenschaften mit ihren arttypischen Besonderheiten, eine Differenzierungsstrategie zur Abgrenzung gegenüber der Konkurrenz. Ein Unternehmen ist dann differenziert, wenn die Kunden seine Leistungen als einzigartig ansehen – diese Alleinstellung aus Sicht des Kunden begründet dann einen Wettbewerbsvorteil (Hungenberg 2004: 176). Eine Schärfung des eigenen Profils mit einer Rückbesinnung auf die eigenen Stärken erscheint somit als erfolgversprechendere Strategie für genossenschaftliche Unternehmen, die auf diese Weise die geeignete Antwort auf Umbrüche und Marktverwerfungen darstellen können (Kuhn 2008: 4).
Nicht nur aufgrund der gewandelten Unternehmensumwelt sondern vielmehr noch im Zusammenhang mit den sich daraus ergebenden Chancen, stellt sich die Frage, worin sich der Erfolg einer modernen Genossenschaft eigentlich äußert. Denn erst eine klare Erfolgsdefinition bildet die Voraussetzung für eine Erfolgsbeurteilung bzw. Erfolgsmessung der Geschäftstätigkeit und somit die Möglichkeit das Unternehmen rational und „organisationskonform“ zu steuern. Gerade vor dem Hintergrund von zunehmenden, mit der beschriebenen Sinnkrise zusammenhängenden, Irritationen bei Mitgliedern wie Verbänden erscheint eine konkrete Messung des genossenschaftlichen Erfolgs notwendiger denn je (Weisel 2002: 149).
Im Folgenden soll dargelegt werden, welche theoretischen Anforderungen an eine genossenschaftliche Erfolgsbeurteilung bzw. Erfolgsmessung bestehen. Augenmerk wird dabei vor allem auf die Marktgenossenschaften gelegt, die besonders um ihr Selbstverständnis ringen und deswegen in erster Linie von Instrumenten zur Messung des genossenschaftlichen Erfolgs profitieren können (Hahn 1990: 93). Dazu wird zunächst genauer auf die betriebswirtschaftlichen Grundlagen zum Begriff des Unternehmenserfolgs einzugehen sein. Auch soll kurz die genossenschaftliche Wirtschaftsform erläutert werden, um darzustellen welche arttypischen Besonderheiten deren Erfolgsmessung so schwierig gestalten. Die beiden Grundlagenteile ermöglichen dann die Erarbeitung von theoretischen Anforderungen an eine genossenschaftliche Erfolgsbeurteilung.

2. Zum betriebswirtschaftlichen Erfolgsbegriff

Die Betriebswirtschaftslehre hat sich in den vergangenen Jahrzehnten von einer finanzwirtschaftlich- und industrieorientierten Betriebslehre zu einer interdisziplinären Managementlehre entwickelt (Purtschert 2002: 29). Ihre Erkenntnisse gelten zu großen Teilen für alle Erscheinungsformen von Unternehmen bzw. Betrieben (die Begriffe „Unternehmen“ bzw. „Betrieb“ werden im Folgenden synonym verwendet, siehe hierzu Wöhe 2000: 6). Die Erkenntnisse sind deswegen allgemeingültig, weil ein Betrieb grundsätzlich definiert ist als „planvoll organisierte Wirtschaftseinheit ..., in der Sachgüter und Dienstleistungen erstellt und abgesetzt werden“ (Wöhe 2000: 2). Damit vereinen alle Arten von Unternehmen eine Reihe grundlegender gemeinsamer Merkmale in sich. Sie sind immer

- zweck- und zielgerichtete Systeme,
- offene, umweltabhängige Systeme,
- produktive Systeme,
- soziale Systeme mit dem zentralen Produktionsfaktor Mensch,
- Systeme mit eigener Verfassung, d.h. einem Regelwerk, das die Zusammenarbeit innerhalb des Systems ordnet (Münkner 2002: 12).

Dementsprechend liegen auch dem betriebswirtschaftlichen Erfolgsbegriff prinzipielle Annahmen zugrunde, die eine allgemeingültige Erfolgsdefinition für alle Erscheinungsformen wirtschaftlicher Betätigung erlauben.

2.1. Konzeptualisierung des Unternehmenserfolgs

Die Frage nach der Beurteilung des Unternehmenserfolgs beschäftigt Unternehmenspraxis wie auch betriebswirtschaftliche Forschung seit jeher, denn „jede Art wirtschaftlicher Betätigung ist auf Erfolg gerichtet“ (Ringle 2006: 207). Dennoch gibt es trotz (oder gerade wegen) der prominenten Stellung des Unternehmenserfolgs in der betriebswirtschaftlichen Theorie keinen eindeutigen Konsens bezüglich des konkreten Inhalts des Erfolgsbegriffs (Jenner 1999: 233). Dieser war in den vergangenen Jahrzehnten einem stetigen Wandlungsprozess unterzogen – abhängig vom situativen Kontext, in den Unternehmen und Betriebswirtschaftslehre eingebettet waren (Weppler 1995). Obwohl die Begriffe Erfolg und Misserfolg sowohl im täglichen Sprachgebrauch als auch im Umgang mit wirtschaftlichen Fragestellungen ohne größere Reflexion verwendet werden und intuitiv gut erfassbar scheinen, offenbart sich hier die „tückische Komplexität“ (Rudolph 1996: 38) des Erfolgsbegriffs. Denn dieser geht in einer modernen, praxisbezogenen Managementlehre weit über die auch heute noch verbreitete Auffassung von Erfolg als „positive Differenz zwischen betrieblichen Erträgen und betrieblichen Aufwendungen“ (Dichtl/Issing 1987: 514) hinaus.

Grundsätzlich kann Erfolg immer als „Erreichen eines positiven Ergebnisses“ (Rudolph 1996: 32) definiert werden. Doch damit stellt sich die Frage, was aus Sicht eines Unternehmens als positives Ergebnis bewertet werden kann.

Dieser konkrete Inhalt des wirtschaftlichen Erfolgsbegriffs ist abhängig vom grundlegenden Ansatz der Erfolgsanalyse auf dem die Überlegungen aufbauen (Fritz 1992: 218). Die wichtigsten Ansätze sollen im Folgenden kurz dargestellt werden (Fritz 1992: 218ff; Jenner 1999: 238f; Hahn/Gräb 1989: 214):

- Der Zielansatz setzt die Existenz von eindeutigen und identifizierbaren Unternehmenszielen, nach denen ein Unternehmen als zweckgerichtetes System gesteuert wird, zur Bestimmung des Unternehmenserfolgs voraus. Erfolg ist dann als Erreichungsgrad der selbst gesteckten Unternehmensziele definiert (Fritz 1992: 219). Das Unternehmen steht dabei konsequent im Mittelpunkt der Betrachtung.
- Beim Systemansatz werden die vielfältigen Beziehungen des Unternehmens, einerseits im Unternehmenssystem selbst (intern), aber auch im Unternehmens-Umwelt-

system (extern), einbezogen. Der Erfolg des Unternehmens bemisst sich dann daran, ob es fähig bleibt sich knappe und wertvolle Ressourcen zu sichern, seine interne Systemstabilität zu erhalten und mit seiner Umwelt zu interagieren. „Der Erfolgsbegriff wird damit zu einem abstrakten, mehrdimensionalen Konstrukt, in dessen Mittelpunkt die langfristige Überlebensfähigkeit der Unternehmung steht" (Fritz 1992: 219).

- Dem interessenpluralistischen Ansatz (auch Koalitionsansatz genannt) zufolge ist ein Unternehmen dann erfolgreich, wenn alle Mitglieder der externen Koalition (z.B. Kunden, Lieferanten, Öffentlichkeit) und alle Mitglieder der internen Koalition (z.B. Mitarbeiter, Manager) zufriedengestellt werden können. Das Unternehmen ist als Organisation zu verstehen, deren Zweck in erster Linie darin besteht die Bedürfnisse der Organisationsteilnehmer zu erfüllen (Jenner 1999: 239).

Dem Systemansatz und dem interessenpluralistischen Ansatz liegt offensichtlich eine erheblich breitere Perspektive zugrunde als dem Zielansatz. Trotzdem ist in der Erfolgsforschung eine Dominanz des Zielansatzes zu beobachten, die sich mit seiner hohen forschungspraktischen Relevanz in Bezug auf Praxisnähe und Nützlichkeit für die empirische Forschung erklären lässt (Fritz 1992: 220; Jenner 1999: 239f). Deswegen wird auch im Folgenden der Unternehmenserfolg primär im Sinne des Zielansatzes, also als „Erreichungsgrad der Unternehmensziele" definiert.

Für diese Entscheidung spricht zudem, dass sich die Definition des Zielansatzes mit der breiteren Perspektive von Systemansatz und interessenpluralistischem Ansatz verknüpfen lässt. Denn Unternehmen verfolgen zur Sicherung ihres langfristigen Überlebens immer ein pluralistisches Zielsystem, in das in irgendeiner Form auch die Beziehungen zur Unternehmensumwelt und insbesondere die Ansprüche der Mitglieder der Unternehmenskoalition eingehen. Eine solche Definition erlaubt also einerseits die Operationalisierung des Unternehmenserfolgs und trägt andererseits auch der Mehrdimensionalität des Erfolgskonstrukts Rechnung (Jenner 1999: 240).

Was ist nun als positives Ergebnis wirtschaftlichen Handelns zu verstehen? Das hängt von den individuellen Zielvorstellungen in den Unternehmen ab. In diesem Sinne ist jedes Unternehmen dann erfolgreich zu nennen „je nachdem, ob und in welchem Ausmaß die autorisierten Ziele in der Betrachtungsperiode erreicht werden konnten" (Ringle 2006: 207). Verschiedene Erscheinungsformen von Unternehmen (z.B. Genossenschaften und erwerbswirtschaftliche Unternehmen) unterscheiden sich folglich also nicht bezüglich ihrer Erfolgsdefinition, sondern lediglich bezüglich ihrer organisations-spezifischen Unternehmensziele.

2.2. Zielformulierung als Bestandteil des Managementprozesses

„Eine jede Betriebswirtschaft hat sich Ziele gesetzt" (Vogel 2002: 61). Die Aufgabe des Managements in Unternehmen ist dann, „den gesamten Leistungsprozess und den damit verbundenen Gütereinsatz so zu koordinieren, dass die Ziele des Unternehmens erreicht werden können" (Hungenberg 2004: 20). Die Formulierung bzw. Vorgabe von Zielen bildet somit die erste und oberste Aufgabe der Betriebsführung. Auch bildet sie den Ausgangspunkt eines jeden allgemeinen betrieblichen Managementprozesses mit den wesentlichen (Management-) Funktionen Planung, Steuerung und Kontrolle:

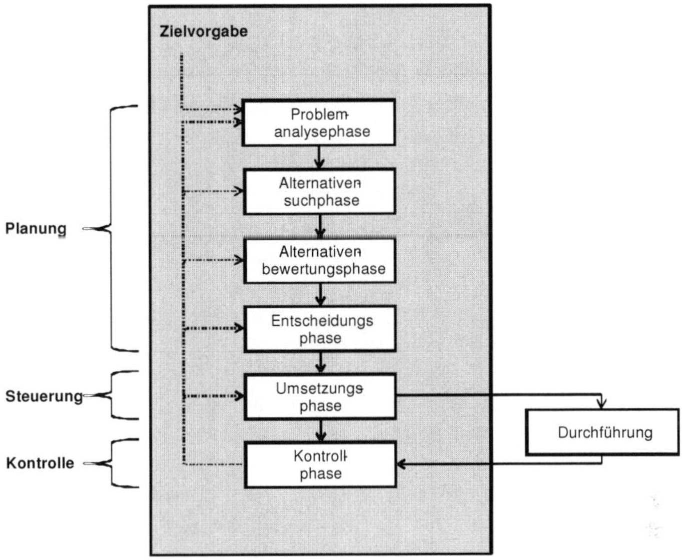

Abb. 1: Funktionen und Prozess des Managements (Hungenberg 2004: 22)

Zur Erreichung der betrieblichen Ziele ist zunächst eine genaue Planung aller Einzelheiten in allen betrieblichen Bereichen erforderlich. Da die Ziele auf verschiedene Weise erreicht werden können, umfasst die Planung auch die Beschäftigung mit verschiedenen Handlungsalternativen, an die sich die Entscheidung für die vom Standpunkt der Zielsetzung optimale Alternative anschließt (Wöhe 2000: 107). Steuerung bezeichnet „die Verknüpfung von Planung und Realisation“ (Hungenberg 2004: 22) um Pläne in konkrete Aufgaben umzusetzen. Letztendlich muss sich das Management im Rahmen der Kontrolle einen Überblick verschaffen, inwieweit die gesteckten Unternehmensziele realisiert worden sind, d.h. ob der geplante Erfolg eingetreten ist. Dafür müssen konkrete (messbare) Ergebnisse ermittelt werden. Hier findet die eigentliche Erfolgsbeurteilung bzw. Erfolgsmessung in einem Unternehmen statt.

Von besonderer Bedeutung im Sinne des Erfolgsverständnisses aus Kapitel 2.1 ist die Formulierung von Zielvorgaben im strategischen Management von Unternehmen. Der Begriff strategische Unternehmensführung oder strategisches Management „bezeichnet eine Führungskonzeption, die die Steuerung und Koordination der langfristigen Entwicklung des Unternehmens zum Ziele hat“ (Wöhe 2000: 108). Strategien bestimmen demnach die geschäftliche Ausrichtung eines Unternehmens, indem sie die langfristigen Geschäftsziele definieren (Hungenberg 2004: 8). Deren Zielerreichungsgrad kennzeichnet den Erfolg eines Unternehmens. Zwar sind Zielvorgaben auch im operativen Management von Bedeutung, doch bewegen sich diese dann im Rahmen der strategischen Managemententscheidungen und sind in der Regel kurzfristig, sowie auf einzelne Funktionsbereiche des Unternehmens beschränkt (Hungenberg 2004: 24f).

2.3. Systematisierung des Zielbegriffs

Die rationale Gestaltung und Steuerung eines Unternehmens setzt ein Zielsystem voraus (Bänsch 1990: 96), da Unternehmen nicht nur ein einzelnes Unternehmensziel verfolgen, sondern eine Vielzahl verschiedener Zielgrößen berücksichtigen müssen. Dennoch hat jedes Unternehmen eine oberste Zielsetzung, die allerdings nicht isoliert zu betrachten, sondern an Nebenbedingungen geknüpft ist, die zusätzlich eingehalten werden sollen (Jung 2003: 296). Alle relevanten Ziele bzw. Teilziele, deren Realisation ein Unternehmen anstrebt, müssen im Zielsystem des Unternehmens zum Ausdruck kommen (Wöhe 2000: 118). In diesem Zusammenhang spricht man auch von einem „Zielbündel" (Bamberg/Coenenberg 1996: 25ff), weil ein ganzes Bündel gleichzeitig zu verfolgender Ziele vorliegt. Diese Situation trägt der Tatsache Rechnung, dass Unternehmen nicht per se Ziele haben, sondern die Ziele von Personen, die mit dem Unternehmen in Verbindung stehen, in das Unternehmen eingebracht werden (Hungenberg 2004: 27). Am Zielbildungsprozess sind also verschiedene Mitglieder der Unternehmenskoalition beteiligt (z.B. Eigentümer, Geschäftsführung, Mitarbeiter), die ihren Einfluss geltend machen können.
An der Spitze des Zielsystems eines Unternehmens steht ein aus dem Unternehmensleitbild abgeleitetes „Globalziel" (Jung 2003: 299), „Oberziel" (Wöhe 2000: 120) bzw. der „Grundauftrag" (Vogel 2002: 65). Diese oberste Zielsetzung definiert den Nutzen, den das Unternehmen seinen Trägern stiften soll (Hungenberg: 2004: 25). Es ist in der Regel nicht unmittelbar sondern nur über Zwischenstufen zu erreichen und außerdem nicht operational zu formulieren (Wöhe 2000: 120). Um die Leistung bzw. den Erfolg eines Unternehmens beurteilen zu können, müssen deshalb aus dem Oberziel operationale Unterziele abgeleitet werden, die sich bezüglich ihres Inhaltes, ihrer Dimension und vor allem ihres Zielerreichungsgrades präzisieren lassen. Bei Bedarf und je nach Komplexität des Zielsystems können zusätzlich auch noch Zwischenziele vorgegeben werden. Unterziele sind dann Mittel zur Erreichung der Zwischenziele und diese wiederum Mittel zur Realisierung des Oberziels.

Neben der Rangfolge lassen sich Unternehmensziele außerdem in monetäre und nicht-monetäre Ziele systematisieren (Wöhe 2000: 119f). Nicht-monetäre Ziele können sowohl ökonomischer als auch außerökonomischer (z.B. sozialer oder politischer) Art sein. Außerdem kann, dem angestrebten Ausmaß der Zielerreichung entsprechend, zwischen Extremalzielen und Satisfaktionszielen unterschieden werden (Zerche/Schmale/Blome-Drees 1998: 148). Nach ihrem zeitlichen Bezug können Ziele in kurz-, mittel- und langfristige bzw. dauernde und vorübergehende Ziele unterschieden werden (Jung 2003: 299). Sachziele wiederum kennzeichnen Art und Menge der hergestellten Leistungen. Aus ihnen lassen sich verschiedene Betriebstypen ableiten (Vogel 2002: 61).
Die unterschiedlichen Ziele eines Zielsystems stehen zudem nicht isoliert nebeneinander, sondern in Beziehungen zueinander, die sich (neben der oben beschriebenen Rangordnung) in einem indifferenten (neutralen), komplementären, konkurrierenden oder auch antinomen (unvereinbaren) Verhältnis ausdrücken können (Vogel 2002: 65; Wöhe 2000: 121ff). Bei Zielkonflikten müssen die Prioritäten der widerstrebenden Interessen innerhalb des Zielbildungsprozesses geklärt werden. Welche Ansprüche sich letztlich durchsetzen, ist

meist eine Frage der jeweiligen Machpositionen (Hungenberg 2004: 29). Ebenfalls nicht unerwähnt bleiben sollen die „vier betrieblichen Formalziele" (Vogel 2002: 62ff):

- Das Rationalprinzip (oder ökonomisches Prinzip) fordert ein bestimmtes Ziel mit möglichst geringem Mitteleinsatz zu erreichen.
- Dem Liquiditätsprinzip zufolge ist die Aufrechterhaltung der Zahlungsfähigkeit einer Betriebswirtschaft sicherzustellen.
- Das Sicherheitsprinzip ist auf eine Absicherung gegen zukünftige Risiken gerichtet (Risikopolitik)
- Das Unabhängigkeitsprinzip soll Einflussnahmen Außenstehender auf den Betrieb verhindern.

Die Formalziele spielen jedoch im weiteren Verlauf keine Rolle mehr, da es sich hierbei um Ziele handelt, die allgemeingültig für alle Formen wirtschaftlicher Betätigung sind. Sie haben eine dienende Funktion zur Erreichung des Oberziels des Unternehmens.

3. Genossenschaftliche Unternehmen

Nachdem in Kapitel 2 nach allgemeingültigen Aussagen zum betriebswirtschaftlichen Erfolgsbegriff gesucht wurde, sollen im Folgenden die arttypischen Besonderheiten genossenschaftlicher Unternehmen im Mittelpunkt stehen. Diese zu kennen ist unabdingbare Voraussetzung einer Annäherung an das Problemfeld der Erfolgsbeurteilung genossenschaftlicher Unternehmen.

3.1. Genossenschaften als Rechts- und Wirtschaftsform

Bei der Klärung des Begriffs Genossenschaft muss zunächst zwischen der Rechtsform und der Wirtschaftsform der Genossenschaft unterschieden werden (Zerche/Schmale/Blome-Drees 1998: 9ff). Nach der Legaldefinition von § 1 GenG erwerben „Gesellschaften von nicht geschlossener Mitgliederzahl, deren Zweck darauf gerichtet ist, den Erwerb oder die Wirtschaft ihrer Mitglieder oder deren soziale oder kulturelle Belange durch gemeinschaftlichen Geschäftsbetrieb zu fördern" die Rechte einer eingetragenen Genossenschaft. Die genossenschaftliche Wirtschaftsform ist jedoch älter als das Genossenschaftsgesetz. So hat sich im 19. Jahrhundert (noch bevor ein Genossenschaftsgesetz in irgendeiner Form vorlag) eine genossenschaftliche Wirtschaftsform entwickelt, die an vorindustrielle Formen gemeinsamen Wirtschaftens anknüpfte (Zerche/Schmale/Blome-Drees 1998: 14). Zudem können auch Unternehmen, die nicht in der Rechtsform der eingetragenen Genossenschaft organisiert sind, der Wirtschaftsform Genossenschaft zugerechnet werden.
Sowohl genossenschaftliche Wirtschafts- als auch Rechtsform korrespondieren jedoch immer mit genossenschaftlichen Wesensprinzipien (siehe Tabelle 1), die die Handlungs- und Entscheidungsmuster der Kooperationspartner sowie die Wirkungsrichtung und die zielgerichteten Mittel der Genossenschaft spezifizieren. Darüber hinaus akzentuieren die Wesensprinzipien die Arteigenheiten der Genossenschaften gegenüber nicht-genossenschaftlichen Unternehmen und sollen zukunftssichernd wirken (Keebingate 2003: 58ff).

Wesensprinzipien	
absolutes Wesensprinzip	**begrenzt variable Wesensprinzipien**
optimale Förderung der Mitglieder (Förderungsprinzip)	Selbsthilfe Selbstverwaltung Selbstverantwortung Identitätsprinzip

Tab. 1: Genossenschaftliche Wesensprinzipien (in Anlehnung an Keebingate 2003: 59)

absolutes Wesensprinzip (keine Abweichungen möglich):

- Förderungsprinzip: Förderung der Genossenschaftsmitglieder als Grundauftrag und oberste Leitmaxime der Genossenschaft.

begrenzt variable Wesensprinzipien (nur zeitgemäße Modifikationen sind akzeptabel):

- Selbsthilfe: genossenschaftliche Unternehmen als solidarische Selbsthilfegemeinschaften.
- Selbstverwaltung: selbständige und eigenverantwortliche Wahrnehmung der Mitgliederangelegenheiten nach demokratischen Grund-sätzen durch die Mitglieder selbst
- Selbstverantwortung: ökonomische und finanzielle Eigenverantwortlichkeit der Genossenschaftsmitglieder für den gemeinsamen Geschäftsbetrieb.
- Identitätsprinzip: Doppelstellung der Mitglieder, die gleichzeitig Eigentümer und Kunden bzw. Lieferanten des gemeinsam getragenen genossenschaftlichen Unternehmens sind.

Die vorangegangenen Ausführungen etwas erweiternd definiert auch der Internationale Genossenschaftsbund eine Genossenschaft als „an autonomous association of persons united voluntarily to meet their common economic, social, and cultural needs and aspirations through a jointly-owned and democratically-controlled enterprise" (International Co-operative Alliance 2008) mit den folgenden Prinzipien (International Co-operative Alliance 2008; Zerche/Schmale/Blome-Drees 1998: 15f):

- freiwillige und offene Mitgliedschaft,
- demokratische Mitgliederkontrolle,
- Teilnahme der Mitglieder am wirtschaftlichen Erfolg ihrer Genossenschaft,
- Selbstverwaltung und Unabhängigkeit,
- Erziehung und Ausbildung der Mitglieder sowie Information der Öffentlichkeit,
- Zusammenarbeit der verschiedenen Genossenschaften und
- Verantwortung für die sie umgebende Gesellschaft.

3.2. Erscheinungsformen genossenschaftlicher Unternehmen

Genossenschaftliche Unternehmen sind wichtiger Bestandteil moderner Marktwirtschaften auf der ganzen Welt und haben im Verlauf ihrer Entwicklungsgeschichte eine Vielzahl unterschiedlicher Erscheinungsformen angenommen. Einen Einblick in das Spektrum der möglichen Erscheinungsformen von Genossenschaften gibt Tabelle 2:

<table>
<tr><th>Merkmal</th><th colspan="60">Ausprägungen</th></tr>
<tr><td>Strukturtyp (nach Dülfer)</td><td colspan="20">traditionale G.</td><td colspan="20">Markt- G.</td><td colspan="20">integrierte G.</td></tr>
<tr><td>Kulturstärke (nach Ringle)</td><td colspan="30">artgerechte G.</td><td colspan="30">degenerierte G.</td></tr>
<tr><td>Rechts- charakter</td><td colspan="30">G. im formellen bzw. rechtlichen Sinne</td><td colspan="30">G. im materiellen bzw. wirtschaftlichen Sinne</td></tr>
<tr><td>Aggregations- ebene</td><td colspan="20">primäre G.</td><td colspan="20">sekundäre G.</td><td colspan="20">tertiäre G.</td></tr>
<tr><td>Zentralisations- grad</td><td colspan="30">dezentral strukturierte G.</td><td colspan="30">Zentral-G. bzw. Verbands-G.</td></tr>
<tr><td>Förder- zweck</td><td colspan="15">wirtschaftliche Förder-G.</td><td colspan="15">soziale Förder-G.</td><td colspan="15">kulturelle Förder-G.</td><td colspan="15">Produktiv- G.</td></tr>
<tr><td>Funktions- art</td><td colspan="12">Beschaffungs- G.</td><td colspan="12">Verwertungs- G.</td><td colspan="12">Erzeugungs- G.</td><td colspan="12">Finanzierungs- G.</td><td colspan="12">Verwaltungs- G.</td></tr>
<tr><td>Mitglieder- art</td><td colspan="20">Erwerbs- G.</td><td colspan="20">Haushalts- G.</td><td colspan="20">Multi-Stakeholder- G.</td></tr>
<tr><td>Unternehmens- größe (GenG)</td><td colspan="30">kleine G.</td><td colspan="30">sonstige G.</td></tr>
<tr><td>Unternehmens- größe (HGB)</td><td colspan="20">kleine G.</td><td colspan="20">mittlere G.</td><td colspan="20">große G.</td></tr>
<tr><td>Vorstands- stellung</td><td colspan="20">G. mit ehrenamtlichem Vorstand</td><td colspan="20">G. mit nebenamtlichem Vorstand</td><td colspan="20">G. mit hauptamtlichem Vorstand</td></tr>
<tr><td>Vorstands- größe</td><td colspan="30">G. mit Ein-Personen-Vorstand</td><td colspan="30">G. mit Mehr-Personen-Vorstand</td></tr>
<tr><td>Versammlungs- form</td><td colspan="20">G. mit Generalversammlung</td><td colspan="20">G. mit Vertreterversammlung</td><td colspan="20">G. mit General- und Vertreterversammlung</td></tr>
<tr><td>Aufsichtsrats- stellung</td><td colspan="15">G. ohne Aufsichtsrat</td><td colspan="15">G. mit ehrenamt- lichem Aufsichtsrat</td><td colspan="15">G. mit nebenamt- lichem Aufsichtsrat</td><td colspan="15">G. mit hauptamt- lichem Aufsichtsrat</td></tr>
<tr><td>Geschäfts- umfang</td><td colspan="30">G. ohne Nichtmitgliedergeschäft</td><td colspan="30">G. mit Nichtmitgliedergeschäft</td></tr>
<tr><td>Prüfungs- umfang</td><td colspan="30">G. mit erleichterter Prüfungspflicht</td><td colspan="30">G. mit umfassender Prüfungspflicht</td></tr>
<tr><th>Haupt- tätigkeitsobjekt</th><th colspan="12">Kredit- G.</th><th colspan="12">ländliche G.</th><th colspan="12">gewerbliche G.</th><th colspan="12">Konsum- G.</th><th colspan="12">Wohnungs- G.</th></tr>
</table>

Tab. 2: Typologische Spezifikation genossenschaftlicher Unternehmen (nach Zieger 2007: 27) (G = Genossenschaft)

Was das Haupttätigkeitsobjekt betrifft, dominieren in Deutschland vor allem die Kreditgenossenschaften sowie die ländlichen und gewerblichen Waren- und Dienstleistungsgenossenschaften. Auch die Wohnungsgenossenschaften stellen einen wichtigen Faktor in der deutschen Wohnungswirtschaft dar. Die genossenschaftliche Zusammenarbeit ist dabei im Streben der Mitglieder nach ökonomischen Vorteilen begründet (Aschhoff/Henningsen 1995: 146). Neben dieses ökonomische Hauptziel der Wirtschaftsführung von Genossenschaften können außerdem außerökonomische Ziele treten, die im Zuge der Gründung der

sogenannten „Alternativen Genossenschaften“ oder „Neuen Genossenschaften“ eine zunehmende Bedeutung gewinnen (Aschhoff/Henningsen 1995: 147).
Von besonderem Interesse ist außerdem die Frage welcher Strukturtyp bei modernen Genossenschaften dominant ist. Wie schon in der Einleitung dargestellt, stehen – zumindest in Mitteleuropa – die meisten Genossenschaften in einem direkten Konkurrenzverhältnis mit nicht-genossenschaftlichen Wettbewerbern (Hahn 1990: 90). Aus diesen Marktzwängen heraus haben zahlreiche Genossenschaften in verschiedenen Branchen auch das Nichtmitgliedergeschäft zugelassen, woraus sich eine gewisse Unabhängigkeit vom Bedarf der Mitglieder entwickelte (Dülfer 1992: 425). Diese Marktgenossenschaften sollen folgerichtig auch für die Ausführungen im weiteren Verlauf im Mittelpunkt stehen.

4. Theoretische Anforderungen an eine Erfolgsbeurteilung genossenschaftlicher Unternehmen

Entsprechend der Erfolgsdefinition aus Kapitel 2 ist das Vorhandensein eines Zielsystems die Grunderfordernis einer Erfolgsbeurteilung genossenschaftlicher Unternehmen. Denn der unternehmerische Erfolg bemisst sich am Erreichungsgrad der Unternehmensziele. Abgesehen von den in Kapitel 2.3 beschriebenen betrieblichen Formalzielen (rationaler Mitteleinsatz, Liquidität, Sicherheit und Unabhängigkeit), die für alle Unternehmensformen gelten, sind jedoch längst nicht alle aus der klassischen Betriebswirtschaftslehre bekannten Unternehmensziele genossenschaftsgeeignet bzw. innerhalb des Kompetenzgefüges einer Genossenschaft einigungsfähig (Ringle 2006: 209).
Im Folgenden soll daher versucht werden ein Zielsystem genossenschaftlicher Unternehmen herauszuarbeiten, das insbesondere für den Strukturtyp der Marktgenossenschaften Gültigkeit besitzt. Dafür wird zunächst jedoch auf die verschiedenen Anspruchsgruppen von Genossenschaften einzugehen sein. Denn auch hier gilt, dass Genossenschaften nicht per se Ziele haben, sondern, dass man von den Zielen der Individuen ausgehen muss, die Ansprüche an die Genossenschaft stellen.

4.1. Anspruchsgruppen genossenschaftlicher Unternehmen

Genossenschaftliche Unternehmen sind multipersonelle Zusammenschlüsse, deren Ziele von einer Vielzahl unterschiedlicher Anspruchsgruppen beeinflusst werden (Zerche/Schmale/Blome-Drees 1998: 139). Die wichtigsten mit der Genossenschaft verbundenen Anspruchsgruppen und ihre jeweiligen Anreize (erwartete Vorteile) und Beiträge (zu erbringende Leistungen) aus der Teilnahme am Unternehmen sind in Tabelle 3 dargestellt.

Anspruchsgruppen	Anreize	Beiträge
Eigenkapitalgeber	• wirtschaftliche Förderung • Mitwirkung	• Eigenkapital • intensive und dauerhafte Leistungsinanspruchnahme • Mitwirkung
Kunden	Bereitstellung von qualitativ hochwertigen und preisgünstigen Leistungen	Abnahme und Bezahlung der Leistungen

Lieferanten	• zuverlässige Bezahlung • langfristige Lieferbeziehungen	Abnahme und Bezahlung der gelieferten Leistungen
Management	• Einkommen • Selbstverwirklichung • Macht • Einfluss • Prestige	• Arbeitsleistung • Identifikation • Motivation
Mitarbeiter	• Einkommen • Arbeitsplatzsicherheit • Selbstverwirklichung • motivierende Arbeitsbedingungen	• Arbeitsleistung • Identifikation • Motivation
Genossenschafts-verbände	• finanzielle Beiträge • Einflussnahme • Schaffung einer mitgliederstarken Organisation	• Prüfung • Beratung und Betreuung • Interessenvertretung
genossenschaftliche Verbundunternehmen	• Verkaufserlöse • günstige und dauerhafte Vertriebsmöglichkeiten	• qualitativ hochwertige Leistungen • günstige Preise • Vertriebsprovision • Ergänzung des Leistungsprogramms
allgemeine Öffentlichkeit	• Steuereinnahmen • Arbeitsplätze • Einhaltung von Rechtsvorschriften • schonender Umgang mit der Umwelt	• Infrastruktur • Subventionen • Rechtsordnung • Umweltgüter

Tab. 3: Anreize und Beiträge der wichtigsten Anspruchsgruppen einer Genossenschaft (in Anlehnung an Wöhe 2000: 99; Zerche/Schmale/Blome-Drees 1998: 142)

Wie in anderen Unternehmen haben auch in Genossenschaften nicht alle Anspruchsgruppen gleich große Bedeutung. Da die Mitglieder vielfältige Rollen in der Genossenschaft übernehmen und außerdem gesellschaftsvertraglich (in Form der Genossenschaftssatzung) und gesetzlich (in Form des Genossenschaftsgesetzes) eng mit der Genossenschaft verknüpft sind, stellen sie die herausragende Anspruchsgruppe eines genossenschaftlichen Unternehmens dar (Zerche/Schmale/Blome-Drees 1998: 144). Mitglieder stellen beispielsweise als Eigenkapitalgeber finanzielle Mittel bereit und sind damit Eigentümer des gemeinsamen Unternehmens. Gleichzeitig sind sie als Kunde oder Lieferant aber auch Nutzer der Genossenschaft. Als Vorstand oder Aufsichtsrat (aber auch in der General- bzw. Vertreterversammlung) ist das Mitglied Entscheidungsträger mit Gestaltungs-, Kontroll- und Sanktionsmöglichkeiten. Als Mitarbeiter kann es im eigenen Unternehmen beschäftigt sein. Auf die Mitglieder als „Primärzielgruppe" (Ringle 2006: 217) ist folglich in besonderem Maße die Geschäftspolitik der Genossenschaft auszurichten. Genossenchaften sind damit in allererster Linie als „user driven organizations" (Grosskopf/Münkner/Ringle

1998: 2), d.h. als von Nutzerinteressen dominierte Organisationen zu verstehen, wobei die Nutzer bei Genossenschaften eben zugleich die Mitglieder sind. Daneben bilden vor allem die Manager und die Mitarbeiter weitere interne Kerngruppen, die durch ihre Positionierung im Organisationsgefüge der Genossenschaft maßgebliche Chancen zur Durchsetzung ihrer Interessen besitzen (Ringle 2006: 208).

4.2. Zielsystem und Zieloperationalisierung genossenschaftlicher Unternehmen

Ein genossenschaftliches Zielsystem in Anlehnung an die Ausführungen in Kapitel 2.3 (v.a. bezüglich der Zielhierarchie) muss zwangsläufig in hohem Maße abstrakt bleiben. Dies gilt vor allem dann, wenn es für verschiedene Erscheinungsformen genossenschaftlicher Wirtschaftstätigkeit Gültigkeit behalten soll. Denn der konkrete Unternehmensgegenstand kann von Gründern und Mitgliedern der Genossenschaft in der Satzung frei definiert werden und deshalb – entsprechend dem breiten Spektrum von Genossenschaftstypen – äußerst unterschiedlich ausfallen (Weisel 2002: 151). Auch ändern sich Ziele im Zeitablauf und ist der Zielbildungsprozess in der genossenschaftlichen Praxis möglicherweise nicht in jedem Fall von Mitgliederinteressen dominiert. Eine vollständige Aufzählung aller Ziele ist aus diesen Gründen weder sinnvoll noch möglich (Heinzelmann 1989: 25). Dennoch soll im Folgenden versucht werden zumindest das Grundgerüst eines idealtypischen genossenschaftlichen Zielsystems zu konstruieren.

4.2.1. Oberziel: Mitgliederförderung

„Ohne intensives Streben nach Mitgliederförderung macht genossenschaftliche Tätigkeit – menschlich, ökonomisch und gesetzlich – keinen Sinn" (Ringle 2006: 217). Mitgliederförderung kann also als Philosophie bzw. Leitbild genossenschaftlichen Wirtschaftens gelten (Hahn 1990: 86). Diese oberste Leitmaxime, nämlich dass die Wirtschaftsbetätigung der Genossenschaft vor allem den Mitgliedern Nutzen stiften soll, hat allen Wandel überdauert (Ringle 2006: 217). Ein genossenschaftliches Unternehmen ohne diese „Mitgliederzentrierung" (Bonus 1994: 68) wäre kein genossenschaftliches Unternehmen im Sinne der Prinzipien aus Kapitel 3.1.

Unabhängig davon, ob man die Frage nach dem rechtlichen oder dem wirtschaftlichen Sinn der Genossenschaft stellt, ist die genossenschaftliche Betriebswirtschaft also niemals Selbstzweck, sondern immer Mittel zum Zweck der Mitgliederförderung (Keebingate 2003: 47). Auch spiegelt der Förderauftrag die „Doppelnatur" (Draheim 1952: 16) von Genossenschaften wider: Genossenschaften sind zum einen „von Menschen unterhaltene, das Menschliche betonende Personenvereinigungen und zum anderen auf die wirtschaftliche Förderung dieser Menschen gerichtete, demokratisch verfasste Unternehmen" (Blome-Drees/Schmale 2005: 13). Mit dieser Grundausrichtung unterscheiden sich die genossenschaftlichen Unternehmen von allen anderen Unternehmenstypen (Hahn 1990: 86).

Abgeleitet aus diesem Unternehmensleitbild muss der Grundauftrag einer Genossenschaft also in der Mitgliederförderung liegen. Wie diese konkret ausgestaltet werden soll bleibt jedoch offen. Auch die Normen des Genossenschaftsgesetzes geben hier keinen weiteren Aufschluss. Mitgliederförderung stellt damit als „Leerformel" (Bänsch 1990: 96), d.h. als nicht-operationales Ziel, das im Zeitablauf beständige genossenschaftliche Oberziel dar. Genossenschaften müssen folglich eine eindeutige „Strategie der Mitgliederförderung"

(Honold-Reichert 2002: 9) verfolgen, womit bekundet wird, dass die Ansprüche der Mitglieder (als herausragende Anspruchsgruppe) auch in der Ausgestaltung des betrieblichen Zielsystems die zentrale Rolle spielen. Die Grenzen des Förderauftrages als Oberziel ergeben sich allein aus der Überlebensfähigkeit der Genossenschaft (Hahn 1990: 86).

4.2.2. Zwischenziele: Marktorientierung und Mitgliederorientierung

Gemäß Kap 2.3 muss im Rahmen eines Zieloperationalisierungsprozesses das Oberziel, für Genossenschaften also der Förderungsauftrag, in messbare Unterziele übersetzt werden. Unbedingte Voraussetzung ist jedoch, dass die Unterziele das Oberziel „unverzerrt reflektieren und damit zu diesem konsistent sind" (Bänsch 1990: 96). Um dies sicherzustellen, müssen die Unterziele fünf Fundamentalsätzen (Axiomen) gerecht werden, die die Zielintentionen der Genossenschaftsmitglieder und die genossenschaftlichen Prinzipien widerspiegeln (Bänsch 1990: 97):

(I) Selbsthilfe-Axiom: Die Genossenschaft ist als Selbsthilfe-Unternehmen zu führen.

(II) Gleichbehandlungs-Axiom: Die Genossenschaft hat alle Mitglieder gleichberechtigt zu behandeln.

(III) Umsatz-Axiom: Die Genossenschaft hat ihre Mitglieder über Leistungsbeziehungen zu fördern.

(IV) Maximierungs-Axiom: Die Genossenschaft hat die Mitgliederförderung in maximaler Höhe anzustreben.

(V) Permanenz-Axiom: Die Genossenschaft hat ihren Förderungsauftrag als Dauerauftrag zu verstehen.

Kurz zusammengefasst: Die Axiome verpflichten die Genossenschaft als Selbsthilfe-Unternehmen (I) zu maximaler (IV), permanenter (V) und gleichberechtigter (II) Mitgliederförderung mittels Leistungsbeziehungen (III).

Aus diesen fünf Axiomen lassen sich zwei genossenschaftliche Zwischenziele ableiten: Marktorientierung (1) und Mitgliederorientierung (2).

(1) Damit die Genossenschaft dem Oberziel Mitgliederförderung als Selbsthilfe-Unternehmen überhaupt nachkommen kann, muss sie sich wirtschaftlich erfolgreich am Markt betätigen. Es besteht also eine „Grunderfordernis der Erzielung von Markterfolg" (Ringle 2006: 212). Diese Marktorientierung impliziert, dass ein genossenschaftliches Unternehmen – ebenso wie die erwerbswirtschaftliche Konkurrenz – bestrebt sein muss sich günstig am Markt zu platzieren, seine Wettbewerbsfähigkeit zu verbessern und (zumindest partiell und/oder temporär) die Mitbewerber an ökonomischer Leistungsstärke zu übertreffen (Ringle 2006: 212). Würde nämlich die Genossenschaft auf der Marktseite ineffektiv bleiben, „so hätten darüber hinausgehende mitgliederorientierte Ziele, die sich aus der Art des Unternehmenstyps ergeben, bzw. ihr kraft Gesetz auferlegt sind, keine Realisationschance" (Ringle 2006: 212f). Demnach schafft erst eine gelungene Orientierung am Markt „Förderungspotenz" (Henzler 1957: 211), also die Fähigkeit Mitglieder zu fördern. Dabei ist jedoch darauf zu achten, dass Erfolg auf der Marktseite nicht zum Selbstzweck

der wirtschaftlichen Betätigung der Genossenschaft wird, sondern stets als Mittel zum Zweck der Erfüllung des Oberziels Mitgliederförderung begriffen wird.

(2) Das Oberziel Mitgliederförderung wird durch die fünf Axiome auch noch auf eine andere Weise präzisiert: die Genossenschaft wird zum Zwischenziel Mitgliederorientierung verpflichtet. Auf die Förderung der Mitglieder muss die wirtschaftliche Tätigkeit der Genossenschaft ausgerichtet sein. Erfolg im Sinne einer solchen Mitgliederorientierung äußert sich demnach in der Schaffung von Nettovorteilen (= Bruttovorteile minus individuell ermittelter Mitgliedschaftsaufwand) für die Mitglieder durch den Geschäftsverkehr mit der Genossenschaft (Bänsch 1990: 99). Nur bei Gewährung einer solchen Förderung werden einerseits die Mitglieder ihre Ansprüche als erfüllt wahrnehmen und die Einrichtung weiter als Förderquelle nutzen sowie andererseits potenzielle neue Mitglieder zum Eintritt in die Genossenschaft veranlasst. Sollte die Genossenschaft auch Leistungsbeziehungen zu Nicht-Mitgliedern unterhalten (wie bei Marktgenossenschaften üblich), so müssen die Mitglieder folglich bevorzugt – im Sinne einer „Mehrförderung" (Ringle 2006: 218) – behandelt werden. Dieser mitgliederbezogene Fördererfolg kennzeichnet dann die „Förderungseffizienz" (Henzler 1957: 211), also das tatsächliche Ausmaß der Mitgliederförderung im Sinne einer maximalen Ausschöpfung der Förderungspotenz.

Aus der vorangegangenen Argumentation wird deutlich, dass die Zwischenziele Marktorientierung und Mitgliederorientierung prinzipiell in einem komplementären Verhältnis stehen (Bänsch 1990: 100; Ringle 2001: 27ff). Die beiden Zwischenziele sind miteinander kompatibel. Denn einerseits schafft der am Markt erzielte Erfolg Förderungspotenz und muss somit den Mitgliedern in Form von Förderungsleistungen zur Verfügung stehen. Mehr Markterfolg ist deshalb gleichbedeutend mit mehr (mitgliederbezogenem) Fördererfolg. Umgekehrt gilt dies aber genauso. Denn die Leistungsbeziehungen der Mitglieder mit ihrer Genossenschaft (und damit der Markterfolg) werden bei zunehmender Mitgliederorientierung (Fördererfolg) ebenfalls zunehmen. Es soll jedoch nicht verschwiegen werden, dass die Zwischenziele zwar prinzipiell komplementär sind, es jedoch sehr wohl zu Verteilungskonflikten zwischen den Anspruchsgruppen kommen kann (Ringle 2001: 29). So können in der Praxis beispielsweise bei Management und Mitgliedern die Vorstellung darüber auseinander gehen, welcher Anteil des erzielten Markterfolges einbehalten bzw. in Form von Mitgliederförderung weitergegeben werden soll. Durch die Formulierung der Zwischenziele Marktorientierung und Mitgliederorientierung ist nun eine Präzisierung des Oberziels erfolgt, allerdings sind die beiden Zwischenziele immer noch weit von operationalen Zielen entfernt. Für eine konkrete Erfolgsbeurteilung sind sie zu ungenau. Die Ableitung von operationalen Unterzielen aus den Zwischenzielen ist deshalb notwendig.

4.2.3. Marktorientierte und mitgliederorientierte Unterziele

Den vorangegangenen Ausführungen folgend muss zwischen Unterzielen zur Erfüllung des Zwischenziels Marktorientierung und Unterzielen zur Erfüllung des Zwischenziels Mitgliederorientierung unterschieden werden.

4.2.3.1. Marktorientierte Unterziele

Die Identifizierung operationaler Unterziele für die Beurteilung des Markterfolgs von genossenschaftlichen Unternehmen erscheint relativ unproblematisch. Denn hierbei handelt es sich um Ziele die organisationstyp-neutral sind, die also „für alle Unternehmen – ungeachtet ihrer Rechtsform und Leitmaxime – von Bedeutung sind" (Ringle 2006: 214). Eine Erfolgsmessung in diesem Bereich erfolgt für Genossenschaften also im Wesentlichen analog zu nicht-genossenschaftlichen Unternehmen. In Frage kommen hierfür die aus der allgemeinen Betriebswirtschaftslehre bekannten periodenbezogenen Zielgrößen bzw. Kennzahlen der Vermögens-, Finanz- und Ertragslage (Algner/Bolsinger 2006: 188). So formulierte marktbezogene Unterziele sind für Genossenschaften (im Gegensatz zu erwerbswirtschaftlich orientierten Unternehmen) allerdings keinesfalls als Extremalziele zu verstehen. Voraussetzung muss gemäß der Zwischenzielformulierung immer bleiben, dass die Ausrichtung des genossenschaftlichen Unternehmens auf die Erzielung von Markterfolg nicht zum „ausschließlichen Operationsgebiet" (Ringle 2006: 214) erklärt wird. Es gilt also anstatt maximierender Unterzielen satisfizierende Unterziele zu formulieren, mit denen einerseits zwar die marktbezogenen Ansprüche der Genossenschaft befriedigt werden können (Bänsch 1990: 98), andererseits aber sichergestellt wird, dass die Betätigung am Markt nicht zum Selbstzweck des genossenschaftlichen Unternehmens wird.

Ein einfaches Beispiel für ein operationales marktorientiertes Unterziel ist der „satisfizierende Gewinn". Gewinn eignet sich seit jeher als eingängiger Maßstab für die Beurteilung des ökonomischen Erfolgs bzw. der ökonomischen Leistungsfähigkeit eines Unternehmens und hat in der Bilanz bzw. in der Gewinn- und Verlustrechnung eines Unternehmens eine genau definierte Position (Kramer 2005: 8). Er stellt damit ein operationales Unterziel dar. Die Formulierung eines satisfizierenden Gewinnziels zur Erhaltung der zukünftigen Leistungsfähigkeit der Genossenschaft ist also grundsätzlich möglich. Sie setzt jedoch voraus, dass sich die Entscheidungsträger (vor allem Management und Mitglieder) bezüglich der notwendigen Gewinnhöhe einigen können. Der Fall, dass eine Genossenschaft nur nach dem Aufwandsdeckungsprinzip arbeitet, ein Gewinn folglich nur zufällig, nämlich als Folge von unzureichend kalkulierten Verrechnungspreisen, entstehen kann (Dülfer 1990: 276), ist für moderne Marktgenossenschaften nicht zutreffend.

4.2.3.2. Mitgliederorientierte Unterziele

Problematischer erweist sich die Formulierung von Unterzielen zur Operationalisierung des mitgliederbezogenen Fördererfolgs (und damit der Förderungseffizienz) einer Genossenschaft. Im Gegensatz zur Marktseite lassen sich diese größtenteils nicht als Bilanzziele formulieren (Ringle 2006: 217). Vielmehr ist entscheidend, dass die Förderziele der Mitglieder über den Geschäftsverkehr mit den Mitgliederwirtschaften verwirklicht werden. Eine Messung der Mitgliedernutzen durch empfangene Förderungsleistungen ist in der Praxis jedoch schwierig, weshalb es sich anbietet, Unterziele zur Messung der erbrachten Förderungsleistungen auf der Ebene der Genossenschaft zu formulieren (Schöffling 1992: 98). Diese Förderungsleistungen können jedoch von grundsätzlich unterschiedlicher Art sein (Ringle 1992: 203f; Seuster 1992: 204f; Beuthien/Hanrath/Weber 2008: 9ff):

(1) Unmittelbar materielle Förderungsleistungen: Das genossenschaftliche Unternehmen bietet seinen Mitgliedern niedrigere Bezugspreise bzw. höhere Verkaufserlöse gemessen an den Marktpreisen. Auch exklusive Leistungen bzw. Leistungen, die in qualitativer, quantitativer, räumlicher und/oder zeitlicher Hinsicht günstiger als die Angebote anderer Anbieter sind, zählen zur unmittelbar materiellen Förderung, sind jedoch nicht zwangsläufig in Geldeinheiten (monetär) bewertbar. Die unmittelbare materielle Förderung umfasst damit die Mitgliedervorteile, die direkt im Geschäftsverkehr mit der Genossenschaft sichtbar werden.

(2) Mittelbar materielle Förderungsleistungen: Hier wird nicht der Leistungsaustausch der Mitglieder mit der Genossenschaft, sondern die Kapitalbeteiligung der Mitglieder an der Genossenschaft honoriert. Mittelbar materielle Förderungsleistungen werden erst später (meist nach Ablauf einer Wirtschaftsperiode) beispielsweise in Form einer Dividendenausschüttung sichtbar. Daneben wird ebenfalls zur mittelbar materiellen Förderung gerechnet, wenn Genossenschaftsmitglieder Förderleistungen bei anderen Unternehmen bzw. sonstigen Externen beziehen können (z.B. Sonderkonditionen bei Verbundpartnern). Die Vorteilsgewährung gegenüber dem Mitglied erfolgt in beiden Fällen außerhalb des eigentlichen Geschäftsverkehrs des Mitglieds mit der Genossenschaft.

(3) Immaterielle Förderungsleistungen: Neben den materiellen Förderleistungen, die den rational-ökonomischen Mitgliedererwartungen Rechnung tragen, können von der Genossenschaft auch außer-ökonomische Förderungsleistungen ausgehen. Immaterielle Förderung kann dabei sozialen, kulturellen, ethischen, geselligen oder erzieherischen Charakter aufweisen. Dabei ist es möglich, dass sich die immateriellen Förderleistungen im Rahmen einer Allgemeinförderung (z.B. Regionalförderung) nicht einmal speziell an den Kreis der Mitglieder richten.

Von den betrachteten Förderungsarten stellt lediglich die unmittelbar materielle Förderung eine Förderung im Sinne des § 1 Abs. 1 des Genossenschaftsgesetzes und der Zwischenzielformulierung dar. Unmittelbar materielle Förderung durch Leistungsaustausch mit den Mitgliedern muss deswegen das zentrale und unverzichtbare Element jedes genossenschaftlichen „Fördermix" (Beuthien/Hanrath/Weber 2008: 12) darstellen. Die Maximierung dieser Förderungsleistungen muss damit auch die zentrale Rolle auf der Seite der mitgliederbezogenen Unterziele spielen. Das schließt jedoch nicht aus, dass darüber hinaus zusätzlich erbrachte mittelbar materielle bzw. immaterielle Förderleistungen ebenfalls zum mitgliederbezogenen Fördererfolg beitragen können. Auch solche Leistungen sind in möglichst großer Anzahl für die Mitglieder zu erbringen bzw. zu maximieren. Im genossenschaftlichen Zielsystem sind sie jedoch deutlich niedriger zu gewichten als die unmittelbar materiellen Förderungsleistungen.

Es muss jedoch bezweifelt werden, ob es sich bei den beschriebenen Zielen schon um konkrete Erfolgsindikatoren, also operationale Unterziele handelt. So ist zwar an eine ganze Reihe von Unternehmen vom Strukturtyp der traditionalen Genossenschaften (z.B. Molkereigenossenschaften, Wohnungsgenossenschaften) zu denken, für die zumindest die Operationalisierung der unmittelbar materiellen Förderungsleistungen (z.B. Milchauszahlungspreis, Mietkonditionen) unproblematischer ausfällt. Doch gilt dies auch nur für die Förderungsleistungen, die monetär zu bewerten sind. Gerade die nicht-monetäre Förderung spielt jedoch bei Marktgenossenschaften, die eine monetäre Förderung aufgrund der hohen Wettbewerbsintensität nur in begrenztem Umfang durchführen können, eine besonders wichtige Rolle. Auch deswegen muss gerade für diesen Strukturtyp konstatiert werden, dass es in der genossenschaftlichen Praxis Indikatoren zur umfassenden Messung der genossenschaftlichen (insbesondere der unmittelbar materiellen) Förderungsleistung – trotz aller Vorschläge seitens der Genossenschaftswissenschaft beispielsweise in Form von Förderbericht (Boettcher 1979) oder Förderbilanz (Patera 1981) – bisher nicht gibt (Lamprecht/ Donschen 2006: 40).

5. Zusammenfassung und Ausblick

„Wann eine Genossenschaft ‚erfolgreich' genannt werden dürfe, zählt zu den Fragen, mit denen sich die Genossenschaftswissenschaft seit Jahrzehnten beschäftigt" (Ringle 2006: 219) – zwar nicht nur, aber ganz besonders im Hinblick auf die Sinnkrise der Marktgenossenschaften. Dass diese Frage unmittelbar mit den Zielen genossenschaftlicher Unternehmen gekoppelt ist, wird in Kapitel 2 deutlich. Denn wirtschaftlicher Erfolg äußert sich immer im Erreichungsgrad der Unternehmensziele. Da Unternehmen ein pluralistisches Zielbündel verfolgen, ist die Formulierung eines betrieblichen Zielsystems oberste Aufgabe eines strategischen Managementprozesses und Voraussetzung für die Beurteilung des Unternehmenserfolgs. Die arttypischen Besonderheiten von genossenschaftlichen Unternehmen werden in Kapitel 3 dargestellt. So sind Genossenschaften an bestimmte Wesensmerkmale gebunden und zeichnen sich durch äußerst heterogene Erscheinungsformen aus. Mit erwerbswirtschaftlich orientierten Unternehmen teilen Genossenschaften zwar einige Gemeinsamkeiten, unterscheiden sich gleichzeitig aber vor allem durch die Antriebskraft und oberste Zielsetzung ihrer wirtschaftlichen Betätigung (Mitgliederförderung) grundlegend von diesen. In Kapitel 4 werden die vorangegangenen Erkenntnisse zusammengeführt, um ein genossenschaftliches Zielsystem, als Voraussetzung einer Erfolgsbeurteilung, zu konstruieren. Dabei kann zunächst festgehalten werden, dass in einem idealtypischen genossenschaftlichen Zielsystem die Interessen der Mitglieder im Vordergrund stehen müssen. Diese Aussage ist stark vereinfachend, da in der Praxis andere Anspruchsgruppen (vor allem das Genossenschaftsmanagement) erheblichen Einfluss auf den Zielbildungsprozess nehmen. Trotzdem herrscht weitgehend Einigkeit darüber, dass der Förderauftrag das Oberziel jedes genossenschaftlichen Zielsystems bilden muss. Er spiegelt Leitbild und Prinzipien der genossenschaftlichen Wirtschaftsform wider. Da es sich bei der Mitgliederförderung jedoch um ein nicht-operationales Ziel handelt, ist eine weitere Präzisierung in Form der Zwischenziele Marktorientierung und Mitgliederorientierung notwendig. Für eine Beurteilung des Gesamterfolgs einer Genossenschaft ist damit eine parallele Betrachtung des wirtschaftlichen Erfolgs und des mitgliederbezogenen Fördererfolgs zwingend (Kramer 2005: 6). Entgegen der weitläufigen Meinung sind die Zwischenziele prinzipiell komplementär und nicht konkurrierend. Auch die Frage nach dem korrekten Verhältnis der beiden Zwischenziele kann beantwortet werden: Soviel Marktorientierung wie nötig, soviel Mit-

gliederorientierung wie möglich (Doluschitz/Zieger 2008: 16). Damit muss der Markterfolg ein untergeordnetes Kriterium bei der Erfolgsbeurteilung bleiben.
Konkrete Erfolgsindikatoren sollen dann eigentlich auf der Ebene der Unterziele zu finden sein. Dies erscheint auf der Marktseite relativ unproblematisch, denn der wirtschaftliche Erfolg einer Genossenschaft lässt sich anhand von betriebswirtschaftlichen Reporting-Instrumenten leichter beobachten als die Befolgung des mitgliederbezogenen Förderauftrags (Kramer 2005: 6). Letzteren zu operationalisieren erfordert ein Erfolgsmaß mit verschiedenen Indikatoren (Algner/Bolsinger 2006: 187), die in der Lage sind sowohl monetäre als auch nicht-monetäre Förderungsleistungen abzubilden. Gerade Letztere spielen als unmittelbar materielle Förderung eine wichtige Rolle bei modernen Marktgenossenschaften. Das aus der Betriebswirtschaftslehre bekannte und überwiegend auf finanzielle Größen fokussierte Kennzahlensystem ist hier jedoch nur begrenzt einsetzbar und auch von der Wissenschaft entwickelte genossenschaftsspezifische Reporting-Instrumente konnten sich in der Unternehmenspraxis nicht durchsetzen. Das Problem der Operationalisierung des Genossenschaftserfolgs hat also weiter Bestand. Vor allem mangelt es an konkreten Indikatoren zur Messung des Fördererfolgs. Dennoch kann auf ein Erfolgsmaß, das den Erfolg auf der Markt- und auf der Mitgliederseite einbezieht, nicht verzichtet werden. Dies gilt nicht nur vor dem rechtlichen Hintergrund: Mitgliederförderung ist laut § 1 GenG die Plicht jeder Genossenschaft. Kommt sie dieser Pflicht nicht nach, droht nach § 81 Abs. 1 GenG sogar die Auflösung des genossenschaftlichen Unternehmens. Vielmehr noch sollte ein organisations-konformes Erfolgsmaß aus betriebswirtschaftlicher Sicht im Interesse der Genossenschaftsführung liegen. Denn „bei einer auf die Unternehmereigenschaft der Genossenschaft und die Ziele des Managements für den Geschäftsbetrieb und die Marktteilnahme konzentrierten Erfolgssicht würde auf die Einbeziehung weiterer, von Besonderheiten und vom Selbstverständnis des Kooperativs ausgehende Differenzierungseffekte und unverwechselbare Erfolgsindikatoren verzichtet“ (Ringle 2006: 215).

Literaturverzeichnis

Algner, M. / Bolsinger, H. (2006): Der Ansatz der derivativen Mitgliederförderung als Konzept zur Neuinterpretation des Förderauftrags durch Kreditgenossenschaften im Firmenkundengeschäft, in: Münkner, H. / Ringle, G. (Hrsg.): Zukunftsperspektiven für Genossenschaften. Bausteine für typgerechte Weiterentwicklung, Bern: Haupt, 179-202

Aschhoff, G. / Henningsen, E. (1995): Das deutsche Genossenschaftswesen. Entwicklung, Struktur, wirtschaftliches Potential, 2. Aufl., Frankfurt am Main: Fritz Knapp Verlag

Bänsch, A. (1990): Operationalisierung des Förderauftrages, in: Laurinkari, J. (Hrsg.): Genossenschaftswesen. Hand- und Lehrbuch, München/Wien: Oldenbourg, 96-101

Bamberg, G. / Coenenberg, A. (1996): Betriebswirtschaftliche Entscheidungslehre, 9. Aufl., München: Vahlen

Beuthien, V. (2003): Wieviel Wandel verträgt die Genossenschaft?, in: Beuthien, V. (Hrsg.): Die eingetragene Genossenschaft im Strukturwandel, Göttingen: Vandenhoeck & Ruprecht, 24-40

Beuthien, V. / Hanrath, S. / Weber, H. (2008): Mitglieder-Fördermanagement in Genossenschaftsbanken. Analysen, Erläuterungen und Gestaltungsempfehlungen aus ökonomischer, rechtlicher und steuerlicher Sicht, Göttingen: Vandenhoeck & Ruprecht

Blome-Drees, J. / Schmale, I. (2005): Unternehmenskultur von Genossenschaftsbanken, in: Zeitschrift für das gesamte Genossenschaftswesen, 55/1/4-16

Boettcher, E. (1979): Die Problematik des Förderungsauftrages in Genossenschaften, in: Zeitschrift für das gesamte Genossenschaftswesen, 29/3/198-216

Bonus, H. (1994): Das Selbstverständnis moderner Genossenschaften, Tübingen: Mohr

Dichtl, E. / Issing, O. (1987): Vahlens Großes Wirtschaftslexikon, Bd. 2, München: Beck

Doluschitz, R. / Zieger, T. (2008): Zwischen Markt und Solidarität, in: Geno – Zeitschrift des Württembergischen Genossenschaftsverbandes, –/1/14-18

Draheim, G. (1952): Die Genossenschaft als Unternehmungstyp, Göttingen: Vandenhoeck & Ruprecht

Dülfer, E. (1990): Erfolgsmessung und Evaluierung der Genossenschaft, in: Laurinkari, J. (Hrsg.): Genossenschaftswesen. Hand- und Lehrbuch, München/Wien: Oldenbourg, 276-284

Dülfer, E. (1992): Marktgenossenschaften, in: Mändle, E. / Swoboda, W. (Hrsg.): Genossenschaftslexikon, Wiesbaden: DG-Verlag, 425

Fritz, W. (1992): Marktorientierte Unternehmensführung und Unternehmenserfolg, Stuttgart: Schäffer-Poeschel

Grosskopf, W. (1990): Grundlagen genossenschaftlicher Strukturen und deren Wandlungen als Folge von Marktzwängen, in: Laurinkari, J. (Hrsg.): Genossenschaftswesen. Hand- und Lehrbuch, München/Wien: Oldenbourg, 363-378

Grosskopf, W. / Münkner, H. / Ringle, G. (1998): Zukunftssicherung der Genossenschaften, Hamburg: Hamburger Beiträge zum Genossenschaftswesen Heft 19

Hahn, D. / Gräb, U. (1989): Erfolgsfaktoren und Wachstumsstrategien erfolgreicher mittelständischer Unternehmungen in der Bundesrepublik Deutschland und Großbritannien – Ergebnisbericht einer empirischen Studie, in: Bühner, R. (Hrsg.): Führungsorganisation und Technologiemanagement. Festschrift für Friedrich Hoffmann zum 65. Geburtstag, Berlin: Duncker u. Humblot, 211-230

Hahn, O. (1990): Der Förderungsauftrag der Genossenschaften, in: Laurinkari, J. (Hrsg.): Genossenschaftswesen. Hand- und Lehrbuch, München/Wien: Oldenbourg, 86-95

Heinzelmann, A. (1989): Controlling in Genossenschaften, Frankfurt: Lang

Henzler, R. (1957): Die Genossenschaft – eine fördernde Betriebswirtschaft, Essen: Girardet

Honold-Reichert, T. (2002): Portfolio und Balanced Scorecard: Instrumente für das strategische Management in Genossenschaften, Stuttgart: Arbeitspapiere der Forschungsstelle für Genossenschaftswesen an der Universität Hohenheim Heft 17

Hungenberg, H. (2004): Strategisches Management in Unternehmen. Ziele – Prozesse – Verfahren, 3. Aufl., Wiesbaden: Gabler

International Co-operative Alliance (2008): What is a co-operative? http://www.ica.coop/coop/principles.html (abgefragt: 21.07.2008)

Jenner, T. (1999): Determinanten des Unternehmenserfolges, Stuttgart: Schäffer-Poeschel

Jung, H. (2003): Controlling, München: Oldenbourg

Keebingate, F. (2003): Triadische Strategieausrichtung förderwirtschaftlich tätiger Unternehmen, Göttingen: Vandenhoeck & Ruprecht

Kramer, J. (2005): Der Erfolg einer Genossenschaft. Anmerkungen zu Definition, Operationalisierung, Messfaktoren und Problemen, Wismar: Wismarer Diskussionspapiere Heft 23

Kuhn, E. (2008): Selbstbewusst in die Zukunft, in: Geno – Zeitschrift des Württembergischen Genossenschaftsverbandes, –/1/4-7

Lamprecht, D. / Donschen, A. (2006): Der Nutzen des Member Value Reporting für Genossenschaftsbanken – eine ökonomische und juristische Analyse, Münster: Arbeitspapiere des Instituts für Genossenschaftswesen der Westfälischen Wilhelms-Universität Münster Nr. 58

Münkner, H. (2002): Eine besondere Betriebswirtschaftslehre für förderungswirtschaftliche Unternehmen?, in: Münkner, H. (Hrsg.): „Nutzer-orientierte" versus „Investor-orientierte" Unternehmen. Argumente für eine besondere Betriebswirtschaftslehre förderungswirtschaftlicher Unternehmen, Göttingen: Vandenhoeck & Ruprecht, 2-16

Patera, M. (1981): Genossenschaftliche Förderbilanz – Theoretische Grundlagen – praktische Durchführung, in: Zeitschrift für das gesamte Genossenschaftswesen, 31/3/212-225

Purtschert, R. (2002): Nutzer- versus investor-orientierte Unternehmungen. Der Ansatz des Instituts für Verbands- und Genossenschafts-Management an der Universität Freiburg/Schweiz, in: Münkner, H. (Hrsg.): „Nutzer-orientierte" versus „Investor-orientierte" Unternehmen. Argumente für eine besondere Betriebswirtschaftslehre förderungswirtschaftlicher Unternehmen, Göttingen: Vandenhoeck & Ruprecht, 25-40

Ringle, G. (1992): Förderungsarten, in: Mändle, E. / Swoboda, W. (Hrsg.): Genossenschaftslexikon, Wiesbaden: DG-Verlag, 203-204

Ringle, G. (2001): Strategisches Management genossenschaftlicher Unternehmen, Hamburg: Mauke

Ringle, G. (2006): „Erfolg" aus genossenschaftsspezifischer Sicht, in: Zeitschrift für das gesamte Genossenschaftswesen, 56/3/207-220

Rudolph, H. (1996): Erfolg von Unternehmen: Plädoyer für einen kritischen Umgang mit dem Erfolgsbegriff, in: Aus Politik und Zeitgeschichte, –/23/32-39

Schöffling, B. (1992): Der Wert einer Genossenschaft für ihre Mitglieder – Ein mehrdimensionales Bewertungsmodell, Ansätze zur Wertsteigerung und empirische Ergebnisse, Stuttgart: Veröffentlichungen der Forschungsstelle für Genossenschaftswesen an der Universität Hohenheim Bd. 8

Seuster, H. (1992): Genossenschaftlicher Förderungsauftrag, in: Mändle, E. / Swoboda, W. (Hrsg.): Genossenschaftslexikon, Wiesbaden: DG-Verlag, 204-205

Steiner, J. (1995): Der genossenschaftliche Bankenverbund im Spannungsfeld von Organisationszwang und Wettbewerbsdruck, in Wagner, H. / Jäger, W. (Hrsg.): Stabilität und Effizienz hybrider Organisationsformen, Münster: Regensberg, 15-38

Vogel, W. (2002): Zielbildung in Unternehmen mit aktiver Beteiligung der Mitglieder/Nutzer, in: Münkner, H. (Hrsg.): „Nutzer-orientierte" versus „Investor-orientierte" Unternehmen. Argumente für eine besondere Betriebswirtschaftslehre förderungswirtschaftlicher Unternehmen, Göttingen: Vandenhoeck & Ruprecht, 59-85

Weisel, E. (2002): Erfolgsmessung und -bewertung bei förderungswirtschaftlichen Unternehmen – Prüfung der Förderungseffizienz, in: Münkner, H. (Hrsg.): „Nutzer-orientierte" versus „Investor-orientierte" Unternehmen. Argumente für eine besondere Betriebswirtschaftslehre förderungswirtschaftlicher Unternehmen, Göttingen: Vandenhoeck & Ruprecht, 149-166

Weppler, M. (1995): Der Erfolgsbegriff in der Betriebswirtschaftslehre. Entwicklungstendenzen und Gründe des Wandels, Diss. Universität Bayreuth

Wöhe, G. (2000): Einführung in die allgemeine Betriebswirtschaftslehre, 20. Aufl., München: Vahlen

Zerche, J. / Schmale, I. / Blome-Drees, J. (1998): Einführung in die Genossenschaftslehre. Genossenschaftstheorie und Genossenschaftsmanagement, München/Wien: Oldenbourg

Zieger, T. (2007): Risikomanagement genossenschaftlicher Managementrisiken (Cooperative Risk Governance), Stuttgart: Veröffentlichungen der Forschungsstelle für Genossenschaftswesen an der Universität Hohenheim, Band 27

Great Changes – Even Greater Challenges?
The Future Role of Co-ops in Transition Countries*

Timea Török

Jon Hanf

1. Introduction

Globalization, rapid competition, quick technological change, and choosier customer constrain firms to develop production and distribution structures. Nowadays, questions of food safety and quality (particularly related to credence attributes) are getting more important. Hence, in all most all countries, food quality has become a tool of differentiating products, at the same time food safety has turned into competitive necessity.

Therefore, firms have shown increasing collaboration to improve their production, logistics, technologies, distribution channels, market innovations, but this attitude leads to have conflicts and joint interest as well. It is observable that today spot markets are being substituted and complemented by contract and vertical coordination mechanisms. Hence, because the products become more differentiated, food processors and retailers have to improve and re-organize their food chain. Accordingly, suppliers have to comply with changing and in behalf of this rapid development, they have interest in collaboration. Observing the changes in the agri-food business it is getting evident that more strictly coordinated supply chains evolve.

Quite often such chains are formed of independent but collaborating enterprises that are called supply chain networks. Such networks are strategic networks so that they can be characterized as being pyramidal-hierarchically organized. Therefore, a powerful focal company exists that is managing the processes and actions throughout the whole food chain. This means, that firms working in such a strategic network have to align their actions and processes to the demands of the focal firm. Increasing public demands for transparency and accountability motivate the network actors to monitor the all process of producing. Accordingly, the well- organized producing is necessary in a supply chain network. It follows that the network needs an actor who manages the different number of supplier.

Even though these first lines might sound totally irrelevant for transitional countries due to the internationalization of retailers and (large) processors as well as rising levels of income the evolving of vertical coordinated chain organizations is observable (Hanf/ Pieniadz 2007). Some data indicates that in these sectors within not so long western style business concepts and organizational models will maybe not dominate but will have significant influence. However, on the agricultural part today quite often many small producers still exists. And without a great gift of foresight one can predict that small producers (as well as household production) will prevail at least in a medium term.

* The current research is the portion of a PhD thesis by Timea Török and is supported by Gradute School of the IAMO.

Thus, the aim of our paper is to research following topics. In the context of supply chain network the question arises whether small producer (particular in transition economies) are able to survive. A wide range of trends drive networks to guarantee credence product attributes to consumers. On the small producer side, the aims are to stay on the market and increase their power. As a consequence, suppliers have to develop their products for the required quality level, to achieve theirs objects. It is obvious that the only way to do so is via forming horizontal collaborations to reduce their production risks and costs. Whereas co-operatives face a conflict because due to their business principles they are obliged to nurture the business aims of their members. Thus, the management of co-ops have to work out strategies how they can combine the demands of the supply chain network with the demands of their members. On account of this, we want to analyze which role co-operatives can play in such an environment (emphasis is laid on transition economies) and which managerial challenges have to be mastered. By using a literature review we will work out a preliminary framework with which we will answer the above mentioned questions.

2. Changes in the food chain

People are generally concerned about the quality of their food. However, during times of food scandals people become even more aware and concerned e.g. the coke-scandal in Belgium, the BSE-crisis in the UK, the wine-scandal in Austria and Germany. Particularly for Europe, the crisis of winter 2000/01 can be regarded as the straw that broke the camel's back. Consumers perceived Bovine Spongiform Encephalopathy (BSE) and Foot and Mouth Disease (FMD) as perhaps the doomsday of modern food processing. Consumers, politicians and the press unanimously clamored for transparency of the whole production process. There was a change in the perception of food quality by consumers and politicians affecting the consumption patterns and the expectations of "good" food. The most striking consequence of these dramatic food scares was the fact that politicians, consumers and also producers and suppliers assessed that food quality is no longer the responsibility of a single firm, instead the whole food chain needs to work together in order to deliver the "new quality". In the last two years, a large number of proposals for "chain quality management" were widely discussed and the first quality management processes have already been implemented (Hanf/Hanf 2007).

The key driver for the re-design of a food chain is the reliable transfer of trust attributes as a part of the product quality to the consumer. Trust attributes are characterized as such product and service characteristics that cannot be detected by the buyer under ordinary circumstances, neither before nor after the buying process has finished (Hanf 2000; Picot et al. 2001). Trust attributes are often affiliated with the production process, risk related attributes are generally part of the product itself. Bounded rationality, asymmetric information and time restraints are factors that create a situation in which consumers are not able or not willing to prove the quality of food products. Most of the trust attributes are considered to be components of quality by the consumers. In the progress of sophistication of the control- and measurement technologies credence attributes alter to experience attributes (Hanf/Drescher 1994). But, on the other hand there are always new credence attributes evolving. In particular, such credence characteristics which are related to ethic

and emotional topics like animal welfare etc. (Hanf/Kühl 2005).
The aforementioned food crises had the effect that the consumers realized that food products are consisting of trust attributes. Knowing about their inability of proving the correctness of trust attributes themselves, people reacted in the case of food crises with a sharp reduction of food demand (Böcker/Hanf 2000). On account of the BSE and FMD scares, consumers as well as politicians demand trust as a major dimension of quality. This development catalyses the formation of vertical coordinated systems. Such chain systems could be either hybrids or fully integrated firms. But, the results of a Pan-European survey show that the majority of firms are involved in vertical co-operations (Kagerhuber/ Kühl 2002). Therefore, the author will concentrate on hybrid forms of organization – in particular on networks.

3. Supply chain networks

Networks can generally be defined as "specific properties of the transaction relationships, typified by relational relationships in which formal and informal sharing and trust building mechanisms are crucial" (Zylbersztajn/Farina 2003). Overall, networks are addressing all questions on inter-organizational relationships of more than two firms (Claro et al. 2004; Lazzarini et al. 2001; Zylbersztajn 2004). An approach to classify networks in four groups is taken by Burr (1999). The four groups are referred to as spontaneous, self-organizing, project-orientated and strategic networks. The spontaneous network is described as being polycentric and the intensity of the relation is rather low. The network companies are equal, i.e. none of the companies is able to co-ordinate the other network companies. Therefore, such a network has no broker. The project-orientated network can also be described as being of short term nature and having a low intensity of relationship. But, even though networks are polycentric by nature this type of a network has some hierarchical co-ordination mechanisms installed. Thus, there is a central company acting as a broker. The self-organizing network is characterized as being set for a long term and the intensity of the relations is rather high. But, without having a focal company (broker) there is no hierarchical co-ordination. In opposition to that, the strategic network has a broker coordinating the network firm in an hierarchical style. The intensity of the relations within the network is rather high and the network is set for a long term, too. In such an hierarchical-pyramidal network with a broker a strategy leading focal company builds the core element of the network being either manufacturer or retailer. Because of the long lasting explicit or implicit contracts the other network actors are heavily depending on the focal company. Whereas, the level of dependency is higher for vertical than for horizontal ties (Wildemann 1997). Even though it seems as if the dependency is rather unilateral applying the Resource Dependency Theory a mutual dependency is getting evident. The influence of an institution matters to the resource dependency relationships it has with other institutions (Pfeffer/Salanick 1978). If the focal organization itself is dependent on critical inputs of other organizations, these organizations will have some power over the focal company (Medcof 2001).

As shown, the vertical linkages are relevant in order to guarantee the consumer the correctness of credence attributes like organic produced. Thus, in the following paragraphs the author will speak about "supply chain networks" (SCN) or netchains. Being defined by various authors (Lazzarini et al. 2001; Neves 2003; Hanf/Kühl 2005; Zylbersztjn/Farina 2003) the authors abstain from adding a further definition. In general, several advantages resulting of co-operation have been named i.e. cost and risk reduction as well as sales and revenue increase (Arbeitskreis 1995). Besides such financial incentives also non pecuniary incentives like power and trust motivate the actors to co-operate (Uzzi 1997). Gulati et al. (2000) showed that networks themselves can be seen as an origin of inimitable resources creating inimitable and non-substitutable value. However, there are also some constraints: divergent aims of the actors, information asymmetries, partitioning of gains and losses, opportunistic behavior, etc. (Arbeitskreis 1995). In order to overcome the constraints and to achieve the gains a collaboration ought to have shared values, trust worthiness, and a shared strategy leading to the creation of a "unique relationship proposition" (Hanf/Kühl 2005).

The focal company has to take into account that the majority of network members are SME. Quite often such companies do not dispose of a sophisticated IT-infrastructure, high man-power, and sufficient quantity of commodities. Especially for agricultural goods the total amount of supply needed has to be delivered by various farmers. Thus, the focal company has to manage such horizontal co-operations itself or it has to co-ordinate through system suppliers. Evolving SCN has not only implications on firm boundaries and on governance structures, but also on the competition. Building SCN means that chain networks will compete against each other, i.e. there is intra-chain co-operation and simultaneous inter-chain competition. Especially nowadays, it is a competitive must to participate in a Supply Chain Network in the agri-food business. On account of this, it has to be analysed which role co-operatives can play in such an environment.

4. The role of co-operatives

The co-operative system[1] can be described as rich in tradition and highly developed. It is a multi-tier system of the agricultural co-operatives. The first tier are the local trading and service co-operatives, e.g. purchasing and marking co-ops, dairy co-ops. These local co-operatives provide the basis of regional co-operative business centers representing the second tier. The national co-operative centers are the third part of the system (Anschhoff/Henningsen 1986). The principles co-operatives can be delineated by the identity of users and owners, the democratic principle of voting and the non-existing of barriers of entry. Additionally, the legally manifested business aim to nurture their members can be seen as a further characteristic of co-operatives (Laurinkari/Brazda 1990). Traditionally, the aim to establish countervailing power has been regarded as the most important duty of a co-operative (van Dijk 1997). Other business aims like correcting market failure, guaranteeing markets and enhancing margins can be seen as levers to operationalize the main busi-

[1] We are aware that around the world different concepts of co-operatives exist. Since the German Raiffeisen system is one of the oldest ones we will use this system in our analysis as a reference model of marketing co-ops.

ness aim. These business aims are corresponding to the ones of the Sapiro I and II co-operatives and the Nourse I and II co-operatives in the USA (Cook 1997).

However, besides these benefits co-operatives bear also some problems. By using a property right approach Cook (1995) pointed out five general sets of problems: Free Riding Problems, Horizon Problems, Portfolio Problems, Control Problems and Influence Cost Problems. As Cook showed these sets of problems constrict the different types of co-operatives (Sapiro I-Nourse II) differently. Using a principal-agent approach and the concepts of opportunistic behavior, conflicts of interest, asymmetric information and stochastic conditions Eilers and Hanf (1999) show that it is not clear who is the principal and who is the agent, i.e. both the co-operatives and the members can be principals and agents. For this reason, neither leadership mechanisms nor selective terms of delivery can be enforced by the co-operatives, i.e. the members can deliver all the commodities which alternative dealers do not accept. Co-operatives being forced to accept these commodities face the problem of adverse selection. Additionally, Fulton and Giannakas (2001) show that the cross-subsidization and member heterogeneity in large centralized, multipurpose co-ops may lead to substantial financial pressures for the co-operative because members of such co-operatives do not see a strong connection between the success of the co-op and their own business. Furthermore, Karantininis and Zago (2001) showed by applying a game theory model that instead of selling their commodities to open co-ops farmers would rather sell them to IOF`s if they had the choice. Fulton (1995) concludes if markets disappear as a result of an increased vertical co-ordination co-operatives may also begin to disappear. Hendrikse and Bijman (2002) share this assessment for the case that the investment on side of the processor or retailer becomes more important for the total chain value than the investments by the farmers. As some further restraints for co-operatives the author considers the fact that the majority of the co-operatives is still rather quantity than quality orientated and is lacking end consumer orientation resulting in not having well known brands.

In order to discuss the role of Raiffeisen co-operatives in a vertical coordinated German agri-food business the author will classify the co-operatives into three types: "Traditionalists", "Modernists" and "mixed ones". The so called "traditional ones" are sticking to the conventional business model of co-operatives being commodity supplier to the focal company. Even though such co-op will not play a leading role as a focal company they still held an important role. In the context of increasing vertical coordinated agri-food systems Sykuta and Cook (2001) showed that at the producer level the most practical co-ordination mechanism is contracting. Because of their very own property rights structure producer co-ops have some advantage compared to investor owned firms. On account of this, traditional co-operatives have to strengthen their contracting policy in order to participate in SCN.

The so called "modernists" are selecting their members resulting in a creation of strategic member groups and enabling them to play a vital role in the supply chain network. Such modern co-ops are characterized by a closed membership, a central authority and having a customer orientation. Furthermore, the co-op has the right to define quality norms for their supply (Hanf/Schweickert 2007). Whereas, in Germany such thoughts are fairly newly introduced the concept of "New generation Co-operative" is discussed for quite some time in the US. The "New generation Co-operative" can be understand as Sapiro III organizations in which asset appreciation mechanism, base equity plans as well as increased share liquidity by delivery rights clearing houses have been developed (Cook 1995). The major advantage can be seen in the improvement of members` incentives to contribute to risk capital to the co-operative (Chaddad/Cook 2004). Drescher and Ratjen (1999) demonstrated that these thoughts are applicable in Germany but also showed the difficulties to implement such concepts in practice. Hanf and Schweickert (2007) presented a study of the German wine market demonstrating that co-ops applying non traditional business models are successfully working. But, such co-operatives are rather the exception than the rule.

The so called "mixed ones" have a dual position trying on the one hand to keep the function of a commodity supplier and on the other hand to work out a progressive strategy for a selective number of members. An example is the German co-operative slaughterhouse and meat processor "Westfleisch" which created two closed chain systems as a response of the meat scarce in winter 2000/01 (Beuck 2002; Hanf/Schweickert 2003). But, on the other hand "Westfleisch" abide by an open membership for the rest of its production in order to operate at full capacity. While Westfleisch acts as the chain captain throughout the whole food chain for the branded meat for the unbranded meat "Westfleisch" occupy the function of bundling the supply.

Summing-up, even though the agri-food business is changing co-operatives will continue to play a vital role. But, whether co-operatives will play a leading role is determined by their ability and willingness to adapt to the new environment. The key question is whether a co-op understands the promotion of the members own businesses in such a way that co-operatives have to be producer driven, or that co-ops are free to be customer driven which might result in a conflict with the producers interests. Traditional co-operatives will remain to the traditional values. Therefore, the primary function of "traditionalists" will be to bundle commodities, and to deliver them either processed or unprocessed to the next stages of the SCN. Whereas modern co-ops will challenge the traditional ideas and establish themselves as focal companies. The "mixed ones" will try to do the balancing act of modernizing while sticking to the principles. However, for all three types of co-ops applies that they are a part of a vertical co-ordination supply chain network. Thus, the designing of co-ordination mechanisms is of high importance. While for the "traditionalists" the challenge is to find a set of optimal contracts, for the both types acting as a focal company the design of an interfirm co-ordination concept is the challenge. Comprising all companies of the chain system such a concept does not differ whether the focal company is a co-operative or not.

5. Example of Hungarian coops: Morakert Cooperatives

In the context of retail internationalization the above described 'virtualization of the agri-food business' can be regarded as a major force driving structural change. Swinnen (2005) shows that vertical coordination in agri-food chains is an important and growing phenomenon in transition countries of Europe and Central Asia. He also indicates that in these countries it is even more wide spread in scope and complexity than in western economies. A major reason for virtualization is that in order to overcome disruptions of supply private contractual initiatives were formed. In this course traders, agribusinesses and food companies contracted with farms and provided imputes and assistances in return for guaranteed and quality supplies (Dries/Swinnen 2005; Swinnen 2005). Particularly quality can be regarded as a main source that catalyzed the development (Gorton et al. 2006). Reardon states that retailers and foreign direct investments can be regarded as a more powerful source of structural changes in transition countries than WTO and trade policy (Swinnen 2005). Due to the differences in the degree of virtualization in transition countries, Dries et al. (2004) refer to the concept of 'retail waves'. They characterized "first wave" countries if the supermarket sector went from a tiny niche of around 5% of food retail in the mid 1990's to a 40-50% by mid 2000's. Examples are Hungary, Poland, or Czech Republic. As "second wave" countries they defined countries where the sector grew to a share of 20-30%. Examples are Bulgaria or Croatia. "Third wave" countries are those where the share still was in the mid 2000's at a 'luxury' niche of 5%. An example is Russia. The transition process of the retail sector from state-run retail shops and retail co-operatives and farmer markets to western style large format retailers was accompanied by heavy foreign investments and therefore also by changes in the procurement systems. The following six changes are named as the major ones (Dries et al. 2004); (1) shift from local store-by-store procurement to (nationally centralized) large and modern distribution centres; (2) shift to regionalization of procurement over countries; (3) shift from traditional brokers to new specialized wholesalers; (4) increasing use of global logistic firms; (5) shift to preferred supplier systems; and (6) shift to high private standards of quality and safety. These findings show that the above mentioned four general trends that are associated with retail internationalization are applicable to the CEEC.

In the context of "first wave" countries we focus on Hungary because it has faster and more successfully than any of the other CEEC started in the 1990's to modernize the retail sector. With the result that today one can assume that Hungary disposes over the best developed retail sector in Central and Eastern Europe (BBE 2006). Table 1 state that modern retail formats in 2002 already had around 50% market share.

Retail format	2000	2001	2002
Hypermarkets	13	17	19
Supermarkets	15	14	14
Discounters	16	16	15
Supretten	35	35	36
Markets and street vendors	5	4	5
Others	16	14	11
Total	100	100	100

Tab. 1: Development of retail formats in Hungary (BBE 2006)

The rapid development of modern retailers was accompanied by heavy investment of western retailers in Hungary. In 2005 foreign retailers were dominating the Hungarian retail market as table 2 shows.

Rang	Company	Sales 2005 in billion Euro	Number of outlets
1	Tesco-Global Aruhazak Rt.	1.89	89
2	Metspa Supply and Trade Co. Ltd.	1.83	181
3	CO-OP Hungary Rt.	1.50	4,970
4	Reál Hungária Élelmiszer Rt.	1.10	2,290
5	Provera	0.80	213
6	Auchan Magyarország Kft.	0.70	10
7	PennyMarket Kft.	0.50	148
8	Plus Elemiszer Diszkont Kft.	0.40	165
9	Honiker Kft.	0.23	1,970
10	Interfruct Kft.	0.20	22

Tab. 2: Retail Market Hungary (LZ-online 2006)

However, in Hungary not only major players are foreign owned but also the first round of consolidation is taking place. The following example shows a similar development for Poland. Due to its heterogeneous market and thereof resulting loosely structured retail landscape first movers such as the German Dohle Group were able to succeed with hypermarkets. However, even though they had a strong market position they decided to sell their business to Tesco because the competition is getting very intensive and requires high financial spending (KPMG 2004). Because the 'big players' in retail markets of "first wave" countries are more or less identical with those in Western Europe we believe that today no significant differences in regard to procurement systems and quality demands and thereby vertical coordination can be found. Therefore, assuming that the outlined general implications for the food sector are applicable without major modification, we want to still discuss to further points. The one regards, the Pan-European competition of cost-leaders the other one regards the integration of farmers in vertical coordinated chains. In some interviews with German product managers of retail brands they told that they are starting to include food processors of "first wave" countries in their tenders for retail branded products such as pasta and sausages. As long as the food quality is the meeting their demands the most cost competitive processors will get the bit. Due to the cost structures for basic products that do not demand high requirements processors from East and Central Europe have advantages.

The agricultural sector in CEEC is still a mixture of small scale – even household – production and large scale farming. In order to lower the complexity of their supply chains retailers and processors favor large scale production. However, the findings of Dries and Swinnen (2004) show that small scale farmer find their place in vertical coordinated chains. However, we have been told by some international retailers that they demand from small scale farmers that they have to build horizontal cooperation providing products that are meeting the qualitative and quantitative demands of the retailers. If these demands are not met farmers are excluded from the procurement systems.

Over the last years, the Hungarian agri-food business has undergone substantial changes due to the increase in consumers' requirements. Nowadays consumers demand high quality food products and services at low prices. This demand is reflected by the shift in the retail sector. While the majority of food products have been bought in small (local owned) shops before, today international modern retail forms (supermarkets, hypermarkets, etc.) are dominating the sector because they have better possibilities to satisfy the consumers' needs. Consolidation is also observable in the food processing industry. Additionally, processors have substantially improved their business practices so that they can conform to the requirements of retailers. Here, no major differences to other European manufacturing firms can be observed. Some different tendencies take place in agriculture where the structure is more heterogeneous. Whereas there are a few large farms, the majority is still small scale. In addition, agriculture is characterized by the presence of farm cooperatives. The Morakert cooperative[2] is the most successful among the similar cooperatives, and it is still developing with increasing annual turnover and membership. Hence, it is able to comply with changing market requirements and retailer sector. There are three core elements of the Morakert's success. One of them resides in filter rules applied to potential members. Another is a strict coordination of the required quality and quantity of products. Third originates from the ability of cooperative leaders to build up trust between members and management. Finally, an efficient private contract enforcement mechanism is arranged. The fundamental aims of the coop are to help farmers to get the best prices in both, selling products and purchasing input material in long-term secure, and to grow the turnover and the number of members (Bakucs et al. 2007).

Vertical integration becomes more and more important to develop activities in the cooperative with higher added value. Therefore, in Morakert cooperative all the activities (purchasing, handling, sorting and packaging of products, transportation and storage) are carried out in one place. All these activities are supported by a common IT system (Fertö/Szabó 2002).

The example of the Morakert cooperative shows that some of the mentioned general problems can be reduced. For instance, the agency problem is not so significant because of the well-organized trust promotion mechanisms and the appropriate consideration of human factor. In the future, the establishment of the secondary or regional type cooperative is planned. In this case the chance of free riding problem will grow because the cooperative will depend more on non-member trade (Fertö/Szabó 2002).

6. Summary

For several years it has got evident that there has been an industrialization of the agri-food sector. Farms are getting bigger, processors and retailers are consolidating and the consumers are getting more sophisticated. As a result of food scandals and scares, consumers and politicians are demanding that food safety is treated as an important quality attribute. As food safety is very difficult to verify in the product, it is mainly regarded as a credence property. To guarantee the authenticity of credence attributes the whole food chain has to be taken into account because incorrect decisions concerning food safety may happen at any point throughout the whole food chain. In order to meet the requested 'new quality definition' food processors and retailers have to re-design their food chains in such a way

[2] In agricultural production, fruit and vegetable sector plays relatively important role with a large number of small farms. In this sector, the first acknowledged producers' organization is Morakert Producer Organization that was established by small-scale farmers.

that all stages of the food chain are involved. On account of this, the co-ordination mechanism of the existing food chain has to be altered, as spot market transactions are unable to properly co-ordinate the exchange of credence attributes. As a result of these changes a change within the vertical co-ordination can be seen, i.e. vertical coordinated systems have been established (van Dijk 1997). For the agri-food business there is evidence that the majority of these chain systems are organized as vertical networks i.e. supply chain networks (SCN).

Based on these developments our aim of paper was to analyze which role co-operatives can play in such an environment (emphasis is laid on transition economies) and which managerial challenges have to be mastered.

We believe that, even though the agri-food business is changing co-operatives will continue to play a vital role. But, whether co-operatives will play a leading role is determined by their ability and willingness to adapt to the new environment. The key question is whether a co-op understands the promotion of the members own businesses in such a way that co-operatives have to be producer driven, or that co-ops are free to be customer driven which might result in a conflict with the producers interests. We introduced a first but crude distinction between three different types of co-ops. I) Traditional co-operatives will bundle commodities, and deliver them either processed or unprocessed to the next stages of the SCN. II) Modern co-ops will challenge the traditional ideas and establish themselves as focal companies. III) The "mixed ones" will try to do the balancing act of modernizing while sticking to the principles. However, for all three types of co-ops applies that they are a part of a vertical co-ordination supply chain network.

By elaborating on Hungarian characteristics we showed in the paper that virtualization as well as due to the huge number of small producers the idea of forming horizontal collaborations i.e. co-operatives can and have to be taken into the context of transition countries. Regardless of the problematic situation that because of the very small size of the farms, cooperatives will have too many members so that coops often will not function. However, on the other side, we provided the example of the Morakert cooperative that is able to deal with the upcoming challenges. Most interesting is that Mokaret co-ops can be regarded as being of the type III 'mixed' ones. Thus, we believe that in future particularly 'modern' and 'mixed' coops are able to play a vital role in vertical organized chain organizations in transition countries.

References

Aschhoff, G. / Henningsen, E. (1986): The German Cooperative System, in: Publications of the DG Bank, Bd. 15, 2.ed., Frankfurt am Main

Arbeitskreis "Das Unternehmen im Markt" (1995): Vertikale Geschäftsbeziehungen zwischen Industrie und Handel, in: Schmalenbachs Zeitschrift für betriebswirtschaftliche Forschung, Sonderheft 35/179-204

Bakucs, L. Z. / Fertő, I. / Szabó, G. G. (2007): Innovative Practice Hungary: Morakert Cooperative, Institute of Economics, Hungarian Academy of Sciences

BBE (2006): Retail-Expansion Osteuropa, Published Consulting Study

Beuck, J. (2002): Die Einführung des Q+S Prüfzeichens in Westfalen-Lippe 2002 auf der Basis von TranspaRind des Unternehmens Westfleisch, in: Theurl, T. / Nüssel, M. (Hrsg.): Genossenschaften und Landwirtschaft – Ein Sektor in Umbruch, Münsterische Schriften zur Kooperation, Band 55, Münster, 99-111

Burr, B. (1999): Koordination durch Regeln in selbstorganisierenden Unternehmensnetzwerken, in: Zeitschrift für Betriebswirtschaft, 69/10/1159-1179

Böcker, A. / Hanf, C.-H. (2000): Confidence lost and – partially – regained: consumer response to food scares, in: Journal of Economic Behavior & Organization, 43/–/471-485

Bogaschewsky, R. (1995): Vertikale Kooperation – Erklärungsansätze der Transaktionskostentheorie und des Beziehungsmarketings, in: Schmalenbachs Zeitschrift für betriebswirtschaftliche Forschung, Sonderheft 35/159-178

Claro, D.P. / Zylbersztajn, D. / Omta, S.W.F. (2004): How to manage long-term buyer-supplier relationship successfully? The impact of network information on long-term buyer-supplier relationships in the Dutch flower industry, in: Journal of Chain and Network Science, 4/1/7-24

Chaddad, F.R. / Cook, M.L. (2004): Understanding New Cooperative Models: An Ownership-Control Rights Typology, in: Review of Agricultural Economics, 26/3/348-360

Cook, M.L. (1997): Organizational Structure and Globalization: The Case of User Oriented Firms, in: Nilson, J. / van Dijk, G. (eds.) Strategies and Structures in the Agro-food Industries, van Gorcum, 77-93

Cook, M.L. (1995): The Future of U.S. Agricultural Cooperatives: A Neo-Institutional Approach, in: American Journal of Agricultural Economics, 77/5/1153-1159

Drescher, K. / Ratjen, U. (1999): New Generation Co-operatives – Möglichkeiten und Grenzen der Übertragbarkeit auf die Bundesrepublik Deutschland, in: Zeitschrift für das gesamte Genossenschaftswesen, 49/4/264-277

Dries, L. / Swinnen J.F.M. (2004): Foreign Direct Investment, Vertical Integration, and Local Suppliers: Evidence from the Polish Dairy Sector, in: World Development, 32/9/1525-1544

Dries, L. / Reardon, T. / Swinnen J.F.M. (2004): The Rapid Rise of Supermarkets in Central and Eastern Europe: Implications for the Agrifood Sector and Rural Development, in: Development Policy Review, 22/5/525-556

Dries L. / Swinnen J.F.M. (2005): Globalisation, Quality Management and Vertical Coordination in Food Chains of Transition Countries, Paper prepared for the 92nd EAAE seminar on Quality Management and Quality Assurance in Food Chains, March 2-4, 2005, Göttingen

Dyer, J.H. / Nobeoka, K. (2000): Creating and Managing a high-performance knowledge-sharing network: The Toyota Case, in: Strategic Management Journal, 21/–/345-367

Eilers, C. / Hanf, C-H. (1999): Contracts between Farmers and Farmers – Processing Co-operatives: A Principal-Agent Approach for the Potato Starch Industry, in: Galizzi, G. / Venturini, L. (eds.) Vertical Relationships and Coordination in the Food System, Heidelberg, 267-284

Fertő, I. / Szabó, G. G. (2002): Vertical Co-ordanitaion in Transition Agriculture: a Hungarian Cooperative Case Study, in: KTK/IE Discussion Papers Institute of Economics Hungarian Academy of Sciences

Fulton, M. / Giannakas, K. (2001): Organizational Commitment in a Mixed Oligopoly: Agricultural Cooperatives and Investor-Owned Firms, in: American Journal of Agricultural Economics, 83/5/1258-1265

Fulton, M. (1995): The Future of Canadian Agricultural Cooperatives: A Property Rights Approach, in: American Journal of Agricultural Economics, 77/5/1144-1152

Gorton, M. / Dumitrashko, M. / White, J. (2006): Overcoming supply chain failure in the agrifood sector: A case study from Moldova, in: Food Policy 31/–/90–103

Gulati, R. / Nohria, N. / Zaheer, A. (2000): Strategic Networks, in: Strategic Management Journal, 21/3/203-216

Hanf, C-H. (2000): Wettbewerbsfähigkeit und Unternehmertum in der Land- und Ernährungswirtschaft, in: Schriften der Gesellschaft für Wirtschafts- und Sozialwissenschaften des Landbaues e.V., Bd. 36, 265-271

Hanf, C-H. / Drescher, K. (1994): Der Einfluß von Verbraucherverhalten, Produktqualität und technischem Fortschritt auf vertikale Koordination im Nahrungsmittelsektor, in: Agrarwirtschaft, 43/12/423-430

Hanf, J. / Hanf, C-H. (2007): Does food quality management create a competitive advantage? in: Theuvsen, L. / Spiller, A. / Peupert, M. / Jahn, G. Quality management in food chains, Wageningen, 489-502

Hanf, J. / Kühl, R. (2005): Branding and its consequence for the food chain, in: Agribusiness: An international Journal, 21/2/177-190

Hanf, J. / Pieniadz, A. (2007): Quality Management in Supply Chain Networks - the Case of Poland, in: International Food and Agribusiness Management Review, 10/4/102-128

Hanf, J. / Schweickert, E., (2007): How to deal with member heterogeneity – management implications, in: International Journal of Cooperative Management, 3/2/40-48

Hanf, J. / Schweickert, E. (2003): Co-operative Success by Forming a Strategic Member Group, Paper presented at the conference Vertical Markets and Co-operative Hierarchies, Bad Herrenalb

Hendrikse, G.W.J. / Bijman, J. 2002: Ownership Structure in Agrifood Chains: The Marketing Cooperative, in: American Journal of Agricultural Economics, 84/1/104-119

Karantininis, K. / Zago, A. (2001): Endogenous Membership in Mixed Duopsonies, in: American Journal of Agricultural Economics, 83/5/1266-1272

Kargerhuber, M. / Kühl, R. (2002): Unterschiede und Gemeinsamkeiten vertikaler Prozessorganisationen im Bereich der integrierten tierischen Produktion und Vermarktung, ein europäischer Vergleich erfolgreicher Konzepte, Schriftenreihe Rentenbank, Bd. 16

Jarillo, J.C. (1988): On strategic networks, in: Strategic Management Journal, 9/1/31-41

Laurinkari,J. / Brazda, J. (1990): Genossenschaftliche Grundwerte, in: Laurinkari, J. (ed.) Genossenschaftswesen, München/Wien, 70-78

Lazzarini, S. / Chaddad, F. / Cook, M. (2001): Integrating Supply Chain and Network Analysis: The Study of Netchains, in: Journal on Chain and Network Science, 1/1/7-22

LZ-online (2006): Rankings Handel, http://www.lz-net.de (abgefragt: 12.01.2007)

Medcof, J.W. (2001): Resource-based strategy and managerial power in networks of internationally dispered technology units, in: Strategic Management Journal, 22/999-1012

Müller, M. / Seuring, S. / Goldbach, M. (2003): Supply Chain Management – Neues Konzept oder Modetrend, in: Die Betriebswirtschaft, 63/4/419-439

Neves, M.F. (2003): Marketing and Network Contracts (Agreements), in: Journal on Chain and Network Science, 3/1/7-19

Olbrich, R. (2001): Ursachen und Konsequenzen der Abhängigkeitsverhältnisse zwischen Markenartikindustrie und Handel, in: Marketing ZFP, –/4/253-267

Omta, A.W.F. / Trienekens, J.H. / Beers, G. (2001): Chain and network science: A research framework, in: Journal on Chain and Network Science, 1/1/1-6

Otto, A. / Kotzab, H. (2001): Der Beitrag des Supply Chain Management zum Managementvon Supply Chains – Überlegungen zu einer unpopulären Frage, in: Zeitschrift für betriebwirtschaftliche Forschung, 53/3/157-176

Pfeffer, J. / Salancik, G.R. (1978): The External Control of Organizations, New York

Picot, A. / Reichwald, R. / Wigand, R.T. (2001): Die grenzenlose Unternehmung, 4. Aufl., Wiesbaden, 316-319

Sydow, J. (2001): Zum Verhältnis von Netzwerken und Konzernen: Implikationen für das strategische Management, in: Ortmann,G. / Sydow, J. (eds.): Strategie und Strukturation. Strategisches Management von Unternehmen, Netzwerken und Konzernen, Wiesbaden, 269-296

Sydow, J. (2002): Konzerne als Netzwerke – Netzwerke als Konzerne?, in: WiSt, –/12/693-698

Sykuta, M.E. / Cook, M.L. (2001): A New Institutional Approach to Contracts and Cooperatives, in: American Journal of Agricultural Economics, 83/5/1273-1279

Swinnen, J. (2005): When the Market Comes to You. – Or Not. The Dynamics of Vertical Coordination in Agri-Food Chains in Transition, Final report on Dynamics of Vertical Coordination in ECA Agri-Food Chains: Implications for Policy and Bank Operations, The World Bank

Szabó, G. G. (2002): New institutional economics and agricultural co-operatives: a Hungarian case study, in: Karafolas, S. / Spear, R. / Stryjan, Y. (eds), Local Society & Global Economy: The Role of Co-operatives, Naoussa: Editions Hellin, ICA International Research Conference, 357-378

Trent, R. (2001): Applying TQM to SCM, in: Supply Chain Management Review, –/May/70-78

Uzzi, B. (1997): Social Structure and Competition in Interfirm Networks: The Paradox of Embeddedness, in: Administrative Science Quarterly, 42/–/35-67

van Dijk, G. (1997): Implementing the Sixth Reason for Co-operation: New Generation Cooperatives in Agribusiness, in: Nilson, J. / van Dijk, G. (eds.) Strategies and Structures in the Agro-food Industries, van Gorcum, 94-110

Wildemann, H. (1997): Koordination von Unternehmensnetzwerken, in: ZfB, 67/4/417-439

Zahra, S.A. (2003): The Practise of Management: Reflections on Peter F. Drucker`s landmark book, in: Academy of Management Executive, 17/3/16-23

Zylbersztajn, D. (2004): Organization of firm networks: Five critical points for empirical analysis, in: Journal of Chain and Network Science, 4/1/1-6

Zylbersztajn, D. / Farina, E.M.M.Q. (2003): Dynamics of Network Governance: A Contribution to the Study of Complex Forms, Paper presented at the IV International Conference on Agri-Food Chain/Networks Economics and Management, Ribeirao Preto, Brasil, October 2003

Autorenverzeichnis

Banaszak, Ilona, Mag., Dr., wissenschaftliche Mitarbeiterin am Institut für Prognostik der Slowakischen Wissenschaftlichen Akademie
Studium der Ressourcenökonomie am der Humboldt Universität Berlin mit Spezialisierung auf Kooperation im Agrikulturmärkten, Promotion 2007
Forschungsschwerpunkte: Kooperation, Genossenschaften, Transformationsprozessen, institutionelle Ressourcen- und Umweltökonomie
Kontakt: progiban@savba.sk

Beckmann, Volker, Dr. sc. agr., Habilitand am Fachgebiet Ressourcenökonomie der Humboldt-Universität zu Berlin
Studium der Agrarwissenschaften mit Schwerpunkt Agrarökonomie an der Georg-August-Universität Göttingen, Promotion 1997, Mitherausgeber der Schriftenreihe und Diskussionspapiere „Institutional Change in Agriculture and Natural Resources (ICAR)"
Forschungsschwerpunkte: Institutionen- und Organisationsökonomie der Landwirtschaft und Ressourcennutzung, Wahl und Wandel von Institutionen und Organisationsformen, Transaktionskostenökonomik, Neue Politische Ökonomie
Kontakt: v.beckmann@agrar.hu-berlin

Blisse, Holger, Dr., Mitglied im Institut für Genossenschaftswesen an der Humboldt-Universität zu Berlin
Wirtschaftswissenschaftliches Studium an der Freien Universität Berlin (1999 erste Staatsprüfung), Promotion (2005) mit einer Arbeit „Zur Eigenkapitalbildung deutscher Kreditgenossenschaften mit dem Vorschlag eines Verbundbeteiligungsanteils – im europäischen Kontext" an der Universität Potsdam
Kontakt: hblisse@yahoo.de

Brunner, Daniel, Dipl.-Vw., selbständiger Unternehmer und freier wissenschaftlicher Mitarbeiter am Institut für Genossenschaftswesen an der Philipps-Universität Marburg
Studium der Volkswirtschaftslehre an der Philipps-Universität Marburg, vor der derzeitigen Tätigkeit wissenschaftlicher Mitarbeiter am Institut für Genossenschaftswesen an der Philipps-Universität Marburg
Kontakt: brunner@wiwi.uni-marburg.de

Ettenauer, Günther, Mag. (FH), Doktorand am Fachbereich für Genossenschaftswesen der Universität Wien, Bildungsbereichsverantwortung für Einsteiger und Basisberater in der Volksbank Akademie, Lektor an der Fachhochschule des bfi Wien
Studium der Bank- und Finanzwirtschaft an der Fachhochschule des bfi Wien
Forschungsschwerpunkte: Kompetenz, genossenschaftlicher Verbund, Verbundkompetenzentwicklung, Arbeitgeberattraktivität, Schulze-Delitzsch in Österreich und Böhmen, interpersonales Verhältnis der genossenschaftlichen Gründerväter Schulze-Delitzsch und Raiffeisen
Kontakt: guenther.ettenauer@akademie.volksbank.at, g.ettenauer@fh-vie.ac.at

Fikar, Michael, Dipl.Kfm, Dipl.Volksw, Doktorand an der Forschungsstelle für Genossenschaftswesen der Universität Hohenheim
Studium der Volks- und Betriebswirtschaftslehre an der Fernuniversität Hagen mit Spezialisierung Banken und Finanzen, berufliche Tätigkeit: Trainer und Produktmanager an der Geno-Akademie Stuttgart bis 2008
Forschungsschwerpunkte: Bewertung von Weiterbildungsinvestitionen in Mitarbeiter bei Genossenschaften
Kontakt: michael.fikar@uni-hohenheim.de

Fischer, Daniel, Dipl.-Volkswirt, wissenschaftlicher Mitarbeiter der Forschungsstelle für Genossenschaftswesen an der Universität Hohenheim:
Studium der Volkswirtschaftslehre an der Universität Augsburg, vor der derzeitigen Tätigkeit Mitarbeiter einer Wirtschaftsförderungseinrichtung
Forschungsschwerpunkte: Erfolg und Erfolgsmessung von genossenschaftlichen Unternehmen (insbesondere Genossenschaftsbanken)
Kontakt: d.fischer@uni-hohenheim.de

Freier, Axel, Dr. rer. pol., wissenschaftlicher Mitarbeiter am Institut für Betriebslehre der Agrar- und Ernährungswirtschaft der Justus-Liebig-Universität Gießen
Studium der Betriebswirtschaftslehre an der Philipps-Universität Marburg (Promotion 2007), Mitarbeiter des Instituts für Genossenschaftswesen an der Philipps-Universität Marburg (bis 2008), freier Mitarbeiter des Marburger Förderzentrums für Existenzgründer aus der Universität
Forschungsschwerpunkte: Evolutorische Ökonomik, Innovations- und Entwicklungsfähigkeit von Systemen, Genossenschaften, Kooperationen, sowie Zusammenhänge zwischen Ernährungswirtschaft und Finanzsystemen
Kontakt: axel.freier@agrar.uni-giessen.de

Hanf, Jon H., Dr., Senior Researcher am Leibniz-Institut für Agrarentwicklung in Mittel- und Osteuropa
Studium an der Justus-Liebig-Universität Giessen
Forschungsschwerpunkte: Konsumentenverhalten, Business-to-Business Marketing und strategisches Management.
Kontakt: hanf@iamo.de

Knotzer, Emil J., Mag. Dr. phil., Direktor und Prokurist der Konsumgenossenschaft Konsum Österreich reg.Gen.m.b.H i.P.
25 Jahre Leiter des Rechenzentrums, 7 Jahre Leiter der Marketingabteilung in der Konsumgenossenschaftsbewegung, Studium der Wirtschaftsgeschichte und Betriebswirtschaft an der Universität Wien (Promotion 2007)
Forschungsschwerpunkt: Geschichte der Konsumgenossenschaften in Österreich
Kontakt: emil.knotzer@chello.at

Kober, Rouven, wissenschaftlicher Mitarbeiter am Institut für Genossenschaftswesen an der Philipps-Universität Marburg
Studium der Rechtswissenschaften in Marburg (2002-2007), 1994-97 Ausbildung zum Bankkaufmann (IHK), berufsbegleitende Weiterbildung zum Bankfachwirt (IHK), 1999, und Bankbetriebswirt (BA), 2001
Forschungsschwerpunkt: Geltungsgrund und Geltungsgrenzen gesellschaftsrechtlicher Geschäftsordnungen
Kontakt: rouven.kober@t-online.de

Peters, Jasper, Dipl.-Volksw., wissenschaftlicher Mitarbeiter am Seminar für Genossenschaftswesen der Universität zu Köln
Studium der Volkswirtschaftslehre in Maastricht und Köln
Forschungsschwerpunkte: Cooperative Governance, Verbandsmanagement, Neugründungen
Kontakt: petersj@uni-koeln.de

Török, Timea, MSc, PhD Studentin am Leibniz-Institut für Agrarentwicklung in Mittel- und Osteuropa
Studium an der Szent István Universität in Gödöllö (Ungarn)
Forschungsschwerpunkte: strategisches Management, Kooperation, Kooperationsstrategien, agentenbasierte Modellierung, Konsumentenverhalten
Kontakt: toeroek@iamo.de

Voigt, Tim, Dipl.-Kfm., wissenschaftlicher Mitarbeiter am Institut für Betriebslehre der Agrar- und Ernährungswirtschaft der Justus-Liebig-Universität Gießen
Studium der Betriebswirtschaftslehre an der Philipps-Universität Marburg, seit 2005 mit der Geschäftsführung des Instituts für Genossenschaftswesen an der Justus-Liebig-Universität in Gießen betraut
Forschungsschwerpunkte: strategische Pfade der Ernährungswirtschaft, Kooperationen, Innovationsmanagement, Genossenschaften sowie Evolutorische Ökonomik und Industriesimulationen
Kontakt: tim.a.voigt@agrar.uni-giessen.de

Zieger, Thomas, Dipl.-Betriebsw. (BA) Dipl.-Kfm. techn. Dr. rer. pol., Lehrbeauftragter der Universität Hohenheim, der Berufsakademie Karlsruhe und der Berufsakademie Mannheim sowie Mitarbeiter der Geschäftsleitung des Kommunalen Versorgungsverbandes Baden-Württemberg
zuvor Geschäftsführer der TZ Consulting + Service Beratungsgesellschaft und wissenschaftlicher Mitarbeiter der Forschungsstelle für Genossenschaftswesen an der Universität Hohenheim, davor Studium an der Universität Stuttgart mit Spezialisierung auf betriebswirtschaftliche Organisationslehre und Personalmanagement sowie Studium an der Berufsakademie Karlsruhe mit Spezialisierung auf Bankbetriebswirtschaftslehre
Forschungsschwerpunkte: Risikomanagement, Corporate Governance, Strategien und Strukturen in der Kreditwirtschaft, Genossenschaften
Kontakt: Zieger.Thomas@gmx.de

Abonnement

Hiermit abonniere ich die *Schriftenreihe des Instituts für Managementforschung* **(ISSN 1865-391X)**

❒ ab Band # 1

❒ ab Band # ___

  ❒ Außerdem bestelle ich folgende der bereits erschienenen Bände:
  #___, ___, ___, ___, ___, ___, ___, ___, ___, ___, ___, ___

❒ ab der nächsten Neuerscheinung

  ❒ Außerdem bestelle ich folgende der bereits erschienenen Bände:
  #___, ___, ___, ___, ___, ___, ___, ___, ___, ___, ___, ___

❒ 1 Ausgabe pro Band   ODER   ❒ ___ Ausgaben pro Band

Bitte senden Sie meine Bücher zur versandkostenfreien Lieferung innerhalb Deutschlands an folgende Anschrift:

Vorname, Name: ______________________________

Straße, Hausnr.: ______________________________

PLZ, Ort: ______________________________

Tel. (für Rückfragen): ______________ *Datum, Unterschrift:* ______________

Zahlungsart

❒ *ich möchte per Rechnung zahlen*

❒ *ich möchte per Lastschrift zahlen*

bei Zahlung per Lastschrift bitte ausfüllen:

Kontoinhaber: ______________________________

Kreditinstitut: ______________________________

Kontonummer: ______________ Bankleitzahl: ______________

Hiermit ermächtige ich jederzeit widerruflich den *ibidem*-Verlag, die fälligen Zahlungen für mein Abonnement der *Schriftenreihe des Instituts für Managementforschung* von meinem oben genannten Konto per Lastschrift abzubuchen.

Datum, Unterschrift: ______________________________

Abonnementformular entweder **per Fax** senden an: **0511 / 262 2201** oder 0711 / 800 1889
oder als **Brief** an: *ibidem*-Verlag, Julius-Leber Weg 11, 30457 Hannover oder
als e-mail an: ibidem@ibidem-verlag.de

***ibidem*-Verlag**

Melchiorstr. 15

D-70439 Stuttgart

info@ibidem-verlag.de

www.ibidem-verlag.de
www.ibidem.eu
www.edition-noema.de
www.autorenbetreuung.de